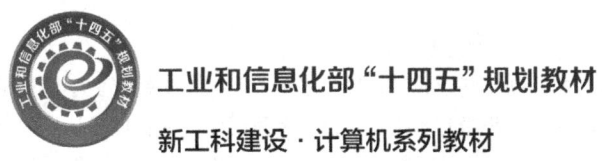
工业和信息化部"十四五"规划教材

新工科建设·计算机系列教材

C语言程序设计

（第2版）

◆ 邱晓红　主　编
◆ 刘秋明　李　渤　副主编　◆ 樊中奎　杨舒晴　参　编

电子工业出版社

Publishing House of Electronics Industry

北京·BEIJING

内 容 简 介

本书是工业和信息化部"十四五"规划教材，新工科建设·计算机系列教材。本书针对教学研究型和教学应用型大学的学生综合素质特点，基于 CDIO 的工程教育理念，结合读者需要掌握的程序设计知识点和人工智能时代知识体系需求以及国内外 C 语言程序设计的最新教材和经典应用实例编写。本书针对每章主要知识点选取了应用范例，并通过五子棋人机对战和 ATM 自动取款机综合应用实例贯穿 C 语言主要知识点，培养读者计算思维能力，同时分析比较计算机程序语言与自然语言的相互对应关系，形象化解释程序语言的相关概念，帮助读者更深层次地理解程序语言的特性，进一步增强计算机相关领域应用知识点和程序设计语言间的对应关系。本书内容与后续专业课程知识点相互呼应，并通过形象化范例加以解释，增强了可读性，降低了概念的抽象性，有助于读者掌握计算机程序设计的专业术语和概念，促进 C 语言程序设计水平的提高，学会智能程序化的基本方法和思想。

本书既可作为高等院校开设的 C 语言程序设计课程的教科书，也可作为计算机程序设计培训班的教材或计算机程序设计人员的参考书。

未经许可，不得以任何方式复制或抄袭本书之部分或全部内容。
版权所有，侵权必究。

图书在版编目（CIP）数据

C 语言程序设计 / 邱晓红主编. —2 版. —北京：电子工业出版社，2022.7
ISBN 978-7-121-43663-5

Ⅰ. ①C… Ⅱ. ①邱… Ⅲ. ①C 语言—程序设计—高等学校—教材 Ⅳ. ①TP312.8

中国版本图书馆 CIP 数据核字（2022）第 095938 号

责任编辑：刘御廷　　　文字编辑：王　炜
印　　刷：北京天宇星印刷厂
装　　订：北京天宇星印刷厂
出版发行：电子工业出版社
　　　　　北京市海淀区万寿路 173 信箱　　邮编：100036
开　　本：787×1 092　1/16　印张：21.25　字数：571.2 千字
版　　次：2012 年 9 月第 1 版
　　　　　2022 年 7 月第 2 版
印　　次：2025 年 7 月第 5 次印刷
定　　价：69.00 元

凡所购买电子工业出版社图书有缺损问题，请向购买书店调换。若书店售缺，请与本社发行部联系，联系及邮购电话：（010）88254888，88258888。

质量投诉请发邮件至 zlts@phei.com.cn，盗版侵权举报请发邮件至 dbqq@phei.com.cn。
本书咨询联系方式：dcc@phei.com.cn。

前言

"C 语言程序设计"是计算机、软件工程等相关专业需要开设的基本计算机语言课程，是后续课程，如数据结构、操作系统等的重要必修课，是学习其他高级语言和应用软件的核心基础。能否学好这门课程直接影响学生对计算机语言的理解、对后续课程的学习兴趣。

因材施教是教学工作者一直传承的理念，促进计算机、软件学院人才培养质量的提升，必须针对所培养人才的特点，更新教学内容和方法。本书针对教学研究型和教学应用型大学软件工程专业学生的素质特点，基于 CDIO 的工程教育理念，结合软件工程专业学生未来需要掌握的专业知识点编写，并利用建构主义教学理论挑选和设计综合应用范例，从软件功能实现的角度，帮助学生掌握程序设计基本思想，培养计算思维能力，理解应用 C 语言解决问题的思路和特点，深层次、多角度理解 C 语言语法、概念，降低 C 语言的学习和应用的抽象性难度，提高学习兴趣。

本书共有 12 章，穿插讲述了 C 语言关键字、语法等发展演变特点，指出了容易出错的关键知识点、C 语言特性的辩证两面性。第 1 章介绍了 C 语言的发展过程、C 语言程序结构、Dev-C++和 Visual C++ 6.0 编译工具的使用及学习 C 语言的方法。第 2 章介绍了 C 语言的数据类型、运算符和表达式。第 3 章介绍了算法概念、顺序结构程序设计及 C 语言的基本输入/输出函数。第 4 章介绍了选择结构的特点、语法及选择结构程序设计的应用。第 5 章介绍了循环语句的语法结构、功能特点及循环程序设计的应用。第 6 章介绍了一维数组、多维数组，以及字符数组的定义和使用。第 7 章介绍了函数的定义、调用、变量的作用域及存储类别等。第 8 章介绍了指针的定义和运算、指针在数组和函数中的应用，以及指向指针的指针含义与应用。第 9 章主要介绍了结构体和共用体的定义及其应用。第 10 章介绍了 C 语言的文件及其基本操作。第 11 章介绍了 C 语言的三种预处理命令与应用。第 12 章通过两个案例实训讲解 C 语言的重要知识点。

本书编者从事了多年"C 语言程序设计"的教学工作，具有丰富的教学经验。本书编程实例多选自实训教学讲义，主要有以下特点。

（1）内容编写既考虑经典范例，也吸收了最新的应用内容。由浅入深，循序渐进，层次分明；语言讲解通俗易懂、突出重点。

（2）每章配有精心设计的应用例题，用以帮助学生更好地理解和掌握知识点，例题的代码已做了详细注释。章末配有精选习题，用以强化 C 语言程序设计知识和技能的训练。

（3）结合每章的内容，编写了综合运用实例，既可作为各章教学的参考，也可作为该章知识点应用的综合实训项目。

（4）全书强调案例教学，例题和习题都可在 Dev-C++和 Visual C++ 6.0 环境下调试与运行，为后续学习其他课程奠定基础。

（5）五子棋人机对战案例加入了简单的人工智能搜索算法，让学生能尽早了解人工智能，适应新工科教学改革的需要。

（6）各章设计的知识扩展材料方便学生深入理解教学内容和培养"家国天下"的情怀。

（7）第12章为综合案例实训，系统帮助学生巩固所学知识点。

本书是工业和信息化部"十四五"规划教材，新工科建设·计算机系列教材，包含配套教学课件、教学大纲、程序源代码、习题解答、教学视频等，读者可登录华信教育资源网（www.hxedu.com.cn）注册后免费下载。

本书由邱晓红担任主编，刘秋明、李渤担任副主编。第1章和附录由邱晓红编写，第2、3、12章由刘秋明编写，第4、5、6章由樊中奎编写，第7、8、9章由李渤编写，第10、11章由杨舒晴编写。书中部分例题由研究生参与了调试与校验，由李渤审核，全书由邱晓红统稿并定稿。

在本书的编写过程中，得到了许多老师和同学的大力支持和热情帮助，电子工业出版社对本书的出版给予了很多支持，在此表示衷心的感谢！同时，编者参阅了大量关于"C语言程序设计"的书籍和网上资源，在此，对这些作者和提供者一并表示衷心的感谢。

由于编者水平有限，书中可能存在错误或陈述不妥之处，恳请读者批评指正，以便再版时修改完善。

作　者

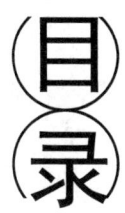

目录

第1章 C语言及程序设计概述 ·········· 1
1.1 C语言简介 ·········· 1
1.1.1 计算机语言的发展过程 ·········· 1
1.1.2 C语言的发展过程 ·········· 1
1.1.3 C语言的主要特点 ·········· 2
1.2 C语言程序结构 ·········· 3
1.2.1 C语言程序的结构及其特点 ·········· 3
1.2.2 标识符与关键字 ·········· 6
1.3 C语言编译工具简介 ·········· 7
1.3.1 C语言程序实现的步骤 ·········· 7
1.3.2 Dev-C++编译工具 ·········· 7
1.3.3 Visual C++ 6.0 编译工具简介 ·········· 12
1.4 如何学习C语言 ·········· 15
1.4.1 学习C语言的理由 ·········· 15
1.4.2 学好C语言的步骤 ·········· 16
1.5 编程实践 ·········· 18
1.5.1 任务：输出金字塔图案 ·········· 18
1.5.2 任务：输出华氏温度和摄氏温度对照表 ·········· 18
1.6 知识扩展材料 ·········· 19
1.6.1 C语言的标准化过程 ·········· 19
1.6.2 数字产业基础 ·········· 20
习题1 ·········· 20
第2章 数据类型、运算符和表达式 ·········· 22
2.1 常量和变量 ·········· 22
2.1.1 常量 ·········· 22
2.1.2 变量 ·········· 25
2.2 基本数据类型 ·········· 26
2.2.1 整型 ·········· 27
2.2.2 字符型 ·········· 28
2.2.3 实型 ·········· 28
2.3 数据类型的转换 ·········· 29
2.3.1 自动转换 ·········· 29
2.3.2 强制转换 ·········· 31
2.4 运算符和表达式 ·········· 32
2.4.1 算术运算符和算术表达式 ·········· 32
2.4.2 关系运算符和关系表达式 ·········· 37
2.4.3 逻辑运算符和逻辑表达式 ·········· 39
2.4.4 赋值运算符和赋值表达式 ·········· 40
2.4.5 位运算符和位运算 ·········· 42
2.4.6 条件运算符和条件表达式 ·········· 44
2.4.7 逗号运算符和逗号表达式 ·········· 45
2.4.8 求字节数运算符 ·········· 46
2.4.9 特殊运算符 ·········· 47
2.5 运算符的优先级和结合性 ·········· 47
2.5.1 运算符的优先级 ·········· 47
2.5.2 运算符的结合性 ·········· 48
2.6 编程实践 ·········· 49
任务：分析MD5散列算法的基本运算 ·········· 49
2.7 知识扩展材料 ·········· 50
2.7.1 C语言代码规范（编程规范） ·········· 50
2.7.2 代码规范的7个原则 ·········· 51
习题2 ·········· 53
第3章 算法概念与顺序结构的程序设计 ·········· 59
3.1 算法简介 ·········· 59
3.1.1 算法的概念 ·········· 59

3.1.2　算法的常用描述方法……………60
　3.2　C 语句概述………………………………62
　3.3　C 语言的基本输入/输出…………………64
　　　3.3.1　字符的输入/输出函数……………64
　　　3.3.2　格式的输入/输出函数……………65
　3.4　顺序结构的程序设计……………………72
　　　3.4.1　顺序结构的程序设计思想…………72
　　　3.4.2　顺序结构的程序设计举例…………73
　3.5　编程实践…………………………………74
　　　任务：计算正弦函数的面积……………74
　3.6　知识扩展材料……………………………75
　　　3.6.1　程序员的责任事故…………………75
　　　3.6.2　程序员的违法犯罪行为……………75
　习题 3 ……………………………………………76

第 4 章　选择结构的程序设计………………80
　4.1　if 语句……………………………………80
　　　4.1.1　单分支 if 语句………………………80
　　　4.1.2　双分支 if 语句………………………81
　　　4.1.3　多分支 if 语句………………………82
　　　4.1.4　if 语句的嵌套………………………83
　　　4.1.5　条件运算符和条件表达式…………84
　4.2　switch 语句………………………………85
　　　4.2.1　switch 语句…………………………85
　　　4.2.2　switch 语句的嵌套…………………87
　4.3　选择结构程序设计举例…………………88
　4.4　编程实践…………………………………90
　　　任务：计算个人所得税…………………90
　4.5　知识扩展材料……………………………91
　　　4.5.1　个人所得税的概念…………………91
　　　4.5.2　我国个人所得税的特点……………91
　习题 4 ……………………………………………92

第 5 章　循环结构的程序设计………………102
　5.1　while 语句和 do-while 语句……………102
　　　5.1.1　while 语句的一般形式……………102
　　　5.1.2　while 语句的使用说明……………103
　　　5.1.3　do-while 语句的一般形式…………104
　　　5.1.4　do-while 语句的使用说明…………104
　5.2　循环结构和循环嵌套……………………105
　　　5.2.1　for 语句的一般形式………………105
　　　5.2.2　for 语句使用说明…………………106
　　　5.2.3　循环嵌套的形式……………………107
　　　5.2.4　循环嵌套的说明……………………108
　5.3　流程转向语句……………………………108
　　　5.3.1　goto 语句……………………………108
　　　5.3.2　break 语句…………………………109
　　　5.3.3　continue 语句………………………110
　5.4　循环结构程序设计举例…………………110
　　　5.4.1　确定循环次数与不确定循环
　　　　　　次数……………………………………111
　　　5.4.2　选择循环语句………………………112
　　　5.4.3　提前结束循环………………………114
　　　5.4.4　其他应用举例………………………114
　5.5　编程实践…………………………………115
　　　任务：验证哥德巴赫猜想………………115
　5.6　知识扩展材料……………………………115
　　　5.6.1　计算思维……………………………116
　　　5.6.2　计算思维养成………………………116
　习题 5 ……………………………………………117

第 6 章　数组……………………………………122
　6.1　一维数组…………………………………122
　　　6.1.1　一维数组的定义……………………122
　　　6.1.2　一维数组元素的引用………………122
　　　6.1.3　一维数组的初始化…………………123
　　　6.1.4　一维数组应用举例…………………124
　6.2　多维数组…………………………………125
　　　6.2.1　二维数组的定义……………………125
　　　6.2.2　二维数组元素的引用………………126
　　　6.2.3　二维数组的初始化…………………126
　　　6.2.4　二维数组应用举例…………………127
　6.3　字符数组…………………………………129
　　　6.3.1　字符数组的定义……………………129
　　　6.3.2　字符数组的初始化…………………130
　　　6.3.3　字符串与字符串结束标志…………131
　　　6.3.4　字符数组的引用与输入/
　　　　　　输出……………………………………131
　　　6.3.5　字符串处理函数……………………132
　　　6.3.6　字符数组应用举例…………………135
　6.4　数组应用举例……………………………137
　6.5　编程实践…………………………………139
　　　任务：多规格打印万年历………………139
　6.6　知识扩展材料……………………………141
　　　6.6.1　聚类分析……………………………141

6.6.2　相似性度量 ·················· 141
习题 6 ······································· 142

第 7 章　函数 ································· 145
7.1　函数的定义 ························· 145
　　7.1.1　函数概述 ······················ 145
　　7.1.2　函数类型 ······················ 145
　　7.1.3　函数定义和使用 ············ 147
7.2　函数参数和返回值 ··············· 149
　　7.2.1　形式参数和实际参数 ······ 149
　　7.2.2　函数的返回值 ················ 152
7.3　函数调用和声明 ··················· 153
　　7.3.1　函数调用 ······················ 153
　　7.3.2　函数声明 ······················ 154
7.4　函数的嵌套调用和递归调用 ··· 155
　　7.4.1　函数的嵌套调用 ············ 155
　　7.4.2　函数的递归调用 ············ 156
7.5　变量的作用域 ······················ 159
7.6　变量的存储类别 ··················· 161
7.7　编程实践 ···························· 163
　　7.7.1　任务：正（余）弦曲线
　　　　　演示 ··························· 163
　　7.7.2　任务：输出杨辉三角 ······ 165
7.8　知识扩展材料 ······················ 166
　　7.8.1　分而治之 ······················ 166
　　7.8.2　模块化设计 ··················· 167
习题 7 ······································· 167

第 8 章　指针 ································· 172
8.1　指针和地址 ························· 172
8.2　指针变量 ···························· 173
　　8.2.1　指针变量的定义 ············ 173
　　8.2.2　指针变量的赋值 ············ 174
　　8.2.3　指针运算符与指针表达式 ··· 175
　　8.2.4　指针变量引用 ················ 177
　　8.2.5　指针变量作为函数的参数 ··· 177
8.3　指针和数组 ························· 180
　　8.3.1　指向数组的指针 ············ 180
　　8.3.2　通过指针引用数组元素 ··· 181
　　8.3.3　数组名作为函数参数 ······ 183
　　8.3.4　指向多维数组的指针和指针
　　　　　变量 ··························· 185
8.4　指针和字符串 ······················ 188

　　8.4.1　字符串的表示 ················ 188
　　8.4.2　字符串指针作为函数参数 ··· 190
　　8.4.3　字符数组与字符串指针的
　　　　　区别 ··························· 191
8.5　指针和函数 ························· 192
　　8.5.1　函数的指针 ··················· 192
　　8.5.2　用指向函数的指针作为函数
　　　　　参数 ··························· 193
　　8.5.3　返回指针值的函数 ········· 195
8.6　指向指针的指针 ··················· 196
　　8.6.1　指向指针的指针的定义 ··· 196
　　8.6.2　指针数组 ······················ 197
　　8.6.3　指针数组作为 main 函数
　　　　　参数 ··························· 198
8.7　编程实践 ···························· 199
　　8.7.1　任务：黑白棋子交换 ······ 199
　　8.7.2　任务：班干部值日安排 ··· 202
8.8　知识扩展材料 ······················ 204
　　8.8.1　指针的优点和缺点 ········· 204
　　8.8.2　指针的本质 ··················· 204
习题 8 ······································· 205

第 9 章　结构体和共用体 ················ 209
9.1　结构体 ······························· 209
　　9.1.1　结构体类型的定义 ········· 209
　　9.1.2　结构体变量的定义 ········· 211
　　9.1.3　结构体变量的引用 ········· 212
　　9.1.4　结构体变量的赋值 ········· 213
9.2　结构体数组与结构体指针 ······ 215
　　9.2.1　结构体数组 ··················· 215
　　9.2.2　指向结构体的指针 ········· 217
　　9.2.3　用结构体作为函数的参数 ··· 219
　　9.2.4　结构体举例 ··················· 222
9.3　链表 ·································· 224
　　9.3.1　链表概述 ······················ 224
　　9.3.2　处理动态链表所需的函数 ··· 225
　　9.3.3　链表的基本操作 ············ 227
9.4　共用体 ······························· 231
　　9.4.1　共用体类型的定义 ········· 231
　　9.4.2　共用体类型变量的定义 ··· 232
　　9.4.3　共用体变量的引用 ········· 232
　　9.4.4　共用体变量的初始化 ······ 232

9.5 枚举类型和自定义类型 ……… 234
    9.5.1 枚举类型的定义 ……… 234
    9.5.2 枚举变量的定义和初始化 … 235
    9.5.3 枚举数据的运算 ……… 236
    9.5.4 枚举数据的输入/输出 …… 236
    9.5.5 枚举变量举例 ……… 237
    9.5.6 用 typedef 定义类型 ……… 238
9.6 编程实践 ……… 241
    9.6.1 任务：三天打鱼两天晒网 … 241
    9.6.2 任务：航班订票系统 ……… 242
9.7 知识扩展材料 ……… 249
    9.7.1 结构体所占内存 ……… 249
    9.7.2 内存对齐 ……… 250
习题 9 ……… 250

第 10 章 文件 ……… 254
10.1 文件概述 ……… 254
    10.1.1 文件分类 ……… 254
    10.1.2 文件的编码形式 ……… 254
    10.1.3 文件的读/写方式 ……… 255
10.2 文件的基本操作 ……… 255
    10.2.1 文件的打开与关闭 ……… 255
    10.2.2 文件的读/写 ……… 257
10.3 文件操作举例 ……… 261
10.4 编程实践 ……… 267
    任务：精挑细选 ……… 267
10.5 知识扩展材料 ……… 268
    10.5.1 嵌入式 C 语言与标准 C 语言的区别 ……… 268
    10.5.2 嵌入式 C 语言数据类型的特点 ……… 269
习题 10 ……… 270

第 11 章 预处理命令 ……… 271
11.1 宏定义 ……… 271
    11.1.1 无参数的宏定义 ……… 271
    11.1.2 有参数的宏定义 ……… 274
11.2 文件包含 ……… 277
11.3 条件编译 ……… 278
11.4 编程实践 ……… 280
    任务：串化运算 ……… 280
11.5 知识扩展材料 ……… 281
    11.5.1 算法复杂度 ……… 281
    11.5.2 算法复杂度示例 ……… 281
习题 11 ……… 282

第 12 章 综合案例实训 ……… 286
12.1 五子棋项目实训 ……… 286
    12.1.1 功能模块设计 ……… 286
    12.1.2 数据结构设计 ……… 287
    12.1.3 函数功能描述 ……… 287
    12.1.4 系统数据流程 ……… 289
    12.1.5 程序实现 ……… 289
    12.1.6 运行结果 ……… 306
12.2 ATM（自动取款机）案例实训 ……… 306
    12.2.1 功能模块设计 ……… 306
    12.2.2 数据结构分析 ……… 307
    12.2.3 函数功能描述 ……… 307
    12.2.4 系统数据流程 ……… 307
    12.2.5 程序实现 ……… 307
    12.2.6 运行结果 ……… 321

附录 A 常用字符与 ASCII 对照表 ……… 322
附录 B C 语言常用语法提要 ……… 323
    B.1 标识符 ……… 323
    B.2 常量 ……… 323
    B.3 表达式 ……… 323
    B.4 数据定义 ……… 324
    B.5 函数定义 ……… 324
    B.6 变量的初始化 ……… 325
    B.7 语句 ……… 325
    B.8 预处理命令 ……… 325
附录 C C 语言的常用库函数 ……… 326
    C.1 输入/输出函数 ……… 326
    C.2 数学函数 ……… 327
    C.3 字符函数和字符串函数 ……… 328
    C.4 动态存储分配函数 ……… 328

参考文献 ……… 329

第 1 章   C 语言及程序设计概述

  C 语言是广泛使用的计算机语言，其功能丰富，具有表达能力强、使用灵活方便、目标程序效率高等特点，适用于编写运行高效的系统软件，是程序设计人员必须掌握的基础性语言。C 语言程序设计是国内高等院校普遍开设的基础课程之一。

  本章将介绍 C 语言的发展、特点和程序结构，C 语言的标识符与关键字，以及 C 语言编译工具——Dev-C++和 Visual C++ 6.0 的使用等。

1.1   C 语言简介

1.1.1   计算机语言的发展过程

  计算机语言包括机器语言、汇编语言、高级语言三大类，也对应于其三个不同的发展阶段。

  1946 年诞生了世界上第 1 台计算机 ENIAC，其使用的是原始的穿孔卡片。这种卡片使用的语言是二进制编码，因与人类语言差别极大，被称为机器语言。机器语言是第 1 代计算机语言，其本质上是计算机能识别的唯一语言，人类很难理解，以后的语言都是在此基础上演化而来的。虽然后来发展的语言能让人类直接理解，但最终输入计算机执行的还是这种机器语言。

  计算机语言发展到第 2 代，出现了汇编语言。汇编语言用助记符代替了操作码，用地址符号或标号代替地址码。这样就用符号代替了机器语言的二进制码。汇编语言也称为符号语言。汇编语言更便于编写程序，并为机器语言向更高级的语言进化指明了方向。

  计算机语言发展到第 3 代，就是"面向人类"的高级语言。高级语言是一种接近于人们使用习惯的程序设计语言。它允许用英文编写计算程序，程序中的符号和算式也与数学式子差不多。很多高级语言发展于 20 世纪 50 年代中叶到 70 年代，流行的高级语言已经开始固化在计算机内存里了，如 Basic 语言。现在，计算机语言仍在发展，其种类也相当多，如 FORTRAN 语言、COBOL 语言、C 语言、C++、C#、Pascal、Java、Python 等。

1.1.2   C 语言的发展过程

  C 语言是一种高级计算机语言，属于编译型程序设计语言。它是在 B 语言基础上发展起来的。C 语言的产生与 UNIX 操作系统的发展有着密切的关系。UNIX 操作系统是一个通用的、复杂的计算机操作系统。它的内核最初使用汇编语言编写而成。汇编语言是面向机器的语言，生成的代码质量较高，但其可读性和可移植性差，并且在对问题的描述上远不如高级语言更接近人类的表述习惯。C 语言最初的研制目的就是用于编写操作系统和其他系统程序的，它具有汇编语言的一些特性，同时又具有高级语言的特点，其根源可追溯到 Algol 60。1963 年，英国剑桥大学在 Algol 60 的基础上推出了 CPL（Combined Programming Language），它更接近于硬件，但规模较大，难以实现。1967 年，英国剑桥大学的 Martin Richards 对 CPL 进行了简化，开发了 BCPL（Basic Combined Programming Language）。1970 年，美国贝尔实验室的 Ken

Thompson 对 BCPL 做了进一步简化，设计出更简单和接近硬件的 B 语言（取 BCPL 的第 1 个字母），并用 B 语言编写了 DEC PDP-7 型计算机中的 UNIX 操作系统。1973 年，美国贝尔实验室的 Dennis Ritchie 在 B 语言的基础上设计了 C 语言（取 BCPL 的第 2 个字母），并首次用 C 语言编写了 UNIX 操作系统，在 DEC PDP-11 计算机上得到应用。

20 世纪 70 年代后期，C 语言逐渐成为开发 UNIX 操作系统应用程序的标准语言，随着 UNIX 操作系统的流行，C 语言也得到了推广和应用。后来，C 语言被移植到大型计算机、工作站等机型的操作系统上，逐渐成为编制各种操作系统和复杂系统软件的通用语言。

1978 年，Dennis Ritchie 和 Brain Kernighan 编写了 *The C Programming Language*，并于 1988 年进行了修订，该书作为 C 语言版本的基础，被称为 K&R 标准。但在该标准中并没有定义一个完整的标准 C 语言。1983 年，美国国家标准化协会（ANSI），对 C 语言问世以来各种版本进行发展和扩充，制定了 ANSI C 标准（1989 年再次做了修订），成为现行的 C 语言标准。目前流行的 C 语言编译器绝大多数都遵守这个标准，本书也主要参考 C89 标准。随后，C 语言标准委员会又不断地对 C 语言进行改进。到了 1999 年，正式发布了 ISO/IEC 9899:1999，简称 C99 标准。C99 标准引入了许多特性，包括内联函数（Inline Functions）、可变长度的数组、灵活的数组成员（用于结构体）、复合字面量、指定成员的初始化器、对 IEEE754 浮点数的改进、支持不定参数个数的宏定义，在数据类型上还增加了 long long int 及复数类型。2007 年，C 语言标准委员会又重新开始修订 C 语言，到了 2011 年正式发布了 ISO/IEC 9899:2011，简称 C11 标准。C11 标准新引入的特征虽然不多，但符合现代软件的开发需求，如字节对齐说明符、泛型机制（Generic Selection）、对多线程的支持、静态断言、原子操作及对 Unicode 的支持。其发展示意如图 1-1 所示。

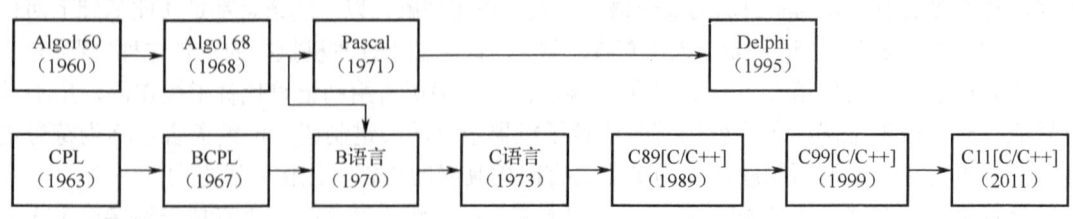

图 1-1　C 语言发展示意

1.1.3　C 语言的主要特点

C 语言的主要特点如下。

1．C 语言是结构化的语言

C 语言是以函数形式提供给用户的，这些函数可方便地被调用，并配有结构化的控制语句（如 if...else、switch、while、for），以方便程序实现模块化的设计。

2．C 语言简洁、紧凑，使用方便、灵活

C 语言仅有 32 个关键字，9 种控制语句，程序的书写形式也很自由，主要用小写字母书写语句，并有大小写之分。C 语言可用于操作系统、文字处理器、图形、电子表格等项目，甚至可用于编写其他语言的编译器。

3．C 语言可以对硬件进行操作

C 语言可直接访问内存物理地址和硬件寄存器，直接表达对二进制位（bit）的运算。它把高级语言的基本结构和语句与汇编语言的实用性结合起来，可以像汇编语言一样对位、字节和地址进行操作，这三者是计算机最基本的工作单元。C 语言与计算机处理的是同一类型的对象，即字符、数和地址，与其他高级语言相比它更像汇编语言。因此，C 语言又被称为

中级语言，但它是与硬件无关的通用程序设计语言，可以进行许多机器级函数控制而不需要借助汇编语言。通过 C 语言库函数的调用，可实现 I/O 操作，其程序简洁，编译程序体积小。

4．C 语言的数据类型丰富

C 语言具有丰富的数据类型，除基本数据类型，如整型（int）、实型（float 和 double）、字符型（char）外，还设有各种构造类型，并引入了指针概念。利用这些数据类型可以实现复杂的数据结构，如堆栈、队列和链表等。

5．C 语言的运算符极其丰富

C 语言共有 34 种运算符，其中括号、赋值、强制类型转换等都以运算符的形式出现，使 C 语言的表现能力和处理能力都很强，更容易实现多种算法。

6．C 语言的程序可移植性好

用 C 语言编写的程序不必修改或仅做少量修改就可在各种型号的计算机或各种操作系统上运行。这意味着为一种计算机系统（如 IBM PC）编写的 C 语言，只需做少量的修改，甚至无须修改就可以在其他系统中编译并运行。例如，在使用 Windows 操作系统的计算机上编写的 C 程序，可以不必修改或做少量修改就可成功移植到使用 Linux 操作系统的计算机上。C 语言的 ANSI 标准（有关编译器的一组规则）进一步提高了可移植性。

7．C 语言生成的目标代码质量高，程序执行效率高

代码质量是指 C 语言程序经编译后生成的目标程序在运行速度上的快慢和存储空间上的大小。一般而言，运行速度越快，占用的存储空间越小，则代码质量越高。一般的高级语言相对于汇编语言而言其代码质量要低得多，但 C 语言在代码质量上几乎可以与汇编语言媲美。

8．C 语言的语法灵活，限制不是十分严格

C 语言允许程序员有较大的自由度，放宽了语法检查。例如，C 语言对数组下标越界不做检查，由程序员自己保证程序正确。对变量的使用也比较灵活，如整型量与字符型数据和逻辑数据可以通用。一般的高级语言语法检查比较严格，能检查出几乎所有的语法错误。所以程序员要仔细编写程序，保证其正确，而不要过分依赖 C 语言编译程序去查错。

1.2　C 语言程序结构

1.2.1　C 语言程序的结构及其特点

C 语言是一种使用非常方便的语言，下面举两个例子来初步认识 C 语言程序的结构。

【例 1.1】　编写程序，将"programming is interesting！"显示在计算机的屏幕上。

参考程序如下：
```
#include <stdio.h>
void main( )
{
   printf ("programming is interesting! \n" );
}
```

程序运行情况：
```
programming is interesting!       （计算机屏幕上的输出显示）
```
程序说明：

这是一个简单的 C 语言程序。

首先看第 2 行"void main()"，其中 main() 是 C 语言程序中的主函数，标识符 void 说明该

函数的返回值类型为"空"，即执行该函数后不产生函数值。每个 C 语言程序都必须有且只有一个 main 函数。C 语言程序从 main 函数的开始处执行（如同一栋建筑物的大门，是建筑物的入口），一直到 main 函数的结尾处停止。main 函数为主函数，而其他函数为子函数，可被 main 函数调用。main 函数作为程序的入口，只可被系统调用，不能被其他函数调用，并且 main 函数是唯一的。

第 3 行和第 5 行的"{"和"}"是 main 函数体的标识符。C 语言程序中的函数（无论是标准库函数，还是用户自定义的函数）都由函数名和函数体两部分组成，函数体由若干条语句组成，用"{}"括起来，完成一定的函数功能。本例 main 函数的函数体只有一条语句，即 printf。

第 4 行"printf ("programming is interesting！\n");"是 C 语言编译系统提供的标准函数库中的输出函数（参见 3.3.2 节格式的输入/输出函数）。main 函数通过调用库函数 printf，实现运行结果的输出显示。在 printf 的圆括号内用双引号括起来的字符串按原样输出，"\n"是换行符，";"是语句结束符。程序运行之后，可在计算机屏幕上显示：programming is interesting！，并将光标移至下一行的开始处。

最后看第 1 行"#include <stdio.h>"，其中#include 是文件包含命令，功能是在此处将 stdio.h 文件与当前的源程序连成一个程序文件。stdio.h（standard input & output）是 C 语言编译系统提供的一个头文件，含有标准输入/输出的函数信息，供 C 语言编译系统使用。为了显示输出程序的运行结果，在本程序 main 函数中使用了系统提供的标准输出函数 printf。开始学习 C 语言时，只需记住在程序中用到系统的标准库函数，应在程序开始处写上#include <stdio.h>，有关#include 命令更详细的叙述可参见 11.2 节文件包含处理。

【例 1.2】 求解递归问题。

一般而言，兔子在出生两个月后就有繁殖能力，一对兔子每个月能生出一对小兔子。假设开始有一对刚出生的兔子且所有兔子都不死，那么一年以后可以繁殖多少对兔子？

程序分析：利用递归的方法解题。递归分为回推和递推两个阶段。例如，要想知道第 12 个月兔子的对数，需知道第 10 个和第 11 个月兔子的对数，以此类推，推到第 1 个和第 2 个月兔子的对数，再往回推。

参考程序如下：
```
#include <stdio.h>
/*定义 fib 函数，函数返回值类型为整型，形参 n 为整型*/
int fib(int n);                    /*函数声明*/
void main()                         /*主函数*/
{
    int n,i;                        /*变量声明*/
 printf("请输入几个月整数值:");
 scanf("%d",&n);                    /*格式化输入*/
 printf("num=%d ",fib(n));          /*格式化输出*/
}
int fib(int n)
{
 if(n==1||n==2) return 1;
 else return fib(n-1)+fib(n-2);
}
```

程序运行情况：
请输入几个月整数值:12✓   （输入 12 并按 Enter 键。加下画线表示从键盘输入，"✓"代表按 Enter 键，以下同）
num=144   （输出的结果）

程序说明：该程序由两个函数组成，主函数 main 和被调函数 fib。fib 函数的功能是计算某个月兔子的对数。

在主函数 main 中，scanf 是 C 语言编译系统的标准输入函数，表示从键盘接收输入的数据；scanf 圆括号中的"%d"是格式控制符，表示输入的数据是十进制整数；"&n"是地址表列，表示将从键盘接收的十进制整数存入变量 n 的内存地址&n 中。

主函数 main 前的 int fib(int n)语句是对函数 fib 的声明，说明 fib 函数是整型的，形式参数只有一个 n，并且也是整型的。

fib 函数是用户根据解题的要求自定义的函数，供主函数 main 调用，计算任意月份兔子的对数。其中，"if...else..."是条件控制语句，设定递推返回的条件，当 n 满足等于 1 或 2 时，递推结束，并开始回退。return 是函数值返回语句，负责将回退得到的结果以整数的形式返回到调用的主函数 main 中，并且将函数 printf 输出到屏幕上。

从上述例 1.1、例 1.2 中可以看出 C 语言程序的结构及其特点如下。

1．函数是 C 语言程序结构的基本单位

一个 C 语言程序可以由一个或多个函数组成。C 语言中的所有函数都是相互独立的，它们之间仅有调用关系。函数可以是系统提供的标准库函数，如 printf()，也可以是用户自行编制的函数，如 fib()。C 语言的这个特点，使程序易于进行模块化设计，使得每个模块都能对应于相对独立的函数。

2．C 语言程序只有一个主函数

C 语言程序必须有且只有一个主函数 main，无论主函数 main 是在程序的开头、最后或其他位置，它都是程序的入口点，程序总是从主函数 main 开始执行的。当主函数 main 执行完毕时，亦即程序执行完毕。习惯上，将主函数 main 放在程序的开头。主函数 main 的作用相当于其他高级语言中的主程序，而 C 语言中的其他函数，则相当于其他高级语言中的子程序。

3．C 语言程序的书写格式比较自由

C 语言的每条语句都必须以"；"结束。它的书写风格比较自由，一行可以写一条或多条语句，一条语句也可以分别写在多行上（在行结尾处加"\"语句连接符）。只有一个"；"的语句称为空语句，如；/*空语句*/。但在实际编写中，应该注意程序的书写格式，要易于阅读，以方便理解。

4．C 语言程序中需使用声明语句

C 语言程序中所用到的各种量（标识符）都要先定义后使用，有时还要加上对变量和函数的引用说明。

5．C 语言可带有编译预处理命令

由"#"开头的行称为宏定义或文件包含，是 C 语言中的编译预处理命令，其末尾无"；"。每个编译命令都需要单独占一行。

6．C 语言中常使用注释信息

C 语言的注释信息格式为"/*注释内容*/"（多行注释）或"//注释内容"（单行注释）。注释只是增加程序的可读性，并不被计算机执行。

注释可放在函数的开头，对函数的功能做简要说明；也可放在某个语句之后，解释该语句的功能。

7．C 语言的标识符区分大、小写

系统预留的关键词由小写字母组成。用户定义的变量名、函数名等标识符一般由小写字母组成，但不能占用系统预留的关键字。

8．C 语言本身没有输入/输出语句

输入/输出操作是由标准库函数中的 scanf 和 printf 函数完成的。由于输入/输出操作涉及具体

的硬件设备，因此将该操作放在函数中处理，可简化 C 语言程序本身，使程序更具有可移植性。

1.2.2 标识符与关键字

1．C 语言的标识符

在程序中使用的变量名、函数名、标号等统称为标识符。除库函数的函数名由系统定义外，其余都由用户自定义。C 语言规定，标识符只能是字母（A～Z，a～z）、数字（0～9）和下画线组成的字符串，并且标识符的第 1 个字符必须是字母或下画线。

以下标识符是合法的：

a，x，_x，BOOK_1，sum5。

以下标识符是非法的：

1s，以数字开头；

S&T，出现非法字符&；

-6z，以减号开头；

boy-2，出现非法字符-（减号）。

在使用标识符时还必须注意以下三点。

（1）标准 C 语言不限制标识符的长度，但它受各种版本的 C 语言编译系统限制，同时也受到具体机器的限制。例如，在某版本 C 语言中规定标识符前 8 位有效，当两个标识符前 8 位相同时，则被认为是同一个标识符。

（2）在标识符中，大、小写是有区别的，如 NEXT 和 next 是两个不同的标识符。

（3）标识符虽然可由程序员任意定义，但标识符是用于标识某个量的符号，命名应尽量具有相应的意义，以方便阅读理解。一般以英文单词进行表示，尽量做到"见名知义"。

2．C 语言的关键字

关键字是 C 语言规定的具有特定意义的字符串，通常也称为保留字。用户定义的标识符不能与关键字相同。C 语言的关键字共有 32 个，根据关键字的作用，可分为数据类型关键字、控制语句关键字、存储类型关键字和其他类型关键字。C 语言的关键字如表 1-1 所示。

表 1-1　C 语言的关键字

数据类型关键字（12 个）	控制语句关键字（12 个）	存储类型关键字（4 个）	其他类型关键字（4 个）
char	break	auto	const
double	case	extern	sizeof
enum	continue	register	typedef
float	default	static	volatile
int	do		
long	else		
short	for		
signed	goto		
struct	if		
union	return		
unsigned	switch		
void	while		

注意：表 1-1 是 C89 标准定义的关键字。C99 标准根据复数计算、逻辑计算等的需要，又定义了 restrict、inline、_Complex、_Imaginary、_Bool 5 个关键字，通过关键字 _Bool，提供了布尔类型。C11 标准向其他语言学习，又定义了 _Alignas、_Alignof、_Atomic、_Generic、

_Noreturn、_Static_assert、_Thread_local 7 个关键字，提供了泛型、内存对齐、原子操作等功能。

1.3 C 语言编译工具简介

1.3.1 C 语言程序实现的步骤

一个 C 语言程序从编写到运行，需要经过编辑、编译、连接和运行 4 个步骤。

（1）编辑。编写 C 语言源程序，生成一个后缀为.c 的源程序*.c，并存盘。

（2）编译。使用 C 语言编译器对上一步生成的*.c 源程序进行编译。编译前先要进行预处理，如进行宏代换、包含其他文件等。编译过程主要进行词法分析和语法分析，如果源文件中出现错误，编译器一般会指出错误的种类和位置，此时先要回到编辑步骤修改源程序，然后进行编译。无错的源程序将被编译生成后缀为.obj 的目标程序*.obj。

（3）连接。编译生成的目标程序*.obj，虽然是计算机所能识别的机器指令，但仍属于相对独立的模块，不能被计算机所执行。需要将目标程序*.obj 与系统的函数和头文件等引用的库函数进行连接装配，才能生成后缀为.exe 的可执行程序*.exe。

（4）运行。上步生成的*.exe 程序可被计算机执行，得到运行结果后，显示输出。

上述 C 语言程序实现的 4 个步骤，如图 1-2 所示。

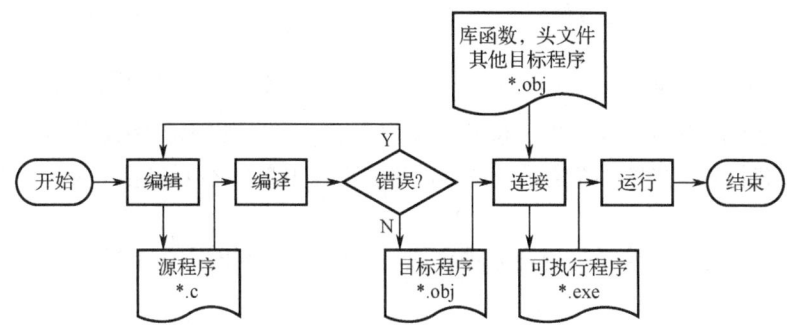

图 1-2　C 语言程序实现的流程

注意：在编写程序前，尤其是功能复杂的大型程序，必须进行程序功能需求分析，制订开发计划，给程序员分配开发模块（函数）任务。程序员根据任务要求，才能进入编写程序阶段。

1.3.2 Dev-C++编译工具

Embarcadero Dev-C++ 6.3（以下简称 Dev-C++）是一个可在 Windows 中运行 C/C++程序的集成开发环境，以菜单和工具栏驱动编辑、编译、连接、运行等软件开发过程所需功能，方便程序员使用。它是 Pascal 语言编写的开源代码实现的免费软件，使用 MingW32/GCC 编译器，遵循 C/C++标准。它的开发环境包括多页面窗口、工程编辑器和调试器等，综合集成了编辑器、编译器、连接程序和执行程序功能，提供高亮度语法显示，以减少编辑错误。它还具有完善的调试功能，能满足初学者与编程高手的不同需求，是学习 C 语言或 C++的首选开发工具，也是不少程序设计比赛指定的开发环境。多国语言版中包含简/繁体中文语言界面及技巧提示，还能选择英语、俄语、法语、德语、意大利语等二十多个国家和地区语言。Dev-C++的新版本是 6.3，对应源代码和可执行程序可在相关网站下载。

1. Dev-C++ 6.3 的安装

首先加载安装程序，出现选择安装语言对话框。Dev-C++ 6.3 支持多国语言，可以在安装过程中选择使用简体中文，如图 1-3 所示。

单击"OK"按钮后，程序继续运行，出现中文的"许可证协议"窗口，同意 Dev-C++ 6.3 开源协议的各项条款，单击"我接受"按钮，如图 1-4 所示。

程序继续运行，出现选择要安装的"选择组件"窗口。把全部控件都选上，如图 1-5 所示。单击"下一步"按钮。

图 1-3　安装过程中选择语言对话框

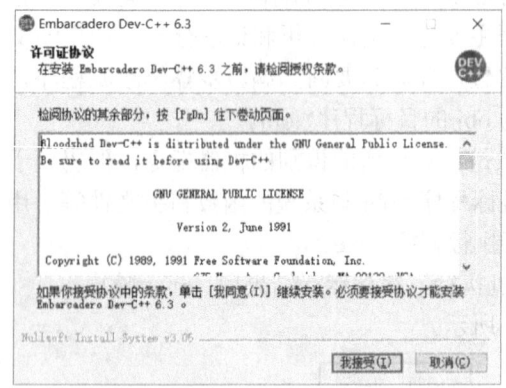

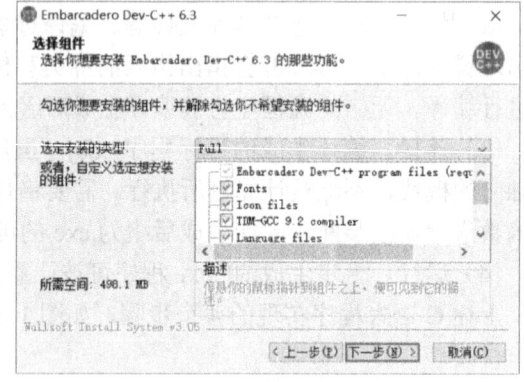

图 1-4　"许可证协议"窗口　　　　　　　　图 1-5　"选择组件"窗口

程序继续运行，出现"选定安装位置"窗口。默认安装值对应 C 盘程序安装目录，可改为 D 盘程序安装目录，如图 1-6 所示。注意，安装路径中最好不要包括中文，设置后单击"安装"按钮。

程序进入安装过程，需要花费几分钟完成。完成后，将出现图 1-7 所示窗口，单击"完成"按钮。

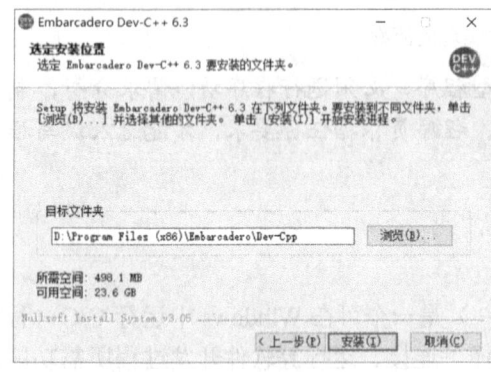

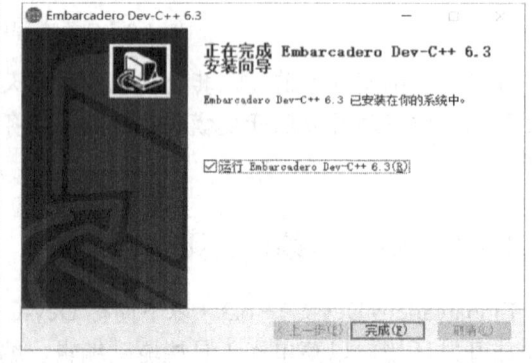

图 1-6　"选定安装位置"窗口　　　　　　　图 1-7　安装结束窗口

2. 配置 Dev-C++ 6.3

首次使用 Dev-C++ 6.3 需要进行简单的配置，包括设置语言、字体和主题风格。如图 1-8 所示，提示选择语言。选择"简体中文/Chinese"项，然后单击"Next"按钮。

程序继续运行，出现选择字体、颜色等界面，如图 1-9 所示，可保持默认设置，单击"Next"按钮，出现设置成功提示界面，如图 1-10 所示。单击"OK"按钮后进入 Dev-C++ 6.3，就可以编写代码了。

图 1-8　选择开发环境菜单语言

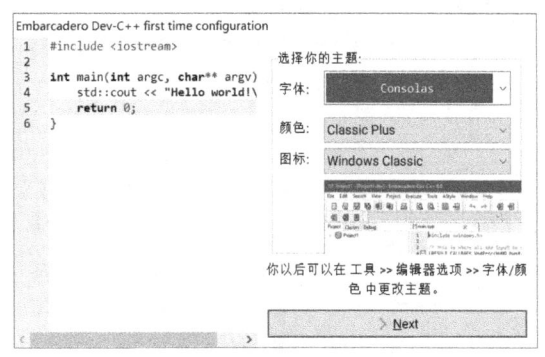

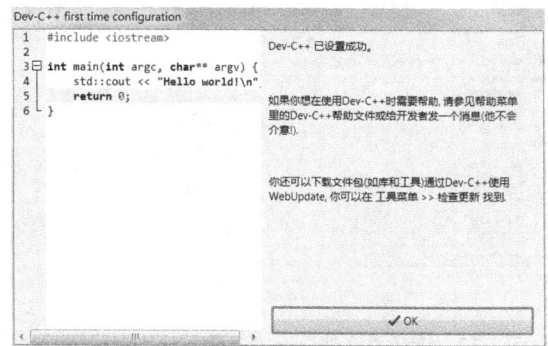

图 1-9　选择开发环境的字体、颜色等　　　　图 1-10　设置成功提示界面

3．Dev-C++ 6.3 的简单操作

双击 Windows 桌面或所有菜单中"Dev-C++"的快捷方式图标，打开 Dev-C++ 6.3 集成操作界面，如图 1-11 所示。该界面上边是"菜单驱动区""工具栏区"，左边是"项目管理区"，中间是"文件内容编辑区"，右边是"快捷按钮管理区"，下面是"编译、调试和运行结果显示区"。

图 1-11　Dev-C++ 6.3 集成操作界面

| 9

Dev-C++ 6.3 支持单个源文件的编译，如果所开发程序只有一个源文件（初学者基本都是在单个源文件下编写代码的），则不用创建项目，直接运行就可以了；如果包含多个源文件，则需要创建项目。

（1）新建源文件

打开 Dev-C++ 6.3，在菜单栏中选择"文件"→"新建"→"源代码"命令，如图 1-12 所示。将出现编辑代码窗口，如图 1-13 所示。文件名为"未命名 1"，在其窗口中编写代码后，即可保存。

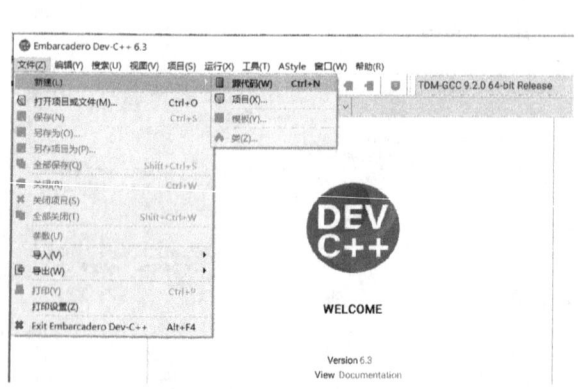

图 1-12　选择"文件"→"新建"→"源代码"命令

图 1-13　编辑代码窗口

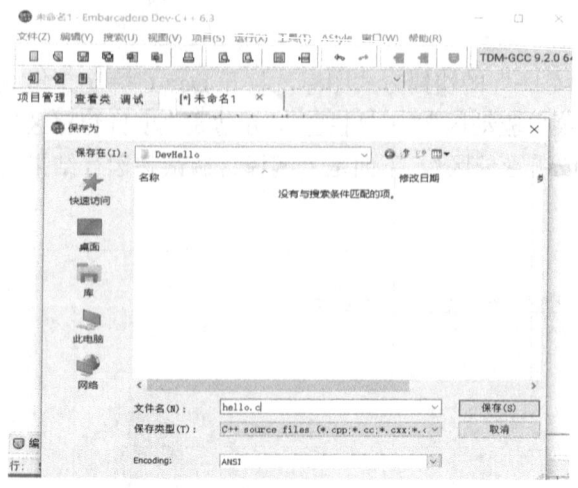

图 1-14　源文件保存

选择"文件"→"保存"命令或按"Ctrl+S"快捷键，将出现源文件的"保存为"对话框，如图 1-14 所示，注意应将源文件后缀改为.c，命名为 hello.c。若后缀是.cpp，则代表 C++程序，C++是在 C 语言基础上的扩展，其包含了 C 语言的全部规范，所以大部分 IDE 默认创建的是 C++文件。若不改，并不影响使用，但可能体会不到 C 语言的规范特性，所以有必要将源文件名的后缀改为.c，编译器会根据源文件的后缀来判断代码的种类。

（2）生成可执行程序

在菜单栏中选择"运行"→"编译"命令，如图 1-15 所示，即可完成 hello.c 源文件的编译工作，如图 1-16 所示。

编译完成后，打开源文件所在的目录（本例是 D:\DevHello\），会看到多了一个名为 hello.exe 的文件，这就是最终生成的可执行文件。如果看不到目标文件，则是因为 Dev-C++ 将编译和连接这两个步骤合二为一，统称为"编译"，并且在连接完成后删除了目标文件。用鼠标双击 hello.exe，程序就可运行了，但只会看到一个黑色窗口一闪而过。这是因为程序运行速度太快了，输出"C language is a good computer language!!"后就结束了，窗口自动关闭，时间非常短暂，所以看不到输出结果，只能看到一个"黑影"。

正常情况下，如图 1-17 所示，选择"运行"→"运行"命令或按 F10 键，将运行编译好的程序，出现如图 1-18 所示的窗口，显示出程序的运行结果。

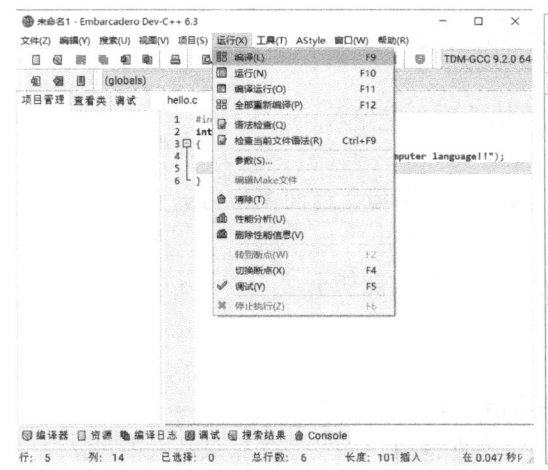
图 1-15 选择"运行"→"编译"命令

图 1-16 编译结果显示

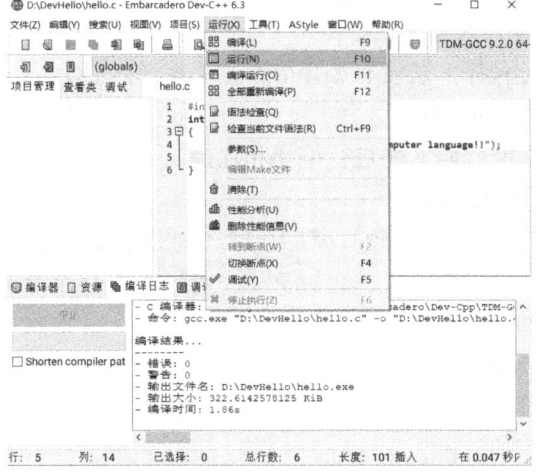
图 1-17 选择"运行"→"运行"命令

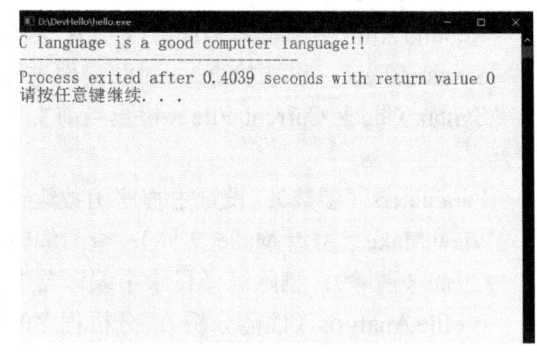
图 1-18 程序运行结果窗口

4．Dev-C++ 6.3 的主要菜单功能

Dev-C++ 6.3 集成操作界面菜单栏包括 File（文件）、Edit（编辑）、Search（搜索）、View（视图）、Project（项目）、Execute（运行）、Tools（工具）、Window（窗口）和 Help（帮助）等，操作功能强大。下面重点介绍 File（文件）、Project（项目）、Execute（运行）、Tools（工具）子菜单功能，其他菜单主要是为了方便程序员进行编辑、查看信息等工作，读者可以通过实践操作加以感受，或者查看其帮助文件加以学习。

（1）File

File（文件）下拉菜单主要包含 13 个操作命令，其功能如下。

New（新建）：新建源文件、项目、模板或类。默认文件名为 untitle1，存盘时可重新命名。
Open（打开项目或文件）（Ctrl+O）：打开已有项目或文件。
Save（保存）（Ctrl+S）：保存文件，若文件名是 untitle1，则询问是否更改文件名。
Save As（另存为）：将文件或项目保存为其他名字或类型。
Save Project As（另存项目为）：将项目保存为其他名字或类型。
Save All（全部保存）（Shift+Ctrl+S）：打开的窗口文件全部保存。
Close（关闭）（Ctrl+W）：关闭当前窗口。
Close Project（关闭项目）：关闭当前项目。

Close All（全部关闭）（Shift+Ctrl+W）：关闭所有窗口。
Properties（参数）：显示文件的大小等属性。
Import（导入）：从微软 Visual Studio 开发环境的项目中导入。
Export（导出）：将源代码导出不同格式文档。
Exit Embarcadero Dev-C++（Alt+F4）：退出集成开发环境，返回 Windows 操作系统。

（2）Project

Project（项目）下拉菜单主要包含 4 个操作命令，其功能如下。
New File（新建单元）：在项目中新建文件。
Add To Project（添加）：将文件加入项目中。
Remove From Project（移除）：从项目中移除指定文件。
Project Options（项目属性）：查看项目类型、文件构成，以及包含目录、版本等。

（3）Execute

Execute（运行）下拉菜单主要包含 15 个操作命令，其功能如下。
Compile（编译）（F9）：将源代码文件进行编译和连接。
Run（运行）（F10）：运行当前编译好的执行程序，若没有编译好，则先编译。
Compile Run（编译运行）（F11）：编译好后立即运行。
Rebuild All（全部重新编译）（F12）：对全部源代码文件进行编译和连接。
Syntax Check（语法检查）：对源文件进行语法检查。
Syntax Check Current File（检查当前文件语法）（Ctrl+F9）：对当前源代码文件进行语法检查。
Parameters（参数）：设置主程序函数运行所需的参数。
View Make（编辑 Make 文件）：查看编辑 Make 文件。
Clean（清除）：删除编译目录中编译器生成的文件。
Profile Analysis（性能分析）：分析程序的性能。
Delete Profiling Information（删除性能信息）：删除性能分析处理的结果。
Goto Breakpoint（转到断点）（F2）：程序运行到断点位置。
Toggle Breakpoint（切换断点）（F4）：设置取消程序调试时的中断点。
Debug（调试）（F5）：进入调试状态。
Stop Execution（停止执行）（F6）：停止执行调试状态的程序。

（4）Tools

Tools（工具）下拉菜单主要包含 6 个操作命令，其功能如下。
Compiler Options（编译选项）：配置编译器及其参数。
Environment Options（环境选项）：配置文件保存路径、关联处理等。
Editor Options（编辑器选项）：配置编辑器的文字编辑处理方式、语法高亮显示等。
Configure Shortcuts（快捷键选项）：配置快捷键操作。
Configure Tools（配置工具）：配置工具软件对应操作。
Package Manager：软件包制作管理工具。

1.3.3 Visual C++ 6.0 编译工具简介

Visual C++ 6.0 是 Microsoft 公司开发的基于 Windows 的 C/C++语言的开发工具。它是 Microsoft Visual Studio 套装软件的一部分。从 Microsoft Visual Studio 套装软件中运行安装程

序（SETUP.EXE），安装完成后，在桌面上创建了 Visual C++ 6.0 快捷方式图标，双击该图标，进入 Visual C++ 6.0 的集成开发主窗口。

由于 C++是从 C 语言发展而来的，C++语言和 C 语言在很多方面是兼容的，因此可以用 C++的编译系统对 C 程序进行编译。目前学习 C++的用户大多使用 Visual C++ 6.0 的集成开发环境。在学习 C 语言时，使用 Visual C++ 6.0 的集成开发环境编制程序，有利于以后 C++语言的学习。本书中的所有例题均是基于 Visual C++ 6.0 的平台调试和运行的。下面简单介绍 Visual C++ 6.0 集成开发环境的使用。

1．Visual C++ 6.0 集成开发主窗口

Visual C++ 6.0 主窗口自上而下分别是标题栏、菜单栏、工具栏、项目工作区窗口（左）、程序和资源编辑区窗口（右）、信息输出窗口、状态栏，如图 1-19 所示。

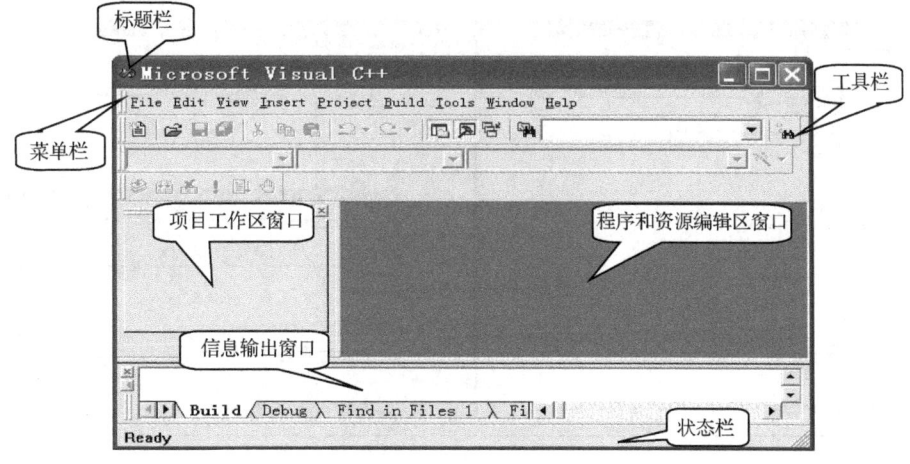

图 1-19　Visual C++ 6.0 的集成开发主窗口

菜单栏包括 9 个菜单项：File（文件）、Edit（编辑）、View（查看）、Insert（插入）、Project（项目）、Build（构建/编译）、Tools（工具）、Window（窗口）、Help（帮助）。单击每个菜单项，均可弹出下拉菜单。

2．输入和编译源程序

（1）编辑 C 语言源程序并存储

在菜单栏中选择"File"→"New"命令，如图 1-20 所示。弹出"New"对话框，单击"Files"选项卡，选择"C++ Source File"项，在 File 栏内输入 C 语言源程序文件名"hello.c"，在 Location 栏内输入"D:\vc"，如图 1-21 所示。

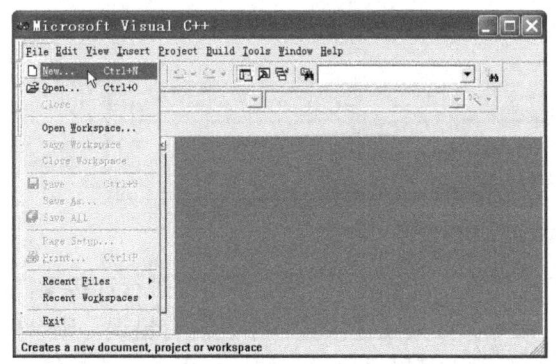

图 1-20　选择"File"→"New"命令

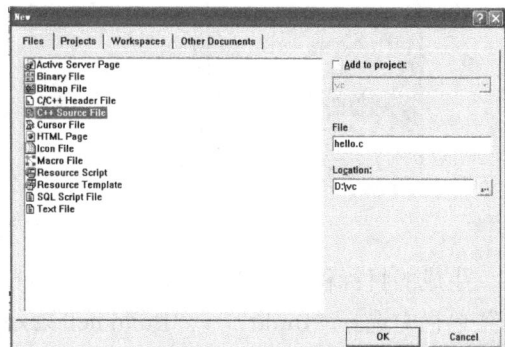

图 1-21　"New"对话框

13

这样就可将输入和编辑的 C 语言源程序用文件名 hello.c 存放在 D:\vc 文件夹内，单击"OK"按钮，返回 Visual C++ 6.0 主窗口。

在主窗口内输入或用 Edit 菜单上的命令项进行编辑，如图 1-22 所示。经检查无误后，保存源程序。操作方法：在菜单栏中选择"File"→"Save"命令，并保存编辑好的 C 语言源程序于 D:\vc\hello.c 中。

（2）编译、连接源程序

在菜单栏中选择"Build"→"Compile"命令，弹出一个对话框，显示"This build command requires an active project workspace, Would you like to create a default project workspace?"（此编译命令要求一个有效的项目工作区，你是否同意建立一个默认的项目工作区），如图 1-23 所示。单击"是"按钮，开始编译。

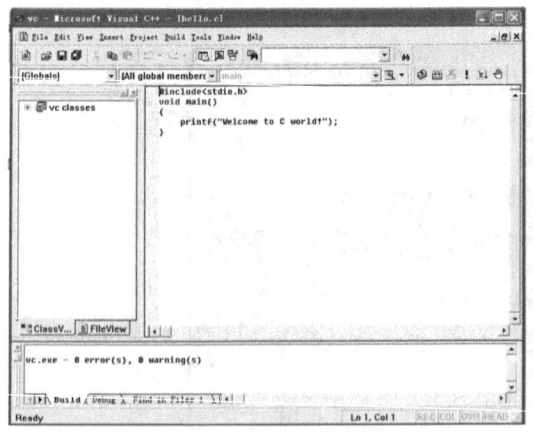 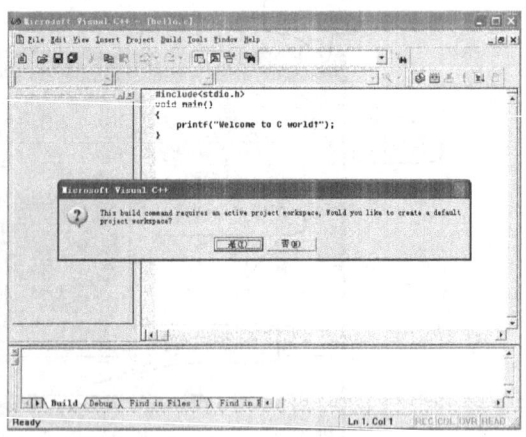

图 1-22　输入和编辑 C 语言源程序　　　　图 1-23　询问建立项目工作区的对话框

在编译过程中，如果有错，则会停止编译，并显示出错信息，用户可对错误进行修改，再重新编译，直到无错误信息为止。编译完成后，系统将生成目标文件 hello.obj，如图 1-24 所示。

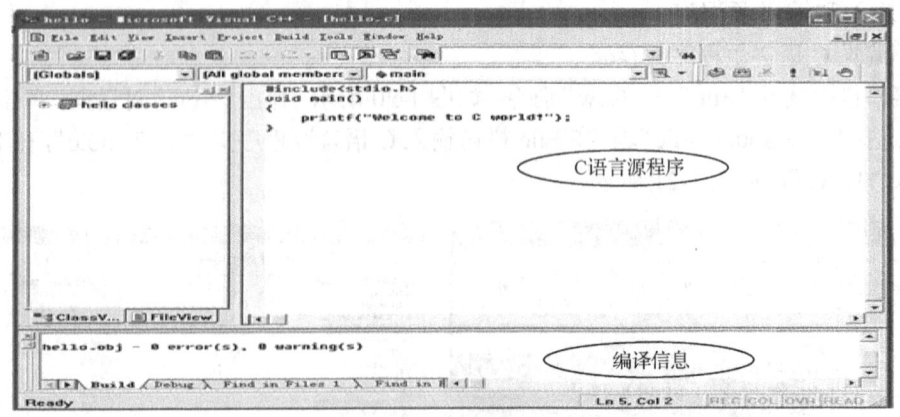

图 1-24　C 语言源程序的编译

生成的目标程序 hello.obj 还需要与系统资源文件（如库函数、头文件等）进行连接操作，在菜单栏中选择"Build"→"Build hello.exe"命令。如果在连接过程中发现有错误，则会停止连接操作，并在信息输出窗口中显示出错信息，用户可对错误进行修改，再重新连接操作，直到没有错误为止。系统自动生成一个可执行文件 hello.exe，如图 1-25 所示。

（3）运行程序

在菜单栏中选择"Build"→"Execute hello.exe"命令，运行 hello.exe 程序，如图 1-26 所示。

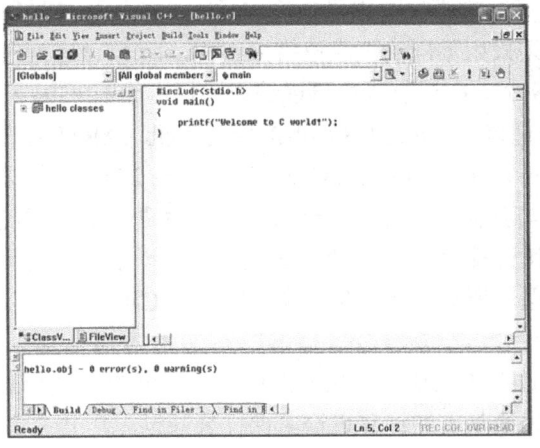 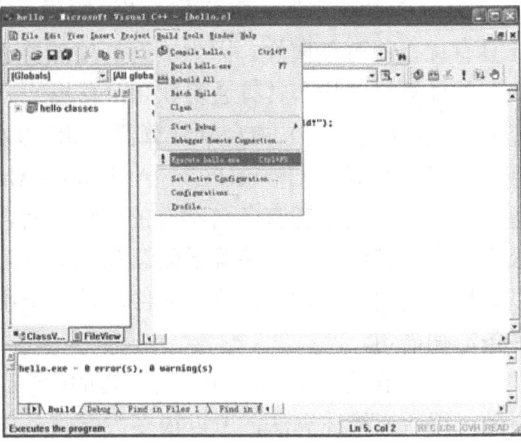

图 1-25　连接窗口　　　　　　　　图 1-26　运行菜单项窗口

程序被执行后，弹出输出结果的窗口，如图 1-27 所示。

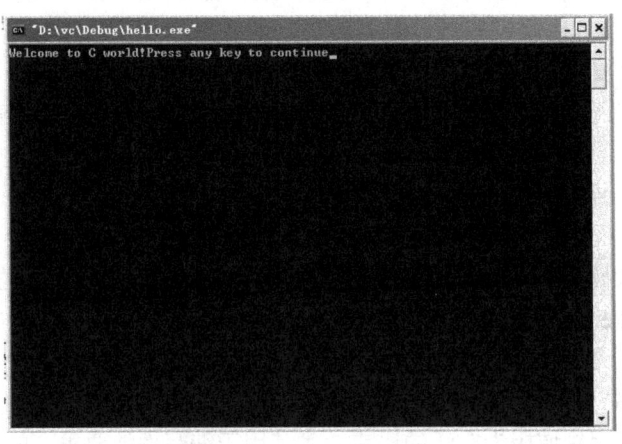

图 1-27　输出结果的窗口

输出结果窗口中显示如下：
Welcome to C world!

接着是提示信息："Press any key to continue"。按任意键后，可从输出结果的窗口返回到 Visual C++ 6.0 集成开发主窗口。

以上是一个 C 语言源程序的编译过程，如果一个程序是由多个源程序组成的，其编译源程序的方法也类似，则仅需将源文件加入工程文件即可。

1.4　如何学习 C 语言

1.4.1　学习 C 语言的理由

C 语言是编写操作系统最常使用的编程语言之一。UNIX 是用 C 语言编写的第 1 个操作系统。后来 Microsoft Windows、Mac OS X，还有 GNU/Linux 也都是用 C 语言编写的。C 语言不仅是编写操作系统的语言,也是今天很多流行的高级语言的核心基础。事实上,Perl、PHP、Python 和 Ruby 都是用 C 语言编写出来的。学习 C 语言就能有效理解和欣赏建构在传统 C 语言之上的整个编程语言家族,掌握进入各种编程语言的自由王国大门的钥匙。

  C 语言的特性介于高级语言和汇编语言之间,它不仅能提供速度和最大的编程可控性,还具有优良的可移植性。因为不同的处理器必须采用不同的汇编语言来编程,而 C 语言面对众多的计算机架构,具有通用性和可移植性。例如,C 语言程序可以编译运行在如 HP 50g 计算器(ARM 处理器)、TI-89 计算器(68000 处理器)、Palm OS Cobalt 智能手机(ARM 处理器)、最早的 iMac(PowerPC)、Arduino(Atmel AVR)和 Intel iMac(Intel Core 2 Duo)等设备上。而这些设备都有各自特有的汇编语言,与其他设备并不完全兼容。汇编语言虽然功能很强大,但其编写的程序难于阅读和理解,可读性很差。而 C 语言虽是一种编译语言,但可以编译生成快速有效的可执行文件,是一个小型"所见即所得"语言,即一条 C 语句可对应多条汇编语句。

  选择 C 语言作为学习计算机语言的起步,还在于其语法结构简洁精妙,写出的程序非常高效,很适宜描述算法,所以很多大学将其作为最基本的计算机语言课程来开设。C 语言最主要的特性就是用于编写可移植代码,同时保持性能最优化,它从出现开始就几乎达到了"一次编写,处处编译"的目的。1989 年 ANSI 统一 C 语言标准以后,只要特定平台上的编译器完整实现了 C89 标准,并且编写代码时没有使用某些特殊的扩展(GCC、微软都有自己的编译器特定扩展),那么代码就一定可以编译通过。通过进一步实现操作系统相关的函数库后,C 语言程序的移植就变得非常简单了。

  C 语言是一种既稳定又成熟的语言,其优良的特性至今没有其他语言可替代,它已被移植到越来越多的平台上。C 语言允许程序员直接访问内存,其结构体、指针和数组等机制就是用一种高效且与机器无关的方式去构建和操作内存的,形成特有的数据结构对应内存层上的控制方法。此外,程序员可以掌控动态内存的分配,这虽然可能会成为程序员的一种负担,然而,在处理低层代码时,如操作系统管理和访问一个设备,C 语言就提供了一个统一清晰的接口。而 Java 和 Perl 之类的语言虽然不再要求程序员管理内存分配和应用指针,其功能很强大,能支持许多 C 语言通常不支持的特性,但这些语言并不能用自己来编程实现,恰恰需要依赖 C 语言(或者另一种高性能编程语言)写成,而且在使用之前必须先要进行跨平台移植。

  C 语言是一种应用领域极为广泛的语言,尤其用于编写性能要求高的程序,如操作系统、服务器端软件、GUI 程序,其典型产品有 Apache、Linux、GTK 等。在 Web 开发领域,C 语言的应用相对较少,更多使用 PHP、Ruby、Python 这样的动态语言,以最大程度满足用户不断变化的需求。如果把程序语言的应用领域(硬件驱动、管理软件、Web 程序)做一个粗略排列,则 C 语言更适合硬件驱动部分,而新兴语言比较偏重于高层管理或相对贴近最终用户的领域。现在比较流行的混合开发模式就是使用 C 语言编写底层高性能要求部分的代码或后台服务器的代码,而使用动态语言(如 Python)做前端开发,充分发挥它们各自的优势。在人工智能时代,为了实现产品功能的智能化,嵌入式系统无处不在,常用 C 语言去实现高效嵌入式系统编程。

  C 语言还可作为一个中间层。如果想把不同编程语言实现的功能模块混合使用,则将 C 语言作为桥梁实现相互的接口和调用应该是最佳选择。另外,在编程过程中,我们要有意识地使用 C 语言的思考方式,汲取其简洁清晰的设计思路,是学习 C 语言的最终目的。

1.4.2 学好 C 语言的步骤

  C 语言是程序员与计算机对话的工具,与自然语言有很多"语言交流功能"的共性。学习 C 语言要分为两个层次：第 1 个层次是应用 C 语言学会基本编程；第 2 个层次是如何进一步提高编程水平，应用 C 语言编写程序解决工程和科研项目中的实际问题。要达到第 2 个层次，已不是简单学会 C 语言的问题，而是要涉及算法、数据结构、操作系统等课程知识。如同我们要写好一部小说，仅掌握了词汇、语法等知识是不够的，还需要有丰富的生活阅历，阅读大量与小说内容相关的文献资料。

由于计算机在设计时就要求其指令是确定的，每一条指令的结果都是可以预知的，所以 C 语言与自然语言相比要简单得多。学习 C 语言的步骤如下。

（1）精读 C 语言教材。先掌握 C 语言的基本语法，如常量、变量、类型、顺序结构、分支结构和循环结构的意义及用法，再学习构造类型，如指针、结构、链表、函数的意义和用法。

（2）结合编程实践把 C 语言的语法规则，包括输入/输出格式、运算规则、变量类型等搞清楚，掌握程序的三种基本结构，并学会数组、函数调用及指针的用法。

（3）通过实例掌握 C 语言提供的标准函数，以便减轻程序设计和编写工作量。

（4）多上机，多记程序范例。编程水平的提高是建立在编程实践积累的基础上的，对编程练习题，必须逐一上机调试完成。

（5）通过模仿学习进一步提高 C 语言编程水平。多做程序例题、多分析别人编好的程序，在别人程序的基础上进行编译、调试，找出错误的地方，加以修改，逐渐过渡到独立分析设计和编程实现，不断提高编程水平。

（6）学习完 C 语言课程后，还需要花 1~2 年时间加以实践，才能达到应用 C 语言编写程序解决工程和科研项目中实际问题的水平。这已经不是简单的语言问题，还要涉及其他相关知识和方法论等内容。首先我们要学好计算机算法、数值分析、数据结构等课程知识，要具备扎实的数学基础知识和分析问题能力，还要具备计算机软件工程思想，以及与实际项目相关的专业技术知识。

（7）通过参与几个大型的 C 语言实际应用项目工作，实现计算机语言的融会贯通。使 C 语言成为一种设计思想和方法。

学习 C 语言和自然语言特点对照表，如表 1-2 所示。

表 1-2　学习 C 语言和自然语言特点对照表

学习语言的步骤	C 语言	自然语言（如英语）
明确学习目的	C 语言特性和未来应用前景	英语特性和应用场合
选择教材和资源	C 语言经典教材（两本就足够）	英语经典教材，分低级、中级、高级
掌握基本词汇和语法	掌握基本语法，如常量、变量、类型、文件及顺序结构、分支结构和循环结构的意义及用法	掌握常用句型、单词和短语，并进行大量的口语练习
学习高级词汇和语法	学习构造类型，如指针、结构、链表、函数的意义和用法	掌握重点句型、难点词汇和习惯用语
基本对话	学习基本范例，编程练习题，并进行三种基本结构的应用编程	掌握基本场景对话，学习经典范文，并进行看图作文
高级训练	分析别人编好的程序。先在别人程序的基础上进行修改，增加一些其他的功能，再自己动手编写程序，然后将程序进行编译、调试，找出错误的地方，加以修改。编写调试小的实际应用程序	精读课本，了解更多句型、词汇等应用技巧。泛读课本掌握更多词汇和语言应用技巧，并进行命题作文
语言应用实战	参与项目实训，设计大型项目的功能模块	创作短篇小说
融会贯通	创建高级话题，参与真实项目的大型程序开发，实现应用软件程序作品	创作小说作品

1.5 编程实践

1.5.1 任务：输出金字塔图案

【问题描述】

打印一些简单的图案，如使用 C 语言输出一个简单的金字塔图案。

【问题分析与算法设计】

在输出语句中调整图标的位置，排列成金字塔的形状。

【代码实现】

```c
#include<stdio.h>
int main(){
    printf("              *              ");
    printf("            * * *            ");
    printf("          * * * * *          ");
    printf("        * * * * * * *        ");
    printf("      * * * * * * * * *      ");
    printf("    * * * * * * * * * * *    ");
    return 0;
}
```

1.5.2 任务：输出华氏温度和摄氏温度对照表

【问题描述】

输出华氏温度和摄氏温度对照表。

0	−17
20	−6
40	4
60	15
80	26
100	37
120	48
140	60
160	71
180	82
200	93
220	104
240	115
260	126
280	137
300	148

【问题分析与算法设计】

利用华氏温度和摄氏温度的转换公式 °C=5/9(°F−32)，设置摄氏温度间隔为 20，并通过循环语句输出华氏温度和摄氏温度转换表。

【代码实现】
```c
#include<stdio.h>
main()
{
  int fahr,celsius;           /*定义华氏温度值、摄氏温度值的存储变量*/
  int lower,upper,step;       /*定义华氏温度值转换下限值、上限值和温度间隔变量*/
  lower=0;         /*温度下限值*/
  upper=300;       /*温度上限值*/
  step=20;         /*温度间隔变量*/
  printf ("\t==华氏温度和摄氏温度对照表==\n");    /*输出表格标题*/
  printf ("\n\n 华氏温度：        摄氏温度：\n--------------------------\n");
  fahr=lower;      /*设置起始华氏温度*/
  while (fahr <= upper) {   /*循环语言用于判断当前华氏温度值是否小于上限值，若是，则进入循环*/
    celsius=5 *(fahr-32) /9;  /*利用公式进行温度值转换*/
    printf ("%d\t%d\n",fahr,celsius);     /*输出华氏温度和对应的摄氏温度*/
    fahr=fahr+step;    /*计算下一个要转换的华氏温度值*/
  }
}
```

1.6 知识扩展材料

C 语言的发展就是一个精益求精、追求卓越的过程。

1.6.1 C 语言的标准化过程

C 语言自诞生至今，经历了多次标准化过程，不断方便程序员编程和保证程序运行安全、可靠，其过程主要分为以下 5 个阶段。

1. 传统 C 语言（Traditional C）

最初 C 语言并没有标准，主要依据 1978 年出版的教科书 *C Programming Language*，*First Edition* 对 C 语言的描述作为"正式"的标准，也称为"K&R" C。之后 C 语言一直进行调整，各编译器厂商也不断地扩展，这个过程持续到 20 世纪 80 年代末。

2. C89 标准

考虑到标准化的重要性，ANSI（American National Standards Institute）制定了第 1 个 C 语言标准，在 1989 年正式采用（American National Standard X3.159—1989），故称为 C89 标准，也称为 ANSI C。该标准随后被 ISO 采纳，成为国际标准（ISO/IEC 9899:1990）。C89 标准主要对 C 语言进行了标准化，包括定义了 C 标准库、新的预处理命令和特性、函数原型、新关键字（const、volatile、signed）；宽字符、宽字符串和多字节字符；转化规则、声明、类型检查。

1995 年，ANSI 对 C89 标准进行了修订和扩充，称为"C89 with Amendment 1"或 C95，严格地说，这并不是一个真正的标准。C95 主要增补了 iso646.h、wctype.h、wchar.h 等标准头文件，标记（token）和宏（macro），以及 printf/scanf 系列函数的格式符，并增加了大量的宽字符和多字节字符函数、常数及类型。

3. C99 标准

1999 年，ISO 发布了新的 C 语言标准，命名为 ISO/IEC 9899:1999，简称 C99 标准。C99 标准主要增加了复数（Complex）、整数（Integer）的类型扩展，变长数组，Boolean 类型，非英语字符集，浮点类型的支持功能，提供全部类型的数学函数、C++风格注释（//）。

4．C11 标准

2007 年，C 语言标准委员会又重新开始修订 C 语言，于 2011 年正式发布了 ISO/IEC 9899:2011，简称 C11 标准。C11 标准新引入的特征更适合程序员解决问题，如字节对齐说明符、泛型机制、对多线程的支持、静态断言、原子操作，以及对 Unicode 的支持。

5．C17 标准

C17（也称 C18）标准是 C 语言标准委员会于 2018 年 6 月发布的 ISO/IEC 9899:2018 的非正式名称，也是目前新的 C 语言编程标准。C17 标准没有引入新的语言特性，只对 C11 标准进行了补充和修正。

1.6.2 数字产业基础

C 语言成功地开发了著名的 UNIX 操作系统，从而成为流行的计算机语言。它还开发了著名的开源软件 Linux，全称为 GNU/Linux，它是一套免费使用和自由传播的类 UNIX 操作系统，其内核由林纳斯·托瓦兹（Linus Torvalds）于 1991 年创建。它主要受到 Minix 和 UNIX 思想的启发，是一个基于 POSIX 和 UNIX 的多用户、多任务、多线程和多 CPU 的操作系统。它能运行大部分 UNIX 工具软件、应用程序和网络协议，并支持 32 位和 64 位硬件。Linux 继承了 UNIX 以网络为核心的设计思想，是一个性能稳定的多用户网络操作系统，已有上百种不同的发行版，如基于社区开发的 Debian、ArchLinux，基于商业开发的 Red Hat Enterprise Linux、SUSE、Oracle Linux 等。现在用的电子产品或多或少都与 Linux 操作系统有关。Linux 成为数字经济的基础，已发展成为几千亿美元的产业链。

林纳斯认为"Linux 现象是一种有组织传播技术、知识、财富的方式，同时能让参与的人非常过瘾，这种娱乐是商业世界里闻所未闻的"，有很多人在为"开源共享"模式贡献聪明才智。林纳斯认为非正确或过分主张知识产权是阻碍人类文明进步的，他说："也许你不会感到惊讶，主张强化知识产权法规的，正是那些从知识产权中获利最多的组织。不是艺术家或创造者自己，而是那些知识产权交易所，那些靠别人的创造力挣钱的公司。"

习题 1

1．选择题

（1）C 语言中，函数开始和结束的标记是_____。

  A．一对花括号 B．一对圆括号 C．一对方括号 D．一对双引号

（2）一个 C 语言程序的执行从_____。

  A．main 函数开始，到程序的最后一个函数结束

  B．main 函数开始，到 main 函数结束

  C．第 1 个函数开始，到程序的最后一个函数结束

  D．第 1 个函数开始，到 main 函数结束

（2007 年 4 月计算机等级考试二级 C 语言试题第 15 题）

（3）下列叙述中，正确的是_____。

  A．C 语言以函数为程序的基本单位，便于实现程序的模块化

  B．C 语言程序的执行总从程序的第 1 句开始

  C．C 语言程序中可以不使用函数

  D．C 语言提供了一个输入语句 scanf 和一个输出语句 printf

（4）在一个 C 语言程序中，main 函数_____。

    A．必须出现在所有函数之前

    B．可以在任何地方出现

    C．必须出现在所有函数之后

    D．必须出现在固定位置

（2003 年 4 月计算机等级考试二级 C 语言试题第 13 题）

（5）编制 C 语言程序的步骤是_____。

    A．编译、连接、编辑、运行   B．编辑、连接、编译、运行

    C．编辑、编译、连接、运行   D．编译、编辑、连接、运行

2．填空题

（1）C 语言中，界定注释的符号分别是_____和_____。

（2）C 语言中，输入操作是由标准库函数_____来实现的。

（3）C 语言中，输出操作是由标准库函数_____来实现的。

3．判断题

（1）一个 C 语言源程序必须有一个 main 函数。

（2）C 语言程序的基本组成单位是语句。

（3）在 C 语言程序中，注释必须单独占一行，不能放在语句的后面。

（4）C 语言程序是由一个或多个函数组成的。

4．简答题

（1）概述 C 语言和 C 语言程序的主要特点。

（2）请编程，在计算机屏幕上显示："您好，欢迎进入 C 语言世界！"。

第 2 章　数据类型、运算符和表达式

程序的主要功能是处理数据，数据是计算机程序的重要组成部分，是程序处理的对象。在 C 语言中，任何数据都属于一种数据类型。C 语言提供了丰富的数据类型，数据类型明确地规定了该类型数据的取值范围和基于该类型数据的基本运算。运算符用来表示各种运算，它们构成了 C 语言表达式的基本元素。

本章将重点介绍 C 语言的常量和变量、基本数据类型、数据类型的转换、运算符和表达式。

2.1　常量和变量

2.1.1　常量

在程序运行过程中，其值不能被改变的量称为常量。在 C 语言中有 5 种类型常量，分别是整型常量、实型常量、字符常量、字符串常量和符号常量，不同类型的常量其数据长度及取值范围有所不同。

1. 整型常量

整型常量用来表示整数，整型数据可以用十进制、八进制和十六进制整数形式来表示，不同的进位制有不同的表示方式。

（1）十进制

十进制整数由正号、负号和阿拉伯数字 0～9 组成，但首位数字不能是 0。例如，-36、0、678 都是十进制整型常量。

（2）八进制

八进制整数由正号、负号和阿拉伯数字 0～7 组成，首位数字必须是 0。例如，036、-012、048 都是八进制整型常量。

（3）十六进制

十六进制整数由正号、负号、阿拉伯数字 0～9 和英文字符 A～F（a～f）组成，首位数字前必须加前缀 0X（0x）。例如，0x38、0x4E、-0x12 都是十六进制整型常量。

三种进制形式表示的数据要注意区分，不能混淆。例如，36 表示十进制正整数，067 表示八进制正整数，0X2F 表示十六进制正整数，以上表示都是正确的；但对于以下常量 096、0X4H、3A 就是不正确的，因为 096 作为八进制整数含有非法数字 9，作为十进制整数也不能以数字 0 开头，0X4H 作为十六进制整数含有非法字符 H，3A 作为十六进制整数没有以 0X 开头。

整型常量可以采用以上三种进制形式来表示，但哪一种数制表示都不影响其真实数值。例如，对于十进制整数 30，可以采用十进制 30、八进制 036 和十六进制 0X1E 表示。

在 C 语言中，整数可以进一步划分为 short、int、long 等类型，整型常量也可采用类似的表示方法。当一个整型常量的取值在十进制数范围-32768～32767 时，则被视为一个 short int 型整数；若要表示长整型整数，则在数的最后加后缀修饰符，用字母"L"或"l"表示，由于"l"和数字 1 非常相像，所以在表示长整型数据时，建议用大写字母"L"来表示；表示

无符号整型整数时，在数的最后加后缀"U"或"u"。例如，36L 表示十进制常整型常量，36U 表示无符号整型常量。需要注意的是，虽然整型常量 36 和 36L 的数值一样，但在不同的编译环境下占用的空间却不同。在 Turbo C 2.0 环境下 36 占用 2 字节，36L 占用 4 字节，而在 Visual C++ 6.0 环境下它们都占用 4 字节的存储空间。

2．实型常量

实型常量即实数，实型常量采用十进制，其表示形式包括浮点表示法和科学计数法。

（1）浮点表示法

它由正负号、数字和小数点组成，必须有小数点，实数的浮点表示法又称实数的小数形式。例如，1.58、-12.34、0.1234 等都是正确的十进制浮点表示法。

（2）科学计数法

它由正负号、数字和阶码标志"E"或"e"组成，在"e"之前要有数据，之后只能是整数。它的一般形式为 aE±n（a 为十进制实数，n 为十进制整数），当幂指数为正数时，正号可以省略。实数的科学计数法又称实数的指数形式，如 1.23e+2、-6.8e-9、12e3 都是合法的指数形式，而.e3、e1.2、2e2.3 都是不合法的指数形式。

注意：实型常量不分 float 型和 double 型，一个实型常量可以赋给一个 float 型或 double 型变量，系统根据变量类型截取常量中相应长度的有效位数字。

3．字符常量

字符常量是由单引号（撇号）括起来的一个字符，如'b'、'%'、'9'和'C'等都是字符常量。使用字符常量时需要注意以下 5 点。

（1）字符常量中的单撇号（'）只起定界作用，并不表示字符本身，当输出一个字符常量时并不输出此单撇号。

（2）单撇号中的字符不能是单撇号（'）和反斜杠（\）。

（3）单撇号中必须有一个字符，不能空缺。

（4）不能用双撇号代替单撇号，如"A"不是字符常量。

（5）空格也是字符，表示为' '。

在 C 语言中，字符是按其所对应的 ASCII 码值来存储的，一个字符占 1 字节，C 语言中的字符具有数值特征，可以像整数一样参加运算，相当于对字符对应的 ASCII 码进行运算。

例如，字符'a'的 ASCII 码值是 97，'a'+1=98，对应字符'b'；表达式'8'-8 的值不是 0，而是 48，这是因为'8'和 8 是不一样的，'8'代表一个字符，它的 ASCII 码值是 56，而 8 是一个数字，即一个整型常量，所以执行结果应该是 56-8=48，而不是 8-8=0。

C 语言中有一类特殊的字符常量，被称为转义字符。它们用来表示特殊符号或键盘上的控制代码，如回车符、退格符等控制符号，它们无法在屏幕上显示，也无法从键盘中输入，只能用转义字符来表示。转义字符用反斜杠（\）后面跟一个字符，或者一个八进制、十六进制数表示。常见的转义字符如表 2-1 所示。

表 2-1　常见的转义字符

转义字符	意　义	转义字符	意　义
\a	响铃	\\	反斜杠
\b	左退一格	\"	双引号
\f	走纸换页	\'	单引号
\n	回车换行符	\?	问号
\r	回车符	\0	空字符
\t	水平制表符	\ddd	1～3 位八进制数 ddd 所对应的字符
\v	垂直制表符	\xhh	1～2 位十六进制数 hh 所对应的字符

23

在C程序中使用转义字符\ddd或\xhh可以方便灵活地表示一个字符。例如，\144表示八进制数144，对应十进制数100，即字符'd'；\x64表示十六进制数64，对应十进制数100，即字符'd'。

4．字符串常量

字符串常量是用双引号（双撇号）括起来的若干字符。例如，"Hello World"、"1234"、"string"和"a"等。

字符串中所含的字符个数称为字符串的长度。双引号中一个字符都没有的称为空串，空串的长度为0。字符串常量在内存中存储时，系统会自动在字符串末尾加一个"串结束标志"，即ASCII码值为0的字符NULL，用转义字符"\0"表示。因此在程序中，长度为n个字符的字符串常量，在内存中占有$n+1$字节的存储空间。

例如，字符串"program"含有7个字符，存储于内存中时，共占用8字节，系统自动在最后加一个字符"\0"，但在输出时并不输出"\0"，其在内存中存储形式如下。

| p | r | o | g | r | a | m | \0 |

对于含有转义字符的字符串，应将转义字符计算为1个字符，如"AB\n"的长度为3，而不是4。若反斜杠后的转义字符与表2-1中的不匹配，则被忽略，不参与长度计算，如字符串"AB\C"的长度为3。

要特别注意字符常量与字符串常量的区别，除了表示形式不同，其存储性质也不相同，字符常量'S'占1字节，而字符串常量"S"占2字节。

5．符号常量

符号常量是在一个程序中所指定的以符号代表的常量。若在程序中某个常量多次被使用，则可以使用符号常量来代替该常量。例如，对于圆周率常数π，为了提高程序运行效率可以使用一个符号常量（如PI）来替代，这样做不仅在程序书写上比较方便，而且当需要修改其值时，只需修改一处即可，既方便又不易出错，而且有效地改进了程序的可读性和可维护性。

在C语言中使用宏定义命令#define定义符号常量，语法格式如下：

```
#define  符号常量名标识符  常量
```

#define是宏命令，一个#define命令只能定义一个符号常量，符号常量的左、右至少要有一个空格将各部分分开。

例如：
```
#define  PI  3.1415
#define  NULL  0
```

【例2.1】 编写程序求球体的表面积和体积。

参考程序如下：
```
#include <stdio.h>
#define PI 3.14                    /*定义PI为符号常量，值为3.14*/
void main()
{
    float r,s,v;
    printf("请输入半径r:\n");
    scanf("%f",&r);                /*输入半径r*/
    s=4*PI*r*r;                    /*计算球体表面积*/
    v=4.0/3*PI*r*r*r;              /*计算球体体积*/
    printf("s=%f,v=%f\n",s,v);
}
```

程序运行情况：
请输入半径r:

```
2↙                          （输入 2 并按 Enter 键）
s=50.240002,v=33.493333     （输出的结果）
```

程序说明：在程序中定义了一个符号常量 PI 并赋值为 3.14，程序中 PI 的值都由该值替代。需要注意的是，符号常量不是变量，一旦定义，则在整个作用域内不能改变，即不能使用赋值语句对其重新赋值。

注意：符号常量通常用大写字母表示，定义符号常量不能在末尾加";"。

2.1.2 变量

在程序运行过程中，其值可以改变的量称为变量。C 语言中所有变量必须预先定义才能使用，定义变量时需确定变量的名字和数据类型。变量通过名字来引用，而数据类型则决定了变量的存储方式和在内存中占据存储单元的大小。

1．变量的命名

一个变量必须有一个名字，即变量名。变量名必须是合法的 C 语言标识符。

变量名中的英文字母习惯用小写字母，而常量名中的英文字母则习惯用大写字母。

2．变量的定义

在 C 语言中，所有变量在使用前必须定义，也就是说，首先需要声明一个变量的存在，然后才能够使用它。变量定义的基本语法格式为

```
数据类型符  变量表列；
```

数据类型符必须是有效的 C 语言数据类型，基本数据类型包括字符型、整型和实型。变量表列可以有一个或多个变量名，当有多个变量名时用逗号作为分隔符。变量名实际上是一个符号地址，在对程序编译、连接时，由系统给每个变量分配一个内存地址，在该地址的存储单元中存放变量的值。

例如：

```
int i,j,k;                    /*三个整型变量，用逗号分隔*/
float sum,score,average;      /*三个单精度实型变量*/
char ch;                      /*定义 ch 为字符型变量*/
```

可以看出，在变量定义中可以声明多个变量，多个变量定义可以写在同一行。变量存储单元的大小由变量的类型决定，不同数据类型的变量在计算机内存中所占字节数不同，其存放形式也不同。例如，字符型变量用来存放字符，在内存中分配 1 字节的存储单元，而整型变量则需要分配 4 字节的存储单元（在 Visual C++ 6.0 中）。

3．变量的初始化

所谓变量的初始化就是为变量赋初值。一个变量定义后，系统只是按定义的数据类型分配其相应的存储单元，并不对其单元初始化。如果在赋初值前直接使用该变量，则是一个不确定值，没有实际意义。通常来说，变量在使用前一定要为其赋初值。

变量赋初值的方法很简单，变量在定义后，只要在变量后加一个等号和初值即可。与常量不同，变量可以反复赋值，变量定义常常放在函数体的最前面。

在为变量初始化时，可以采用以下三种方式。

（1）定义时直接赋值。

例如：

```
int i=1,j=2;
float math=88.7,chinese=76.5;
char c='A';
```

变量在定义时直接赋值不允许连续赋值，例如，若要对三个变量 i、j、k 赋同一个初值，则不能写成如下形式：

```
int i=j=k=1;
```

（2）变量定义后，使用赋值语句初始化。

例如：
```
int a,b,c
a=1;b=2;c=3;    /*注意分隔符为分号*/
```

当变量定义后，可以使用赋值语句初始化，并为同一值的变量赋值。

例如：
```
int a,b,c
a=b=c=1;
```

（3）调用输入函数为变量赋值。

例如：
```
int a,b,c;
scanf("%d %d %d",&a,&b,&c);
```

总之，对于变量的初始化，无论采用哪种形式，一定要遵循"先定义，后使用"的原则。

2.2 基本数据类型

C 语言具有丰富的数据类型，程序中所使用的每个数据都属于某一种类型，其中最基本的数据类型有字符型、整型和实型，其中实型又可分为单精度实型、双精度实型和长双精度实型。不同类型的数据取值范围和所适用的运算不同，在内存中所占的存储单元数目也不同。

基本数据类型可以使用 signed（有符号类型）、unsigned（无符号类型）、short（短整型）、long（长整型）4 种类型标志符来进行说明，从而形成更多的数据类型。C 语言的基本数据类型如图 2-1 所示，C 语言的数据类型属性表（部分列举）如表 2-2 所示。

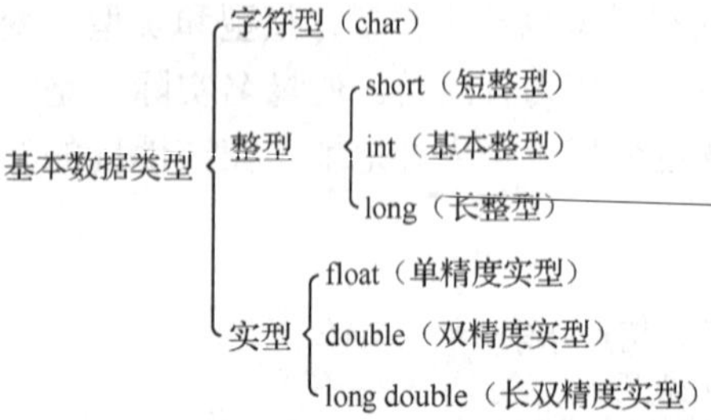

基本数据类型
- 字符型（char）
- 整型
  - short（短整型）
  - int（基本整型）
  - long（长整型）
- 实型
  - float（单精度实型）
  - double（双精度实型）
  - long double（长双精度实型）

图 2-1 C 语言的基本数据类型

表 2-2 C 语言的数据类型属性表（部分列举）

类 别	基本数据类型	类 型 符	数据长度/字节	取值范围
字符型	字符型	char	1	0~255
整型	基本整型	int	4	-2147483648~2147483647
	短整型	short [int]	2	-32768~32767
	长整型	long [int]	4	-2147483648~2147483647
无符号整型	无符号整型	unsigned[int]	4	0~4294967295
	无符号短整型	unsigned short [int]	2	0~65535
	无符号长整型	unsigned long [int]	4	0~4294967295
实型（浮点型）	单精度实型	float	4	±（10^{-38}~10^{38}）
	双精度实型	double	8	±（10^{-308}~10^{308}）
	长双精度实型	long double	10	10^{-4932}~10^{4932}

注意： C99 标准中增加了逻辑数据类型 Bool，其值是 0 或 1；也增加了用来定义 bool、true、以及 false 宏的头文件夹<stdbool.h>，以便程序员能够编写同时兼容于 C 与 C++的应用程序。在编写程序时，应该使用<stdbool.h>头文件中的 bool 宏。C99 标准还增加了复数类型_Complex

和_Imaginary，可以结合单精度实型、双精度实型、长双精度实型加以定义。C99 标准中定义的复数类型有 float_Complex、float_Imaginary、double_Complex、double_Imaginary、long double_Complex、long double_Imaginary。<complex.h>头文件中定义了 complex 和 imaginary 的宏，并将它们扩展为_Complex 和_Imaginary，因此在编写新的应用程序时，应该使用<stdbool.h>头文件中 complex 和 imaginary 的宏。C99 标准中引进了 long long int 类型（-($2^{63}-1$）~$2^{63}-1$）和 unsigned long long int（0~$2^{64}-1$）。该类型能够支持的整数长度为 64 位。

C99 标准还扩展了数据类型，其中 int16_t 表示整数长度为 16 位；int_least16_t 表示整数长度至少为 16 位；int_fast32_t 表示最稳固的整数类型，其长度至少为 32 位；intmax_t 表示最大整数类型；uintmax_t 表示最大无符号整数类型。

2.2.1 整型

整型的值只能是整数，不存在小数部分。C 语言提供了多种整数类型，包括基本整型、长整型、短整型等共 11 种类型，最基本的是基本整型 int，其余 10 种整数类型全部由类型修饰符与 int 组合而成。

例如：

```
short int            短整型
long int             长整型
unsigned int         无符号整型
signed int           有符号整型
```

其中，使用类型修饰符来修饰整数类型时，其基本整型标识 int 可以省略。

例如：

```
short int            等价于        short
long int             等价于        long
unsigned int         等价于        unsigned
signed short int     等价于        signed short
```

注意：在 C 语言中，对于各类整型数据长度而言，short 型不长于 int 型，long 型不短于 int 型，本书以 Visual C++ 6.0 编译系统为操作环境，详见表 2-2。

【例 2.2】 整数类型数据定义、赋值与输出。

参考程序如下：

```c
#include <stdio.h>
void main()
{
    int a=30000;                              /*基本整型*/
    short int b=20000;                        /*短整型*/
    long int c=123456780;                     /*长整型*/
    unsigned int d=25;                        /*无符号整型*/
    printf("%d\t%d\t%d\t%u\n",a,b,c,d);       /*整型数据输出，%u 为无符号类型*/
}
```

程序运行情况：

```
30000   20000   123456780 25       （输出结果）
```

程序说明：程序中的数据变量类型全部为整型，通过类型修饰符进行修饰，包括基本整型、短整型、长整型和无符号整型，要注意这些数据类型的取值范围，赋值不当就可能出现越界错误。例如，将第 5 行语句修改为

```
short int b=50000;
```

在程序编译时就会出现警告提示："warning C4305: 'initializing' : truncation from 'const int' to 'short'"，这是因为短整型数据的最大取值为 32767，50000 超出了最大取值，从而产生越界警告，虽然程序依然能够运行，但其运行结果已不是理论上的输出结果了。

2.2.2 字符型

C语言的字符型数据在内存中占用1字节，用于存储其ASCII值，字符型的标识符是char。由于字符是以ASCII码形式存储的，而ASCII码形式上就是0~255的整数，所以C语言的字符型数据和整型数据可以通用。

例如：
```
char c;
c='A'与c=65 等价
```

这是因为字符'A'的ASCII值用十进制数表示是65，字符'A'和整数65在计算机中的存储分别为字符'A'的ASCII码（0100 0001），整数65的ASCII码（0000 0000 0100 0001）。

和整型数据一样，字符型数据可以进行算术运算与混合运算，可以与整型变量相互赋值与运算，既能够以字符型数据格式输出，又能够以整型数据格式输出。

【例2.3】 字符型数据定义、赋值与输出。

参考程序如下：
```c
#include <stdio.h>
void main()
{
    char c1='A',c2='a';         /*字符型变量定义并赋值*/
    int  x=89,y=56;
    printf("%c\t%c\n",c1,c2);   /*以字符形式输出字符型变量值*/
    printf("%d\t%d\n",c1,c2);   /*以整型形式输出字符型变量值*/
    printf("%d\t%d\n",x,y);     /*以整型形式输出整型变量值*/
    printf("%c\t%c\n",x,y);     /*以字符形式输出整型变量值*/
}
```

程序运行情况：
```
A    a           （输出的结果）
65   97          （输出的结果）
89   56          （输出的结果）
Y    8           （输出的结果）
```

程序说明：本例的数据类型包括字符型和整型，都是在变量定义时进行赋值的，程序第7行是以整型形式输出字符型变量值，第9行是以字符形式输出整型变量值，从输出结果看，数据输出值与理论值一致，说明字符型数据与整型数据是可以通用的。

2.2.3 实型

实型又称浮点型，浮点型可以表示小数，包括单精度实型、双精度实型和长双精度实型三种，分别用标识符float、double和long double表示，三种精度的长度和取值范围见表2-2。

浮点型在计算机中是以指数形式存储的，其存储单元被分成小数部分和指数部分，小数部分所占的字节数决定数值的精确程度，小数部分的位数越多，数的精确程度越高；指数部分所占的字节数决定数的绝对值范围，指数部分的位数越多，数的表示范围就越大。通常，单精度实型提供7位有效数字，双精度实型提供15~16位有效数字，实际取值范围与计算机系统和C语言的编译系统有关。

在程序编写过程中，如果单精度实型无法满足取值范围需求，可以使用双精度实型。需要注意的是，双精度实型会占用更多的存储空间，程序的运行速度也会相应变慢。

单精度实型可以与双精度实型进行混合运算，也可以相互赋值，但由双精度实型向单精度实型赋值时，会使实型的精度下降。

【例 2.4】 实型数据定义、赋值与输出。

参考程序如下：
```c
#include <stdio.h>
    void main()
    {
        float x=256.012341678,m;           /*单精度实型变量*/
        double y=123456780.1256789,n;      /*双精度实型变量*/
        m=x+y;
        n=x+y;
        printf("x=%f\n",x);                /*有误差产生*/
        printf("y=%f\n",y);
        printf("m=%f\n",m);                /*有误差产生*/
        printf("n=%f\n",n);
    }
```

程序运行情况：
```
x=256.012329                           （输出的结果）
y=123456780.125679                     （输出的结果）
m=123457040.000000                     （输出的结果）
n=123457036.138092                     （输出的结果）
```

程序说明：程序定义了两个单精度实型变量和两个双精度实型变量并赋初值，程序在编译时会在第 4 行和第 6 行出现警告："warning C4305: 'initializing' : truncation from 'const double' to 'float'"和"warning C4244: '=' : conversion from 'double' to 'float', possible loss of data"，这些信息都在警告可能会出现数据丢失。从运行结果看，与理论计算值相比较，确实有数据丢失现象，即有误差产生。

注意：实型在计算机中只能近似表示，在程序运算过程中会产生误差。

总之，对于基本数据类型的选择，应根据处理数据的不同，选择不同的数据类型，不同类型的整型数据的存储空间和数值表示范围有所不同。例如，在程序中处理的数据是一些整数，可以选择整型，再根据数据的取值范围选择是哪种类型，如统计一个班级的人数可以使用短整型，表示一个城市的人口数可以使用长整型。

对于整型数据和实型数据，一定要注意其数据取值范围，数据类型选择不当就会产生溢出错误。例如，当某个计算值超过 32767 时，就不能选择短整型数据类型，可以考虑用长整型变量或实型变量来表示。

不同的编译系统数据长度可能不同，例如，在 Visual C++ 6.0 编译系统中 int 型数据长度为 32 位，而在 Turbo C 2.0 编译系统中只有 16 位。

2.3 数据类型的转换

在 C 语言中，允许整型、实型和字符型的数据进行混合运算，但要求参加运算的不同类型数据要先转换为同一类型，再做运算。因此，在计算过程中常常需要对变量或常量的数据类型进行转换，数据类型的转换包括自动转换和强制转换。自动转换是由低类型向高类型转换，由 C 语言编译系统自动完成；强制转换可以将高类型转换为低类型，但可能造成信息丢失的情况，强制转换通过特定的运算完成。

2.3.1 自动转换

1．非赋值运算的类型转换

不同类型的数据参加运算，编译程序会先按照一定规则自动将它们转换为同一类型，再

```
高  double ←——— float

    unsigned long ←——— long

    unsigned ←——— unsigned short

低  int ←——— char、short
```

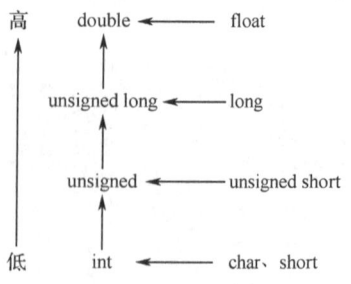

图 2-2 数据自动转换规则

进行运算，转换规则如图 2-2 所示。在图 2-2 中，水平方向为 float 型自动转换成 double 型，long 型自动转换成 unsigned long 型，unsigned short 型自动转换成 unsigned 型，char 和 short 型自动转换成 int 型。

垂直方向表示当运算对象为不同类型时转换的方向。若 int 型与 double 型数据进行运算，则先将 int 型的数据转换成 double 型，然后进行数据计算，结果为 double 型。

注意：垂直方向的箭头只表示数据类型级别的高低，由低向高转换，转换是一步到位的。int 型与 double 型数据转换是直接将 int 型转换成 double 型，而不是先将 int 型转换为 unsigned 型，再转换成 unsigned long 型，最后才转换成 double 型。

【例 2.5】 数据类型转换。

参考程序如下：

```c
#include <stdio.h>
void main()
{
    double l;
    int e=5;
    float h=6.24;
    double f=69.5;
    char d='D';
    l=(8-d)+e*h+f/e;
    printf("%f\n",l);
}
```

程序运行情况：

-14.900001　　　　　　　　　（输出的结果）

程序说明：计算 8-d，将 d 转换成 int 型数据进行运算，结果为 int 型；计算 e*h，将 e 与 h 都转换成 double 型，运算结果为 double 型；计算 f/e，将 e 转换成 double 型，运算结果为 double 型；将一个 int 型数据和两个 double 型数据相加，结果为 double 型。

2. 赋值运算的类型转换

赋值运算的类型转换是指通过赋值运算符"="实现变量类型的转换，赋值运算符右边表达式值的类型自动转换为左边变量的类型。赋值转换具有强制性，一般要求赋值运算符左、右两边的数据类型要一致，如果赋值运算符左、右两边的数据类型不同，则系统自动将赋值运算符右边的类型转换成左边的类型，数据类型可能被提升，也可能被降低。

【例 2.6】 利用赋值运算符实现类型转换。

参考程序如下：

```c
#include <stdio.h>
void main()
{
    short int t;
    char b;
    long h;
    float f;
    double d;
    int e;
    t=65;
    b='A';
    f=12.64;
    e=100;
```

```
    d=e;         /*将 int 型变量转换为 double 型*/
    e=f;         /*将 float 型变量转换为 int 型*/
    h=t+b;       /*t+b 为 int 型,将 int 型转换为 long 型*/
    f=b;         /*将 char 型变量转换为 float 型*/
    b=t;
    printf("%f\t%d\t%ld\t%f\t%c\n",d,e,h,f,b);
}
```

程序运行情况:

```
100.000000  12  130  65.000000  A                    (输出的结果)
```

程序说明:

(1) 将整型数据赋值给实型变量时,其数值不变,但以实型数据形式存储表示。e 为 int 型变量并赋初值 100,d 为 double 型变量,赋值表达式为 d=e;先将 e 转换成 double 型数据再赋值给变量 d,结果为 100.000000,变量类型为 double 型。

(2) 将实型数据(包括单精度实型和双精度实型)赋值给整型变量时,将舍弃实型数据的小数部分,不进行四舍五入。本例 f 为 float 型变量并赋初值为 12.64,e 为 int 型变量,赋值表达式为 e=f,先将 f 转换成 int 型数据再赋值给变量 e,结果为 12,变量类型为 int 型。

(3) 将字符型数据赋值给实型变量时,先将字符型数据转换为整型数据进行计算,然后转换为实型数据形式存储表示。本例 b 为 char 型变量并赋初值为'A',f 为 float 型变量,赋值表达式为 f=b;先将 b 转换成 int 型数据,再将 int 型转换成 float 型,并赋值给变量 f,结果为 65.000000,变量类型为 float 型。

(4) 将短整型数据赋值给字符型变量时,先将短整型数据转换为整型数据进行计算,然后转换为字符型数据形式存储表示。本例 t 为 short int 型变量并赋初值为 65,b 为 char 型变量,赋值表达式为 b=t;将 t 转换成 int 型数据并赋值给变量 b,结果为'A',变量类型为 char 型。

2.3.2 强制转换

强制转换是通过强制转换运算符将一种类型的变量强制转换为另一种类型,不是由系统自动完成的,其基本语法格式如下:

```
(类型标识符) 表达式
```

类型标识符的圆括号不能省略,例如,若 a 为实型变量,则(int)a 表示将 a 的结果转换为整型,(int)4.8 的结果为 4。若表达式是多个变量,则也需加括号,例如,(int)(a+b)表示将(a+b)的结果转换为整型,若写成(int)a+b,则表示将 a 转换成整型,然后再与 b 进行相加。

强制转换只是为了运算需要而对变量类型进行临时性转换,不会改变变量在定义时所声明的变量类型。例如,若 x 在定义时为整型变量,并赋值为 3,则(double)x 的数据类型为实型,结果为 3.000000,但 x 本身的数据类型没有发生改变,仍为整型变量,其值仍为 3。

【例 2.7】 数据类型的强制转换。

参考程序如下:

```
#include <stdio.h>
void main()
{
    int a,b,c,d;
    float x=6.46,y=8.57,z=7.68;
    a=(int)x;
    b=(int)x+(int)y+(int)z;
    c=(int)(x+y+z);
    d=(int)x+y+z;
    printf("%d\t%d\t%d\t%d\n",a,b,c,d);
```

```
    printf("%f\t%f\t%f\n",x,y,z);
}
```

程序运行情况：

```
6    21    22    22                              （输出的结果）
6.460000    8.570000    7.680000                 （输出的结果）
```

程序说明：程序定义了 4 个整型变量和 3 个实型变量，并给实型变量赋初值。整型变量 a 的值是将实型变量 x 强制转换为整型后的值；整型变量 b 的值是实型变量 x、y 和 z 分别转换为整型后的和；整型变量 c 的值是将实型变量 x、y 和 z 的和转换为整型后的值；整型变量 d 的值是将实型变量 x 转换为整型后，再与实型变量 y 和 z 相加的值，结果为 double 型，程序在编译时会出现警告提示："warning C4244: '=' : conversion from 'double' to 'int', possible loss of data"，表示该值转换为 int 型后的输出结果。

注意：C89 标准中，表达式类型为 char 型、short int 型或 int 型的值可以提升为 int 型或 unsigned int 型。C99 标准中，每种整数类型都有一个级别，如 long long int 型的级别高于 int 型，int 型的级别高于 char 型等。在表达式中，其级别低于 int 型或 unsigned int 型的任何整数类型均可被替换成 int 型或 unsigned int 型。

2.4 运算符和表达式

用来表示各种运算的符号称为运算符，运算符用来处理数据。C 语言提供了丰富的运算符，按照运算符的类型来分，包括算术运算符、关系运算符、逻辑运算符、赋值运算符、位运算符、条件运算符、逗号运算符、求字节数运算符、指针运算符和特殊运算符。按照运算符所带操作数的数量来分，包括单目运算符、双目运算符和三目运算符，其中带一个操作数的运算符是单目运算符，带两个操作数的运算符是双目运算符，带三个操作数的运算符是三目运算符。

每个运算符都代表对运算对象的某种运算，有自己特定的运算规则，并具有不同的功能、运算次序和优先级。

表达式就是用运算符将运算对象连接而成的符合 C 语言规则的算式。C 语言提供了多种类型的表达式，按照运算符在表达式中的作用来分，可分为算术表达式、关系表达式、逻辑表达式、赋值表达式、条件表达式等；按照运算符与运算对象的关系来分，可分为单目表达式、双目表达式和三目表达式。

2.4.1 算术运算符和算术表达式

1. 算术运算符

C 语言的算术运算符与普通数学中算术运算符的符号有所不同，但基本功能相似，都是对数据进行算术运算。算术运算符包括一元运算符（单目运算符）和二元运算符（双目运算符）两种，其中一元运算符主要有++（自增）、--（自减）、+（正号）、-（负号）；二元运算符主要有+（加）、-（减）、*（乘）、/（除）和%（求余）。C 语言中提供的算术运算符如表 2-3 所示。

参加运算的对象个数称为运算符的目，一元运算符是指参加运算的对象只有一个，如+12、--34、i++等，二元运算符是指参加运算的对象有两个，如 a+b、x*y、7/3 等。

表 2-3 算术运算符

目　　数	运算符	名　　称	功　　能
单目运算符	+	正	取原值
	-	负	取负值
	++	自增 1	变量值加 1
	--	自减 1	变量值减 1
双目运算符	+	加	两个数相加
	-	减	两个数相减
	*	乘	两个数相乘
	/	除	两个数相除
	%	模（求余）	求整除后的余数

（1）正号运算符和负号运算符

正号运算符和负号运算符包括+（正号）和-（负号），都属于一元运算符，如-x*y，等价于(-x)*y，因为正号和负号的优先级高于*（乘号）。

【例 2.8】 正号运算符和负号运算符的使用。

参考程序如下：

```
#include <stdio.h>
void main()
{
    int a=+7;   /*"+"可以省略，不是加法符号，而是正数符号*/
    int b=-9;   /*"-"不能省略，不是减法符号，而是负数符号*/
    printf("%d\t%d\t%d\n",a,b,-a*b);
}
```

程序运行情况：

```
7    -9   63                    （输出的结果）
```

（2）自增运算符和自减运算符

自增运算符（++）对操作数执行加 1 操作；自减运算符（--）则对操作数执行减 1 操作，操作对象都是操作数自身。大部分编译器使用自增运算符和自减运算符生成的代码比使用等效的加、减 1 后赋值的代码效率要高，所以在可能的情况下应尽量使用自增运算符和自减运算符。

自增运算符和自减运算符有两种形式：一种是放在变量的左边，称为前缀运算符，变量在使用前自动加 1 或减 1；另一种是放在变量的右边，称为后缀运算符，变量在使用后自动加 1 或减 1。设变量 m 为基本类型数据变量，则有：

m++ 先取 m 的值参与运算，再执行 m=m+1；

++m 先执行 m=m+1，然后再取 m 的值参与运算；

m-- 先取 m 的值参与运算，再执行 m=m-1；

--m 先执行 m=m-1，然后再取 m 的值参与运算。

例如，x 和 y 为 int 型变量且 x 初值为 5，则执行语句 y=x++;后，y 的值为 5，而执行语句 y=++x;后，y 的值为 6。

注意：自增运算符（++）和自减运算符（--）只能用于变量，不能用于常量或表达式，这是因为自增运算、自减运算是对变量进行操作后再赋值的，而常量或表达式都不能进行赋值操作。例如，y=(x+z)++和 6--等都是不合法的。++和--的结合性都是自右向左的，该部分内容详见2.5节。++和--的运算变量只能是整型、字符型和指针型的。

【例2.9】 自增运算符、自减运算符的使用。

参考程序如下：

```c
#include <stdio.h>
void main()
{
    int a=6,b=7;
    int i,j;
    i=a++;
    j=++b;
    printf("%d\t%d\n",-i++,-(++j));
    printf("%d\t%d\t%d\t%d\n",a,b,i,j);
}
```

程序运行情况：
```
-6   -9                （输出的结果）
7   8   7   9          （输出的结果）
```

程序说明： 程序第6行语句为i=a++;，a的初值为6，a先将自身的值赋给i，然后进行自增运算，运算后i的值为6，a的值为7；第7行语句为j=++b;，b的值先自增1，结果为8，再将其值赋给j，j的值为8；第8行为输出语句，-i++先取出i的值6，输出-i的值为-6，再使i自增为7，-(++j)先计算++j的值，j的值自增为9，然后输出为-9；第9行输出语句输出变量a、b、i和j的值，a和b的值在运行第6行和第7行时已经确定，在运行第8行语句后确定i和j的值，输出结果为

```
7   8   7   9
```

【例2.10】 自增运算符、自减运算符的基本运算。

参考程序如下：

```c
#include <stdio.h>
void main()
{
    int a=5;
    int f,h,g;
    f=18-a++;
    printf("f=%d  ",f);
    printf("a=%d\n",a);
    h=++a+6;
    printf("h=%d  ",h);
    printf("a=%d\n",a);
    g=++a+a++;
    printf("g=%d\n",g);
}
```

程序运行情况：
```
f=13    a=6     （输出的结果）
h=13    a=7     （输出的结果）
g=16            （输出的结果）
```

程序说明： 程序第6行语句为f=18-a++;，a的初值为5，由于a++是后缀运算，先计算表达式的值，再使a值增1，即f=18-5=13；第9行语句为h=++a+6;，由于++a运算是前缀运算，先使a的值增1，再计算表达式的值，即h=7+6=13；第12行语句为g=++a+a++;，a当前值为7，++a是前缀运算，a的值自增1为8，a++是后缀运算，计算后a的值再加为9，所以表达式的值为g=8+8=16，计算后变量a的值为9。

注意： 虽然++和--操作可以优化代码执行效率，并且简化了表达式，但在使用时一定要小心谨慎，尤其是连用时需更加小心，使用不当可能会出现意想不到的结果。

【例 2.11】 自增运算符、自减运算符的副作用。
参考程序如下：
```
#include <stdio.h>
void main()
{
    int a=6,b=5,x,y;
    x=(a++)+(a++)+(a++);
    y=(++b)+(++b)+(++b);
    printf("%d\t%d\n",x,y);
}
```
在 Turbo C 2.0 环境下调试运行情况为
18   24   （输出的结果）
在 Visual C++ 6.0 环境下调试运行情况为
18   22   （输出的结果）

程序说明： 在 Turbo C 2.0 环境下，第 5 行 x=(a++)+(a++)+(a++);语句，是三个后缀++的和，a 先参与计算，再自增，得 x=6+6+6=18；第 6 行 y=(++b)+(++b)+(++b);语句，是三个前缀++的和，b 的值先自增，再参与计算，得 y=8+8+8=24。

但是，在 Visual C++ 6.0 环境中不遵循 Turbo C 2.0 的上述求值顺序，读者可以试着将第 6 行语句修改为 y=(++b)+(++b)+(++b)+(++b);或 y=(++b)+(++b);，找寻前缀++的运算规律，但考虑到程序的可读性，建议读者尽量不要这样使用。

（3）加法运算符（+）
加法运算符用来实现两个数的相加，属于二元运算符，如 3+6。
（4）减法运算符（-）
减法运算符用来实现两个数的相减，属于二元运算符，如 6-3。
（5）乘法运算符（*）
乘法运算符用来实现两个数的相乘，属于二元运算符，如 6*3。
（6）除法运算符（/）
除法运算符用来实现两个数的相除，属于二元运算符，如 6/3。在使用时要注意参加运算的数据类型，若两个整数或字符相除，结果为整型，当不能整除时，只保留结果的整数部分，小数部分全部舍去，而不是四舍五入。例如，6/3 的结果为 2，但当除数或被除数中有一个是浮点数时，则进行浮点数除法，结果也为浮点数，如 8.0/3=2.666667。

（7）求余运算符（%）
求余运算符也称取模运算符，取整数除法产生的余数，要求参与运算的数据必须为整数，所以%不能用于 float 和 double 的类型数据运算。例如，6%3 的结果是 0，8.0%3 为错误表达式，7%3 的结果是 1，7%-3 的结果是 1，-7%3 的结果是-1，-7%-3 的结果是-1，即余数的符号与被除数的符号相同。

【例 2.12】 常用算术运算符的使用。
参考程序如下：
```
#include <stdio.h>
void main()
{
    int i=15,j=3,e=2,f=-4;
    char ch='A';
    printf("%d\t%d\t%d\t%d\t%d\n",j+j,i-j,j*e,i/j,i%e);
    printf("%d\t%d\n",f%j,i%f);
    printf("%d\t%d\t%d\n",ch/3,ch-3,ch%3);
}
```

程序运行情况：
```
6 12 6 5 1              （输出的结果）
-1 3                    （输出的结果）
21 62 2                 （输出的结果）
```

程序说明：在程序的第 6 行输出语句中，i/j 为整除取整，即 15/3=5，i%e 为求余运算，即 15%2=1；通过第 7 行语句带符号的整数取模运算，可以验证，余数的符号与被除数的符号相同；第 8 行语句为字符型数据参与算术运算，字符型数据可以与整型数据通用，本例字符变量为 ch='A'，相当于 ch 的值为整型值 65，因为'A'的 ASCII 值就是 65。

2．算术表达式

在 C 语言中，由算术运算符、常数、变量、函数和圆括号组成的并符合 C 语法规则的式子称为算术表达式。例如，a*b+c-d/f+5，-a/(2*b)-c+3.5 都是合法的算术表达式。

使用算术表达式应遵循如下原则。

（1）要区分算术运算符与数学运算符在表达形式上的差异。例如，数学表达式 $\frac{1}{3}x^2+2x+1$，在 C 语言中作为算术表达式就不能这样书写，因为 $\frac{1}{3}$、x^2、$2x$ 在 C 语言中都是无法识别的，应写成 1.0/3*x*x+2*x+1。同时要注意数据类型，1/3 计算结果容易成为 0。

（2）要注意各种运算符的优先级别，如果不能确定，则最好在表达式中适当的位置添加圆括号"( )"，该括号必须匹配且成对出现，计算时由内层括号向外层括号逐层计算。

例如，将数学表达式 $\frac{|y|}{2x+4y^x}$ 写成 C 语言的算术表达式，正确的写法为 z=fabs(y)/(2*x+4*pow(y,x))，其中 fabs()和 pow()为 C 语言提供的函数，存储在 C 语言的数学库（math.h）中，需要时直接调用即可，但前提是必须把提供这些函数的头文件包含进来。

（3）双目运算符两侧运算对象的数据类型应保持一致，运算所得结果类型与运算对象的类型一致；若参与运算的数据类型不一致，则系统先自动按转换规律对操作对象进行数据类型转换，再进行相应的运算。

【例 2.13】 从键盘输入两个实数，计算算术表达式 $\frac{|y|}{2x+4y^x}$ 的值。

参考程序如下：
```
#include <stdio.h>
#include <math.h>
void main()
{
    float x,y,z;
    printf("请输入实型变量 x 和 y 的值，x 不等于 y:\n");
    scanf("%f %f",&x,&y);
    z=fabs(y)/(2*x+4*pow(y,x));
    printf("z=%f\n",z);
}
```

程序运行情况：
```
请输入实型变量 x 和 y 的值，x 不等于 y:
5  6↙                （输入 5、6 并按 Enter 键）
0.000193             （输出的结果）
```

程序说明：本例问题解决的关键在于如何将数学表达式正确表达为 C 语言能够识别的算术表达式，由于数学表达式中含有三角运算和开平方运算，将用到 C 语言提供的数学函数，所以在程序开始部分要将数学函数定义的头文件使用 include 语句加进来。数学表达式对应的算术表达式为本例第 8 行语句，其中 fabs()和 pow()都是数学函数。

2.4.2 关系运算符和关系表达式

1. 关系运算符

关系运算符是表示运算量之间逻辑关系的运算符，关系运算就是逻辑比较运算，通过对两个操作数值的比较，判断比较的结果。关系运算的结果为逻辑值，如果符合条件，则结果为真；如果不符合条件，则结果为假。

在 C 语言中，由于没有专门的逻辑型数据，通常将非 0 视为真，0 视为假，所以在表示关系运算符表达式结果时，用 1 表示真，0 表示假。为了使关系运算符在表示方式上更接近于人的逻辑思维，通常采用宏定义的方式来定义逻辑值：

```
#define  TRUE   1
#define  FALSE  0
```

也就是说，在 C 语言中表达关系运算的结果时，用 TRUE 表示真，用 FALSE 表示假。

关系运算符都是双目运算符，在 C 语言中有 6 种关系运算符，如表 2-4 所示。

表 2-4 关系运算符

运算符	名 称	示 例	结 果	运算符	名 称	示 例	结 果
<	小于	1<2	1	>=	大于或等于	'b'>='a'	1
<=	小于或等于	2<=1	0	==	等于	'A'=='a'	0
>	大于	'a'>'b'	0	!=	不等于	'A'!='a'	1

2. 关系表达式

用关系运算符将两个表达式连接起来的式子称为关系表达式，其一般形式为

表达式　　关系运算符　　表达式

关系运算符指明了对表达式所实施的操作。表达式为运算的对象，它可以是算术表达式、关系表达式、逻辑表达式、赋值表达式和字符表达式。关系表达式的值是一个逻辑值，用 1 表示真，0 表示假。

例如，x>=y，a+b<c+d，a>(b<c)!=d 等都是合法的关系表达式，可以看出关系表达式是可以嵌套使用的。当进行关系运算时，先计算表达式的值，再进行关系比较运算。

【例 2.14】 关系运算示例。

参考程序如下：

```
#include <stdio.h>
void main()
{
    int x,y,i,j;
    x=6;y=7;i=8;j=9;
    printf("%d ",x+y>i+j);            /*表达式为算术表达式*/
    printf("%d ",(x=6)!=(i=8));       /*表达式为赋值表达式*/
    printf("%d ",(x==6)!=(i==8));     /*表达式为关系表达式*/
    printf("%d ",(x<=y)==(i<=j));     /*表达式为关系表达式*/
    printf("%d ",'A'>'a');            /*表达式为字符表达式*/
}
```

程序运行情况：

```
0 1 0 1 0          （输出的结果）
```

程序说明：程序中整型变量 x、y、i、j 赋初值分别为 6、7、8、9，第 1 个输出语句的关系表达式为 x+y>i+j，先计算表达式的值，再进行关系比较运算，即 13>17，关系表达式值为

假，输出为 0；第 2 个输出语句的关系表达式为(x=6)!=(i=8)，即 6!=8；第 3 个输出语句的表达式为(x==6)!=(i==8)，先计算圆括号内的，x==6 为关系表达式，值为 1，同样 i==8 的值也为 1，即计算 1!=1，关系表达式值为假，输出为 0；第 4 个关系表达式为(x<=y)==(i<=j)，与第 3 个表达式类似，即计算 1==1，关系表达式值为真，输出为 1；最后一个关系表达式为'A'>'a'，即计算 65>97，关系表达式值为假，输出为 0。

使用关系运算符和关系表达式应注意以下内容。

（1）关系表达式的值是整数 0 或 1，则真用 1 表示，假用 0 表示；关系表达式的值非 0，则结果即为真，关系表达式的值为 0，则结果为假。

（2）字符型数据在比较时按其 ASCII 值进行。

（3）在连续使用关系表达式时，要注意其正确表达含义。例如，对于数学表达式 $a \leq x \leq b$，在 C 语言中不能写成 a<=x<=b，这是因为数学表达式 $a \leq x \leq b$ 为一个取值空间，而 a<=x<=b 为一个关系表达式，结果是一个整数值。若要表示该数学表达式为一存储空间，应写成 a<=x && x<=b。

【例 2.15】 关系运算基本操作。

参考程序如下：

```c
#include <stdio.h>
void main()
{
    int a,b;
    double i,j;
    printf("请输入整型变量a、b的值:\n");
    scanf("%d %d",&a,&b);
    printf("请输入实型变量i、j的值:\n");
    scanf("%f %f",&i,&j);
    printf("%d\t",a>b);
    printf("%d\t",'g'>'X');
    printf("%d\t",b/a*a==b);    /*可能有误差产生*/
    printf("%d\t",j/i*i==j);    /*可能有误差产生*/
    printf("%d\n",0<a<100);     /*结果为逻辑值而非取值空间*/
}
```

程序运行情况：

```
请输入整型变量a、b的值:
3 4↙              （输入3、4并按Enter键）
请输入实型变量i、j的值:
5.1 6.2↙          （输入5.1、6.2并按Enter键）
0 1 0 1 1         （输出的结果）
请输入整型变量a、b的值:
3 7↙              （输入3、7并按Enter键）
请输入实型变量i、j的值:
1.6 9.2↙          （输入1.6、9.2并按Enter键）
0 1 0 0 1         （输出的结果）
```

程序说明： 从程序的两次运行结果中可以看出，不同的输入值可能会有不同的运行结果，第 12 行语句中的表达式 b/a*a==b，看似是一个等价的表达式，但实际上在 C 程序中并非如此，第 1 次输入表达式为 4/3*3==4，其关系表达式结果为假，输出值为 0；第 2 次输入表达式为 7/3*3==7，其表达式结果为假，这是因为 7/3*3=2*3=6，其输出值为 0。

第 13 行语句表达式 j/i*i==j，与第 12 行语句类似，只不过 j 和 i 都为浮点型数据，在计算时可能会有误差产生，第 2 次输入表达式为 9.2/1.6*1.6==9.2，在数学上显然是一个恒等式，但在 C 程序中由于 9.2/1.6 所得值的有效位数有限，再与 1.6 相乘后得到的结果与原值 9.2 会有误差产生，因此关系表达式的结果为假，输出值为 0。

2.4.3 逻辑运算符和逻辑表达式

1．逻辑运算符

逻辑运算符是对逻辑量进行操作的运算符，逻辑运算的结果也是一个逻辑值，与关系运算一样。逻辑运算值只有两个，即用整数 1 表示真，用整数 0 表示假。C 语言提供了三种逻辑运算符，如表 2-5 所示。

表 2-5　逻辑运算符

目　　数	运 算 符	名　　称	示　　例	结　　果
单目运算符	!	逻辑非	!1	0
双目运算符	&&	逻辑与	0&&1	0
	||	逻辑或	0||1	1

逻辑非是单目运算符，参加运算的操作数只有一个。其功能为逻辑取反，若操作数为假，则结果为真；若操作数为假，则结果为真。

逻辑与是双目运算符，参加运算的操作数为两个。当参加运算的两个操作数均为真时，结果才为真；只要有一个操作数不为真，其结果就为假。

逻辑或是双目运算符，参加运算的操作数为两个。当参加运算的两个操作数均为假时，结果才为假；只要有一个操作数不为假，其结果就为真。

这三种逻辑运算符的运算规则可以用一张逻辑运算真值表来表示，如表 2-6 所示。

表 2-6　逻辑运算真值表

a	b	!a	!b	a&&b	a||b	a	b	!a	!b	a&&b	a||b
非0	非0	0	0	1	1	0	非0	1	0	0	1
非0	0	0	1	0	1	0	0	1	1	0	0

2．逻辑表达式

用逻辑运算符将两个表达式连接起来的式子称为逻辑表达式，其一般形式为

　　表达式　　逻辑运算符　　表达式

其中表达式可以是关系表达式，也可以是逻辑表达式，也就是说，逻辑表达式可以嵌套使用。逻辑表达式的值反映了逻辑运算的结果，其运行结果是一个逻辑量，用 1 表示真，0 表示假。

例如，x>=1 && x<=10，x>100||x<0 等都是合法的逻辑表达式。

注意：编译器在对逻辑表达式求解过程中，并不是所有的逻辑运算都能被执行，只有在需要进一步计算才能够确定表达式的值时，才会进行下一步的逻辑运算；若当前表达式的值在确定情况下，其后的表达式将不被计算。例如，逻辑表达式 x||y，在 x 的值确定为真时，将不再计算 y，因为整个表达式的结果已经确定为真；同样，对于逻辑表达式 x&&y，只要 x 为假，就不再判别 y，因为已经没有必要计算 y 的值，结果已经是确定的了。

【例 2.16】逻辑运算示例。

参考程序如下：
```
#include <stdio.h>
void main()
{
```

```
        int s,r,t;
        float x;
        s=0;r=4;t=0;
        x=6.5;
        printf("%d\t", s&&r&&t);
        printf("%d\t", s||r||t);
        printf("%d\t", !s);
        printf("%d\t", r>s&&('s'||'r'));
        printf("%d\t", !(x>3)&&(r<=x));
}
```

程序运行情况：

0   1   1   1   0   （输出的结果）

程序说明：程序定义了三个 int 型变量和一个 float 型变量并赋初值，第 1 条输出语句中，逻辑表达式为 s&&r&&t，先计算 s&&r，结果为假，其值为 0，不必再计算 0&&t，因为对于逻辑与操作来说，只要有一个表达式的值为假，则逻辑表达式值为假，输出为 0；同理，第 2 条输出语句中，逻辑表达式为 s||r||t，先计算 s||r，结果为真，其值为 1，不必再计算 0||t，因为对于逻辑或操作来说，只要有一个表达式的值为真，则逻辑表达式值为真，输出为 1；第 3 条输出语句中，逻辑表达式为!s，s 的值为 0，即假，所以结果为真，输出为 1；第 4 条输出语句中，逻辑表达式为 r>s&&('s'||'r')，r>s 的值为真，即 1，由于是逻辑与操作，所以仍需计算's'||'r'，值为真，即为计算逻辑表达式 1&&1 的值，输出为 1；最后一条输出语句中，逻辑表达式为!(x>3)&&(r<=x)，!(x>3)的值为假，即 0，所以整个逻辑表达式的值为假，输出为 0。

使用逻辑运算符和逻辑表达式应注意以下内容。

（1）逻辑运算符两侧的操作数，除可以是 0 或非 0 的整数外，也可以是其他任何类型的数据。

（2）在计算逻辑表达式的值时，只有在必须计算下一个表达式才能求解的情况下，进行求解运算。

2.4.4 赋值运算符和赋值表达式

1．赋值运算符

赋值运算符实现将一个表达式的值赋给一个变量的运算，它是一个双目运算符。赋值运算在 C 语言中是最常用的运算。例如，d=a+b-c，x=y，i=6 等都是合法的赋值表达式。

2．赋值表达式

用赋值运算符将一个变量和一个表达式连接起来的式子称为赋值表达式。它的功能是将赋值号右边表达式的结果放到左边的变量中保存。赋值表达式的一般形式为

变量 = 表达式;

变量赋值时，可以利用常量、变量，以及任何表达式。赋值表达式的计算过程：计算右边表达式的值，将计算结果赋值给左边的变量。赋值表达式的值就是赋值运算符左边变量的值。

例如，x=2.5，a=b+c，x=y 等都是合法的赋值表达式。

使用赋值运算符和赋值表达式应注意如下内容。

（1）赋值运算符是"="，含义是将"="右边的值赋给左边的变量，它与符号"=="不同，"=="是等于符号，用来判断左、右两侧的值是否相等，返回值为逻辑值。

（2）赋值运算符左侧必须是变量或是对应某特定内存单元的表达式，如(a+b)=20，x=y-3=8 都是非法的赋值表达式。

（3）赋值表达式可以连续赋值，如 a=b=c=2。但在变量定义时不允许连续赋值，如 int a=b=c=2 就是错误的。

3. 复合赋值运算符和复合赋值表达式

在赋值运算符"="之前加上其他运算符，就可构成复合赋值运算符，用于完成赋值组合运算操作。双目运算符都可以与赋值运算符一起组合成复合赋值运算符，C 语言中有 10 种复合赋值运算符，包括+=、-=、*=、/=、%=、<<=、>>=、&=、^=和|=。复合赋值表达式与等价的赋值表达式之间对应关系如表 2-7 所示。

表 2-7 复合赋值表达式与等价的赋值表达式之间的对应关系

复合赋值运算符	名 称	复合赋值表达式	等价的赋值表达式	示 例	结 果
+=	加赋值	a+=b	a=a+b	a=2，b=4	6
-=	减赋值	a-=b	a=a-b	a=2，b=4	-2
*=	乘赋值	a*=b	a=a*b	a=2，b=4	8
/=	除赋值	a/=b	a=a/b	a=9，b=2	4
%=	求余赋值	a%=b	a=a%b	a=9，b=2	1
&=	按位与赋值	a&=b	a=a&b	a=13，b=11	9
|=	按位或赋值	a|=b	a=a|b	a=13，b=11	15
^=	按位异或赋值	a^=b	a=a^b	a=13，b=11	6
<<=	左移位赋值	a<<=b	a=a<<b	a=13，b=2	52
>>=	右移位赋值	a>>=b	a=a>>b	a=13，b=2	3

由复合赋值运算符将一个变量和一个表达式连接起来的式子称为复合赋值表达式。构成复合赋值表达式的一般形式为

变量 复合赋值运算符 表达式；

复合赋值表达式计算过程：先将"变量"和"表达式"进行组合赋值运算符所规定的运算，再将运算结果赋值给复合赋值运算符左侧的"变量"。实际上，复合赋值表达式的运算等价于：

变量 = 变量 运算符 表达式；

例如：
a+=2   等价于   a=a+2
a-=2   等价于   a=a-2
a+=b*c   等价于   a=a+b*c
a*=b-2   等价于   a=a*(b-2)   /*不是 a=a*b-2*/

【例 2.17】 复合赋值运算示例。

参考程序如下：
```
#include <stdio.h>
void main()
{
    int x,y,z,i,j;
    x=3;y=5;z=7;i=j=9;
    y+=3;
    z%=x;
    i*=x+6;
    x-=j/4;
    printf("%d\t%d\t%d\t%d\t ",x,y,z,i);
}
```

程序运行情况：
1　8　1　81   （输出的结果）

在 C 语言中引入复合赋值运算符，不仅简化了程序的书写，使程序变得简练，也能够提高编译效率。

使用复合赋值运算符和复合赋值表达式应注意以下内容。
(1) 复合赋值运算符的两个运算符之间不能有空格。
(2) 复合赋值运算符左侧必须是变量。

2.4.5 位运算符和位运算

1. 位运算符

C 语言提供了 6 种基本位运算符，如表 2-8 所示。

表 2-8 位运算符

目 数	运算符	名 称	示 例	结 果
单目运算符	~	按位取反运算	~1010	0101
双目运算符	&	按位与运算	0110&1010	0010
	|	按位或运算	0110|1010	1110
	^	按位异或运算	0110^1010	1100
	<<	按位左移运算	01101010<<2	10101000
	>>	按位右移运算	01101010>>2	00011010

位运算符的操作对象只能是整型或字符型数据，不能为实型数据；位运算是对每个二进制位分别进行操作的；操作数的移位运算不改变原操作数的值。

2. 位运算

位运算是指对二进制位进行的运算，它是 C 语言的特点之一。位运算不允许只操作其中的某一位，而是对整个数据的二进制位进行运算。

(1) 按位取反运算（~）

按位取反运算符是单目运算符，其运算规则是将操作对象中所有二进制位按位取反，即将 0 变为 1，将 1 变为 0。它的一般形式为

~ 操作数

例如，求~1010 0110。

```
~   1010 0110
    ─────────
    0101 1001
```

注意：取反运算不是取负运算，例如，~10 的值不是-10。

(2) 按位与运算（&）

按位与运算是对两个操作数相应的位进行逻辑与运算，其运算规则是只有当两个操作数对应的位都为 1 时，该位的结果为 1。当两个操作数对应的位中有一个为 0 时，该位的结果为 0。它的一般形式为

操作数 & 操作数

例如，求 1100 0011 & 1010 0110。

```
    1100 0011
&   1010 0110
    ─────────
    1000 0010
```

(3) 按位或运算（|）

按位或运算是对两个操作数相应的位进行逻辑或运算，其运算规则是只有当两个操作数

对应的位都为 0 时，该位的结果为 0。当两个操作数对应的位中有一个为 1 时，该位的结果为 1。它的一般形式为

| 操作数 | 操作数 |

例如，求 1100 0011 | 1010 0110。

```
      1100 0011
   |  1010 0110
   ─────────────
      1110 0111
```

（4）按位异或运算（^）

按位异或运算是对两个操作数相应的位进行异或运算，其运算规则是只有当两个操作数对应的位相同时，该位的结果为 0。当两个操作数对应的位不相同时，该位的结果为 1。它的一般形式为

| 操作数 ^ 操作数 |

例如，求 1100 0011 ^ 1010 0110。

```
      1100 0011
   ^  1010 0110
   ─────────────
      0110 0101
```

（5）按位左移运算（<<）

按位左移运算的规则是将操作数向左移动指定的位数，并且将移去的高位舍弃，在低位补 0。它的一般形式为

| 操作数 << 移位数 |

例如，求 1010 0110<<2。

向左移 2 位，高位舍弃，低位补 0，结果为 1001 1000。

一个数左移 1 位相当于该数乘以 2，左移 2 位相当于该数乘以 2^2，左移 n 位相当于该数乘以 2^n，但该运算的前提是该数在舍弃的高位中不包含 1 的情况。

（6）按位右移运算（>>）

按位右移运算的规则是将操作数向右移动指定的位数，并且将移去的低位舍弃，对于高位部分，若操作数为无符号数，则左边高位补 0；若操作数为有符号数，则正数补 0，负数补 1。它的一般形式为

| 操作数 >> 移位数 |

例如，求整型变量 a=89=0101 1001，将 a 右移 2 位的值，即求 a>>2 的值。若 a 为正数，则在右移后，高位补 0，0101 1001>>2 的值为 00→0101 1001，结果为 0001 0110。

【例 2.18】位运算基本操作。

参考程序如下：

```
#include <stdio.h>
void main()
{
    int x=22,y=93;
    printf("%d\t",x&y);
    printf("%d\t",x|y);
    printf("%d\t",x^y);
    printf("%d\t",~x);
}
```

程序运行情况：

```
20   95   75   -23           （输出的结果）
```

程序说明：本例中整型变量 x=22，y=93 对应二进制数分别为 0001 0110 和 0101 1101（这里以 8 位二进制数表示）。位运算操作实际上就是对这两组二进制数进行操作，其中~x（按位

取反）的结果为-23，这是因为对 x 进行按位取反的二进制数为 1110 1001，从符号上判断该数是一个负数，而负数的原值为各位取反再加 1，即为二进制数-0001 0111，结果为-23。

【例 2.19】 移位运算示例。

参考程序如下：
```
#include <stdio.h>
void main()
{
    int x=45;    /*二进制数为 0011 1010*/
    printf("%d ",x);
    printf("%d ",x>>2);
    printf("%d ",x<<2);
}
```

程序运行情况：
```
45    11    180            （输出的结果）
```

程序说明：位运算符也可以和赋值运算符组成复合移位赋值运算符，包括<<=、>>=、&=、^=和|=，操作数的移位运算并不改变原操作数的值。例如，在【例 2.19】中经过移位运算 x>>2 和 x<<2 后，x 的值不变，但通过复合移位赋值运算后，操作数的值发生了改变。

【例 2.20】 复合移位赋值运算示例。

参考程序如下：
```
/*输入一个无符号整数，输出该数从右端开始的第 4～7 位组成的数*/
#include <stdio.h>
void main()
{
    unsigned int x,y,z;
    scanf("%d",&x);        /*从键盘输入一个整数*/
    x>>=3;                 /*右移 6 位，想一想为什么*/
    y=15;                  /*构造一个低 4 位为 1，其余各位为 0 的整数*/
    z=x&y;                 /*得到新数的第 4～7 位*/
    printf("result=%d",z);
}
```

程序运行情况：
```
93 ↙         （输入 93 并按 Enter 键）
11           （输出的结果）
```

使用位运算符进行运算应注意以下内容。
（1）位运算操作对象的数据类型只能是整型或字符型。
（2）位运算必须对操作数的所有二进制位进行运算，不允许对其中的某一位进行操作。

2.4.6 条件运算符和条件表达式

1．条件运算符

条件运算符是 C 语言中唯一的三目运算符，它有三个参与运算的量。条件运算符的符号是"？"和"："，且必须成对出现。

2．条件表达式

由条件运算符组成的表达式称为条件表达式。条件表达式的一般形式为

表达式 1 ? 表达式 2 : 表达式 3

条件表达式的运算规则：先计算表达式 1 的值，如果它的值为非 0（真），则计算表达式 2 的值，并以表达式 2 的值作为整个表达式的值；若表达式 1 的值为 0（假），则计算表达式 3 的值，并以表达式 3 的值作为整个表达式的值。其运算流程如图 2-3 所示。

例如，9>7?6:10 的值为 6；9<7?6:10 的值为 10。

条件表达式可以使程序更加简明。例如，求两个整数的最大值问题，用 if 语句实现为

```
if(a>b)
    c=a;
else
    c=b;
```

用条件表达式可以写为 c=(a>b)?a:b;。

条件表达式可以嵌套使用。

例如，a>b?a:c>d?c:d 等价于表达式 a>b?a:(c>d?c:d)。

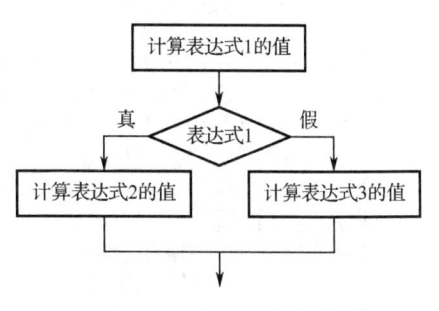

图 2-3 条件表达式运算流程

【例 2.21】 条件运算示例。

参考程序如下：

```
/*从键盘输入两个整数,求其最小值*/
#include <stdio.h>
void main()
{
    int x,y,min;
    printf("请输入两个整数：");
    scanf("%d%d",&x,&y);
    min=(x<y)?x:y;
    printf("两个数最小的是%d",min);
}
```

程序运行情况：

请输入两个整数：-7 8↙　　（输入-7、8 并按 Enter 键）
两个数最小的是-7　　　　　（输出的结果）

使用条件运算符进行运算应注意以下内容。

（1）条件运算符"？"和":"必须成对出现。

（2）条件表达式中表达式 2 和表达式 3 的数据类型如果不同，则表达式的结果类型将是二者中较高的类型。例如，2<6?17:14.5 的值为 17.000000，且在输出时不能够以整型输出，若输出语句为 printf("%d",2<6?17:14.5);，则结果为 0；若输出语句为 printf("%f",2<6?17:14.5);，则结果为 17.000000。

2.4.7 逗号运算符和逗号表达式

1. 逗号运算符

逗号运算符使用的是运算符","，其作用是将多个表达式连接起来。

2. 逗号表达式

使用逗号运算符将多个表达式连接在一起，就组成了逗号表达式。其一般形式为

表达式 1,表达式 2,…,表达式 n

逗号表达式的求解过程：先计算表达式 1 的值，然后计算表达式 2 的值，以此类推，最后计算表达式 n 的值，并将表达式 n 的值作为逗号表达式的值。例如，表达式 a=2,a*2,a+2 就是合法的逗号表达式，表达式的值为最后一个表达式的值，即 2+2=4。又如逗号表达式 a=4,b=a+2,b++的值为 6，计算后变量 a 的值不变，其值仍为 4。

【例 2.22】 逗号运算符运算示例。

参考程序如下：

```
#include <stdio.h>
void main()
{
```

```
    int x,y,i,j,exp1,exp2;
    x=4,y=6,i=8,j=16;
    exp1=(x+6,x-6,x/6,x*6);        /*变量x的值不变*/
    printf("%d\t%d\n",x,exp1);
    exp2=((x=x+2),y+i,x+j);        /*变量x的值发生变化*/
    printf("%d\t%d",x,exp2);
}
```

程序运行情况：

4　　24　　　　　（输出的结果）
6　　22　　　　　（输出的结果）

程序说明：本例中，表达式 exp1=(x+6,x-6,x/6,x*6);为逗号表达式，表达式的值为最后一个表达式的值，即 x*6 的值，结果为 24，此时 x 的值没有发生变化，仍然是初值 4；表达式 exp2=((x=x+2),y+i,x+j);也为逗号表达式，表达式的值为最后一个表达式的值，即 x+j，但结果不是 4+16=20，而是 6+16=22，这是因为在该表达式中，第 1 个表达式为 x=x+2，x 被重新赋值，即 x=4+2=6，所以整个逗号表达式的值为 x+j，即 6+16=22。

在 C 语言中，逗号除做运算符使用外，在变量定义时用逗号作为分隔符将多个变量分开；在定义函数和调用函数时，用逗号将函数多个参数分隔开。

例如：

```
float x,y,z;                   /*变量定义分隔*/
printf("%d\t%d",a,b);          /*函数参数分隔*/
void circle(float r,float h);  /*函数参数分隔*/
```

使用逗号运算符进行运算应注意以下内容。

（1）所有运算符中逗号运算符优先级最低，并且结合性为自左向右。

（2）程序中使用逗号表达式，通常是要计算每个表达式的值，但并不一定要求整个逗号表达式的值；而求整个表达式的值，也不一定需要计算每个表达式的值。例如，求整个逗号表达式(x=3,x+5,x++,8)的值，就无须计算每个表达式的值。

2.4.8　求字节数运算符

求字节数运算符又称长度运算符，是一个单目运算符，用于返回其操作数所对应数据类型的字节数。操作数可以是变量或数据类型，其一般形式为

```
sizeof(opr)
```

其中，opr 表示所要运算的对象，sizeof 为运算符。返回的字节数与编译系统对数据类型长度的设定有关。例如，sizeof(char)为求字符型数据在内存中所占用的字节数，在 Turbo C 2.0 和 Visual C++ 6.0 编译环境下，输出结果均为 1；sizeof(int)为求整型数据在内存中所占用的字节数，在 Turbo C 2.0 编译环境下输出结果为 2，而在 Visual C++ 6.0 编译环境下输出结果为 4。

【例 2.23】 求字节数运算示例。

参考程序如下：

```
#include <stdio.h>
void main()
{
    printf("sizeof(char):%d\n",sizeof(char));
    printf("sizeof(short int):%d\n",sizeof(short int));
    printf("sizeof(int):%d\n",sizeof(int));
    printf("sizeof(unsigned int):%d\n",sizeof(unsigned int));
    printf("sizeof(long int):%d\n",sizeof(long int));
    printf("sizeof(float):%d\n",sizeof(float));
    printf("sizeof(double):%d\n",sizeof(double));
```

```
        printf("sizeof(long double):%d\n",sizeof(long double));
}
```
程序运行情况：
```
sizeof(char):1                    （输出的结果）
sizeof(short int:2                （输出的结果）
sizeof(int):4                     （输出的结果）
sizeof(unsigned int):4            （输出的结果）
sizeof(long int):4                （输出的结果）
sizeof(float):4                   （输出的结果）
sizeof(double):8                  （输出的结果）
sizeof(long double):8             （输出的结果）
```
使用求字节数运算符进行运算应注意以下内容。

（1）sizeof 必须连写，中间不能有空格。

（2）不同系统或不同编译器得到的结果可能不同。

2.4.9 特殊运算符

1．"( )"和"[ ]"运算符

在 C 语言中，"()"运算符常用于表达式中，主要用来改变表达式的运算次序，也可以用于函数的参数表列；"[ ]"运算符用于数组的说明及数组元素的下标表示，有关内容详见第 6 章。

2．". "和"->"运算符

"."和"->"运算符主要用于引用结构体（struct）和共用体（union）数据类型的成员，如 stu.name、stu.age 等，有关内容详见第 9 章。

3．" * "和" & "运算符

" * "是指针运算符，指针运算符为单目运算符，需要一个指针变量作为运算量，用来访问指针所指向的内容，如*p 表示指针变量 p 所指向的内容。"&"为取地址运算符，也是单目运算符，用来取指定变量的内存地址，如&p 表示取变量 p 的内存地址，有关内容详见第 8 章。

2.5 运算符的优先级和结合性

2.5.1 运算符的优先级

在 C 语言中，运算符的优先级是指当一个表达式中有多个运算符时，计算是有先后次序的，这种计算的先后次序称为相应运算符的优先级。运算符的优先级共分为 15 级，1 级为最高，15 级为最低。在表达式中，优先级较高的运算符先于优先级较低的进行计算，若优先级相同，则按照运算符所规定的结合方向进行处理。

例如，有表达式 a-(b-3)*c+!0+d/e-4，其中有圆括号、算术运算符和逻辑运算符，级别最高的是圆括号和逻辑运算符。首先计算圆括号内 b-3 的值，然后计算!0 的值，算术运算符的级别较低的最后计算，包括"+"、"-"、"*"和"/"，虽然它们都是算术运算符，但优先级别也有所不同，先乘、除后加、减，即先计算(b-3)*c 和 d/e 的值，再进行加、减运算。

【例 2.24】 运算符的优先级示例。

参考程序如下：
```
#include <stdio.h>
void main()
{
    int a,b,c;
```

```
        printf("请输入整型变量a、b的值:\n");
        scanf("%d %d",&a,&b);
        c=sizeof(a)+(a-3)*b+a/2-4;
        printf("%d\n",c);
}
```

程序运行情况:

请输入整型变量a、b的值:
2 7↙   (输入2、7并按 Enter 键)
-6   (输出的结果)

程序说明: 本例第 7 行语句为 c=sizeof(a)+(a-3)*b+a/2-4;,表达式中运算符优先级最高的是圆括号,即先计算 a-3 的值,优先级次高的是求字节运算符,即计算 sizeof(a)的值,优先级再次之的是乘、除运算符,最低的是加、减运算符,也就是先做()内运算,接着做求字节数运算,然后做乘、除运算,最后做加、减运算,这与数学表达式的计算过程是一致的。

2.5.2 运算符的结合性

C 语言的运算符不仅有优先级,还有结合性,各运算符的优先级和结合性如表 2-9 所示。

表 2-9 各运算符的优先级和结合性

优先级	运算符	含义	类型	结合方向
1	() [] -> .	圆括号 下标运算符 成员运算符 结构体成员运算符	初等运算符	从左向右
2	! ~ + - (类型) ++ -- * & sizeof	逻辑非 按位取反 正号 负号 强制类型转换 自增 自减 取内容 取地址 求字节数	单目运算符	从右向左
3	* / %	乘法 除法 取余数	算术运算符	从左向右
4	+ -	加法 减法		
5	<< >>	按位左移 按位右移	位运算符	从左向右
6	> >= < <=	大于 大于或等于 小于 小于或等于	关系运算符	从左向右
7	== !=	等于 不等于		
8	&	按位与		
9	^	按位异或	位运算符	从左向右
10	|	按位或		

续表

优先级	运算符	含义	类型	结合方向
11	&&	逻辑与	逻辑运算	从左向右
12	||	逻辑或		
13	?:	条件运算	三目运算符	从右向左
14	= += -= *= /= %= &= ^= |= <<= >>=	赋值运算	双目运算符	从右向左
15	,	逗号运算	双目运算符	从左向右

运算符的结合性是指当一个运算对象两侧的运算符的优先级别相同时，进行运算的结合方向。在 C 语言中，运算符的结合性分为两类，即左结合性和右结合性。左结合性是指运算符的结合方向是从左向右，右结合性是指运算符的结合方向是从右向左。

例如，有表达式 a+b-c，其中"+"和"-"都是算术运算符且级别相同，算术运算符的结合性是左结合，因此，先计算 a+b 的值，再计算-c 的值。

结合性的概念在其他高级语言中是没有的，它可以使表达式的运算更加灵活，但同时也增加了复杂性。

【例 2.25】 运算符的优先级与结合性示例。

参考程序如下：

```
#include <stdio.h>
void main()
{
    int s=8,r=3,t=12;
    int res;
    double i=4.5, j=3.6,f;
    f=(t<<2)-s%r+(s+=r*=t)+(!t&&i+2)-j;
    res=t<<2;
    printf("%d\n",res);
    printf("%f",f);
}
```

程序运行情况：

```
48
86.4                  （输出的结果）
```

程序说明：本例中第 7 行表达式，运算符优先级由高到低是圆括号()、逻辑非!、求余%、加+和减-、左移<<、逻辑与&&、复合赋值运算符*=和+=。其中，复合赋值运算符的结合性为从右向左，所以 s+=r*=t 等价于 s=s+(r*t)，结果为 s=8+3*12=44。对于表达式!t&&i+2，由于运算符的优先级，等价于(!t)&&(i+2)，结果为 0，t<<2 的值为 48，s%r 的值为 2，所以，整个表达式的值为 86.4。

2.6 编程实践

任务：分析 MD5 散列算法的基本运算

【问题描述】

MD5 为计算机安全领域广泛使用的一种散列函数，用以提供消息的完整性保护。算法中大量应用了位运算，下面讲述其基本的位运算方法。

【问题分析与算法设计】

按照 MD5 的算法标准完成函数 F、G、H、I，并在此基础之上完成函数 FF、GG、HH、II。

【代码实现】

```c
#include<stdio.h>
/*F,G and H are basic MD5 functions: selection,majority,parity*/
#define F(x,y,z) (((x)&(y))|((~x)&(z)))
#define G(x,y,z) (((x)&(z))|((y)&(~z)))
#define H(x,y,z) ((x)^(y)^(z))
#define I(x,y,z) ((y)^((x)|(~z)))
/*ROTATE_LEFT rotates x left n bits*/
#define ROTATE_LEFT(x,n) (((x)<<(n))|((x)>>(32-(n))))
/*FF,GG,HH,and II transformations for rounds 1,2,3,and 4*/
/*Rotation is separate from addition to prevent recomputation*/
#define FF(a,b,c,d,x,s,ac) \
  {(a)+=F((b),(c),(d))+(x)+(UINT4)(ac); \
   (a)=ROTATE_LEFT((a),(s)); \
   (a)+=(b); \
  }
#define GG(a,b,c,d,x,s,ac) \
  {(a)+=G((b),(c),(d))+(x)+(UINT4)(ac); \
   (a)=ROTATE_LEFT((a),(s)); \
   (a)+=(b); \
  }
#define HH(a,b,c,d,x,s,ac) \
  {(a)+=H((b),(c),(d))+(x)+(UINT4)(ac); \
   (a)=ROTATE_LEFT((a),(s)); \
   (a)+=(b); \
  }
#define II(a,b,c,d,x,s,ac) \
  {(a)+=I((b),(c),(d))+(x)+(UINT4)(ac); \
   (a)=ROTATE_LEFT((a),(s)); \
   (a)+=(b); \
  }
int main(){
    UINT4 buf[4]={(UINT4)0x67452301,(UINT4)0xefcdab89,(UINT4)0x98badcfe, (UINT4)0x10325476};
    FF(buf[0],buf[1],buf[2],buf[3],'a',7,4294588738);
    GG(buf[0],buf[1],buf[2],buf[3],'a',7,4294588738);
    HH(buf[0],buf[1],buf[2],buf[3],'a',7,4294588738);
    II(buf[0],buf[1],buf[2],buf[3],'a',7,4294588738);
    return 0;
}
```

2.7 知识扩展材料

"不以规矩，不能成方圆"，C 语言编程也一样。

2.7.1 C 语言代码规范（编程规范）

在 C 语言中不遵守编译器的规定，编译器在编译时就会报错，这个规定就是规则。但是有一种规定，它是一种人为的、约定成俗的，即使不按照这样做也不会出错，这种规定就叫作规范。虽然编程时不按照规范也不会出错，但编写的代码会让人觉得很乱。所以学习 C 语言的时候，要先编写规范，如同写字一样，笔画顺序要写对，养成正确的习惯，避免错误。

书写代码规范不是短时间就能养成的，因为代码的规范化涉及很多内容和细节，需要不断地写代码进行练习，慢慢才能掌握的一种编程习惯。所以不要想着马上就能把代码规范化的知识全部掌握，也不要想着一下子就能把代码写规范。有很多知识，如为什么代码要这样写，为什么不能那样写，作为一个初学者是很难弄明白的。有很多规范是为了在程序代码量很大的时候，便于自己阅读和查找错误，也便于别人阅读和理解。

代码规范化的第 1 个好处是，程序看着很整齐。若用不规范的方式写了一万行代码，我们当时能看得懂，但过了一段时间再回头看时就很吃力，难于看懂了。所以代码一定要写规范，如加注释就是代码规范化的一个方法。在一般情况下，根据软件工程的要求，注释要占整个文档的 20%以上。所以注释要写得很详细，而且格式要规范。

第 2 个好处是，程序不容易出错。如果按照不规范的格式输入代码，就很容易出错。而将代码写规范，即使出错了，查错也会很方便。格式虽然不会影响程序的功能，但会影响可读性。程序格式追求清晰、美观，是其重要的构成元素。

2.7.2 代码规范的 7 个原则

代码规范化的原则包括空行、空格、成对书写、缩进、对齐、代码行、注释 7 个方面的书写规范。

1．空行

空行起着分隔程序段落的作用。空行得体将使程序的布局更加清晰。空行并不会浪费内存。

规范 1：定义变量后要空行。尽可能在定义变量的同时初始化该变量，即遵循就近原则。如果变量的引用和定义相隔比较远，那么变量的初始化就很容易被忘记。若引用了未被初始化的变量，就会导致程序出错。

规范 2：每个函数定义结束之后都要加空行。

规范 3：两个相对独立的程序块、变量说明之后必须加空行。例如，如果上面几行代码完成的是一个功能，下面几行代码完成的是另一个功能，那么它们中间就要加空行。这样看起来更清楚。

2．空格

规范 1：关键字之后要留空格。像 const、case 等关键字之后至少要留一个空格，否则无法辨析关键字。如 if、for、while 等关键字之后应留一个空格再跟左括号"("，以突出关键字。

规范 2：函数名之后不要留空格，应紧跟左括号"("，与关键字有所区别。

规范 3："("之后不留空格，")"","";"之前不留空格。

规范 4：","之后要留空格。如果";"不是一行的结束符号，则其后要留空格。

规范 5：赋值运算符、关系运算符、算术运算符、逻辑运算符、位运算符，如=、==、!=、+=、-=、*=、/=、%=、>>=、<<=、&=、^=、|=、>、<=、>=、+、-、*、/、%、&、|、&&、||、<<、>>、^ 等双目运算符的前、后都应当加空格。

注意："%"是求余运算符，与 printf 中%d 的"%"不同，所以%d 中的"%"前、后都不用加空格。

规范 6：单目运算符!、~、++、--、-、*、&等前、后都不加空格。必须注意规范 6 中的是单目运算符，而规范 5 中的是双目运算符，运算符意义是不一样的。

规范 7：像数组符号[]、结构体成员运算符"."、指向结构体成员运算符->，这类操作符前、后都不加空格。

规范 8：对于表达式比较长的 for 语句和 if 语句，为了紧凑，可以适当地去掉一些空格。但 for 和 if 后面紧跟的空格不能删，其后面的语句可以根据语句的长度适当地去掉一些空格。例如：

```
for (i=0; i<10; i++)
```

for 和分号后面保留空格就可以了，=和<前后的空格都可以去掉。

3．成对书写

成对的符号一定要成对书写，如()、{}。不要先写完左括号再写内容，最后补右括号，这样很容易漏掉右括号，尤其是写嵌套程序的时候。

4．缩进

缩进是通过键盘上的 Tab 键实现的，缩进可以使程序更有层次感。其原则是，如果地位相等，则不需要缩进；如果属于某一个代码的内部代码就需要缩进。

5．对齐

对齐主要是针对花括号{}说的。

规范 1：{和}分别要独占一行。互为一对的{和}要位于同一列，并且与引用其语句左对齐。

规范 2：{}之内的代码要向右缩进一个 Tab，且同一地位的要左对齐，不同地位的应继续缩进。

还需要注意的是，很多编程软件会进行"自动对齐"，例如：

```
#include <stdio.h>
int main(void)
{
    if (…)
    return 0;
}
```

写完 if 那行语句后，按 Enter 键，此时光标在括号的右边，而 if 下的花括号要写在与 if 左对齐的正下方，通常是按 Backspace 键使光标停在与 if 左对齐的正下方。但事实上并不需要这样做，直接输入花括号，系统就会自动对齐到与 if 左对齐的正下方，例如：

```
#include <stdio.h>
int main(void)
{
    if (…)
    {
        while (…)
    }
    return 0;
}
```

写完 while 这行语句后，按 Enter 键，此时如果光标不是停在与 while 左对齐的正下方，同样，不需要按 Backspace 键，直接输入花括号即可，系统就会自动对齐到与 while 左对齐的正下方。

此外，编程软件还有"对齐、缩进"功能。先按 Ctrl+A 快捷键全选，然后按 Alt+F8 快捷键，这时程序中所有成对的花括号都会自动对齐，未缩进的也会自动缩进。不管是在编程过程中，还是在编写结束之后，都可以使用这个技巧。如果编写时完全按照规范写，就不需要这个技巧，这只是一个辅助功能。

6．代码行

规范 1：一行代码只做一件事情，如只定义一个变量，或者只写一条语句。这样的代码容易阅读，并且便于写注释。

规范2：if、else、for、while、do 等语句自占一行，并且执行语句不得紧跟其后。此外，非常重要的一点是，不论执行语句有多少行，就算只有一行也要加{}，并且遵循对齐的原则，这样可以防止书写失误。

7. 注释

C 语言中一行注释一般采用//···，多行注释必须采用/*···*/。注释通常用于重要的代码行或段落提示。在一般情况下，源程序有效注释量必须在 20%以上。虽然注释有助于理解代码，但也不可过多地使用注释。

规范1：注释是对代码的"提示"，而不是文档。程序中的注释不可喧宾夺主。

规范2：如果代码本来就是清楚的，则不必加注释。例如：

```
i++;   //i加1
```

这个就是多余的注释。

规范3：边写代码边注释，修改代码的同时要修改相应的注释，以保证注释与代码的一致性，不再有用的注释要删除。

规范4：当代码比较长，特别是有多重嵌套时，应当在段落的结束处加注释，以便阅读。

规范5：每一条宏定义的右边必须要有注释，用于说明其作用。

习题 2

1. 选择题

（1）下列选项中，不合法的常量是_____。
    A．"A"　　　　　　B．-0x12　　　　　　C．'abc'　　　　　　D．010

（2）设变量 a 和 b 均为整型变量，表达式"a=3,b=5,a++,a+b"的值是_____。
    A．4　　　　　　　B．5　　　　　　　C．8　　　　　　　D．9

（3）以下叙述中，不正确的是_____。
    A．在 C 语言中，逗号运算符的优先级最低
    B．在 C 语言中，sum 和 SUM 是两个不同的变量
    C．在程序运行过程中，变量的值不可以改变
    D．整型常量可以用十进制、八进制和十六进制整数形式来表示

（4）数学表达式 $\dfrac{-b+\sqrt{b^2-4ac}}{2a}$ 在 C 语言中对应_____表达式。
    A．(-b+sqrt(b^2-4ac))/2a　　　　　　B．(-b+sqrt(b*b-4*a*c))/(2*a)
    C．-b+sqrt(b*b-4*a*c)/2*a　　　　　　D．(-b+sqrt(b*b-4*a*c))/2a

（5）下列选项中，正确的字符串常量是_____。
    A．'hello'　　　　　B．abc　　　　　　C．"xyz"　　　　　　D．' '

（6）下列选项中，正确的赋值表达式为_____。
    A．a=b=c=9　　　　B．a=b+9=c-9　　　C．a=b,a++,b=9　　　D．a=9-b=c+9

（7）已知字符变量 c，则表达式 c='A'+3 的值为_____。
    A．100　　　　　　B．'D'　　　　　　C．'d'　　　　　　D．随机数

（8）在 Visual C++ 6.0 编译环境下，int 型数据在内存中所占用的字节数为_____。
    A．1 字节　　　　　B．2 字节　　　　　C．3 字节　　　　　D．4 字节

（9）设 i 为整型变量、f 为实型变量，则表达式 2*i-'d'+f 的数据类型为_____。
    A．double　　　　　B．int　　　　　　C．char　　　　　　D．float

(10) 以下叙述中，不正确的是_____。
    A. x*=2.5　　　　B. x%=2.5　　　　C. x+=2.5　　　　D. x-=2.5

(11) 下列选项中，正确的标识符是_____。
    A. void　　　　B. 2nd　　　　C. a_3　　　　D. int

(12) 下列选项中，合法的字符常量是_____。
    A. '\184'　　　　B. 'ab'　　　　C. '\x37'　　　　D. " ab"

(13) 设 int 型变量 a 的值为 4，则执行语句 a+=a-=a*4;后，a 的值为_____。
    A. -8　　　　B. -12　　　　C. 4　　　　D. -24

(14) 设实型变量 a 的值为 12.5，实型变量 b 的值为 13.7，则(int)x+(int)y 的值为_____。
    A. 25　　　　B. 26　　　　C. 27　　　　D. 28

(15) 设 x 为一个 4 位数的 int 型变量，能够实现取出该数的百位（第 2 位）数字的表达式是_____。
    A. x%1000　　　　B. x%1000/100　　　　C. x/1000　　　　D. x/1000%100

(16) 设 int 型变量 a、b 的值分别为 8 和 4，则表达式(a>b)? a++:b++的值为_____。
    A. 4　　　　B. 5　　　　C. 8　　　　D. 9

(17) 设 a、b、c、d 均为 int 型变量，且初始值都为 2，则执行语句 a=(b,c+2,d=6)后，变量 c 的值为_____。
    A. 2　　　　B. 3　　　　C. 4　　　　D. 5

(18) 设 int 型变量 a、b 的值分别为 14 和 6，则表达式 a%=b+1 的值为_____。
    A. 0　　　　B. 1　　　　C. 2　　　　D. 3

(19) 下列选项中，和表达式 a*=b-2 等价的是_____。
    A. a=a*b-2　　　　B. a=a*(b-2)　　　　C. a=a+b*2　　　　D. a=b-2*a

(20) 表达式 sizeof(float)是_____的表达式。
    A. 字符型　　　　B. 浮点型　　　　C. 整型　　　　D. 双精度型

(21) 设 int 型变量 a、b 的值分别为 4 和 2，则表达式 a=a---b 的值为_____。
    A. 0　　　　B. 1　　　　C. 2　　　　D. 3

(22) 下列选项中，不正确的转义字符是_____。
    A. \x12　　　　B. \n　　　　C. \\　　　　D. \98

(23) 下列程序的输出结果是_____。
```
#include <stdio.h>
void main()
{
    int x=24;
    printf("%d",--x)
}
```
    A. 19　　　　B. 20　　　　C. 23　　　　D. 24

(24) 表达式!'A'&&(5>3)的值是_____。
    A. 0　　　　B. 1　　　　C. 'A'　　　　D. 'B'

(25) 下列运算符中，要求运算对象必须是整型的运算符是_____。
    A. !　　　　B. !=　　　　C. /　　　　D. %

(26) 设有 int 型变量 a、b、c，a=9，b=4，则表达式 c=a/b+1.25 的值为_____。
    A. 2　　　　B. 3　　　　C. 3.5　　　　D. 4

(27) 设 x 为 int 型变量，下列选项中能够判定 x 值为偶数的表达式是_____。
    A. x%2=0　　　　B. x/2=0　　　　C. x%2==0　　　　D. x/2==0

(28) 设有 int 型变量 a、b 且初值为-5 和 3，则表达式 a/b 的值为_____。
    A. -2　　　　B. -1　　　　C. 0　　　　D. 1

(29) 设 int 型变量 a、b、c 且初值分别为 1、2、3，则表达式 c>b!=a 的值为_____。
    A. -1   B. 0   C. T   D. F

(30) 下列运算符中，运算符优先级的顺序为从高到低的是_____。
    A. ++, *, >>, &&   B. ^, +=, !=, ||
    C. /=, ^, <<, /   D. ~, <=, &&, /

2. 填空题

(1) 数学表达式 $\sqrt{y^x + \log_{10} y}$ 对应的 C 语言表达式为_____。

(2) 设 a 为 int 型变量，则表达式 (a=2*3,a*4),a+30 的值为_____。

(3) 设 i 为 int 型变量且初值为 2，则表达式 k=(i++)+(i++)+(i++) 的值为_____。

(4) 设 i 为 int 型变量且初值为 3，则语句 printf("%d %d",i,i++); 的输出结果是_____。

(5) 设 x 和 a 为 int 型变量，则执行 x=a=6,4*a 之后，变量 x 的值为_____。

(6) 设 a 为 int 型变量且赋初值为 6，则表达式 a*=2+4 的值为_____。

(7) 定义整型变量 x，y 并赋初值为 8 的语句是_____。

(8) 设 i 为 int 型变量且初值为 1，则表达式 i=2,i++,i+5,i||i-9 的值为_____。

(9) 以下程序的输出结果是_____。
```c
#include <stdio.h>
void main()
{
    char c='A';
    printf("%c",c+4);
}
```

(10) 以下程序的输出结果是_____。
```c
#include <stdio.h>
void main()
{
    int a,b,x,y;
    a=6;b=8;
    x=a++;y=b++;
    printf("%d %d %d %d",a,b,x,y);
}
```

(11) 以下程序的输出结果是_____。
```c
#include <stdio.h>
void main()
{
    int x=0x12,y=12;
    printf("%d",x-y);
}
```

(12) 以下程序的输出结果是_____。
```c
#include <stdio.h>
void main()
{
    char c1,c2;
    c1='A';c2='a';
    printf("%d %d",++c1,--c2);
}
```

(13) 以下程序的输出结果是_____。
```c
#include <stdio.h>
void main()
{
    char c='0';
    int i=5;
```

```
    printf("%d",c*i);
}
```

（14）以下程序的输出结果是_____。
```
#include <stdio.h>
void main()
{
    int a,b,c,d;
    a=9;b=-9;c=4;d=-4;
    printf("%d %d %d %d ",a%c,a%d,b%c,b%d);
}
```

（15）设有 int 型变量 i、j、k，则运算表达式 k=(i=1,++i,j=5,j++)的值为_____，变量 i 的值为_____，变量 j 的值为_____。

（16）表达式'a'&&'b'>0||3>5 的值为_____。

（17）设 int 型变量 a 的值为 65，则语句 printf("%c",a-32);的值为_____。

（18）设有 int 型变量 a、b 且初值分别为 7 和 3，则表达式 a>b?a/b:a%b 的值为_____。

（19）设有 int 型变量 a，判断其值在 100 以内且能够被 3 或 7 整除的正整数表达式为_____。

（20）设有 int 型变量 x，x=("HELLO"<"hello")+'A';，则表达式 printf("%c ",x);的值为_____。

3．程序分析题

（1）分析下面程序的运行结果。
```
#include <stdio.h>
void main()
{
    int x,y;
    x=2;y=7;
    printf("%d %d\n",x,y);
    printf("%d %d\n",x++,y++);
    printf("%d %d\n",++x,++y);
    printf("%d %d\n",y---x,--y-x);
    printf("%d %d\n",x+++y,++x+y);
}
```

（2）分析下面程序的运行结果。
```
#include <stdio.h>
void main()
{
    int x,y,z;
    x=2;y=7;z=8;
    printf("%d\t%d\t%d\t%d\n",y/x,y%x,z/x,z%x);
    printf("%d\n",x+y-z,z-x*y);
    printf("%d\n",++x*++x);
}
```

（3）分析下面程序的运行结果。
```
#include <stdio.h>
void main()
{
    int x,y;
    char ch1='d',ch2='D';
    x=ch1-3;
    y=ch1-'3';
    printf("%d\t%c\t%d\t%c\n",ch1,ch1,ch2,ch2);
    printf("%d\t%c\t%d\t%c\n",x,x,y,y);
}
```

（4）分析下面程序的运行结果。
```
#include <stdio.h>
```

```
void main()
{
    int a,b,c;
    a=2;b=5;c=8;
    printf("%d\t",a>b);
    printf("%d\t",c-a>=b);
    printf("%d\t",a!=c-b-1);
    printf("%d\n",'0'>0);
}
```

（5）分析下面程序的运行结果。
```
#include <stdio.h>
void main()
{
    double x=2.58,y=4.66;
    int a=2,b=9;
    printf("%d\t%d\t%d\t%d\n",(int)x,(int)y,(int)x+(int)y,(int)(x+y));
    printf("%f\t%f\n",a-x,(float)(b-a));
    printf("%d\n",a+b*(int)x%4);
    printf("%f\n",y-x+(float)b/2);
    printf("%f\n",(float)(b+a)/2+(int)y/(int)x);
}
```

（6）分析下面程序的运行结果。
```
#include <stdio.h>
void main()
{
    int x=3,y=11;
    int a=4,b=9;
    printf("%d\t",y/=x);
    printf("%d\t%d\n",--x+=y%=x--,y/=x);
    printf("%d\t%d\n",x,y);
    printf("%d\t%d\t%d\n",a^b,a|b,a&b);
    printf("%d\n",a*=b/=a);
    printf("%d\t%d\n",b,b<<4);
}
```

（7）分析下面程序的运行结果。
```
#include <stdio.h>
void main()
{
    int x,y,z;
    x=(2*4,9-4,2*3);
    printf("%d\n",x);
    y=((x=3*6,x+12,x-20),x*2-6);
    printf("%d\t%d\n",x,y);
    z=(x>y)?x/y:x%y;
    printf("%d\n",z);
    printf("%d\n",(1,3,5)==(2,4,5));
}
```

（8）分析下面程序的运行结果。
```
#include <stdio.h>
void main()
{
    int x=1,y=5,z=8;
    printf("%d\t",x&&y&&z);
    printf("%d\t",!x==!y);
    printf("%d\t",!x||y&&!z);
    printf("%d\n",--x&&--y||z=='8');
}
```

4．改错题

（1）指出下列程序段的错误之处。

①
```
int x;
printf("%d",x);
```

②
```
double x=1.35;
printf("%d",x);
```

③
```
int x=2
printf("%d",x);
```

④
```
char c="hello";
printf("%c",c);
```

⑤
```
int a=b=c=3;
printf("%d\t%d\t%d\n",a,b,c);
```

⑥
```
int 3c;
float a+b;
```

（2）指出下列程序中的错误之处。
```
#include <stdio.h>
#define PI 3.14
void main()
{
    double x=3.64,y=7.82;
    short i=38000;
    int a=2,b=4,c=6,d=8;
    PI=3.1416;
    printf("%d",x%y);
    printf("%d",i);
    a*=(b+c)/=d;
    printf("%d",a);
}
```

5．编程题

（1）汽车在有里程标志的公路上行驶，从键盘输入开始和结束的里程及时间（以时、分、秒输入），计算并输出其平均速度（千米/小时）。

（2）从键盘输入圆锥体的底面半径 r=2.5 米，高 h=5 米等值，编写程序计算其体积。

第 3 章　算法概念与顺序结构的程序设计

一个程序的主要功能是实现对数据的处理，程序设计就是考虑如何描述数据并对数据进行操作的步骤，即算法，算法是程序的灵魂。程序分为三种基本结构，即顺序结构、选择结构和循环结构，通过这三种基本结构的嵌套和组合可以实现各种复杂的程序。

本章主要介绍算法概念与顺序结构的程序设计思想。

3.1　算法简介

在程序设计中，需要考虑两方面的内容：一方面是对数据的描述；另一方面是对数据操作的描述。对数据的描述是指"对程序中要用到的数据进行类型的定义和存储形式的说明"，即数据结构；对数据操作的描述是指"操作的具体步骤"，即算法。在这里数据是操作的对象，操作的目的是对数据进行加工处理，以得到预期的结果。

3.1.1　算法的概念

瑞士著名的计算机科学家、Pascal 语言的发明者沃思（Niklaus Wirth）提出了定义程序的著名公式：

$$程序=算法+数据结构$$

这个公式说明了算法与程序的关系。

通常认为，算法是在有限步骤内求解某个问题所使用的一组定义明确的规则。通俗点说，就是计算机解题的过程。在这个过程中，无论是形成解题思路还是编写程序，都是在实施某种算法。前者是推理实现的算法，后者是操作实现的算法。

在日常生活中人们做任何一件事情，都是按照一定规则，一步一步进行的，如在工厂中生产一部机器，会先把零件按一道道工序进行加工，然后把各种零件按一定规则组装成一部完整机器。在农村种庄稼时，有耕地、播种、育苗、施肥、中耕、收割等各个环节。这些步骤都是按一定的顺序进行的，缺一不可，次序错了也不行。因此编写程序也是如此。程序中的一个算法如果有缺陷，执行这个算法就不能解决问题。

计算机解决问题的方法和步骤称为计算机算法。计算机算法分为两大类：数值运算和非数值运算。数值运算的目的就是得到一个数值解，如科学计算中的数值积分、解线性方程等，使用的就是数值运算的方法；非数值运算的面非常广，对事务管理领域、文字处理、图像图形等的排序、分类、查找，使用的就是非数值运算的方法。

算法并不给出问题的精确解，只是说明怎样才能得到解。每一个算法都是由一系列的操作指令组成的，这些操作包括加、减、乘、除、判断等，按顺序、选择、循环等结构组成。所以研究算法的目的就是研究怎样把各种类型问题的求解过程分解成一些基本的操作。

算法写好之后，先要检查其正确性和完整性，再根据它编写出用某种高级语言表示的程序。程序设计的关键就在于设计出一个好的算法，所以说算法是程序设计的核心。

一个算法应具备以下 5 个重要特性。

（1）有穷性：一个算法必须保证在执行有穷步之后结束，不能无休止地执行下去。

（2）确定性：算法的每个步骤必须具有确切的含义，执行何种动作都不能有二义性，应目的明确。

（3）可行性：算法中的每个操作都必须是可执行的，也就是说算法中的操作都能通过手工或机器在有限时间内完成，这称之为有效性。不切合实际的算法是不允许的。

（4）输入：一个算法中有零个或多个输入。这些输入数据应在算法操作前提供。

（5）输出：一个算法中有一个或多个输出。算法的目的是解决一个给定的问题，因此，它应该给出计算产生的结果，否则，就没有意义了。

实际上，编写一个完整的程序还需要采用结构化的程序设计方法，以及选择适当的语言工具和环境。

3.1.2 算法的常用描述方法

从上面的分析可知，算法是解决问题的一系列有序指令。设计一个算法或描述一个算法最终的目的是通过程序设计语言来解决问题。如何将算法转化为程序设计语言是程序员要解决的关键问题。

对算法而言，它是对某个问题求解步骤的考虑，是解决问题的一个框架流程。而程序设计则是要根据这个求解的框架流程进行语言细化，实现这个问题求解的具体过程。因此，从算法到程序设计是一个由粗到细的过程。

描述算法有多种不同的方法，采用不同的方法对算法的质量有很大影响。常用的描述方法有自然语言、流程图、N-S 图和伪代码等。

1．自然语言

自然语言就是人们日常使用的语言，如汉语、英语等。就像写文章所列的提纲一样，用简洁的语言加数学符号进行有序的描述。用自然语言描述算法的优点是简洁易懂，便于用户之间进行交流；缺点是文字冗长，容易产生歧义。如"小王对小李说他要去学校。"，请问是小王要去学校呢，还是小李要去学校呢？没有特定的语言环境就很难判断出来。另外，将自然语言描述的算法直接拿到计算机上进行处理，目前还存在一定的困难。因此，除了特别简单的问题，一般情况下不使用自然语言来描述算法。

【例 3.1】用自然语言描述 a=50 与 b=20 的和。

（1）定义两个整型变量 a 和 b；

（2）给 a 赋值为 50，给 b 赋值为 20；

（3）定义一个变量 sum 并初始化为 0；

（4）计算 a+b，并将计算的结果赋给 sum；

（5）输出计算结果 sum；

（6）结束。

2．流程图

流程图是于 20 世纪中期兴起的一种算法描述方法，它的特点是用一些图框来表示各种类型的操作，用流程线表示这些操作的执行顺序。这种方式直观、形象，容易转化成相应的程序语言。目前所采用的是美国国家标准协会 ANSI（American National Standard Institute）规定的一些常用流程图符号，如图 3-1 所示。

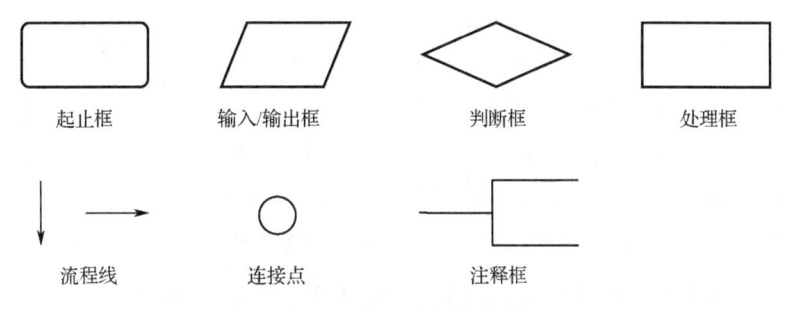

图 3-1 常见流程图符号

常见流程图符号说明。

（1）起止框：用圆角矩形表示算法的开始和结束；一个算法只能有一个开始处，但可以有多个结束处。

（2）输入/输出框：用平行四边形表示数据的输入或计算结果的输出。

（3）判断框：用菱形表示判断，其中可注明判断的条件。

（4）处理框：用矩形表示各种处理功能，框中指定要处理的内容，该框有一个入口和一个出口。

（5）流程线：用箭头来表示流程的执行方向。

（6）连接点：用于连接因画不下而断开的流程线。

（7）注释框：用来对流程图中的某些操作做必要的补充说明，以帮助阅读流程图的程序员更好地理解某些操作的作用。

【例 3.2】 用流程图的形式描述出 1~100 能被 3 整除的数，如图 3-2 所示。

3．N-S 图

虽然流程图可以通过具有特定意义的图形、流程线，以及简要的文字说明来表示程序的运行过程，但是在使用过程中，人们却发现由于流程图对流程线的使用没有任何限制，使得流程图变得毫无规律，给阅读者带来很大困难。为此，1973 年美国学者 I. Nassi 和 B. Shneiderman 提出了一种新的流程图形式。在这种流程图中，完全去掉了带箭头的流程线。它把整个算法写在一个矩形框内，在该框内还可以包含其他从属于它的框，整个算法的结构由上而下顺序排列，这种流程图称为 N-S 结构化流程图，简称 N-S 图。N-S 图适用于结构化程序设计，因此备受欢迎。

N-S 图使用的流程图符号如下。

（1）顺序结构：用 A、B、C 三个框组成一个顺序结构，如图 3-3 所示。

（2）选择结构：当条件成立时，执行 A 操作，不成立时，执行 B 操作，如图 3-4 所示。注意图 3-4 是一个整体，代表一个基本结构。

（3）循环结构：图 3-5 为当型循环结构，表示当条件 P1 成立时，反复执行 A 操作，直到条件不成立时为止。图 3-6 为直到型循环结构。

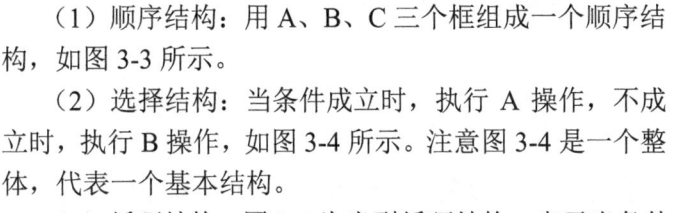

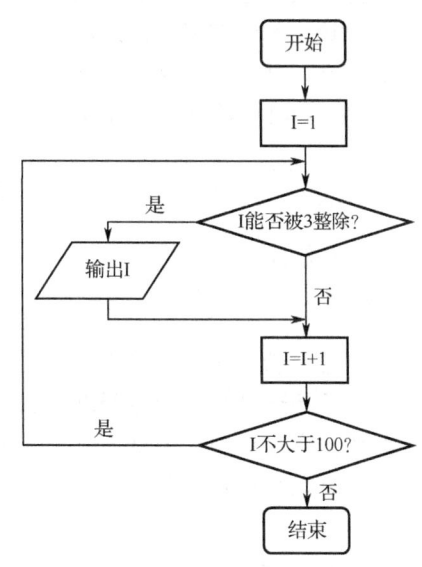

图 3-2 【例 3.2】的流程图

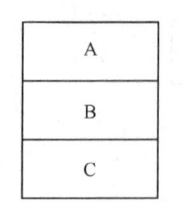

图 3-3 顺序结构 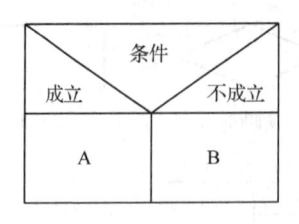　　图 3-4 选择结构 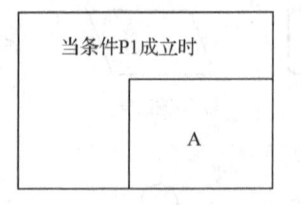　　图 3-5 当型循环结构 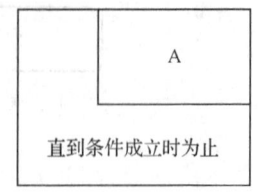　　图 3-6 直到型循环结构

【例 3.3】 用 N-S 图的形式描述出求 1～100 的和，如图 3-7 所示。

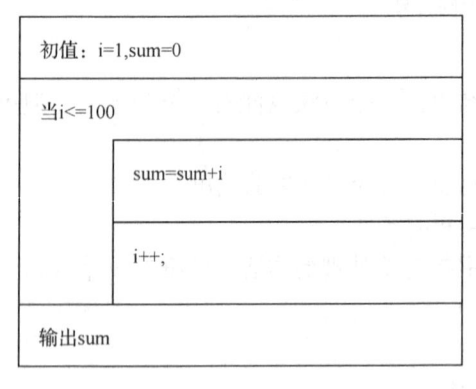

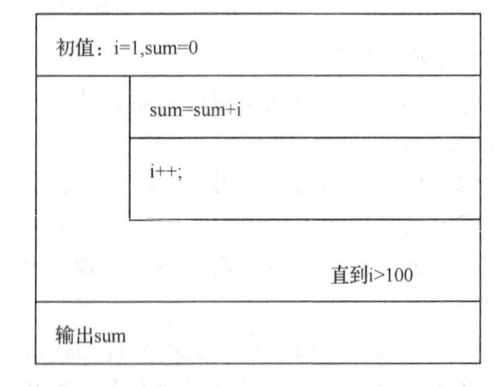

图 3-7 当型循环结构和直到型循环结构

4．伪代码

伪代码（Pseudocode）也是一种算法描述语言，但它不是一种现实存在的编程语言。使用伪代码的目的是使被描述的算法更容易以任何一种编程语言（Pascal、C、Java 等）实现。它既综合使用了多种编程语言中的语法和保留字，也使用了自然语言。因此，伪代码是用介于自然语言和计算机语言之间的文字和符号来描述算法的。使用伪代码表示的算法结构清晰，代码简单，并且可读性好，通常在计算机教学中使用。

【例 3.4】 用伪代码描述出 50 以内能被 7 整除的所有正整数。

```
i=1
当(i≤50)
{
    if (i % 7=0)
    输出 i;
    i=i+1;
}
```

注意：伪代码书写格式比较自由，可以按照人们的想法随手书写，伪代码也像流程图一样用在程序设计的初期，帮助写出程序流程。简单的程序一般都不用写流程和思路。但是对于结构复杂的程序，最好还是把流程写下来，以总体考虑如何实现整个功能。写好的流程不仅可以用来与他人进行交流，还可以作为将来测试、维护的基础。

3.2　C 语句概述

C 程序对数据的处理是通过"语句"执行来实现的，语句可用来向计算机系统发出操作指令，一条语句经编译后能够产生若干条机器指令。C 语句是 C 源程序的重要组成部分，是用来完成一定操作任务的。我们已了解到一个函数包括声明和实现两个部分，其中声明部分的内容不产生机器操作，仅对变量进行定义，因此不能称为语句，如 int a;就不是 C 语句。而执行部分则是由 C 语句组成的，如 sum=a+b;。

C 语句可以分为如下 5 种。

1. 表达式语句

由表达式组成的语句称为表达式语句。C 语言的任意一个表达式加上分号就构成了一个表达式语句，其语句格式为

```
表达式;
```

功能：用于计算表达式的值或改变变量的值。

表达式语句可分为赋值语句和运算符表达式语句两种。

（1）赋值语句

赋值语句由赋值表达式后跟一个分号组成，例如：

```
x=2;        /*给 x 赋值为 2*/
x=y+z;      /*计算 y+z 并赋值给变量 x*/
```

（2）运算符表达式语句

运算符表达式语句由运算符表达式后跟一个分号组成，例如：

```
i++;                      /*语句的功能是使变量 i 的值自增 1*/
a+b;                      /*算术表达式语句，计算 a 与 b 之和*/
a=3,b=a+2,c=a+1;          /*由三个赋值语句组成的逗号表达式语句*/
```

注意：C 语言将赋值语句和赋值表达式区分开来，不仅增加了表达式的应用，还使其具备了其他语言中难以实现的功能。分号是 C 语言语句结束的标志。

2. 控制语句

控制语句用于控制程序的流程，以实现程序的各种结构。它们由特定的 9 种控制语句组成。

（1）if 语句（条件语句）。

（2）switch 语句（多分支选择语句）。

（3）while 语句（循环语句）。

（4）do-while 语句（循环语句）。

（5）for 语句（循环语句）。

（6）break 语句（中止执行 switch 或循环语句）。

（7）goto 语句（无条件转向语句，此语句尽量少用，它会使程序流程无规律、可读性差）。

（8）continue 语句（结束本次循环语句）。

（9）return 语句（从函数中返回语句）。

3. 函数调用语句

由一次函数调用加一个分号组成，其一般形式为

```
函数名(实际参数表);
```

功能：执行函数语句就是调用函数体，先把实际参数赋予函数定义中的形式参数，再执行被调函数体中的语句，求出函数值。例如：

```
printf("This is a C program");
```

程序说明：这条语句用于在屏幕上显示字符串"This is a C program"。

注意：在 C 语言中无输入/输出语句，其输入/输出功能由 C 语言的库函数提供，其中 printf 为标准输出函数。

4. 空语句

空语句由一个分号表示，其一般形式为

```
;
```

功能：在程序中空语句常用于空循环体或被转向点。它在语法上占有一个简单语句的位

置，实际上该语句不执行任何操作。

5. 复合语句

用{}把多条语句括起来组成的一条语句称为复合语句。在程序中应把复合语句看成单条语句，而不是多条语句。例如：

```
{
    x=y+z;
    a=b+c;
    printf("%d,%d",x,a);
}
```

这是一个整体，应该把它看成一条复合语句。

注意：复合语句内的各条语句都必须以分号";"结尾，在"}"外不能加分号。在复合语句内定义的变量是局部变量，仅在复合语句中有效。

另外还需说明，C 语言对语句的书写格式无固定要求，允许一行书写多条语句，也允许一条语句分行书写。

3.3 C 语言的基本输入/输出

C 语言本身不提供输入/输出语句，其输入/输出功能由 C 语言的库函数提供。C 语言具有很丰富的库函数。本节主要介绍 C 语言库函数中的字符输入/输出函数、格式化输入/输出函数。它们对应的头文件为 stdio.h。

3.3.1 字符的输入/输出函数

1. 字符输出函数 putchar

putchar()指向标准输出设备，输出一个字符，其一般形式为

```
putchar(ch)
```

其中 ch 为一个字符变量或常量。

【例 3.5】 输出单个字符。

```
#include <stdio.h>
void main()
{
    char m,n;                              /*定义字符变量*/
    m='a';
    n='b';                                 /*给字符变量赋值*/
    (m>=n)? putchar(m):putchar(n);         /*输出字符*/
}
```

其运行结果为 b。

也可以输出控制字符，如用 putchar('\n')来输出一个换行符，使显示器光标移到下一行的行首，即将输出的当前位置移到下一行的开头。

例如：

```
putchar('O');  putchar('\n');  putchar('K');
```

运行结果为

O
K

还可以输出其他转义字符，例如：

```
putchar('\141')       /*输出字符 a*/
putchar('\\')         /*输出反斜杠*/
```

2. 字符输入函数 getchar

getchar()指从键盘上读入一个字符，其一般形式为

```
getchar()
```

函数的值就是从输入设备得到的字符。

【例 3.6】 输入字符举例。

```
#include <stdio.h>
void main()
    {
        char ch;
        ch=getchar();       /*从键盘读入一个字符*/
        putchar(ch);        /*显示输入的字符*/
    }
```

程序运行情况：

```
c↙         （输入字符 c 并按 Enter 键）
c          （输出的结果）
```

注意：getchar()只能接收单个字符，可以给该字符赋予一个字符变量或整型变量，也可以不赋予任何变量，作为表达式的一个运算对象参加表达式的运算处理。如果在一个函数中要调用 putchar()或 getchar()，则应该在函数的前面（或本文件开头）使用包含命令#include <stdio.h>。

3.3.2 格式的输入/输出函数

1. 格式输出函数 printf

printf()是格式输出函数，它的作用是向标准输出设备按规定格式输出信息。它的函数原型在头文件 stdio.h 中。但作为一个特例，不要求在使用 printf()之前必须包含 stdio.h 文件。其一般形式为

```
printf("<格式控制>", <输出表列>)
```

功能：将输出表列的值按指定格式输出到标准输出终端上。

例如，printf("%d,%c\n", i,c);，其中括号内包括格式控制和输出表列两部分内容。

（1）格式控制指用双引号括起来的字符串，也叫格式控制字符串，它包括以下三种信息。

- 格式说明：由"%"和格式符组成，用来确定输出的内容格式，如%d、%c 等。它总是由"%"字符开始的。
- 普通字符：在输出时按原样输出，主要用于输出提示信息，如 printf()中双引号内的逗号、空格等。
- 转义字符：用于指明特定的操作，如"\n"表示换行。

（2）输出表列指列出要输出的数据或表达式，它可以是零个或多个，每个输出项之间用逗号分隔，输出的数据可以是任何类型的。但需注意，输出数据的个数必须与前面格式化字符串说明的输出个数一致，顺序也要一一对应，否则就会报错。

【例 3.7】 格式输出。

```
#include <stdio.h>
void main()
{
    int  x=97,y=98;
    printf ("%d  %d\n ",x, y);
    printf ("%4d, %-4d\n" ,x, y);
    printf ("%c, %c\n" ,x, y);
    printf ("x=%d, y=%d", x, y);
}
```

其运行结果为
```
97  98
 97,98
a,b
x=97,y=98
```

程序说明：在本例中 4 次输出了 x 和 y 的值，但由于格式控制串不同，输出的结果也不相同。在第 5 行的输出语句格式控制串中，两个格式串%d 之间加了空格，由于这是非格式符，所以输出的 a 和 b 值之间也有空格。

在第 6 行的输出语句格式控制串中，加入了域宽控制符和对齐控制。如%4d，是指以 4 个域宽输出，所以前面会有两个空格，包括数字共占 4 个位置。%-4d 与%4d 表示大致相同，但-4 表示左对齐。

第 7 行的输出语句格式控制串，是要求按%c 格式输出，因此输出的是字符 a 和 b。

第 8 行的输出语句格式控制串，要求输出结果增加非格式字符串"x="和"y="，故输出的结果为 x=97，y=98。

2. printf()的格式说明

printf()格式说明的一般形式为

`%[标志][输出最小宽度][.精度][长度][类型]`

其中方括号[ ]中的项为可选项，各项的意义如下。

（1）标志

标志指可选择的标志字符，包括-、+、#、空格，标志字符及其意义如表 3-1 所示。

表 3-1 标志字符及其意义

标志字符	意　　义
-	结果左对齐，右边补空格（默认为右对齐输出）
+	正数输出加号（+），负数输出减号（-）
#	在八进制和十六进制数前显示前导 0
空格	正数输出空格代替加号（+），负数输出空格代替减号（-）

（2）输出最小宽度

用十进制正整数来表示输出值的最少字符个数。若实际位数多于定义的宽度，则按实际位数输出，若实际位数少于定义的宽度，则补以空格。例如：

```
printf("%5d\n",789);
printf("%-5d\n",789);
printf("%+5d\n",789);
```

输出结果为

```
  789
789
 +789
```

（3）精度

精度格式符以小数点"."开头，后跟十进制整数，如果输出的是"整数"，则表示至少要输出的数字个数，不足则补数字 0，多则原样输出；如果输出的是"实数"，则表示小数点后至多输出的数字个数，不足则补数字 0，多则做舍入处理；如果输出的是"字符串"，则表示输出的字符个数，不足则补空格，多则截去超过的部分。例如：

```
printf("%8.4f\n",1.2312345);
printf("%8.7f\n",1.23123);
printf("%7.5s\n","chinese");    /*表示输出 7 位域宽，5 位字符*/
printf("%7.2s\n","chinese");    /*表示输出 7 位域宽，2 位字符*/
```

输出结果为
```
_ _ _ _1.2312
1.2312300
_ _chine
_ _ _ _ _ch
```

（4）长度

长度格式符有 h 和 l 两种，h 表示按短整型数据输出，l 表示按长整型或双精度型数据输出。实际上，数据类型在内存中占据的字节数随编译器的位数决定，例如：
```
long n=123456;
printf("%ld",n);
```

输出结果为
```
123456
```

将第 2 行语句：
```
printf("%ld",n);
```
改为
```
printf("%hd",n);
```

输出结果为
```
-7616
```

（5）类型

类型格式符用以表示输出数据的类型，其格式符和意义如表 3-2 所示。

表 3-2　类型格式符及其意义

类型格式符	意　义
d（或 i）	以十进制数形式输出带符号整数，正数不输出正号（+）
o	以八进制数形式输出无符号整数（不输出前缀 0）
x（或 X）	以十六进制数形式输出无符号整数（不输出前缀 0x）
u	以十进制数形式输出无符号整数
f	以小数形式输出单精度实数、双精度实数，隐含输出 6 位小数
e（或 E）	以指数形式输出单精度实数、双精度实数，尾数部分小数为 6 位
g（或 G）	以%f 或%e 中较短的输出宽度输出单精度实数、双精度实数
c	输出单个字符
s	输出字符串
%	输出百分号（%）

3．输入/输出的格式符说明

常见的格式符使用说明如下。

（1）d（或 i）格式符

d 格式符指以十进制整型数据格式输出整数，有%d、%md 和%ld 三种用法。

其中%d 是按整型数据的实际长度输出；%md 中的 m 为指定输出字段的宽度，若数据的位数小于 m，则在左端补空格，若大于 m，则按实际位数输出；%ld 是输出长整型数据。例如：
```
long a=65432;
printf("%d\n",100);
printf("%4d,%4d\n",123,12345);
printf("%8ld\n",a);
```

其输出结果为

```
    100
   _123,12345
   ___65432
```

(2) o 格式符

o 格式符指以八进制数形式输出无符号整数,即内存单元中的各二进制位的值按八进制数形式输出。例如:

```
int n= -1;
printf("%d,%o",n,n);
```

在 Visual C++ 6.0 中的输出结果为

-1,37777777777

这时-1 在内存中是以补码形式存放的。

注意:以八进制数形式输出的整数是不用考虑符号的,即将符号位也作为八进制数的一部分输出,不会输出带负号的八进制整数。对长整型数可以用%lo 格式输出,同样也可以指定其字段宽度。

(3) x(或 X)格式符

x 格式符指以十六进制数形式输出无符号整数,即内存单元中的各二进制位的值按十六进制数形式输出,有小写和大写两种形式。例如:

```
int n= -1;
printf("%d,%x,%X",n,n,n);
```

输出结果为

-1,ffffffff,FFFFFFFF

同样,以十六进制数形式输出的整数也是不考虑符号的。长整型数可以用%lx 格式输出,并可以指定其字段宽度。

(4) u 格式符

u 格式符指以十进制数形式输出无符号整数。一个有符号整数可以用%d 格式输出;反之,一个无符号整数可以用%u 格式输出。在输出时按它们之间相互赋值的规则进行处理。例如:

```
int n=-1;
printf("%d,%u",n,n);
```

在 Visual C++ 6.0 中的输出结果为

-1,4294967295

(5) f 格式符

f 格式符指以小数形式输出十进制实数(包括单精度实数、双精度实数),有%f、%m.nf 和%-m.nf 三种形式。

其中%f 格式不指定字段宽度,由系统自动指定,将实数的整数部分全部输出,并输出 6 位小数。这里应当注意,并非全部数字都是有效数字。单精度实数的有效位数一般为 7 位,双精度实数的有效位数一般为 16 位。例如:

```
float x,y;
double a,b;
x=111111.111; y=222222.222;
a=1111111111111.111111111;
b=2222222222222.222222222;
printf("%f,%f",x+y,a+b);
```

输出结果为

333333.328125,3333333333333.333000

可以看到,对于 x+y 的值只有前 7 位数字是有效数字;对于 a+b 的最后 3 位小数也是无意义的(超过 16 位)。

%m.nf 指定输出的数据共占 m 列，其中有 n 位小数。如果 m 的值大于数值长度，则在左端补空格。

%-m.nf 和%m.nf 基本相同，只是使输出的数值向左端对齐，在右端补空格。例如：
```
float n=101.632;
printf("%8.2f,%-8.2f", n,n);
```

输出结果为
` _ _101.63,101.63_ _`

（6） e（或 E）格式符

e 格式符指以指数形式输出实数，有%e、%m.ne 和%-m.ne 三种形式。

其中%e 是以指数按标准宽度输出十进制实数。标准输出宽度共占 13 位，分别为：尾数的整数部分为非零数字占 1 位，小数点占 1 位，小数占 6 位，e 占 1 位，指数正（负）号占 1 位，指数占 3 位。例如：
```
float n=1230.4567890;
printf("%e",n);
```

输出结果为
`1.230457e+003`

%m.ne 指输出实数至少占 m 位，n 为尾数部分的小数位数。不足则在左端补空格，多出则按实际输出。

%-m.ne 和%m.ne 基本相同，只是使输出的数值向左端对齐，在右端补空格。例如：
```
float n=123.456;
printf("%10.2e,%10e,%-10.2e",n,n,n);
```

输出结果为
`_1.23e+002, 1.234560e+002, 1.23e+002_`

（7） g（或 G）格式符

g 格式符指根据数值的大小，自动选 f 格式或 e 格式（选择输出时占宽度较小的一种）输出一个实数，且不输出无意义的零。例如：
```
float n=123.456;
printf("%f,%e,%g",n,n,n);
```

输出结果为
`123.456001,1.234560e+002,123.456`

（8） c 格式符

c 格式符指输出单个字符。由于在内存中字符是以其 ASCII 码存放的，因此，对于一个整数，只要它的值在 0～255 就可以用字符形式输出。当然，对于 c 格式符，也可以指定输出的宽度。例如：
```
int i=97;
char c='a';
printf("%d,%c,%c,%d,%3c",i,i,c,c,c);
```

输出结果为
`97,a,a,97,_ _a`

（9） s 格式符

s 格式符指输出一个字符串，有%s、%ms、%-ms、%m.ns 和%-m.ns 5 种形式。

其中%s 用于控制输出一个字符串。例如：
```
printf("%s","program");
```

输出结果为
`program`

%ms 表示当字符串长度大于指定的输出宽度 m 时，按字符串的实际长度输出；当字符串长度小于指定的输出宽度 m 时，则在左端补空格。同样，%-ms 和%ms 基本相同，当字符串长度大于指定的输出宽度 m 时，按字符串的实际长度输出；而当字符串长度小于指定的输出宽度 m 时，在右端补空格。例如：
```
printf("%5s,%10s,%-10s","program","program","program");
```
输出结果为
```
program,_ _ _program,program_ _ _
```
%m.ns 表示输出占 m 列，但只取字符串中左端 n 个字符。这 n 个字符输出在 m 列的右侧，在左端补空格。

同样，%-m.ns 和%m.ns 中的 m 和 n 的含义相同，只是 n 个字符输出在 m 列的左侧，在右端补空格。若 n>m，则 m 自动取 n 值，即保证 n 个字符正常输出。例如：
```
printf("%5.3s, %-5.3s,%2.3s","china", "china", "china");
```
输出结果为
```
_ _chi,chi_ _,chi
```

（10）%格式符

%格式符的含义是输出%，因为%已用于格式控制符，若要输出普通的%字符，就需要采用%%形式。注意其只是在 printf()中如此使用。例如：
```
printf("%f%%",98.5);
```
输出结果为
```
98.5%
```

4．格式输入函数 scanf

scanf()是格式输入函数，从标准输入设备（键盘）读取输入的信息。其一般形式为
```
scanf("<格式控制>",<地址表列>)
```
功能：按规定格式从键盘输入若干任意类型的数据给地址所指的单元，可以是变量的地址，也可以是字符串的首地址。

地址表列表示为&变量（或字符串）。

【例 3.8】 格式输入。
```
#include <stdio.h>
void main()
{
    int a,b,c,sum;
    scanf("%d,%d,%d",&a,&b,&c);
    if(b>c)
        sum=a+b;
    else
        sum=a+c;
    printf("%d",sum);
}
```
运行时按以下形式输入：
```
3,5,7↙    （输入 3、5、7 并按 Enter 键）
10        （输出的结果）
```
这里&a、&b 和&c 中的"&"是"取地址运算符"，&a 表示 a 在内存中的地址。例中 scanf()的作用是按照变量 a、b、c 在内存中的地址将 a、b、c 的值存进去。

注意：用 scanf()输入数据时，各数据之间要用分隔符，其分隔符可以是一个或多个空格，或者用 Enter 键、Tab 键来分隔，也可以自定义输入的格式。

5．scanf()的格式说明

表 3-3 列出了 scanf()可能用到的格式符，表 3-4 列出了 scanf()可以用的附加说明符。

表 3-3 scanf()的相关格式符

格 式 符	意 义
d（或 i）	以十进制数形式输入带符号整数，正数不输出正号（+）
o	以八进制数形式输入无符号整数
x（或 X）	以十六进制数形式输入无符号整数
u	以十进制数形式输入无符号整数
f	以小数形式输入实数，可以用小数形式或指数形式输入
e（或 E）	与 f 作用相同
g（或 G）	与 f 作用相同
c	输入单个字符
s	输入字符串，将字符串送到一个字符数组中，在输入时以非空白字符开始，以第 1 个空白字符结束。字符串以结束标志"\0"作为其最后一个字符

表 3-4 scanf()的附加说明符

说 明 符	意 义
l	用于输入长整型数据和 double 型数据
h	用于输入短整型数据
M	指定输入数据所占宽度，域宽应为正整数
*	表示本输入项在读入后不赋给相应的变量

6．scanf()的使用要点

（1）格式符的个数必须与输入项的个数相等，数据类型必须从左至右一一对应。例如：
```
scanf("%d,%c",&a,&c);
printf("%d,%c",a,c);
```
输入时用以下的形式：
```
5,c↙     （输入 5、c 并按 Enter 键）
5,c      （输出的结果）
```
（2）用户可以指定输入数据的域宽，系统将自动按此域宽截取所读入的数据，例如：
```
scanf("%3d%3d",&a,&b);
```
若运行时按以下形式输入：
```
123456↙     （输入 123456 并按 Enter 键）
```
则系统自动将 123 赋值给 a，将 456 赋值给 b。

（3）输入实型数据时，用户不能规定小数点后的位数。例如：
```
scanf("%7.2f",&a);
```
上述输入方式是错误的。

（4）输入实型数据时，可以不带小数点，即按整型数方式输入。例如：
```
scanf("%f",&a);
```
可以用如下输入方式：
```
123↙     （输入 123 并按 Enter 键）
```
（5）从终端输入数值数据时，如遇下述情况，则系统将认为该项数据结束。

● 遇到空格、回车符或制表符（Tab），故可用它们作为数值数据间的分隔符。

● 遇到宽度结束，如"%4d"表示只取输入数据的前 4 列。

● 遇到非法输入，如假设 a 为整型变量，ch 为字符型变量，对于
```
scanf("%d%c",&a, &ch);
```

若运行时按以下形式输入：
```
246d↙      (输入246d并按Enter键)
```
则系统将认为
```
a=246,ch=d
```

（6）在使用%c格式符时，输入的数据之间不需要分隔符标志；空格、回车符都将作为有效字符读入。例如：
```
scanf("%c%c%c",&a,&b,&c);
```
若运行时按以下形式输入：
```
b_o_y↙      (输入b_o_y并按Enter键)
```
则系统将b赋值给a，_赋值给b，o赋值给c。

（7）如果格式控制字符串中除格式说明之外，还包含其他字符，则输入数据时，这些普通字符都要原样输入。例如：
```
scanf("%d_%d" ,&a , &b);
122_23↙      (输入122_23并按Enter键)
scanf("%d,%d",&a,&b);
122,23↙      (输入122、23并按Enter键)
scanf("a=%d,b=%d" ,&a, &b);
a=123,b=23↙      (输入a=123, b=23并按Enter键)
```

（8）格式说明"%*"表示跳过对应的输入数据项不予读入。例如：
```
scanf("%2d %*2d %2d",&a,&b);
```
若运行时按以下形式输入：
```
12,345,67↙      (输入12、345、67并按Enter键)
```
则它表示将12赋给a，67赋给b，而345不赋给任何数据。

（9）在标准输入中不使用%u格式符，对unsigned型数据以%d、%x、%o格式输入。

注意：C99标准中printf()和scanf()引进了处理long long int数据类型和unsigned long long int数据类型的特性。long long int 类型的格式修饰符是ll。在printf()和scanf()中，ll适用于d、i、o、u和x的格式说明符。另外，C99标准还引进了hh修饰符。当使用d、i、o、u和x的格式说明符时，hh用于指定char型变元。ll和hh修饰符均可以用于n说明符。格式修饰符a和A用在printf()中时，结果将会输出十六进制的浮点数。例如，[-]0xh, hhhhp+ d使用A格式修饰符时，x和p必须大写。A和a格式修饰符也可以用在scanf()中，用于读取浮点数。调用printf()时，允许在%f说明符前加上l修饰符，即%lf，但不起作用。

3.4 顺序结构的程序设计

3.4.1 顺序结构的程序设计思想

程序基本结构包括顺序结构、选择结构和循环结构，任何一个结构化程序都是由这三种基本结构构成的。顺序结构的设计思想为先执行A操作，再执行B操作，最后执行C操作。它们之间是顺序执行的关系。前面已经介绍过它的N-S图，如图3-3所示。

在顺序结构程序中，包括以下两部分内容。

（1）编译预处理命令

在编写程序的过程中，如果要使用C语言标准库函数中的函数，则应该使用编译预处理命令，将相应的头文件包含进来。

（2）函数

在函数体中，包括顺序执行的各条语句、函数中用到的变量说明部分（包括类型的说明）、数据输入部分、数据运算部分，以及数据输出部分。

在对具体功能进行程序设计时，我们要学会应用计算思维（Computational Thinking）方法，即运用计算机科学的思维方式进行问题求解、系统设计、人类行为理解等系列的思维活动。其包括算法、迭代、分解、抽象、概括和调试等基本要素。

3.4.2 顺序结构的程序设计举例

【例 3.9】 从键盘输入一个小写字母，要求改用大写字母输出。

程序分析：

（1）定义两个字符变量；

（2）调用输入函数，并输入一个小写字母；

（3）通过运算将小写字母转化成大写字母（小写字母-32=大写字母）；

（4）调用输出函数，输出大写字母。

参考程序如下：

```c
#include <stdio.h>
void main()
{   char c1,c2;
    c1=getchar();
    c2=c1-32;
    putchar(c2);
}
```

程序运行情况：

```
a↙        （输入字符 a 并按 Enter 键）
A         （输出的结果）
```

【例 3.10】 输入直角梯形的上底、下底和高，计算该梯形的周长和面积。

程序分析：

（1）定义梯形的上底、下底和高（a、b、c），以及周长 l、面积 s 的变量；

（2）调用输入函数，输入梯形的上底、下底和高；

（3）通过计算得到梯形的周长和面积；

（4）调用输出函数，输出梯形的周长和面积。

参考程序如下：

```c
#include <stdio.h>
#include <math.h>
void main()
{
   float a,b,c,l,s;
   float t;
   scanf("%f,%f,%f",&a,&b,&c);
   if(a!=b)
   {
        if(a<b)
        {
          t=a;
          a=b;
          b=t;
        }
        s=(a+b)*c/2.0f;
        t=(float)sqrt((a-b)*(a-b)+c*c);
        l=a+b+t+c;
        printf("%lf,%lf",l,s);
   }
}
```

程序运行情况：
```
1.0,4.0,4.0↙           (输入1.0, 4.0, 4.0 并按 Enter 键)
14.000000,10.000000    (输出的结果)
```

【例3.11】 求 $ax^2+bx+c=0$ 方程的根。

程序分析：

（1）输入实型数 a、b 和 c，要求满足 $a\neq 0$ 且 $b^2-4ac>0$；

（2）求判别式；

（3）调用求平方根函数，求方程的根；

（4）输出。

参考程序如下：
```c
#include <stdio.h>
#include <math.h>
void main()
{   float a,b,c,disc,x1,x2,p,q;
    scanf("a=%f,b=%f,c=%f",&a,&b,&c);
    if(a == 0){
        printf("参数a不能为零\n");
        return;
    }
    disc=b*b-4*a*c;
    if(disc < 0){
        printf("此一元二次方程无解\n");
        return;
    }
    p=-b/(2.0f*a);
    q=(float)sqrt(disc)/(2.0f*a);
    x1=p+q;
    x2=p-q;
    printf("x1=%6.2f\nx2=%6.2f\n",x1,x2);
}
```

程序运行情况：
```
a=1,b=-3,c=2↙     (输入 a=1, b=-3, c=2 并按 Enter 键)
x1=2.00
x2=1.00     (输出的结果)
```

注意：由于程序中用到数学函数"sqrt"，因此需用预处理命令中的#include <math.h>。

3.5 编程实践

任务：计算正弦函数的面积

【问题描述】

用梯形法计算正弦函数的面积。

【问题分析与算法设计】

把正弦函数分为10个高相等的梯形，计算出10个梯形的面积并相加。

【代码实现】
```c
#include<stdio.h>
#include <math.h>
#define PI 3.14159
int main(){
    double a0=(PI/10)*sin(PI/10)/2;
    double a1=(sin(PI/10)+sin(PI/5))*(PI/10)/2;
```

```
    double a2=(sin(PI/5)+sin(3*PI/10))*(PI/10)/2;
    double a3=(sin(PI*3/10)+sin(PI*2/5))*(PI/10)/2;
    double a4=(sin(PI*2/5)+sin(PI/2))*(PI/10)/2;
    double a5=(sin(PI/2)+sin(PI*3/5))*(PI/10)/2;
    double a6=(sin(PI*3/5)+sin(PI*7/10))*(PI/10)/2;
    double a7=(sin(PI*7/10)+sin(PI*4/5))*(PI/10)/2;
    double a8=(sin(PI*4/5)+sin(PI*9/10))*(PI/10)/2;
    double a9=(sin(PI*9/10)+sin(PI))*(PI/10)/2;
    double a=a0+a1+a2+a3+a4+a5+a6+a7+a8+a9;
    printf("正弦函数的面积约为：%10.4f",a);
    return 0;
}
```

3.6 知识扩展材料

科学技术是一柄"双刃剑"，既可以服务人类，也能危害人类的生存。程序员是信息技术领域的精英，一定要有职业担当，遵纪守法。

3.6.1 程序员的责任事故

程序员需要具有严谨的工作作风和团队协作能力，否则极易在程序中留下隐患，造成事故。

1962 年，美国的 Mariner 1 号火箭在发射不久后就偏离了其预期运行轨道，任务控制中心不得不在其发射 293 秒后摧毁了火箭，造成了 1850 万美元的损失。其原因就是一名程序员将公式录入错误，导致计算机算出错误的火箭运行轨道。

1978 年，美国的哈德福特市的竞技场由于冰雪等原因造成屋顶钢架结构倒塌，直接损失 7000 万美元，间接损失 2000 万美元。其原因是程序员习惯性地认为钢架结构屋顶的支撑仅需承受纯压力，所以当其中某个支撑点因被冰雪压垮后，引起了连锁反应，导致屋顶的其他部分相继倒塌。

3.6.2 程序员的违法犯罪行为

程序员不能简单地认为自己只是开发软件，可以技术免责。只要是以非法手段获取信息资源，谋求不当利益，就会触犯法律。

1．爬取属于著作权法保护的作品

网站中发表的内容，如文章、评论等都是有著作权的，如果只是单纯通过浏览器查看，不会触犯法律。但对于有著作权的作品，如果未经著作权人许可，以盈利为目的，对其作品进行复制就是触犯法律的行为。《中华人民共和国著作权法》第 46 条规定：有下列侵权行为的，应当根据情况，承担停止侵害、消除影响、公开赔礼道歉、赔偿损失等民事责任，并可以由著作权行政管理部门给予没收非法所得、罚款等行政处罚：（一）剽窃、抄袭他人作品的；（二）未经著作权人许可，以营利为目的，复制发行其作品的，等等。

2．爬取用户的个人信息或个人隐私

用户的个人信息，即使是用户自己放到一些网站上进行公开或部分公开的，如微博、微信等，也不代表这些数据就可以被其他人随便获取。

根据《民法总则》第 111 条：任何组织和个人需要获取他人个人信息的，应当依法取得并确保信息安全。不得非法收集、使用、加工、传输他人个人信息。

根据《网络安全法》第 44 条：任何个人和组织不得窃取或以其他非法方式获取个人信息。

因此，如果爬虫在未经用户同意的情况下大量抓取用户的个人信息，则有可能构成非法收集个人信息的违法行为。

所以，如果爬取的数据涉及个人信息，都是违法的。还有些爬虫企图绕过权限校验等，爬取用户未公开的信息，如个人私密照片等，都属于侵犯个人隐私的违法行为。

3．反不正当竞争保护的数据

目前有很多网站中的数据由用户生成，并且该数据和内容是网站的主要竞争力来源。如大众点评中店铺的评价、评论等信息，携程网关于酒店的评价等信息。

根据《反不正当竞争法》第2条：经营者在市场交易中，应当遵循自愿、平等、公平、诚实信用的原则，遵守公认的商业道德。

那么，未经允许，爬取其他网站的核心数据，很明显并没有遵守《反不正当竞争法》中规定的自愿、平等、公平、诚实信用的原则。因此，如果抓取大众点评、微博、豆瓣电影、知乎等网站上用户发布的信息，并在自己的产品或服务中发布、使用该信息，则有较大的风险构成不正当竞争。

4．使用未经授权的数据或将数据用于谋取利益

很多公司开发的爬虫都能遵守Robots协议，没有爬取不该爬取的数据，但这样获取的数据也不能随便使用。如果使用不当，也会触犯法律。例如，通过爬虫抓取的数据进行盈利、损害他人利益、造假、诽谤等都可能触犯法律。

此外，未经被收集者同意，即使将合法收集的公民个人信息向他人提供，也可能会构成犯罪。

5．参与开发赌博、色情网站或游戏"外挂"

根据《最高人民法院、最高人民检察院、公安部关于办理网络赌博犯罪案件适用法律若干问题的意见》中关于网上开设赌场共同犯罪的认定和处罚规定，明知是赌博网站，还为其提供互联网接入、服务器托管、网络存储空间、通信传输通道、投放广告、发展会员、软件开发、技术支持等服务，属于开设赌场共同犯罪，依照刑法第303条第2款的规定进行处罚。

"外挂"是指利用计算机技术针对一个或多个网络游戏，通过改变软件的部分程序功能制作而成的作弊程序。制作贩卖游戏"外挂"也是司法机关打击的行为。根据不同的外挂类型、使用方式等，可能触犯非法经营罪、破坏计算机信息系统罪和侵犯著作权罪等。非法经营罪将按刑法第225条第4项的规定处罚。有些"外挂"具有修改网络游戏运行数据、干扰网络游戏服务端计算机信息系统功能，这种危害计算机信息系统安全的行为，符合破坏计算机信息系统罪的犯罪构成要件。根据《刑法》第286条：违反国家规定，对计算机信息系统功能进行删除、修改、增加、干扰，造成计算机信息系统不能正常运行，后果严重的，处5年以下有期徒刑或拘役；后果特别严重的，处5年以上有期徒刑。

6．其他破坏数据和程序代码的行为

"删库跑路"是很多程序员发泄工作压力时的口头禅。但现实中，也确实有程序员因公司尾款迟迟不到、甲方太难伺候等各种原因，在矛盾激化后忍无可忍，凭借自己的技术专长直接把公司的软件黑掉。这已经不是违反职业操守的问题了，而是一种严重的违法行为。

习题3

1．选择题

(1) 设有如下定义：int x=10,y=3,z;，则语句 printf("%d\n",z=(x%y,x/y));的输出结果是_____。

　　A．1　　　　　　　B．0　　　　　　　C．4　　　　　　　D．3

（2）以下合法的 C 语言赋值语句是_____。

　　A．a=b=58　　　　B．k=int(a+b);　　　　C．a=58,b=58　　　　D．i=i+1;

（3）若变量已正确说明为 int 类型，要给 a、b、c 输入数据，以下正确的输入语句是_____。

　　A．read(a,b,c);　　　　　　　　　　B．scanf("%d%d%d",a,b,c);

　　C．scanf("%D%D%D",%a,%b,%c);　　　D．scanf("%d %d %d",&a,&b,&c);

（4）若有以下定义：

```
#include <stdio.h>
void main()
{ char c1='b',c2='e';
  printf("%d,%c\n",c2-c1,c2-32) ;
}
```

则输出结果是_____。

　　A．2,M　　　　B．3,E　　　　C．2,e　　　　D．输出结果不确定

（5）以下程序的输出结果是_____。

```
#include <stdio.h>
void main()
{ float a=68.666;
  printf("%10.2f\n",a);
}
```

　　A._ _ _ _ _68.66　　B._68.66_　　C._ _ _ _ _68.67　　D._68.67_

（6）以下程序的输出结果是_____。

```
#include <stdio.h>
void main()
{ unsigned int i=65535;
  printf("%d\n",i);
}
```

　　A．65535　　　　　　　　　　　　B．0

　　C．有语法错误，无输出结果　　　　D．-1

（7）以下程序的输出结果是_____。

```
main( )
{
    int n;
    ( n=6*4,n+6),n*2;
    printf("n=%d\n",n);
}
```

　　A．30　　　　B．24　　　　C．60　　　　D．48

（8）以下程序的输出结果是_____。

```
#include <stdio.h>
void main()
{ int m=0xabc,n=0xabc;
  m-=n;
  printf("%X\n",m);
}
```

　　A．0X0　　　　B．0x0　　　　C．0　　　　D．0XABC

（9）指出下面正确的输入语句_____。

　　A．scanf("a=b=%d",&a,&b) ;　　　　B．scanf("%d,%d",&a,&b) ;

　　C．scanf("%c",c) ;　　　　　　　　D．scanf("%f\n",&f) ;

（10）以下程序的输出结果是_____。

```
#include <stdio.h>
void main()
```

```
{ int a=2,c=5;
  printf("a=%%d,b=%%d\n",a,c);
}
```

  A．a=%2,b=%5 B．a=2,b=5 C．a=%%d,b=%%d D．a=%d,b=%d

2．填空题

（1）复合语句在语法上被认为是_____，空语句的形式是_____。

（2）"%-ms"表示如果字符串长_____m，在m列范围内，字符串向_____靠，_____补空格。

（3）如果想输出字符"%"，则应该在"格式控制"字符串中用_____表示。

（4）printf函数的"格式控制"包括_____和_____。

（5）符号"&"是_____运算符，&a是_____。

（6）getchar()的作用是_____。

（7）复合语句是由一对_____括起来的若干语句组成的。

（8）以下程序的运行结果是_____。

```
main()
{
  float c,f;
  c=30.0;
  f=(6*c)/5+32;
  printf("f=%f",f);
}
```

（9）有以下语句段：

```
int n1=100,n2=200;
printf("_____",n1,n2);
```

要求按以下格式输出n1和n2的值，每个输出行从第1列开始，请填空。

```
n1=100
n2=200
```

（10）若想通过以下输入语句使a=7.000000，b=5，c=3，则输入数据的形式是_____。

```
int b,c;
float a;
scanf("%f,%d,c=%d",&a,&b,&c);
```

3．程序分析题

（1）分析以下程序，当输入100a1.234时，程序的输出结果是什么？

```
#include <stdio.h>
void main()
{ int i;
  float f;
  char c;
  scanf("%d%c%f",&i,&c,&f);
  printf("i=%d,c=%c,f=%f\n",i,c,f);
}
```

若将输入改为1.23456时，则输出结果是什么？

（2）分析以下程序的执行结果。

```
#include <stdio.h>
void main()
{ int i,j,n;
  n=65535;
  i=n++;
  j=n--;
  printf("i=%d,j=%d\n",i,j);
}
```

（3）分析以下程序的执行结果。

```
#include <stdio.h>
```

```
void main()
{   int a=1234;
    float b=123.456;
    double c=12345.54321;
    printf("%2d,%2.1f,%2.1f",a,b,c);
}
```

4．编程题

（1）编写程序，交换两个数的值。

（2）编写程序，输入任意一个 4 位整数，将该数反序输出（如输入 1354，则输出 4531）。

（3）从键盘输入能够构成三角形的三条边长，编程计算该三角形的面积。

（4）编写程序，用 getchar()读入两个字符给 c1 和 c2，然后分别用 putchar()和 printf()输出这两个字符。在程序实现时考虑以下内容。

① 变量 c1 和 c2 应定义为字符型还是整型？还是两者皆可？

② 要求输出 c1 和 c2 的 ASCII 码，应如何处理？

③ 整型变量与字符变量是否在任何情况下都可以互相代替？

第 4 章 选择结构的程序设计

选择结构是程序的三种基本结构之一。在程序设计中经常遇到这类问题，它需要根据不同的情况采用不同的处理方法。例如，一元二次方程的求根问题，要根据判别式小于零、大于或等于零的情况，采用不同的数学表达式进行计算。要解决这类问题，必须借助选择结构。在 C 语言中，通常使用 if 语句或 switch 语句来实现选择结构的程序设计。

本章主要介绍选择结构的特点和语法，以及选择结构在程序设计中的应用。

4.1 if 语句

C 语言提供了三种格式的 if 语句。它们分别是单分支 if 语句、双分支 if 语句和多分支 if 语句。

4.1.1 单分支 if 语句

基本格式为

if(表达式)语句;

功能：先判断表达式的值是否为真，若表达式的值为真（非 0），则执行其后的语句；否则不执行该语句。单分支 if 语句控制流程如图 4-1 所示。

注意：

（1）"表达式"一般为关系表达式或逻辑表达式，但也可以是其他表达式，如赋值表达式等，甚至也可以是一个变量。例如，"if(a=8)语句;"和"if(b)语句;"都是允许的，只要表达式的值为非 0，即为"真"。当关系表达式或逻辑表达式的值为真时，称为条件满足。

（2）语句是条件满足时处理方法的描述，可以是若干条语句。

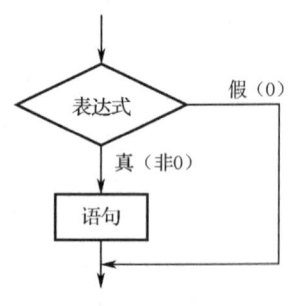

图 4-1 单分支 if 语句控制流程

【例 4.1】 输入两个整数 a 和 b，如果 a 小于 b，则把整数 a 进行输出。

参考程序如下：

```
#include <stdio.h>
void main()
{
  int a,b;
  printf("请输入整数 a 和 b 的值:\n");
  scanf("%d,%d",&a,&b);
  if(a<b)
    printf("%d\n",a);
}
```

程序运行情况：

请输入整数 a 和 b 的值:
15,20↙   （输入 15、20 并按 Enter 键）
15   （输出的结果）

【例 4.2】 文字大、小写转换。输入一个字符，判别其大、小写状态。如果是小写，先将它转换成大写字母，再输出转换后的字符。

参考程序如下：
```
#include <stdio.h>
void main()
{
  char ch;
  printf("请输入一个字母:");
  scanf("%c",&ch);
  if(ch>='a'&&ch<='z')
    {
      ch=ch-32;
      printf("转换后的大写字母为：%c\n",ch);
    }
}
```

程序运行情况：
请输入一个字母:d✓　　　（输入 d 并按 Enter 键）
转换后的大写字母为:D　　（输出的结果）

注意： 单分支 if 语句在程序的执行过程中，只对满足条件的情况进行处理，对于不满足条件的情况不做任何处理。

4.1.2　双分支 if 语句

双分支 if 语句为 if-else 形式，基本格式为
```
if (表达式)
    语句块 1;
else
    语句块 2;
```

功能：双分支 if 语句在程序的执行过程中，判断"条件"，其值为真（非 0）时，执行语句块 1；其值为假（0）时，执行语句块 2。执行完语句块 1 或语句块 2，再执行 if 后面的语句。双分支 if 语句控制流程如图 4-2 所示。

注意：

（1）"表达式"一般为关系表达式或逻辑表达式。当关系表达式或逻辑表达式的值为真时，称为条件满足；值为假时，称为条件不满足。

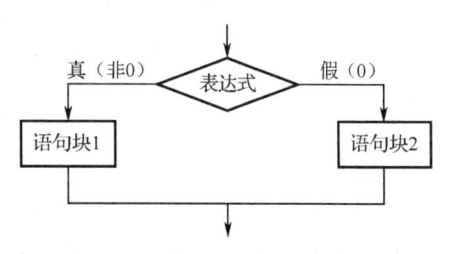

图 4-2　双分支 if 语句控制流程

（2）语句块 1、语句块 2 分别是条件满足或不满足时处理方法的描述，可以是若干条语句。

【例 4.3】 从键盘输入一个整数，判断这个数是否大于 0。

参考程序如下：
```
#include <stdio.h>
void main()
{
  int a;
  printf("请输入一个整数:");
  scanf("%d",&a);
  if(a>0)
    printf("%d 大于 0\n",a);
  else
    printf("%d 小于或等于 0\n",a);
}
```

程序运行情况：
请输入一个整数:8✓　（输入8并按Enter键）
8 大于 0　（输出的结果）

注意：双分支 if 语句在程序的执行过程中，对满足或不满足条件的情况进行处理，至少要执行一条语句（语句块 1 或语句块 2 构成的复合语句）。

4.1.3　多分支 if 语句

基本格式为
```
if(表达式 1)  语句块 1;
else if (表达式 2)  语句块 2;
…
else if (表达式 n)  语句块 n;
else  语句块 n+1;
```

功能：多分支 if 语句在程序的执行过程中，先判断条件"表达式 1"，其值为真（非 0）时，执行语句块 1；为假（0）时，判断条件"表达式 2"，"表达式 2"的值为真时，执行语句块 2，以此类推。到达判断条件"表达式 n"，其值为真时，执行语句块 n，其值为假时，执行语句块 n+1。接下来执行 if 后面的语句。多分支 if 语句控制流程如图 4-3 所示。

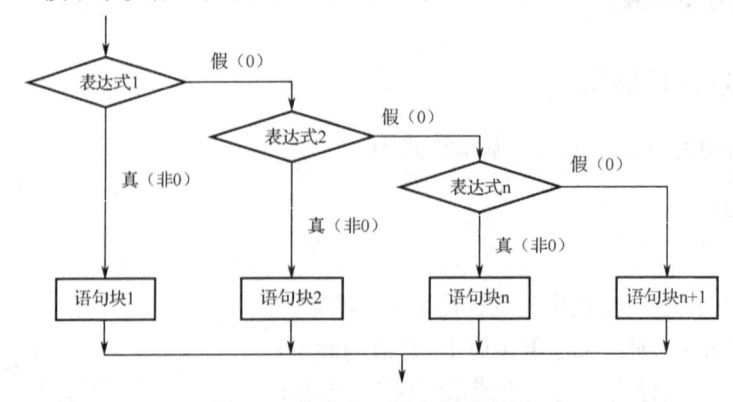

图 4-3　多分支 if 语句控制流程

注意：

（1）多分支 if 语句依次判断表达式的值，当某个表达式的值为真（非 0）时，先执行其下面的语句，再跳到整个 if 语句之外继续执行程序。

（2）如果所有的表达式均为假，则执行语句块 n+1；如果所列出的条件都不满足，又没有 else 子句，则跳到整个 if 语句之外继续执行程序，不执行任何多分支 if 语句内的语句。

【例 4.4】　输入两个正整数 a 和 b，其中 a 不大于 31，b 最大不超过三位数。使 a 在左，b 在右，拼成一个新的数 c。例如，a=23，b=30，则 c 为 2330。

程序分析：
根据以上问题，可以从中抽象分析出以下数学模型，决定 c 的计算公式如下：
当 b 为一位数时，$c=a\times10+b$；
当 b 为两位数时，$c=a\times100+b$；
当 b 为三位数时，$c=a\times1000+b$。

参考程序如下：
```
#include<stdio.h>
void main()
{
    int a,b,c,k;
```

```
    printf("请输入两个正整数:");
    scanf("%d,%d",&a,&b);
    if(a<0||b<0||a>31||b>999)
    {
        c=-1;              //出错标记
        printf("输入数据有误");
    }
    else
    {
        if(b<10)k=10;
        else if(b<100)k=100;
        else if(b<1000)k=1000;
        c=a*k+b;
    }
    printf("\na=%2d,b=%3d,c=%5d",a,b,c);
}
```

程序运行情况：

```
请输入两个正整数:10,20↙      （输入 10、20 并按 Enter 键）
a=10,b=20,c=1020             （输出的结果）
```

对于分段条件的程序设计，如果把程序设置为单条件判断的情况，则要注意条件的分类方法，以及书写的先后顺序，否则会出现逻辑错误。

注意： 多分支 if 语句在程序的执行过程中，只执行第 1 次满足条件的情况，要注意它与多行单分支 if 语句的区别。

4.1.4 if 语句的嵌套

当 if 语句中的语句又是 if 语句时，这种情况就称为 if 语句的嵌套。if 语句嵌套的基本格式为

```
if （表达式）
    if （表达式） 语句块 1；
    else  语句块 2；
else
    if （表达式） 语句块 3；
    else  语句块 4；
```

注意：

如果嵌套的 if 语句是 if-else 形式的，那么将会出现多个 if 和 else 的情况，这时就要特别注意 if 和 else 的配对问题。例如：

```
if （表达式）
    if （表达式） 语句块 1；
else
    if （表达式） 语句块 2；
    else  语句块 3；
```

在这段程序中，有三个 if 和两个 else，那么每个 else 和 if 的配对关系是什么呢？从程序的书写格式来看，是希望第 1 个出现的 else 能和第 1 个出现的 if 配对，但实际上这个 else 是与第 2 个 if 配对的。C 语言规定：else 总是与它前面最近的一个没有配对的 if 配对。因此，本例中的第 1 个 else 应与第 2 个 if 配对。如何才能实现第 1 个 else 和第 1 个 if 配对呢？可以利用加花括号{}的方法来改变原来的配对关系。例如：

```
if （表达式）
    {if （表达式） 语句块 1；}
else
    if （表达式） 语句块 2；
    else  语句块 3；
```

这样，{}就限定了内嵌 if 语句的范围，实现了第 1 个出现的 else 和第 1 个出现的 if 配对。

【例 4.5】 写出下面程序的运行结果。

参考程序如下：
```
#include <stdio.h>
void main()
{
  int a,b,c;
  a=5;b=3;c=0;
  if(c)
    if(a>b)
      printf("\n max=%d",a);
    else
      printf("\n max=%d",b);
  else
    prinft("\n c=%d",c);
}
```

程序运行情况：
c=0   （输出的结果）

程序说明：本例使用了 if 语句的嵌套结构，实际上有三种选择，即 $a>b$、$a<b$ 或 $a=b$。

【例 4.6】 输入三个整数 x、y 和 z，输出其中最大的整数。

参考程序如下：
```
#include <stdio.h>
void main()
{
  int x, y,z;
  printf("请输入三个整数:");
  scanf("%d,%d,%d",&x,&y,&z);
  if(x>y)
    if(x>z)
      printf("最大的整数为%d\n",x);
    else
      printf("最大的整数为%d\n",z);
  else
    if(y>z)
      printf("最大的整数为%d\n",y);
      else
        printf("最大的整数为%d\n",z);
}
```

程序运行情况：
请输入三个整数：15,18,17↙   （输入 15、18、17 并按 Enter 键）
最大的整数为 18   （输出的结果）

注意：在 if 语句的嵌套中，else 总是与它前面最近的一个没有配对的 if 配对。

4.1.5 条件运算符和条件表达式

1．条件运算符

条件运算符是 C 语言中一个特殊的运算符，由 " ? " 和 ":" 组合而成。条件运算符是三目运算符，要求有三个操作对象，并且三个操作对象都是表达式。

在条件语句中，若只执行单个赋值语句，常使用条件运算来表示。这样既会使程序简洁，又可以提高运行效率。例如：
```
if (x>y) max=x;
else max=y;
```

用条件运算可以表示为
```
max=(x>y)?x:y;
```
执行时，计算（x>y）的值为真还是假，若为真，则表达式取值为 x；否则取值为 y。

2．条件表达式

其一般形式为

表达式 1？表达式 2：表达式 3

条件运算的求值规则：计算表达式 1 的值，若表达式 1 的值为真，则以表达式 2 的值作为整个条件表达式的值，否则以表达式 3 的值作为整个条件表达式的值。

例如，max=(x>y)?x:y。

（1）优先级。条件运算符的运算优先级低于关系运算符和算术运算符，高于赋值运算符。因此，表达式 max=(x>y)?x:y 可以去掉括号，写为 max=x>y?x:y，执行时意义是相同的。

（2）结合性。条件运算符的结合方向是自右至左。

例如，x>y?m:z>m?z:d 等价于 x>y?m:(z>m?z:d)。

（3）条件表达式中，表达式 1 通常为关系或逻辑表达式，表达式 2 和表达式 3 的类型可以是数值表达式、赋值表达式、函数表达式或条件表达式。

4.2　switch 语句

当对一个表达式的不同取值情况进行处理时，用多分支 if 语句的程序结构显得较为杂乱，而用 switch 语句将使程序的结构更清晰。C 语言提供了专门用于解决多分支选择问题的 switch 语句，用来实现多种情况选择的程序设计。

4.2.1　switch 语句

基本格式为

```
switch(表达式)
{
    case 常量表达式 1: 语句块 1;
    case 常量表达式 2: 语句块 2;
    …
    case 常量表达式 n: 语句块 n;
    default:语句块 n+1;
}
```

功能：switch 语句的控制流程与多分支 if 语句的控制流程基本相同，因此就不再讲述了。

注意：

（1）"表达式"一般为整型变量或字符型变量，case 后面的只能是常量表达式。

（2）switch 语句的执行过程：先求"表达式"的值，并逐个与其后的常量表达式值相比较。当表达式的值与某个常量表达式的值相等时，即执行其后的语句，然后不再进行判断，继续执行所有 case 后的语句块。在 case 后，允许有多个语句，可以不用{}括起来。如表达式的值与所有 case 后的常量表达式的值均不相同时，则执行 default 后的语句。在 switch 语句中，"case 常量表达式"只起语句标号的作用，并不在这里进行条件判断，这与前面介绍的 if 语句完全不同，它一般与间断语句（break 语句）配合使用。

（3）case 与其后面的常量表达式合称为 case 语句标号，每个 case 后的各常量表达式的值必须互不相同，否则会导致错误（对表达式的同一个值存在两种或多种执行方案，这是编译器所不允许的），case 和 default 的出现次序不影响执行结果。

（4）在 case 和常量表达式之间一定要有空格，switch 后面的括号不能省略。

（5）多个 case 可以共用一组执行语句，例如：

```
case 'A':
case 'B':
case 'C':printf(">60\n");break;
```

【例 4.7】 生肖程序设计，用户输入出生年份，根据输入的年份来确定用户的属相，并输出结果。

参考程序如下：

```
#include <stdio.h>
void main()
{
  int n;
  printf("请输入您的出生年份:");
  scanf("%d",&n);
  n=n%12;
  switch(n)
  {
    case 0:printf("您的属相为:猴\n");break;
    case 1:printf("您的属相为:鸡\n");break;
    case 2:printf("您的属相为:狗\n");break;
    case 3:printf("您的属相为:猪\n");break;
    case 4:printf("您的属相为:鼠\n");break;
    case 5:printf("您的属相为:牛\n");break;
    case 6:printf("您的属相为:虎\n");break;
    case 7:printf("您的属相为:兔\n");break;
    case 8:printf("您的属相为:龙\n");break;
    case 9:printf("您的属相为:蛇\n");break;
    case 10:printf("您的属相为:马\n");break;
    case 11:printf("您的属相为:羊\n");break;
    default:printf("您输入的年份有误! \n");
  }
}
```

程序运行情况：

请输入您的出生年份:1990✓　　（输入 1990 并按 Enter 键）
您的属相为:马　　　　　　　　（输出的结果）

程序说明：该程序是根据出生年份来选择的，要注意在设计时对表达式列表值的确定，并根据一个确定年份的值来判断属于哪个属相，其余的类推。

【例 4.8】 设计程序，实现季节判断，用户输入 1～3 月是春季，4～6 月是夏季，7～9 月是秋季，10～12 月是冬季。要求使用 switch 语句。

参考程序如下：

```
#include <stdio.h>
void main()
{
  int n;
  printf("请输入月份:");
  scanf("%d",&n);
  switch((int)((n-1)/3))
  {
    case 0:printf("%d 月是春季! \n",n);break;
    case 1:printf("%d 月是夏季! \n",n);break;
    case 2:printf("%d 月是秋季! \n",n);break;
    case 3:printf("%d 月是冬季! \n",n);break;
    default:printf("您输入的月份有误! \n");
```

```
    }
}
```

程序运行情况：

请输入月份:8✓　　（输入 8 并按 Enter 键）
8 月是秋季！　　（输出的结果）

【**例 4.9**】 输入平年的一个月份，输出这个月的天数，如 2007 年为平年。

程序分析：

根据输入的月份数判断，当月份为 1、3、5、7、8、10、12 时，天数为 31，当月份为 4、6、9、11 时，天数为 30，当月份为 2 时，天数为 28。

参考程序如下：

```
#include <stdio.h>
void main()
{
  int m,d;
  printf("请输入平年的月份:");
  scanf("%d",&m);
  switch(m)
  {
    case 1:
    case 3:
    case 5:
    case 7:
    case 8:
    case 10:
    case 12:d=31;break;
    case 4:
    case 6:
    case 9:
    case 11:d=30;break;
    case 2:d=28;break;
    default:d=-1;
  }
  if(d==-1)
    printf("输入月份错误!");
  else
    printf("平年%d月份有%d天!\n",m,d);
}
```

程序运行情况：

请输入平年的月份:8✓　　（输入 8 并按 Enter 键）
平年 8 月份有 31 天！　　（输出的结果）

4.2.2　switch 语句的嵌套

switch 语句也可以嵌套，但一般较少使用。在 switch 语句中，"case 常量表达式"只起语句标号的作用，并不进行条件判断。当执行 switch 语句后，程序会根据 case 后面表达式的值找到匹配的入口标号，并从此处开始执行，不再进行判断。为了避免这种情况，C 语言提供了 break 语句，专门用于跳出 switch 语句。break 语句只有关键字 break，没有参数。break 语句不但可以用在 switch 语句中终止执行，也可以用在循环中终止循环，所以需要格外注意 break 在这里的作用。

4.3 选择结构程序设计举例

【例 4.10】 设计 C 语言程序，由键盘输入任意三个数，计算以这三个数为边长的三角形的面积。

程序分析：

（1）查看输入的三个数能否组成三角形

组成三角形的条件：任意两条边之和大于第三边。设三个数为 a、b、c，则可以组成三角形的条件是

a+b>c&&b+c>a&&c+a>b

（2）计算三角形的面积

计算公式是

s=(a+b+c)*0.5

area=sqrt(s*(s-a)*(s-b)*(s-c))（面积公式）

参考程序如下：

```
#include<stdio.h>
#include <math.h>
int main(void)
{
  double a, b, c, s ;
  printf ("请输入三个数：");
  scanf ("%lf,%lf,%lf", &a, &b, &c);
  if((a+b)>c&&(a+c)>b&&(b+c)>a)
  {
      s=(a+b+c)*0.5;
      printf("\n 三角形的面积是\n%lf",sqrt(s*(s-a)*(s-b)*(s-c)));
  }
  else
      printf("它不是三角形!\n");
}
```

程序运行情况：

请输入三个数：4,5,6✓　　　（输入 4、5、6 并按 Enter 键）
三角形的面积是:9.921567　　（输出的结果）

【例 4.11】 求一元二次方程 $ax^2+bx+c=0$ 的根。

参考程序如下：

```
#include <stdio.h>
#include <math.h>
void main()
{
  float a,b,c,pbs,x1,x2,p,q;
  printf("请依次输入二次方程的系数:\n");
  scanf("%f,%f,%f",&a,&b,&c);
  pbs=b*b-4*a*c;
  if(pbs>0)
  {
     x1=(-b+sqrt(pbs))/(2*a);
     x2=(-b-sqrt(pbs))/(2*a);
     printf("两个不相等的实根为:x1=%5.4f,x2=%5.4f\n",x1,x2);
  }
  else if(pbs==0)
  {
```

```
      x1=-b/(2*a);
      printf("两个相等的实根为:x1=x2=%5.4f\n",x1);
   }
   else
   {
      p=-b/(2*a);
      q=sqrt(-pbs)/(2*a);
      printf("两个不相等的虚根为:x1=%5.4f+%5.4fi,x2=%5.4f-%5.4fi\n",p,q,p,q);
   }
}
```

程序运行情况：
请依次输入二次方程的系数:<u>1,-5,6</u>↙　　(输入 1、-5、6 并按 Enter 键)
两个不相等的虚根为:x1=3.0000,x2=2.0000　　(输出的结果)

【例 4.12】某市规定如下用水收费标准：每户每月用水量不超过 6 立方米时，水费按"基准费"收，即每立方米 2.4 元；超过 6 立方米时，未超过部分按"基准费"收，超过部分按"调水价"收，即每立方米 6 元。根据用户用水量，求用户的水费。

参考程序如下：
```
#include <stdio.h>
void main()
{
  float n;
  printf("请输入用水量（立方米）:");
  scanf("%f",&n);
  if(n<=6)
    printf("水费为:%5.2f 元\n",2.4*n);
  else if(n>6)
    printf("水费为:%5.2f 元\n",14.4+(6*(n-6)));
}
```

程序运行情况：
请输入用水量（立方米）:<u>9</u>↙　　(输入 9 并按 Enter 键)
水费为:32.40 元　　(输出的结果)

【例 4.13】一个数如果等于除它本身外的因子和，那么这个数就称为"完数"，编写程序，求 1000 之内的完数。

参考程序如下：
```
#include <stdio.h>
void main()
{
    int i,j;
    for(i=2;i<=1000;i++)
    {
        int sum=0;
        for(j=1;j<i;j++)
        {
            if(i%j==0)
                sum+=j;
        }
        if(sum==i)
        printf("%d 是完数\n" ,i);
    }
}
```

程序运行情况：
6 是完数
28 是完数
496 是完数

4.4 编程实践

任务：计算个人所得税

【问题描述】

2018 年推出的税法进一步完善了个人所得税费用扣除模式，一方面合理提高基本减除费用标准，将基本减除费用标准提高到每人每月 5000 元；另一方面设立子女教育、继续教育、大病医疗、住房贷款利息或住房租金、赡养老人等 6 项专项附加扣除。输入个人工资年收入 y 和专项附加扣除 s，计算个人所得税税率表，如表 4-1 所示。

表 4-1 个人所得税税率表（综合所得）

级　　数	全年应纳税所得额	税率（%）
1	不超过 36000 元的部分	3
2	超过 36000 元至 144000 元的部分	10
3	超过 144000 元至 300000 元的部分	20
4	超过 300000 元至 420000 元的部分	25
5	超过 420000 元至 660000 元的部分	30
6	超过 660000 元至 960000 元的部分	35
7	超过 960000 元的部分	45

【问题分析与算法设计】

现在执行的个人所得税制按 7 级超额累进税率进行计算。

【代码实现】

```c
#include<stdio.h>
int main(void){
    double y, s;      //y 为年收入，s 为专项附加扣除总金额
    double t,c;       //t 为应交个人所得税，c 为一年基本减除费用
    double k1;        //快速扣除额 36000*0.03
    scanf("%lf,%lf",&y,&s);
    c=5000*12;
    k1=36000*0.03;
    if(y-s<=c)
        t=0;
    else if(y-s<c+36000)
        t=(y-s-c)*0.03;
    else if(y-s<=c+144000)
        t=36000*0.03+(y-s-c-36000)*0.10;
    else if(y-s<=c+300000)
        t=36000*0.03+(144000-36000)*0.10+(y-s-c-144000)*0.20;
    else if(y-s<=c+420000)
        t=36000*0.03+108000*0.10+156000*0.20+(y-s-c-300000)*0.25;
    else if(y-s<=c+660000)
        t=k1+108000*0.10+156000*0.20+120000*0.25+(y-s-c-420000)*0.30;
    else if(y-s<=c+960000)
        t=k1+10800*0.10+156000*0.20+120000*0.25+240000*0.30+(y-s-c-660000)*0.35;
    else
        t=k1+108000*0.10+156000*0.20+120000*0.25+240000*0.30+300000*0.35+
```

```
(y-s-c-960000)*0.45;
        printf("您的年收入为:%10.2f 应缴纳个人所得税为:%10.2f",y,t);
    }
```

4.5 知识扩展材料

开发应用软件必须了解相关应用的背景知识，如开发计算个人所得税软件就需要了解相关的法律法规知识，然后将它们反映在计算过程中。

4.5.1 个人所得税的概念

个人所得税是以个人（自然人）取得的各项应税所得为征税对象所征收的一种税。它最早于 1799 年在英国创立，目前世界上已有 140 多个国家开征了这个税种。个人所得税制大体可分为三种类型：综合所得税制、分类所得税制和混合所得税制。这三种税制各有所长，各国可根据本国具体情况进行选择和运用。综合所得税制指将纳税人的全部所得合并起来，减去扣除费用后，适用一定的税率征税。它的好处在于体现纳税人的综合负担能力，能够实现税收公平；弊端在于征税成本高，征管要求高，手续复杂。分类所得税制指将纳税人各种来源不同、性质不同的所得进行分类，分别扣除费用，采用不同的税率征税。它的好处在于管理简便，可以源泉扣缴；弊端在于不能反映纳税人的综合收入水平和负担能力。

我国实行的是综合所得与分类所得相结合的税制。其中综合所得包括工资薪金、劳务报酬、稿酬和特许权使用费 4 项。这 4 项所得占到个税总收入的 70%，实行按年征收、分月分次预扣预缴。对于财产转让所得、财产租赁所得、利息股息所得、偶然所得 4 项，实行分类征收。

对综合所得和经营所得，采用累进税率。对财产转让所得、财产租赁所得、利息股息所得、偶然所得，采用比例税率，实行等比负担。经营所得指个体工商户和个人从事生产、经营活动取得的所得。累进税率指税率是不固定的，所得越大，税率越高，税负越重；比例税率指税率是固定的，无论所得多少，均适用同一个比例纳税。

2019 年开始实行费用扣除从宽、从简的原则。综合所得实行每月扣除 5000 元，即每年 6 万元的标准，此外还有多个专项附加扣除，在分类所得中也有多个扣除项目。对于大多数人来说，个税的税收优惠主要就是费用扣除。

具体缴纳个人所得税实行代扣代缴与自行申报并行方式。代扣代缴指支付单位源泉扣缴，由支付工资、奖金、劳务费、稿费的单位，直接把税款先扣除了，给个人的是税后收入。自行申报指纳税人自己向税务机关申报，一般情况是取得了多项所得，需要多退少补。要注意的是，申报不仅是纳税申报，也包括退税申报。实际上，多数取得多项所得的个人，都有退税的可能。

4.5.2 我国个人所得税的特点

我国于 1980 年 9 月 10 日经第五届全国人民代表大会第三次会议审议通过并公布实施了《中华人民共和国个人所得税法》，以下简称《税法》。现行的个人所得税法已经过多次修订。个人所得税费用减除额从 1980 年 800 元、2005 年 1600 元、2007 年 2000 元、2011 年 3500 元调至 2018 年 5000 元，保证了改革开放的成果为大家所共享，大部分人工资待遇提高了，税收比重并没有提高。2018 年推出的《税法》完善个人所得税费用扣除模式，包括合理提高基本减除费用标准，将基本减除费用标准提高到每人每月 5000 元。设立子女教育、继续教育、大病医疗、住房贷款利息或住房租金、赡养老人等 6 项专项附加扣除，优化调整个人所得税税率结构。以现行工薪所得 3%～45%的 7 级超额累进税率为基础，扩大 3%、10%、20%三档较低税率的级距，25%税率级距相应缩小，30%、35%、45%三档较高税率级距保持不变。该法推进了个人所得税配套改革，加强部门共治共管和联合惩戒力度，完善了自然人税收管理的法律支撑。

习题 4

1. 选择题

(1) 下面程序的输出结果为＿＿＿＿＿。

```c
#include <stdio.h>
void main()
{
    int a=2,b=-1,c=2;
    if (a<b)
        if(b<0) c=0;
        else c+=1;
    printf("%d\n",c);
}
```

  A. 0   B. 1   C. 2   D. 3

(2) 阅读下面程序：

```c
#include <stdio.h>
void main()
{
    float a,b,t;
    scanf("%f,%f",&a,&b);
    if (a>b)
    {
        t=a;
        a=b;
        b=t;
    }
    printf("%5.2f,%5.2f",a,b);
}
```

运行后输入-3.5,4.8，正确的输出结果是＿＿＿＿＿。

  A. -4.80，-3.50   B. -3.50，4.80

  C. 4.8，-3.5   D. 4.80，-3.50

(3) 下面关于 switch 语句和 break 语句的结论中，正确的是＿＿＿＿＿。

  A. break 语句是 switch 语句的一部分

  B. 在 switch 语句中，可以根据需要确定使用或不使用 break 语句

  C. 在 switch 语句中，必须使用 break 语句

  D. break 语句只能用在 switch 语句中

(4) 为了避免在嵌套的条件语句 if...else 中产生二义性，else 总是与＿＿＿＿＿配对。

  A. 缩排位置相同的 if   B. 其之前最近的一个没有配对的 if

  C. 其之后最近的 if   D. 同一行上的 if

(5) 有以下程序

```c
#include <stdio.h>
```

```
void main()
{
  int  i=1,j=2,k=3;
  if(i++==1&&(++j==3||k++==3))
  printf("%d  %d  %d\n",i,j,k);
}
```

程序运行后的输出结果是_____。

　　A. 1 2 3　　　　B. 2 3 4　　　　C. 2 2 3　　　　D. 2 3 3

(6) 下列条件语句中，功能与其他语句不同的是_____。

　　A. if(a) printf("%d\n",x); else printf("%d\n",y);
　　B. if(a==0) printf("%d\n",y); else printf("%d\n",x);
　　C. if (a!=0) printf("%d\n",x); else printf("%d\n",y);
　　D. if(a==0) printf("%d\n",x); else printf("%d\n",y);

(7) 以下 4 个选项中，不能看作一条语句的是_____。

　　A. {;}　　　　　　　　　　　　B. a=0,b=0,c=0;
　　C. if(a>0);　　　　　　　　　　D. if(b==0) m=1;n=2;

(8) 以下程序段中与语句 k=a>b?(b>c?1:0):0;功能等价的是_____。

　　A. if((a>b) &&(b>c)) k=1;　　　　B. if((a>b) ||(b>c)) k=1;
　　　　else k=0;　　　　　　　　　　　else   k=0;
　　C. if(a<=b)   k=0;　　　　　　　D. if(a>b)   k=1;
　　　　else if(b<=c)   k=1;　　　　　　else if(b>c)   k=1;
　　　　　　　　　　　　　　　　　　　　else k=0;

(9) 有以下程序
```
#include <stdio.h>
void main()
{
  int a=5,b=4,c=3,d=2;
  if(a>b>c)
    printf("%d\n",d);
  else if((c-1>=d)==1)
    printf("%d\n",d+1);
  else
    printf("%d\n",d+2);
}
```

程序运行后的输出结果是_____。

　　A. 2　　　　　B. 3　　　　　C. 4　　　　　D. 编译时有错，无结果

(10) 有以下程序
```
#include <stdio.h>
void main()
{
  int a=15,b=21,m=0;
  switch(a%3)
  {
    case 0:m++;break;
    case 1:m++;
    switch(b%2)
    {
      default:m++;
      case 0:m++;break;
    }
  }
}
```

```
     printf("%d\n",m);
}
```
程序运行后的输出结果是_____。
    A. 1   B. 2   C. 3   D. 4

(11) 有以下程序
```
#include <stdio.h>
void main()
{
   int  x;
   scanf("%d",&x);
   if(x--<5) printf("%d\n",x);
   else printf("%d\n",x++);
}
```
程序运行后，如果从键盘上输入 5，则输出结果是_____。
    A. 3   B. 4   C. 5   D. 6

(12) 若运行以下程序时从键盘上输入 9，则输出结果是_____。
    A. 11   B. 10   C. 9   D. 8
```
#include <stdio.h>
void main()
{
   int n;
   scanf("%d",&n);
   if(n++<10) printf("%d\n",n);
   else printf("%d\n",n--);
}
```

(13) 若 a、b、c1、c2、x、y、均是整型变量，正确的 switch 语句是_____。

    A. swich(a+b);   B. switch(a*a+b*b)

       {case 1:y=a+b; break;   {case 3:

       case 0:y=a-b; break;   case 1:y=a+b;break;

       }   case 3:y=b-a,break;

                                                      }

    C. switch a   D. switch(a-b)

       {case c1 :y=a-b; break;   {default:y=a*b;break;

       case c2: x=a*d; break;   case 3:case 4:x=a+b;break;

       default:x=a+b;   case 10:case 11:y=a-b;break;

       }   }

(14) 有以下程序
```
#include <stdio.h>
void main()
{
  int x=1,a=0,b=0;
  switch(x)
  {
    case 0: b++;
    case 1: a++;
    case 2: a++;b++;
  }
  printf("a=%d,b=%d\n",a,b);
}
```
程序运行后的输出结果是_____。

A． a=2,b=1　　　　B． a=1,b=1　　　　C． a=1,b=0　　　　D． a=2,b=2

（15）有以下程序
```
#include <stdio.h>
void main()
{
  float x=2.0,y;
  if(x<0.0)  y=0.0;
  else
    if(x<10.0) y=1.0/x;
    else y=1.0;
      printf("%f\n",y);
}
```
程序运行后的输出结果是_____。

A． 0.000000　　　　B． 0.250000　　　　C． 0.500000　　　　D． 1.000000

（16）与 y=(x>0?1:x<0?-1:0);功能相同的 if 语句是_____。

A． if(x>0) y=1;
    else if(x<0)y=-1;
    else y=0;

B． if(x)
    if(x>0) y=1;
    else
      if(x<0) y=-1;
      else y=0;

C． y=-1;
    if(x)
      if(x>0) y=1;
      else if(x==0)y=0;
      else y=-1;

D． y=0;
    if(x>=0)
      if(x>0) y=1;
      else y=-1;

（17）以下程序的输出结果是_____。
```
#include <stdio.h>
void main()
{
  int a=-1,b=1;
  if((++a<0)&&!(b-- <=0))
    printf("%d %d\n",a,b);
  else
    printf("%d %d\n",b,a);
}
```
A． -1 1　　　　B． 0 1　　　　C． 1 0　　　　D． 0 0

（18）若有以下定义：
　float x;int a,b;
则正确的 switch 语句是_____。

A． switch(x)
    {case1.0:printf("*\n");
    case2.0:printf("**\n");
    }

B． switch(x)
    {case1,2:printf("*\n");
    case3:printf("**\n");
    }

C． switch (a+b)
    {case 1:printf("\n");
    case 1+2:printf("**\n");
    }

D． switch (a+b);
    {case 1:printf(."*\n");
    case 2:printf("**\n");
    }

(19) 下列程序段运行后 x 的值是_____。
```c
#include <stdio.h>
void main()
{
  int a=0,b=0,c=0,x=35;
  if(!a)x--;
  else if(b);
    if(c)x=3;
  else x=4;
    printf("%d\n",x);
}
```
  A. 34   B. 4   C. 35   D. 3

(20) 对下面的程序，说法正确的是_____。
```c
#include <stdio.h>
void main()
{
  int x=3,y=0,z=0;
  if(x=y+z)printf("* * * *\n");
  else printf("# # # #\n");
}
```
  A. 有语法错误，不能通过编译

  B. 输出＊＊＊＊

  C. 可以通过编译，但是不能通过连接，因而不能运行

  D. 输出＃＃＃＃

(21) 下面程序的输出是_____。
```c
#include <stdio.h>
void main()
{
  int x=100, a=10, b=20, ok1=5, ok2=0;
  if(a)
    if(b!=15)
      if(!ok1)
        x=1;
      else
        if(ok2)x=10;
          x=-1;
  printf("%d\n",x);
}
```
  A. -1   B. 0   C. 1   D. 不确定的值

(22) 阅读程序：
```c
#include <stdio.h>
void main()
{
  float x,y;
  scanf("%f",&x);
  if(x<0.0) y=0.0;
  else if((x<5.0)&&(x!=2.0))
    y=1.0/(x+2.0);
  else if(x<10.0) y=1.0/x;
  else y=10.0;
    printf("%f\n",y);
}
```
若运行时从键盘输入 2.0 并按 Enter 键，则上面程序的输出结果是_____。

  A. 0.000000 B. 0.250000 C. 0.500000 D. 1.000000

（23）阅读程序：
```c
#include <stdio.h>
void main()
{
  int x=1, y=0, a=0, b=0;
  switch(x)
  {
    case 1:
    switch(y)
     {
       case 0: a++;break;
       case 1: b++;break;
     }
    case 2: a++; b++; break;
  }
  printf("a=%d, b=%d\n",a,b);
}
```
程序运行后的输出结果是_____。

    A．a=2, b=1   B．a=1, b=1   C．a=1, b=0   D．a=2, b=2

（24）阅读程序：
```c
#include <stdio.h>
void main()
{
  int k=-3;
  if(k<=0) printf("####");
  else printf("&&&&");
}
```

程序运行后的输出结果是_____。

    A．####   B．&&&&

    C．####&&&&   D．有语法错误，无输出结果

2．填空题

（1）以下程序运行后的输出结果是_____。
```c
#include <stdio.h>
void main()
{
  int a=200;
  if (a>100)
    printf("%d\n",a>100);
  else
    printf("%d\n",a<=100);
}
```

（2）当 x=2，y=8，z=5 时，执行下面的 if 语句后，x、y、z 的值分别为_____、_____、_____。
```c
#include <stdio.h>
void main()
{
  int x=2,y=8,z=5;
  if (x>z)
    y=x;x=z;z=y;
  printf("%d,%d,%d\n",x,y,z);
}
```

（3）以下程序运行后的输出结果是_____。
```c
#include <stdio.h>
void main()
{
```

```
    int  a=3,b=4,c=5,t=99;
    if(b) if(a) printf("%d%d%d\n",b,c,t);
}
```

(4) 以下程序运行后的输出结果是_____。
```
#include <stdio.h>
void main()
{
  int  a=1,b=2,c=3;
  if(c==a) printf("%d\n",c);
  else printf("%d\n",b);
}
```

(5) 以下程序运行后的输出结果是_____。
```
#include <stdio.h>
void main()
{
  int a,b,c;
  a=10;b=20;c=(a%b<1)||(a/b>1);
  printf("%d %d %d\n",a,b,c);
}
```

(6) 以下程序运行后的输出结果是_____。
```
#include <stdio.h>
void main()
{
  int x=1,y=0,a=0,b=0;
  switch(x)
  {
    case 1:
    switch(y)
    {
      case 0:a++; break;
      case 1:b++; break;
    }
     case 2:a++;b++; break;
  }
  printf("%d  %d\n",a,b);
}
```

(7) 以下程序运行后的输出结果是_____。
```
#include <stdio.h>
void main( )
{
  int n=0,m=1,x=2;
  if(!n)   x-=1;
  if(m)    x-=2;
  if(x)    x-=3;
  printf("%d\n",x);
}
```

(8) 以下程序运行后的输出结果是_____。
```
#include <stdio.h>
void main()
{
  int p=30;
  printf ("%d\n",(p/3>0 ? p/10 : p%3));
}
```

(9) 以下程序运行后的输出结果是_____。
```
#include <stdio.h>
void main()
{
```

```
  int a=1, b=3, c=5;
  if (c==a+b) printf("Yes\n");
  else printf("No\n");
}
```

（10）若运行时输入 15，则以下程序运行后的输出结果是_____。
```
#include <stdio.h>
void main()
{
  int x,y;
  scanf("%d",&x);
  y=x>12?x+10:x-12;
  printf("%d\n",y);
}
```

（11）若从键盘输入 45，则以下程序运行后的输出结果是_____。
```
#include <stdio.h>
void main()
{
  int a;
  scanf("%d",&a);
  if(a>50)  printf("%d",a);
  if(a>40)  printf("%d",a);
  if(a>30)  printf("%d",a);
}
```

（12）以下程序运行后的输出结果是_____。
```
#include <stdio.h>
void main()
{
  int a=5,b=4,c=3,d;
  d=(a>b>c);
  printf("%d\n",d);
}
```

（13）下面程序的运行结果为 14.00，x=_____。
```
#include <stdio.h>
void main()
{
  int a=9,b=2;
  float x=____,y=1.1,z;
  z=a/2+b*x/y+1/2;
  printf("%5.2f\n",z);
}
```

（14）如果 int x=10，运行下面程序后，变量 x 的结果为_____。
```
#include <stdio.h>
void main()
{
  int x=10;
  switch(x)
  {
    case 9:x+=1;
    case 10:x+=1;
    case 11:x+=1;
    default:x+=1;
  }
  printf("%d\n",x);
}
```

（15）以下程序运行后的输出结果是_____。
```
#include <stdio.h>
void main()
{
  int x=-2,y=1,z=2;
  if (x<y)
    if(y<0)z=0;
    else z+=1;
    printf("%d\n",z);
}
```

3. 编程题

（1）编写程序，从键盘输入一个整数，判断它是否能被 7 整除，若能被 7 整除，则显示 Yes；若不能，则显示 No。

（2）从键盘输入三角形的 3 条边（a、b、c），判断它们是否能构成三角形。如果能，则计算出面积；如果不能，则出现提示信息。

（3）分别运行如下两段程序，输入 90，看看结果有何不同，试分析不同的原因。

程序 1：
```
#include <stdio.h>
void main()
{
  int x;
  printf("请输入成绩:");
  scanf("%d",&x);
  if(x>=90) printf("优秀");
  else if(x>=80) printf("良好");
  else if(x>=70) printf("中等");
  else if(x>=60) printf("及格");
  else if(x<60) printf("不及格");
}
```

程序 2：
```
#include <stdio.h>
void main()
{
  int x;
  printf("请输入成绩: ");
  scanf("%d",&x);
  if(x>=90) printf("优秀");
  if(x>=80) printf("良好");
  if(x>=70) printf("中等");
  if(x>=60) printf("及格");
  if(x<60) printf("不及格");
  printf("\n");
}
```

（4）输入一个十进制数，输出其所对应的英文星期单词，若所输入的数小于 1 或大于 7，则输出 Error。

（5）当 m 为整数时，请将下面的语句改为 switch 语句：
```
#include <stdio.h>
void main()
{
  int m,n;
  scanf("%d",&m);
  if (m<30)n=1;
  else if (m<40)n=2;
  else if (m<50)n=3;
  else if (m<60)n=4;
```

```
    else n=5;
    printf("%d\n",n);
}
```

（6）有一个分段函数

$$y = \begin{cases} x & x < 0 \\ x-10 & 0 \leqslant x < 10 \\ x+10 & x \geqslant 10 \end{cases}$$

编写程序，要求输入 x 的值，显示出 y 的值，分别用以下语句实现：

① 不嵌套的 if 语句；

② 嵌套的 if 语句；

③ 多分支 if 语句。

（7）编写程序，根据输入的学生成绩，给出相应的等级，其中 90～100 分为 A，80～89 分为 B，70～79 分为 C，60～69 为 D，60 分以下为 E，要求如下：

① 使用多分支 if 语句编写；

② 使用 switch 语句编写。

（8）假设有以下工作安排：

周一、周三：高等数学课

周二、周四：程序设计课

周五：外语课

周六：政治课

编写程序，对以上工作日程进行检索，程序运行后，要求输入一周中的某一天，程序将输出这一天的工作安排。0～6 分别代表星期日到星期六，如果输入 0～6 以外的数，则提示输入错误。

第 5 章　循环结构的程序设计

在解决实际问题时，常常会遇到需要有规律地重复某些操作的情况，如"二分法"和"牛顿迭代法"等就是比较典型的迭代法。对于计算机程序，循环结构就是用来处理这类问题的，是程序中一种很重要的结构。C 语言提供了多种循环语句，如 while 语句、do-while 语句和 for 语句，可以组成各种不同形式的循环结构。

本章将重点介绍这些循环语句的语法结构、功能特点，以及它们在循环程序设计中的具体应用。

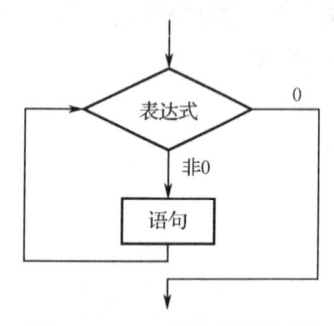

5.1　while 语句和 do-while 语句

5.1.1　while 语句的一般形式

while 语句用来实现"当型"循环结构，其一般形式如下：

```
while（表达式）
    循环体语句
```

功能：先计算表达式的值，若表达式的值为真（非 0），则重复执行语句，即执行循环体语句；若表达式的值为假（0），则循环结束，转而执行 while 语句之后的语句。while 语句控制流程如图 5-1 所示。

while 语句格式中的表达式通常是一个关系表达式或逻辑表达式，也可以是任意类型的一种表达式。该表达式称为循环继续条件（也称循环条件），它控制循环的执行与否。语句是任意的 C 语言语句，称为循环体。

图 5-1　while 语句控制流程

注意：如果循环体包含两条或两条以上的语句，则必须用一对花括号将语句括起来，即循环体是一个复合语句。不加花括号就表示循环体只包含一条语句。

如下面的程序段：

```
while（表达式）
    语句1;
    语句2;
```

当循环条件成立时，只有语句 1 是循环体语句，会被重复执行。语句 2 不属于 while 语句范围，只有 while 语句结束后才会被执行。

【例 5.1】　编写一个程序，求 1+2+3+4+…+100。

参考程序如下：
```
#include <stdio.h>
void main( )
{
    int i=1;
    int sum=0;
    while(i<=100)
    {
        sum+=i;
```

```
       i++;
    }
    printf("sum=%d\n", sum);      /*显示结果*/
}
```

程序运行情况：
sum=5050   （输出的结果）

程序说明：在程序中有一个特别的变量 i，它用于记录已执行循环的次数，初始值为 1；每累加数据一次，变量 i 的值就增加 1，当 i>n 时，也就是说当累加数据操作执行了 n 次之后，就不再累加数据，即应该终止循环，所以循环的条件是 i<=n。变量 i 称为循环控制变量，在每次执行循环后，通过检测这种变量的值来控制循环是否继续执行。

变量 x 用来计算每个要累加的数据项，每次循环中都要先计算 x 的值再累加到 sum 中。变量 sum 是一个累加变量，初始值设为 0，随着循环的执行，不断有新输入的数累加到 sum 中，得到累加和。循环结束后，执行循环的后续语句"printf("sum=%d\n",sum);"输出结果，并且结束程序。

5.1.2 while 语句的使用说明

（1）while 语句是先判断条件，再决定是否执行循环体。如果循环继续条件（表达式）的值一开始就为"假"（0），则循环体不会被执行，而是直接执行循环语句的后续语句。while 循环又称入口条件循环。

（2）为使循环能正常结束，应保证每次执行循环体后，表达式的值都会有一种向"假"变化的趋势，如在【例 5.1】中，i 的值不断变化，逐渐向 n 的值靠近，直到大于 n；使得表达式 i<=n 的值为"假"，如果 i 的值不变化，表达式 i<=n 的值就永远为"真"，循环体就不断被执行不能停止，变成了无限循环（死循环），如以下循环：

```
i=15;
while(i>0)
{   i++;  }
```

由于每次循环体执行后，i 的值都不朝小于或等于 0 改变，因此循环体不断地被执行，无法正常终止，成为一个死循环。

（3）在进入循环之前应做好有关变量的初始化赋值操作。如【例 5.1】中，累加变量 sum 初始化为 0，i 变量初始化为 1。

【例 5.2】 编写一个程序，用户从键盘输入 20 个数，求它们的平均值并输出结果。

程序分析：使用循环结构，每次输入一个数 x，并将它累加到变量 sum 中，重复执行 20 次这样的操作，便得到最后的结果。其程序如下：

```
#include <stdio.h>
void main( )
{  float x,sum=0;float s;      /*定义并初始化变量*/
   int i=1;                    /*定义并初始化循环控制变量*/
   printf ("请输入数据:\n");
   while(i<=20)                /*循环体是复合语句,必须用花括号括起来*/
   {   scanf("%f", &x);        /*输入一个数*/
       sum+=x;                 /*累加到变量 sum 中*/
       i++;                    /*i 自增 1*/
   }
   s=sum/(i-1);                /*i=21,求平均值需要 i-1*/
   printf("平均值为: %f\n",s);  /*显示结果*/
}
```

程序说明：在循环体中用 scanf()接收用户输入的数，并累加到 sum 变量中，然后将循环控制变量 i 值增加 1。变量 i 同时也是一个计数变量，用户每从键盘输入一个数并累加到 sum 变量中之后，i 的值就增加 1。当输入 20 个数之后，i 的值累加到了 21，循环条件不再满足，循环终止，sum 中就保存了 20 个数的累加和。

5.1.3 do-while 语句的一般形式

do-while 语句的特点是先执行循环体一次，再判断循环条件是否成立，以决定循环是不是需要继续被执行，即执行循环直到循环继续条件不再成立时终止。

do-while 语句实现"直到型"循环结构，其一般形式如下：

```
do
    循环体语句
while(表达式);
```

功能：先执行循环体语句，然后计算表达式的值。若表达式值为真（非 0），则继续执行循环；若表达式的值为假（0），则循环结束，执行 do-while 语句的后续语句。do-while 语句控制流程如图 5-2 所示。

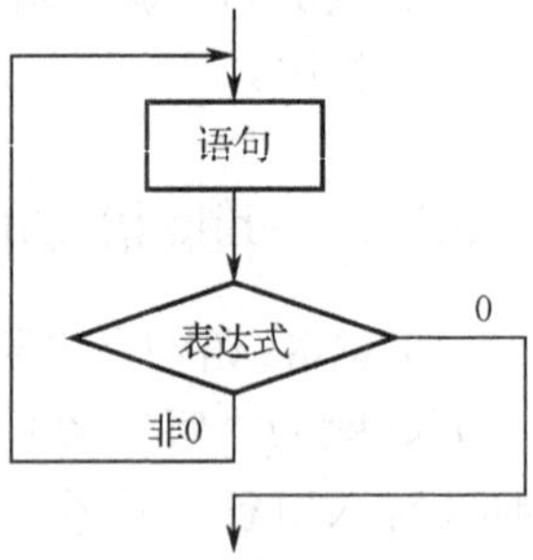

【例 5.3】 用 do-while 语句完成【例 5.1】的要求，编写一个程序，求 1+2+3+4+…+100，其程序如下：

```
#include<stdio.h>
void main()
{
    int i=1,sum=0;
    do
    {
        sum+=i;
        i++;
    }
    while(i<=100);
    printf("sum=%d\n",sum);   /*显示结果*/
}
```

图 5-2 do-while 语句控制流程

程序运行情况：

```
sum=5050                    （输出的结果）
```

【例 5.4】 用 do-while 语句完成【例 5.2】的要求，用户从键盘输入 20 个数，求它们的平均值并输出结果，其程序如下：

```
#include <stdio.h>
void main( )
{   float x , sum=0;float s;   /*定义并初始化变量*/
    int i=0;                   /*定义并初始化循环控制变量*/
    printf ("请输入数据:");
    do                         /*do 循环体是复合语句*/
    { scanf ("%f", &x);        /*输入一个数*/
      sum += x;                /*累加*/
      i++ ;;                   /*i 自增 1*/
    } while ( i<20 );          /*注意分号不能遗漏*/
    s=sum/i;                   /*i=20*/
    printf ("%f\n", s);        /*显示结果*/
}
```

5.1.4 do-while 语句的使用说明

do-while 语句与 while 语句的使用方法相同，都由循环继续条件来决定循环体语句是否被重复执行。while 语句的执行顺序是先判断循环条件是否成立，再根据判断结果决定循环体是否被执行，而 do-while 语句需要先执行一次循环体，再判断循环条件，并根据判断结果决定循环体是否被执行，do-while 语句又称出口条件循环。也就是说，do-while 语句不论循环条件是否成立，都会至少被执行一次。

在【例 5.3】程序中，如果输入 0，则输出的结果和【例 5.1】程序中输入 0 时的输出结果不同，就是因为无论循环继续条件是否成立，do-while 语句的循环体至少会被执行一次。

与 while 语句一样，为使循环能正常结束，do-while 语句也应保证每次执行循环体后，表达式的值就会有一种向"假"变化的趋势，以防止出现无限循环条件。

5.2 循环结构和循环嵌套

从 while 语句和 do-while 语句的循环例子中可以看出，循环是否继续执行与循环控制变量的值密切相关，其执行步骤如下：
（1）执行循环前对循环控制变量进行初始化；
（2）在循环体中更新循环控制变量的值；
（3）在循环继续条件中判断循环控制变量是否接近终止值。
C 语言的另一个循环结构是 for 循环。

5.2.1 for 语句的一般形式

for 语句是 C 语言使用最灵活的循环结构，其一般形式如下：
```
for(表达式1;表达式2;表达式3)
    循环体语句
```
功能：先执行表达式 1 语句，再判断表达式 2 的值是否为真（非 0），如果为真，则执行循环体语句，接着执行表达式 3，再判断表达式 2 的值。如此重复执行，直到表达式 2 的值为假（0）时终止循环，跳转到循环体之后的语句执行。for 语句控制流程如图 5.3 所示。

注意：for 语句的三条表达式语句，其中表达式 1 通常是对循环控制变量进行初始化的语句（也可以是其他合法的 C 语句）；表达式 2 是循环继续条件语句；表达式 3 通常是循环控制变量更新的语句（也可以是其他合法的 C 语句）。for 语句最简单的应用形式如下：
```
for(循环变量初始化;循环继续条件;循环变量更新)
    循环体语句
```

【例 5.5】用 for 语句完成【例 5.1】的要求，求 1+2+3+4+…+100，其程序如下：
```
#include <stdio.h>
void main( )
{
    int sum=0;
    for(int i=1;i<=100;i++)
        sum+=i;
    printf("sum=%d \n",sum);
}
```

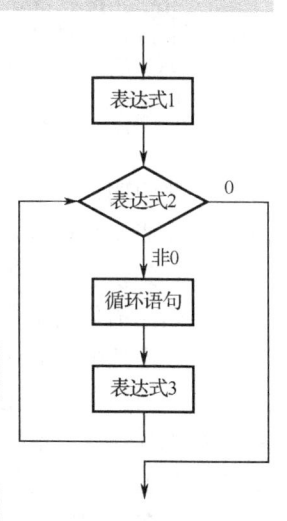

图 5.3 for 语句控制流程

程序说明：在本程序中，变量 i 的初始化语句、循环继续条件和变量 i 的更新语句都放在 for 后面的括号中，循环体中只有反复计算累加的语句，整个程序的功能和结构都比较清晰。

| 105

【例 5.6】 使用 for 语句实现【例 5.2】的要求，用户从键盘输入 20 个数，求它们的平均值并输出结果，其程序如下：

```c
#include <stdio.h>
void main()
{   float x,sum=0,s;         /*定义并初始化变量*/
    int i;                   /*定义并初始化循环控制变量*/
    printf ("请输入数据:" );
    for ( i=0;  i<20;  i++ )
    {   scanf("%f", &x);     /*输入一个数*/
        sum += x;            /*累加到变量 sum 中*/
    }
    s=sum/i;
    printf ("平均值为：%f\n", s);   /*显示结果*/
}
```

比较一下此程序与【例 5.2】、【例 5.4】中的程序，理解 while 语句、do-while 语句和 for 语句各自的特点，以及它们之间的区别。

5.2.2 for 语句使用说明

（1）for 语句可以取代 while 语句或 do-while 语句，尤其对于确定循环次数的循环，使用 for 语句可以使程序结构更加直观和容易理解。

（2）for 语句括号中的三条表达式语句可以省略，即可以将它们写在程序的其他地方，但是它们之间的分号";"是不可省略的。

【例 5.7】 计算 s=2+4+6+8+…+2n，其程序如下：

```c
#include <stdio.h>
void main ( )
{   int i,x,n,s;             /*定义变量*/
    printf ("请输入 n 的值:\n");
    scanf ("%d",&n );        /*输入 n 的值*/
    for( i=1, s=0; i<= n; i++, s+=x )
    {   x=2*i;  }            /*计算要累加的数据项*/
    printf("s=%d\n",s);
}
```

程序说明： 上面程序与【例 5.5】的程序功能是一样的。在此程序中把变量 i 和 s 的初始化语句写成一个逗号表达式，放在 for 循环语句的表达式 1 的位置上。对照 for 语句的控制流程可以看到，表达式 1 是在循环语句的第 1 步执行的，在整个循环中只执行一次，是放置循环的初始化语句的地方，可以把多个变量的初始化步骤作为一个逗号表达式放在这个位置。此程序中还把变量 i 的更新和 s 累加语句写成一个逗号表达式放在 for 循环语句的表达式 3 的位置上。在整个循环流程中，表达式 3 是在循环体语句后被执行的，而且每次循环体被执行后都被执行一次。本程序与【例 5.5】程序相比，把变量 s 的累加语句从循环体中移到了表达式 3 的位置上，其功能也是一样的。

（3）在 for 语句的括号中，表达式 2 也是可以省略的，如写成下面形式：

```
for (  ;  ;  )    /*将三个表达式都省略*/
    循环体语句
```

由于没有循环继续条件来判断循环在什么时候结束，因此就形成了一个无限循环，除非是特别的用法（在循环体内有使循环终止的语句）。

（4）C 语言中的 for 语句是非常灵活的，可以把与循环控制无关的语句写在表达式 1 和表达式 3 中，虽然这样可以使程序更短小简洁，但会使 for 语句显得杂乱，可读性差，所以建议初学者最好不要采用后面两种形式（把与循环控制无关的语句写到 for 语句的括号中）。

注意：C99 标准中，可以在 for 语句的初始化部分定义一个或多个变量，这些变量的作用域仅在本 for 语句所控制的循环体内，如下列代码中的整型变量 i：

```
for(int i=0; i<10; i++){
    // do someting ...
}
```

5.2.3 循环嵌套的形式

在一个循环体内又包含另一个完整的循环结构，这样的循环结构称为循环的嵌套，也就是多层循环。其中处于外部的循环叫外层循环，被包含在内部的循环叫内层循环。

例如，有以下二重循环嵌套的结构形式。

（1）while (…)　　　　　　　　　　（2）while (…)
　　　{ …　　　　　　　　　　　　　　　{ …
　　　　while (…)　　　　　　　　　　　　for (…; …; …)
　　　　{ … }　　　　　　　　　　　　　　{ … }
　　　}　　　　　　　　　　　　　　　}

（3）for (…; …; …)　　　　　　　（4）for (…; …; …)
　　　{ …　　　　　　　　　　　　　　　{ …
　　　　while (…)　　　　　　　　　　　　do
　　　　{ … }　　　　　　　　　　　　　　{ …
　　　}　　　　　　　　　　　　　　　　　}while(…);
　　　　　　　　　　　　　　　　　　　　}

（5）for (…; …; …)　　　　　　　（6）do
　　　{ …　　　　　　　　　　　　　　　{ …
　　　　for (…; …; …)　　　　　　　　for (…; …; …)
　　　　{ … }　　　　　　　　　　　　　　{ … }
　　　}　　　　　　　　　　　　　　　}while(…);

C 语言中的三种语句（while 语句、do-while 语句、for 语句）可以相互嵌套，甚至还可以多层嵌套。

下面是循环嵌套应用实例：用循环嵌套语句编写输出一个三角形形状。

```
#include<stdio.h>
int main(){
    int n, i, j;
    while (scanf("%d", &n) == 1){
        for (i = 0; i < n; i++){
            for (j = 0; j < n - i; j++)
                putchar(' ');
            for (j = 0; j < i * 2 + 1; j++)
                putchar('*');
            putchar('\n');
        }
    }
    return 0;
}
```

5.2.4 循环嵌套的说明

循环嵌套的具体说明如下。

（1）分析嵌套结构的循环程序时，要注意循环嵌套的执行顺序，由于外层循环的循环体包含了内层循环，所以外层循环体每次被执行时，都应先执行完内层循环前面的语句，再进入内层循环。内层循环在执行完所有的循环次数后，再返回到外层循环，并继续往下执行。

（2）关于被嵌套的内层循环的执行次数，按照外层循环每执行一次，内层循环就要执行一个完整的循环周期，如以下二重循环结构：

```
for ( i=0; i<10; i++)
{  /*外层循环体开始*/
    for ( j=0; j<20; j++)
        { … ; }   /*内层循环的循环体*/
}  /*外层循环体结束*/
```

外层循环次数为 10，内层循环次数为 20。整个二重嵌套循环被执行时，内层循环的循环体要执行 10×20 = 200 次。

5.3 流程转向语句

对于循环结构的程序而言，循环体是否继续重复执行是由循环条件决定的。如果程序员想要在某些特定的情况下中断循环或改变原来循环结构的执行流程，如在满足某种条件下，提前从循环中跳出或不再执行循环中剩下的语句，终止本次循环并重新开始一轮循环，就可以使用流程转向语句。C 语言提供了三条流程转向语句，包括 goto 语句、break 语句和 continue 语句。

5.3.1 goto 语句

goto 语句是无条件转向语句，其语句形式为

```
goto 语句标号;
```

goto 语句包含两个部分：goto 关键字和一个语句标号，语句标号也称语句标签，是写在一条合法 C 语句前的一个标识符号，这个标识符号加上一个 ":" 一起出现在函数内某条语句的前面，如下面的 printf 语句前就有一个语句标号 part1。

```
part1:printf ("A label before this sentence!");
```

执行 goto 语句后，程序将跳转到该语句标号处并执行其后的语句。注意语句标号必须与 goto 语句同处于一个函数中，但可以不在一个循环层中。通常 goto 语句与 if 语句连用，当满足某个条件时，程序就会跳到标号处运行，使用 goto 语句来构成一个循环结构。

【例 5.8】 使用 goto 语句完成【例 5.1】的要求，求 s=1+2+3+4+…+100 并输出计算结果。
参考程序如下：

```
#include<stdio.h>
void main()
{
int i=1,sum=0;
loop:if(i<=100)
    {
        sum=sum+i;
        i++;
        goto loop;
    }
```

```
    printf("%d\n,sum");
}
```

程序说明：这是用 goto 语句构成循环结构的典型例子。goto 语句经常用在需要无条件跳转的情况下，如在当某种意外条件满足时，就可以使用 goto 语句跳出多重循环执行过程。例如，以下程序段（假设程序中，当变量 x 的值等于 0 时会导致严重错误）。

```
while (i<1000)
{ for ( j=0; j<N; j++)
    { for ( k=0; k<N; k++)
        { ...                    /*此处其他语句省略*/
          if ( x==0 )            /*判断是否会出现严重错误*/
            goto bigerror;       /*跳转到出错的位置*/
        }
    }
}
...       /*此处其他语句省略*/
bigerror:printf ("big error !" );   /*出现错误，提示*/
...       /*此处其他语句省略*/
```

严谨而有效地使用 goto 语句可以使整个 C 语言的程序更加灵活，但是过多或不恰当地使用 goto 语句就会使程序的流程结构变得错综复杂，难以理解，并且非常容易出错。所以初学者尽量不要使用 goto 语句，可用其他语句实现跳转功能。

5.3.2 break 语句

break 语句通常用在循环语句和 switch-case 多层分支语句中。当 break 语句用在 switch-case 语句中时，可使程序跳出 switch-case 语句而执行该语句后的语句；break 语句的用法已在学习选择结构语句时介绍过，这里不再举例。

break 语句的形式：
```
break;
```

break 语句形式非常简单，只由关键字和一个分号";"组成，在循环语句 do-while、for、while 中如果有 break 语句，如图 5.4 所示，则当 break 语句被执行时，会终止它所在的循环，而去执行所在循环后面的语句。通常 break 语句与 if 语句在一起使用，即当某种条件成立时便会跳出它所在的那层循环。

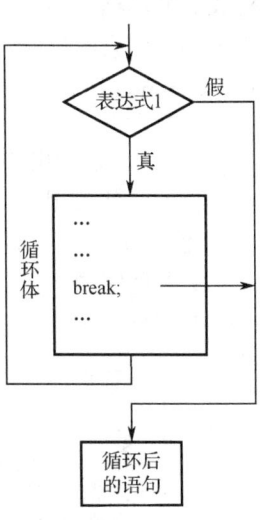

图 5.4 break 语句控制流程

循环结构程序如下：
```
#include <stdio.h>
void main ( )
{
    int m,n,flag=1;
    printf("请输入测试的整数:");
    scanf("%d",&n);
    for(m=2;m<=n/2;m++)
    if(n%m==0)
    {
        flag=0;
        break;
    }
    flag?printf("%d是素数\n",n): printf("%d不是素数\n",n);
}
```

在 while 语句的循环体内有一个 break 语句，当 if 语句的条件成立时，就会被执行，于是，for 语句的循环被立即终止，跳转到 for 语句之外。

注意：break 语句只能跳出一层循环，如果它位于多层循环嵌套的内层，那么只能终止 break 语句所在的那层循环，也就是说，break 语句只能跳出它所在的那层循环。例如，有以下嵌套循环程序段：

```
int  i,j,k;
for(int k=0;k<N;k++)
{
    for (i=0; i < N; i++)
    {   for (j=0; j<N; j++)
        {   if (j > 100)
            { break; }    /*跳出内层循环*/
        }
        if (i > 100)
        { break; }    /*跳出中层循环*/
    }
}
```

在上面的程序段中，有两个 break 语句，第 1 个 break 语句位于内层循环体中，当它被执行时会跳出内层循环，回到外层循环；第 2 个 break 语句位于中层循环中，当它被执行时会跳出中层循环，而外层循环还在继续。

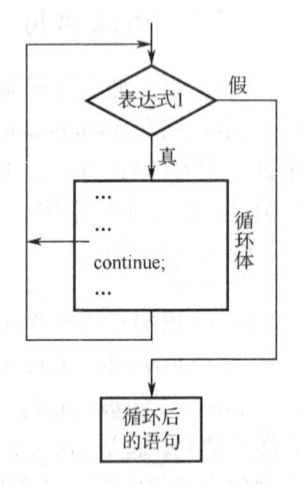

5.3.3 continue 语句

continue 语句只能用在 for 语句、while 语句、do-while 语句构成的循环结构中。continue 语句的作用是跳过所在循环体于本次循环中剩余的语句，而直接开始执行下一轮循环，如图 5.5 所示。continue 语句的形式如下：

```
continue;
```

continue 语句由关键字 continue 和一个分号";"组成，它常与 if 语句一起使用，用来加速循环。

【例 5.9】 求下面程序执行后 x 的值。

参考程序如下：

```
main()
{
    int x,y;
    for(x=1,y=1;x<=100;x++)
    {
        if(y>=20)break;
        if(y%3==1){y+=3;continue;}
        y-=5;
    }
    printf("x=%d\n",x);
}
```

图 5.5 continue 语句执行情况

程序运行情况：
```
x=8
```

注意：continue 语句和 break 语句不同，break 语句是终止本层循环，而 continue 语句只是提前结束本轮循环。

5.4 循环结构程序设计举例

在具体使用循环结构来解决一个实际任务时，存在如何确定循环体执行次数、哪个循环语句最适合使用、循环体在执行过程中是否需要提前结束循环等问题，下面用一些实例来说明如何解决这些问题。

5.4.1 确定循环次数与不确定循环次数

在编写循环程序时，有一类问题能够知道循环将要被执行的次数。

【例 5.10】 编写一个程序，在屏幕上显示九九乘法表。

程序分析： 九九乘法表是一个 9 行的三角形表格，每行规律是从 1 乘以某个数开始，一直乘到此行行号为止，从上向下，每行的列数是不同的，规律是有 i 行就有 i 列。可以使用二重嵌套循环来实现，外层循环每执行一次，就显示一行的内容；内层循环每执行一次，显示两个数的乘积，其程序如下：

```c
#include <stdio.h>
void main ( )
{ int i=1, j;        /**/
    while(i<=9)      /*外层循环*/
    { for (j=1; j<=i; j++)    /*内层循环*/
        { printf ( "%d×%d=%-2d ", j , i, i*j ); }
              /*显示两个数的乘法等式*/
        printf ("\n");   /*插入换行*/
        i++;
    }
}
```

程序运行情况：
```
1×1=1
1×2=2  2×2=4
1×3=3  2×3=6  3×3=9
1×4=4  2×4=8  3×4=12 4×4=16
1×5=5  2×5=10 3×5=15 4×5=20 5×5=25
1×6=6  2×6=12 3×6=18 4×6=24 5×6=30 6×6=36
1×7=7  2×7=14 3×7=21 4×7=28 5×7=35 6×7=42 7×7=49
1×8=8  2×8=16 3×8=24 4×8=32 5×8=40 6×8=48 7×8=56 8×8=64
1×9=9  2×9=18 3×9=27 4×9=36 5×9=45 6×9=54 7×9=63 8×9=72 9×9=81
Press any key to continue
```

程序说明： 九九乘法表共 9 行，所以外层循环次数为 9，循环控制变量 i 从 1 到 9。内层循环使用控制变量 j，变化范围从 1 到 i。在外层循环体的最后有一个 printf 语句，在每行显示完插入一个换行。

【例 5.10】 中的两个嵌套循环都可以事先确定循环次数。对于确定循环次数的程序可以使用一个变量来记录循环执行的次数，同时它也作为循环控制变量，当循环执行的次数达到预定的次数后就终止循环，如【例 5.10】中的变量 i 和 j。

然而，有些循环程序，事先无法确定其循环次数。

【例 5.11】 编写一个程序，接收用户从键盘输入的字符，当用户输入回车符时表示确认输入，统计用户输入了多少个字符（不含回车符）。

程序分析： 虽然无法预知循环的执行次数，但可以根据题目的要求来确定继续循环条件。使用循环来接收用户的输入，每次接收一个字符都判断其是否为回车符，如果不是，则把计数变量的值增加 1，其程序如下：

```c
#include <stdio.h>
void main ( )
{ char c;
    int i=0;        /*计数变量初始化*/
    printf ("请输入字符串（以回车符确认）:\n");
```

| 111

```
        c=getchar( );          /*接收字符*/
        while (c != '\n')      /*判断是否为结尾*/
        {  i++;                /*计数增加1*/
           c=getchar( );       /*继续接收字符*/
        }
        printf("字符串中共%d个字符! ", i);
}
```

程序说明：getchar()是从键盘接收一个字符（实际上是从键盘的缓冲区取一个字符，用户在键盘输入一行字符后按 Enter 键确认，此字符串会存在键盘的缓冲区中等待接收），由于用户可能输入的字符数量是事先无法确定的，所以要根据题目的要求，将接收到的字符是否为回车符作为继续循环条件。

5.4.2 选择循环语句

C 语言中提供了 while 语句、do-while 语句和 for 语句，而且这三种循环可以互换。但在处理不同问题时，应该选择哪种语句更好呢？首先确定是需要入口条件循环还是出口条件循环，如果是出口条件循环可以使用 do-while 语句，不过通常认为使用入口条件循环更好一些，因为在循环开始就判断条件会使程序的可读性好一点。

假设使用入口条件循环，是用 for 语句还是 while 语句呢？这是个人习惯的问题，因为它们可以完全互换，把 for 语句中的表达式 1 和表达式 3 去掉就和 while 语句的功能一样了。例如：

```
for ( ; 循环条件 ; )
   { 循环体; }
```

与下面 while 语句的循环写法是等效的。

```
while ( 循环条件 )
   { 循环体; }
```

一般来说，在涉及有明显的循环控制变量初始化和更新的场合时，使用 for 语句更为恰当，如【例 5.10】的二重嵌套循环中使用的循环控制变量 i 和 j，使用 for 语句使得程序结构清晰明了。而在其他不涉及循环控制变量时使用 while 语句更好一些。

如【例 5.11】中，使用循环接收用户输入的字符时并不需要单独的循环控制变量，所以使用 while 语句就更自然一些。

下面再举三个例子进行说明。

【例 5.12】 编写程序完成功能：输入一个大于或等于 0 的整数，计算它是一个几位数（0 算一位整数）。

程序分析：先接收用户输入的数，然后对其整除 10 并将位数增加 1，除得的商相当于截去个位的数，若商大于 0，则继续求余运算，直到商等于 0 为止，其程序如下：

```
#include <stdio.h>
void main ( )
{ int x , n;
  printf ("请输入一个整数:");
  scanf ("%d",&x );
  n=0;        /*位数初始化为0*/
  do
  { n++;      /*位数增加1*/
    x/=10;    /*截去x的个位*/
  }while ( x>0 );
  printf ("位数是:%d\n", n);
}
```

程序说明：利用整除截去某个数的个位是经常采用的方法。该题采用 do-while 语句比较合适，它能保证特例情况（如输入 x 值为 0 时），输出也是正确的。

思考：本例的程序能否直接改用 while 语句来完成呢？

【例 5.13】 编程实现输出 n 层用字符"*"构成的金字塔图形，n 是由用户输入的正整数。下图是 5 层用字符"*"构成的金字塔图形。

```
    *
   ***
  *****
 *******
*********
```

程序分析：对于这种由一些符号构成的有规律的图形，先分析其规律，本例中 n 等于 5，第 1 行开始有 4 个空格再加上 1 个"*"，第 2 行开始有 3 个空格再加上 3 个"*"，以此类推。因此可以确定：第 i 行应该先输出 $n-i$ 个空格，再输出 $2 \times i - 1$ 个"*"字符。

可以使用 for 语句循环实现，程序结构如下：

```
for ( i=1; i<=n; i++ )
{   输出 n-i 个空格符；
    输出 2×i-1 个"*"；
    换行；
}
```

输出空格符和"*"也分别用 for 语句循环实现，所以整个程序使用嵌套循环实现。

参考程序如下：

```c
#include <stdio.h>
void main ( )
{   int i, j, n;
    printf ("请输入行数:");
    scanf ("%d",&n);
    for (i=1; i<=n; i++)
    {   for (j=0; j<n-i; j++)      /*本循环输出前面的空格*/
          { printf (" "); }
        for (j=0; j<2*i-1; j++)    /*本循环输出符号"*"*/
          { printf ("*"); }
        printf ("\n");    /**/
    }
}
```

程序说明：对于类似此例的已知循环次数的问题，通常使用 for 语句能使程序的可读性好。读者也可以尝试使用 while 语句循环来实现本例，并与示例程序比较一下。

【例 5.14】 一辆汽车撞人后逃跑，有 4 个目击者提供线索如下。

甲：牌照三、四位相同；

乙：牌号为 31xxxx；

丙：牌照五、六位相同；

丁：三～六位是一个整数的平方。

请根据这些线索求出牌照号码。

参考程序如下：

```c
#include<stdio.h>
#include<math.h>
void main()
{
  int dNum;
  int num,i,j;
  for(i=1;i<=9;i++)
```

113

```
        for(j=0;j<=9;j++)
          {
             dNum=(i*10+i)*100+j*10+j;
             num= (int)sqrt((float)dNum);
             if(num*num==dNum)
                printf("31%d\n",dNum);
          }
}
```

5.4.3 提前结束循环

在有些循环结构程序的执行过程中出现了特殊情况，或者已经达到计算目的，需要提前结束循环计算过程的时候，可以在循环体中加入一个分支结构，用来判断是否需要提前结束本次循环或终止循环。通常将 if 语句和 break 语句或 continue 语句组合在一起使用。

5.4.4 其他应用举例

【例 5.15】 编程解决百钱买百鸡问题。这是《算经》中的题：鸡翁一值钱五，鸡母一值钱三，鸡雏三值钱一。百钱买百鸡，问鸡翁、鸡母、鸡雏各几只？

程序分析：设鸡翁数、鸡母数和鸡雏数分别为 cocks、hens 和 chicks。根据题意可得以下两个方程式。

方程式 1：cocks+hens+chicks = 100

方程式 2：5*cocks+3*hens+chicks/3 =100

首先确定 cocks、hens 和 chicks 的取值范围：

0≤cocks≤20

0≤hens≤33

0≤chicks≤100　（chicks 是 3 的整数倍）

然后选择一个数（如 cocks），依此取该范围中的一个值，并在剩下两个数中选择一个数（如 hens），再依此取其范围中的一个值。根据此两个数的值组合代入一个方程式中，求得第 3 个数的值，并将它代入方程式 2 中，看是否符合题意，符合者为解。

参考程序如下：
```
#include <stdio.h>
void main ( )
{  int cocks, hens, chicks;
   for (cocks=0; cocks<=20; cocks++)
   {  for (hens=0; hens<=100-5*cocks; hens++)
      {  chicks=100-hens-cocks;   /*方程式1*/
         if ( 5*cocks+3*hens+chicks/3.0==100 )      /*验证方程式2*/
     printf("cocks=%d,hens=%d,chicks=%d\n",cocks,hens,chicks);
      }
   }
}
```

程序运行情况：

cocks=0,hens=25,chicks=75
cocks=4,hens=18,chicks=78
cocks=8,hens=11,chicks=81
cocks=12,hens=4,chicks=84

程序说明：编程解决类似多元方程组的问题，经常使用本例的方法来处理。

5.5 编程实践

任务：验证哥德巴赫猜想

【问题描述】

德国数学家哥德巴赫（Goldbach）在 1725 年写给欧拉（Euler）的信中提出了设想：任何大于 2 的偶数都是两个素数之和（俗称为 1+1），但这个猜想既无法证明，也无法推翻。

【问题分析与算法设计】

试设计程序验证指定区间[c,d]内这个猜想是否成立。

【代码实现】

```c
#include<stdio.h>
#include<math.h>
void main(){
  int c,d,i,j,k,t,x;
  printf("请输入区间上下限:");
  scanf("%d,%d",&c,&d);
  printf("在区间[%d,%d]中验证哥德巴赫猜想,",c,d);
  if(c%2) c++;
  for(i=c;i<=d;i+=2)
  {
    j=1;
    while(j<i/2)
    {
      j=j+2;
      k=i-j;
      t=0;
      for(x=3;x<=sqrt(k);x+=2)
        if((j*k)%x==0)
          {
            t=1;break;
          }
      if(t==0)
      {
        printf("%d=%d+%d\n",i,j,k);
        break;
      }
    }
  }
  if(t==1){
    printf("找到反例不能分解");}
  else
    printf("哥德巴赫猜想在区间[%d,%d]中正确,\n",c,d);
}
```

5.6 知识扩展材料

我们学习编程的目的就是利用计算机提高运筹规划，求解实际问题的能力，即计算思维能力。

5.6.1 计算思维

科学技术是第一生产力。谁拥有核心科技硬实力，谁就掌握发展的主动权。从国家到个人，均无例外。在当前的信息社会，不仅要有获取信息的能力，更要有分析处理信息（数据）的能力。计算机编程能力是分析处理数据的基础，通过编程来分析和求解问题，也是计算思维（Computational Thinking）。计算思维是一种利用计算机科学的基本概念来解决问题、进行系统设计和模拟仿真人类行为的方法。

通过学习计算思维，我们可以掌握分析和处理数据的方法，提升求解实际问题的能力。计算思维的方法可分为 4 个基本步骤：分解、模式识别、抽象和算法，并在建模、评估及泛化等方面进行拓展。

分解（Decomposition）指将事物拆分为多个组成其基本结构的部分。这是一项重要的学习能力，通过将大的整体细分成相对较小的部分，有利于降低认知难度，提高学习效率。这在系统设计中是一种自上而下的分析方法。

模式识别（Pattern Recognition）指先找到事物的特征，然后分析总结这个特征模式来得到逻辑答案。模式匹配是寻找事物之间的共性，也可以寻找不同之处，从而推理找到答案。

抽象（Abstraction）指将模式识别中发现的差异剔除，因为它们不符合模式，只关注重点细节。抽象过程是很重要的，因为在一个问题中得到的信息并不一定都是正确的，需要甄别，才能获得真正的解决方案。

算法（Algorithms）指完成一项任务的程序步骤列表。在这个过程中，需要创建一系列步骤来解决问题。从而使其他人也可以按照所设计的算法来完成任务或解决问题。

建模（Modeling）指对当前一类问题及具体算法的提炼和再封装，使其输入和输出的算法结果可靠稳定，可用于解决一大类问题。

评估（Evaluation）指一旦获得了一个可行的解决方案，需要使用相应的评估方法来分析/评价其正确性、有效性、可靠性和计算效率。

泛化（Generalisation）指调整/优化现有模型以解决新的问题，或者一类问题。这个能力也相当重要，也就是常说的举一反三。在人工智能领域，模型的泛化能力往往决定了这个模型在实际应用中的真正优劣。这涉及归纳问题，即把一类问题一般化的能力培养，包括跨领域迁移学习能力的培养。

5.6.2 计算思维养成

计算思维的实践可以帮助我们养成持续学习、尝试多角度解决复杂问题，甚至提出新问题的能力，在竞争激烈、不断变化的数字世界中这是无价的技能。计算思维几乎可以应用于任何工作和行业，也包括日常生活。下面以准备家庭晚餐为例加以说明。

（1）分解问题。将准备晚餐分解为要做什么菜，细分为肉类、素类、汤类，列举出具体菜名，如炖鸡汤、西红柿炒鸡蛋、爆炒羊肉、白灼菜心等，确定需要购买什么样的食材。

（2）规律、模式识别。明确这几道菜的做法和规律，如羊肉要爆炒，出锅很快；白灼菜心也是快手菜；炖鸡汤则需要时间，小火慢炖；西红柿炒鸡蛋需要事先打好鸡蛋，时长适中，它们都需要油、盐、葱等佐料。

（3）将问题抽象化。为了避免菜凉，这几道菜都要差不多时间出锅，所以需要将菜品制作按时间排序，抽象为排序问题。

（4）算法开发和执行。列清楚制作菜品的一些细节，转化为清晰明确的流程并执行，如切鸡肉、姜→炖鸡汤→切蒜、葱、羊肉腌制→打鸡蛋、切西红柿、洗菜心等。

这样准备家庭晚餐的日常问题，就可以应用计算思维解决了。

当人们连遗传物质是什么都还没有概念的时候，孟德尔已将复杂的遗传问题分解成独立的稳定性状（如豌豆种子分黄色与绿色、表面光滑的圆粒和表面发皱的皱粒）。通过对具有不同性状的豌豆进行杂交，他从统计数据中发现规律，识别遗传的模式，最终得出一般性的结论，即抽象化：一对基因共同决定性状，基因有显性和隐性之分。孟德尔通过杂交观察后代性状，验证规律。当今面对人类基因组的近 2.5 万个基因时，使用的先进测序方法和超级计算机与孟德尔时代的简单实验工具不可同日而语，然而解决问题的思路仍然与他很相似，即分解问题→识别模式→找到一般原理→形成算法。

习题 5

1．选择题

（1）设有程序段：
```
int k=10;
while(k=0)k=k-1;
```
则下面描述正确的是_____。

    A．while 语句循环执行了 10 次　　　　B．循环是无限循环
    C．循环体语句一次也不执行　　　　　　D．循环体语句执行一次

（2）下面程序的运行结果是_____。
```
a=1;b=2;c=2;
while(a<b<c){t=a;a=b;b=t;c--;}
printf("%d,%d,%d",a,b,c);
```
    A．1,2,0　　　　B．2,1,0　　　　C．1,2,1　　　　D．2,1,1

（3）下面程序的运行结果是_____。
```
x=y=0;
while(x<15)y++,x+=++y;
printf("%d,%d",y,x);
```
    A．20,7　　　　B．6,12　　　　C．20,8　　　　D．8,20

（4）下面程序的运行结果是_____。
```
int n=0;
while(n++<=2);printf("%d",n);
```
    A．2　　　　　　B．3　　　　　　C．4　　　　　　D．有语法错误

（5）设有程序段：
```
t=0;
while(printf("*"))
{ t++;
  if (t<3) break;
}
```
则下面描述正确的是_____。

    A．其中循环控制语句表达式与 0 等价　　B．其中循环控制语句表达式与'0'等价
    C．其中循环控制表达式是不合法的　　　D．以上说法都不对

（6）下面程序的功能是，从键盘输入一对数，并由小到大排序输出。当输入一对数相等时结束循环，请选择填空。
```
#include<stdio.h>
main()
```

```
{ int a,b,t;
  scanf("%d,%d",&a,&b);
  while(_____)
  {
    if(a>b)
    {
      t=a;a=b;b=t;
    }
    printf("%d,%d\n",a,b);
    scanf("%d %d",&a,&b);
  }
}
```
    A. !a=b　　　　B. a!=b　　　　C. a==b　　　　D. a=b

（7）如下程序是求大、小写字母个数最少的数目，正确的选项是_____。
```
#include<stdio.h>
main()
{ int m=0,n=0;
  char c;
  while((【1】)!='\n')
  {
    if(c>='A'&&c<='Z')m++;
    if(c>='a'&&c<='z')n++;
  }
  printf("%d\n",m<n?【2】);
}
```
  【1】A. c=getchar()　　B. getchar　　C. scanf("%c",c)　　D. printf（"%c"）

  【2】A. n:m　　　　B. m:n　　　　C. m:m　　　　D. n:n

（8）若执行以下程序时，从键盘输入2473并按Enter键，则下面程序的运行结果是_____。
```
#include<stdio.h>
main()
{ int c;
while((c=getchar())!='\n')
switch(c='2')
{ case 0:
  case 1:putchar(c+4);
  case 2: putchar(c+4);break;
  case 3: putchar(c+3);
  default: putchar(c+2);break;
  }
  printf("\n");
}
```
    A. 4444　　　B. 668966　　　C. 66778777　　　D. 6688766

（9）下面程序的功能是，在输入的一批正整数中求出最大者，输入0时结束，请选择_____。
```
{ int a,max=0;
  scanf("%d",&a);
  while(____){
    if(max<a) max=a;
    scanf("%d",&a);
  }
  printf("%d",max);
}
```
    A. a==0　　　　B. a　　　　C. !a==1　　　　D. !a

（10）下面程序的运行结果是_____。
```
#include<stdio.h>
main()
```

```
{ int y=10;
  do {y--;}while(--y);
  printf("%d\n",--y);}
```
  A．-1   B．1   C．8   D．-8

（11）下面程序的运行结果是_____。
```
#include<stdio.h>
main()
{ int a=1,b=10;
  do
  {b-=a;a++;}while(b--<0);
  printf("a=%d,b=%d\n",a,b);
}
```
  A．a=3,b=11 B．a=2,b=8 C．a=1,b=-1 D．a=4,b=9

（12）以下 for 语句_____。
```
for(x=0,y=0;(y=123)&&(x<4);x++);
```
  A．无限循环 B．循环次数不定 C．循环 4 次 D．循环 3 次

（13）下列程序段不是死循环的是_____。

  A．int I=100; while(1){I=I%100+1;if(I>100)break;}

  B．for(;;)

  C．int k=0;do{++k;}while(k>=0);

  D．int s=36; while(s); --s;

（14）执行语句 for(I=1;I++<4;);后变量 I 的值是_____。

  A．3   B．4   C．5   D．不定

2．填空题

（1）求两个正整数的最大公约数，请填空。
```
#include<stdio.h>
main()
{
  int r,m,n;
  scanf("%d %d",&m,&n);
  if(m<n) _____;
  r=m%n;
  while(r) { m=n;n=r;r=_____; }
  printf("%d\n",n);
}
```

（2）下面程序段中循环体执行的次数是_____。
```
a=10;
b=0;
do{b+=2; a-=2+b;}
while(a>=0)
```

（3）下面程序段的运行结果是_____。
```
i=1;a=0;s=1;
do{a=a+s*i;s=-s;i++;}while(i<=10);
printf("a=%d",a);
```

（4）下面程序的功能是，用 do-while 语句求 1～1000 满足"用 3 除余 2；用 5 除余 3；用 7 除余 2"的数，且一行只输出 5 个数，请填空。
```
#include<stdio.h>
main()
{
  int i=1,j=0;
  do{
    if(_____)
```

```
        {
            printf ("%d",i)
            j=j+1;
            if(_____)printf ("\n");
        }
        i=i+1;
    }while(i<1000);
}
```

（5）用 0~9 中不同的三个数构成一个三位数，下面程序统计共有多少种方法，请填空。
```
#include<stdio.h>
main()
{
    int i,j,k,count=0;
    for(i=1;i<=9;i++)
        for(j=0;j<=9;j++)
            if(_____)continue;
            else for(k=0;k<=9;k++)
                    if(_____)count ++;
    printf("%d",count);
}
```

（6）下面程序的功能是，从 3 个红球，5 个白球，6 个黑球中任意取出 8 个球，且其中必须有白球，输出所有可能的方案，请填空。
```
#include<stdio.h>
main()
{
    int i,j,k;
    printf("\n 红球 白球 黑球 \n");
    for(i=0;i<=3;i++)
        for(_____; j<=5;j++)
        {
            k=s-i-j;
            if(_____)printf("%3d %3d %3d \n",i,j,k)
        }
}
```

（7）下面程序的运行结果是_____。
```
i=1; s=3;
do{
    s+=i++;
    if(s%7==0)continue;
    else ++i;
}while(s<15);
printf("%d",i);
```

（8）下面程序的功能是，计算 100~1000 中有多少个数其各位数字之和是 5，请填空。
```
#include<stdio.h>
main()
{
    int i,s,k,count=0;
    for(i=100;i<=1000;i++)
    {
        s=0;k=i;
        while(_____){s=s+k%10;k=_____;}
        if (s!=5) _____;
        else count++;
    }
}
```

3. 编程题

（1）编程实现对键盘输入的英文名进行加密。加密方法是，当内容为英文字母时，用其在 26 个字母中所在位置的后三个位置的字母代替该字母，若为其他字符时，则不变。

（2）编程实现将任意的十进制整数转换成 R 进制数（R 为 2～16）。

（3）编程实现从键盘输入一个指定金额（以元为单位，如 345.78），然后显示支付该金额的各种面额人民币数量，要求显示 100 元、50 元、10 元、5 元、2 元、1 元、5 角、1 角、5 分、1 分各多少张（输出面额最大值，如 345.78=100*3+10*4+5*1+0.5*1+0.1*2+0.01*8）。

（4）编程实现将随机产生 20 个[10,50]的正整数存放到数组中，并求数组中所有元素的最大值、最小值、平均值及各元素之和。

（5）试编程判断输入的正整数是否既是 5 又是 7 的整倍数，若是 s 则输出 yes，否则输出 no。

（6）编程实现用户从键盘输入一行字符，分别统计出其英文字母和数字字符的个数（不记回车符）。

（7）编程实现在一个已知的字符串中查找最长单词，假定字符串中只含字母和空格，空格用来分隔不同单词。

（8）编程实现模拟 n 个人参加选举的过程，并输出选举结果。假设候选人有 4 人，分别用 A、B、C、D 表示，当选某候选人时直接输入其编号（编号由计算机随机产生），若输入的不是 A、B、C、D，则视为无效票，选举结束后按得票数从高到低输出候选人编号和所得票数。

（9）任何一个自然数 m 的立方均可写成 m 个连续奇数之和，例如：

1^3=1

2^3=3+5

3^3=7+9+11

4^3=13+15+17+19

编程实现输入一个自然数 n，求组成 n^3 的 n 个连续奇数。

（10）分别编写程序，并输出以下图案。

① a
    a b
    a b c
    …
    a b … z

② 1
    234
    56789
    0123456
    789012345
    6789012345

第6章 数 组

在程序设计过程中，经常会遇到对一组类似数据进行处理的情况。如果采用简单变量存放这些数据，再进行处理，会十分烦琐。此时把相同类型的数据按有序的形式组织成如 S[1]、S[2]、S[3]……的形式，通过循环语句访问和处理数据，可以简化编程、提高效率。这些相同类型数据的有序集合称为数组。

本章将介绍C语言中定义和使用一维数组、多维数组、字符数组的方法。

6.1 一维数组

6.1.1 一维数组的定义

一维数组指由一个下标来确定数组元素的数组，其定义方式为

```
类型说明符 数组名 [常量表达式];
```

例如，int c[10];表示定义一个整型数组，数组名为c，包含10个数组元素。

注意：

（1）类型说明符可以是int、char等基本数据类型或构造数据类型，它表示这些数组元素的数据类型。

（2）数组名的命名规则与变量名相同。

（3）常量表达式表示数组元素的个数，即数组长度，如定义一维数组 int c[10]，表示c数组中有10个元素，它们是c[0]、c[1]、c[2]、c[3]、c[4]、c[5]、c[6]、c[7]、c[8]、c[9]。

（4）常量表达式中可以包括数值常量、字符常量和符号常量，但不能包含变量。即在C语言中不允许定义动态数组，数组的大小（元素个数）在定义时即确定。下面定义数组就是错误的。

```
int n;
scanf("%d",&n);    /*运行程序时输入数组的大小*/
int c[n];
```

6.1.2 一维数组元素的引用

定义数组之后，就可以使用该数组的数组元素。数组元素的使用如同基本变量一样，C语言规定只能逐个引用数组元素而不能一次引用整个数组。

数组元素的表示形式为

```
数组名[下标]
```

其中，下标指明该元素在数组中的位置，可以是整型的常量、变量或表达式。例如：

```
int c[10];
c[9]=c[4]+c[n*0];
```

注意： 定义数组时的"数组名 [常量表达式]"和引用数组元素时的"数组名 [下标]"的区别。

```
int c[10];     /* 定义数组的长度为10 */
m=c[5];        /* 将数组的第6个元素赋值给变量m */
```

【例 6.1】 有一个整型数组，计算其中正数的和以及正数的平均值。

程序分析：循环判断数组中的每个元素，若为大于 0 的正数，则累加，并计数。正数平均值=正数和/正数的个数。

参考程序如下：
```c
#include <stdio.h>
void main ()
{
  int a[10]={15,-20,30,70,-60,88,90,17,-10,46};
  int sum,aver,num,i;
  num=0;sum=0;
  for(i=0;i<10;i++)
  if(a[i]>0)
  {
    num++;
    sum+=a[i];
  }
  if (num!=0)
    aver=sum/num;
  else
    aver=0;
  printf("sum=%d,average=%d\n",sum,aver);
}
```

程序运行情况：
```
sum=356, average=50
```

注意：C 语言中并不会自动检测元素的下标是否越界，因此在编写程序时由设计者来确保元素的正确引用，以免因下标越界而破坏其他存储单元中的数据。

关于可变长数组（VLA）的问题，原来的 C89 标准中是不允许可变长数组出现的。在 C99 标准中，加入了对 VLA 的支持，但是支持的编译器不多。由于存在栈溢出的安全风险问题，因此没有太多的人敢用这个可变长数组，所以在 C11 标准中又把它规定为可选实现的功能。

6.1.3 一维数组的初始化

C 语言中除可用赋值语句或输入语句对数组元素赋值外，还可以在定义数组时给数组元素赋初值，其形式有如下三种。

（1）对全部或部分元素赋初值

全部初始化：
```c
int c[10] = {0,1,2,3,4,5,6,7,8,9};
```
将数组元素的初值依次放在花括号内。上述定义和初始化的结果为
```
c[0]=0, c[1]=1, c[2]=2, c[3]=3, c[4]=4, c[5]=5, c[6]=6, c[7]=7, c[8]=8, c[9]=9
```
部分元素初始化：
```c
int c[10] = {0,1,2,3,4};
```
仅前 5 个元素赋初值，后 5 个元素由于未指定初值，故自动取 0。

（2）全部元素均初始化为 0
```c
int c[10] = {0,0,0,0,0,0,0,0,0,0};
```
或
```c
int c[10] = {0};
```
而不能写成 Fortran 语言的 int c[10] = {0*10} 形式。

（3）在对全部数组元素赋初值时，可以不指定数组长度

例如：

```
int c[10]={0,1,2,3,4,5,6,7,8,9};
```
可以写成：
```
int c[]={0,1,2,3,4,5,6,7,8,9};
```
系统会将此数组的长度自动定义为 10。

6.1.4 一维数组应用举例

【例 6.2】 用数组求出 Fibonacci 数列的前 20 项，并输出。

$$Fib[i]=\begin{cases} 1 & i=0 \\ 1 & i=1 \\ Fib[i-1]+Fib[i-2] & i>1 \end{cases}$$

程序分析：根据 Fibonacci 数列的形成规律，某个元素等于其相邻前两个元素的和，所以利用一维数组存放和计算比较简单。Fib[i]存放数组的第 i 个元素，Fib[0]=1，Fib[1]=1，之后 Fib[i]=Fib[i-1]+Fib[i-2]，循环变量 i 为 2～20。

参考程序如下：
```c
#include <stdio.h>
void main()
{   int i;
    int f[20]={1,1};                    /*f[0]、f[1]已知*/
    for(i=2; i<20; i++)
       f[i] = f[i-1] + f[i-2];
    for(i=0; i<20; i++)
    {  if (i%5 == 0) printf("\n");      /*每行输出5项*/
       printf("%12d",f[i]);
    }
}
```
程序运行情况：

1	1	2	3	5
8	13	21	34	55
89	144	233	377	610
987	1597	2584	4181	6765

【例 6.3】 用选择法对 a 数组的 10 个数组元素从小到大进行排序。

程序分析：选择法排序的思想是，先将 a[0]与其后面所有的元素依次比较，使 a[0]最小，比较的过程中若后面的元素小，则进行交换；再将 a[1]与其后面所有的元素依次比较，使 a[1]为 a[1]～a[9]中最小的；依次进行，直到 a[8]与其后面的 a[9]比较，使 a[8]为 a[8]～a[9]中最小的。这样 10 个数组元素选取 9 个小的数据，即实现了由小到大的排序。

参考程序如下：
```c
#include <stdio.h>
void main()
{   int  i,j,m,a[10];
    for (i=0;i<10;i++)
      scanf("%d",&a[i]);                /* 给数组元素赋值 */
    for(i=0;i<9;i++)                    /* 排序 */
      for(j=i+1;j<10;j++)
          if(a[j]<a[i])
          { m=a[j];a[j]=a[i];a[i]=m;}   /*交换 */
    for(i=0;i<10;i++)
      printf("%5d",a[i]);               /* 输出数组元素 */
}
```
5 个元素选择法的排序过程如图 6-1 所示。

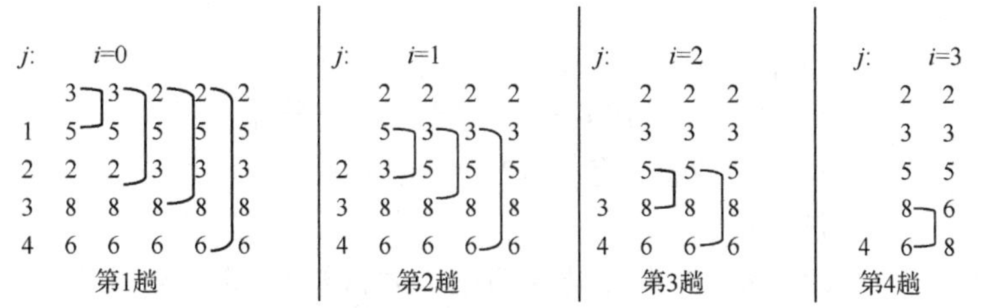

图 6-1 5 个元素选择法的排序过程

【例 6.4】 有 n 个整数，使其前面各数顺序向后移 m 个位置，将最后 m 个数变成最前面的。

参考程序如下：

```c
#include <stdio.h>
void main ()
{
    int number[20],n,m,i;
    printf("the total numbers is:");
    scanf("%d",&n);
    if (n>20)
      return ;
    printf("back m:");
    scanf("%d",&m);
    if(m>n)
        return;
    for(i=0;i<n;i++)
        scanf("%d",&number[i]);
    int p,array_end;
    for(;m>0;m--)
    {
        array_end=number[n-1];
        for(p=n-1;p>0;p--)
            number[p]=number[p-1];
        number[0]=array_end;
    }
    for(i=0;i<n;i++)
    {
        printf("%d ",number[i]);
    }
}
```

程序运行情况：

```
The total numbers is 5
Back m:2
1 2 3 4 5
4 5 1 2 3
```

6.2 多维数组

数组的下标可以有多个，即多维数组。下面重点介绍二维数组的内容。

6.2.1 二维数组的定义

二维数组指带两个下标的数组，在逻辑上可以将二维数组视为一个几行几列的表格或矩

阵，它的定义方式为

类型说明符 数组名 [常量表达式1] [常量表达式2];

例如，int b[3][4];表示定义了一个整型二维数组 b，它是一个 3×4（3 行 4 列）的数组，包含 12 个数组元素。

注意：

（1）两个下标不能在同一个方括号内，即不能写成 int b[3,4]; 的形式。

（2）C 语言规定，二维数组的元素在内存中按行顺序存放，即在内存中先存放第 1 行的元素，再存放第 2 行的元素，直到最后一行，如图 6-2 所示。

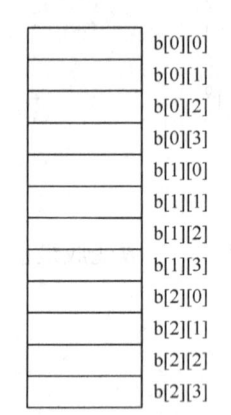

```
b[0][0]
b[0][1]
b[0][2]
b[0][3]
b[1][0]
b[1][1]
b[1][2]
b[1][3]
b[2][0]
b[2][1]
b[2][2]
b[2][3]
```

图 6-2　二维数组在内存中的存储形式

（3）二维数组可以视为一种特殊的一维数组，它的元素又是一个一维数组。如上述的 b 数组，它有 3 个数组元素 b[0]、b[1]、b[2]，每个元素又是包含 4 个数组元素的一维数组，如图 6-3 所示。

多维数组的定义如同二维数组，它带有多个下标。例如，定义三维数组 int b[3][4][5];，它含有 3×4×5=60 个整型数组元素。多维数组的存放仍然按照行优先的顺序存放。

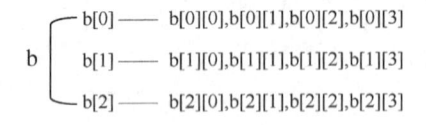

$$b\begin{cases} b[0] —— b[0][0],b[0][1],b[0][2],b[0][3] \\ b[1] —— b[1][0],b[1][1],b[1][2],b[1][3] \\ b[2] —— b[2][0],b[2][1],b[2][2],b[2][3] \end{cases}$$

图 6-3　二维数组可理解为特殊的一维数组

6.2.2　二维数组元素的引用

二维数组元素的引用与一维数组相似，也只能逐个引用，其引用形式为

数组名[下标1][下标2]

例如，在 6.2.1 节定义的 b 数组中，b[2][3]是该二维数组的最后一个数组元素。下标是整型表达式（整型常量、整型变量）。

二维数组元素和同类型的简单变量一样，可以参与相应的运算，例如：

```
b[2][3]=32767;              /*数组元素被赋值*/
b[2][3]=b[2][0]+b[i][j];    /*数组元素参与运算*/
printf("%5d",b[2][3]);      /*输出数组元素的值*/
```

在引用数组元素时注意下标的越界问题。例如：

```
int b[3][4];                /* 定义3行4列的二维数组b */
```

如果引用数组元素 b[3][4]，则越界。按照以上内容定义 b 数组行下标的范围为 0~2，列下标的范围为 0~3。

假设有一个 $m×n$ 的二维数组 a，引用数组元素 $a[i][j]$ 实质上是从数组 a 的首地址后移（$i×n+j$）个元素即可找到。数组元素 $a[i][j]$ 前面有 i 行，共 $i×n$ 个元素；$a[i][j]$ 所在的行中前面有 j 个元素，因此数组 a 中 $a[i][j]$ 前面共有 $i×n+j$ 个元素，那么 $a[i][j]$ 就是第 $i×n+j+1$ 个元素了。因为下标从 0 算起，所以 $a[i][j]$ 是首地址后移 $i×n+j$ 个元素。

6.2.3　二维数组的初始化

1．分行赋初值

例如：

```
int b[3][4] = {{1,2,3,4},{5,6,7,8},{9,10,11,12}};
```

把第 1 个花括号内的数据赋予第 1 行，第 2 个花括号内的数据赋予第 2 行，依此进行，如下所示：

$$\begin{bmatrix} 1 & 2 & 3 & 4 \\ 5 & 6 & 7 & 8 \\ 9 & 10 & 11 & 12 \end{bmatrix}$$

2．全部数组元素赋初值可写在一个花括号内

例如：
```
int b[3][4] = {1,2,3,4,5,6,7,8,9,10,11,12};
```
与第 1 种方法的结果一样，但第 1 种方法的结果直观明了，第 2 种方法的结果则界限不清，容易漏掉数据。

3．部分元素赋初值

例如：
```
int b[3][4] = {{1},{11},{21,22}};
```
仅对 a[0][0]、a[1][0]、a[2][0]、a[2][1]赋值，编译器自动为未赋值的数组元素指定初值 0，如下所示：

$$\begin{bmatrix} 1 & 0 & 0 & 0 \\ 11 & 0 & 0 & 0 \\ 21 & 22 & 0 & 0 \end{bmatrix}$$

4．如果对全部元素赋初值，则第一维数组的长度可以不指定，但必须指定第二维数组的长度

例如：
```
int a[3][4]={1,2,3,4,5,6,7,8,9,10,11,12};
```
与下面定义等价：
```
int a[ ][4]={1,2,3,4,5,6,7,8,9,10,11,12};
```
这样编译系统会根据数据总个数和第 2 维数组的长度自动算出第 1 维数组的长度。数组有 12 个元素，第 2 维数组的长度为 4，从而可以确定第 1 维数组的长度为 3。

6.2.4 二维数组应用举例

【例 6.5】 编程将矩阵 *A* 转置后存到矩阵 *B* 中。

程序分析：已知将矩阵存到二维数组 *a* 中，其转置矩阵存到二维数组 *b* 中，*a* 数组中的第 *i* 行转置后成为 *b* 数组的第 *i* 列。

参考程序如下：
```
#include <stdio.h>
#define M 2
#define N 3
void main()
{
  int a[M][N]={{1,2,3},{4,5,6}},b[N][M];
  int i,j;
  printf("array a:\n");    /*输出 a 数组*/
  for(i=0;i<M;i++)
  {
    for(j=0;j<N;j++)
    {
      printf("%5d",a[i][j]);
      b[j][i]=a[i][j];      /*a 数组转置到 b 数组*/
    }
```

```
            printf("\n");
        }
    printf("array b:\n");      /*输出b数组*/
    for(i=0;i<N;i++)
        {
            for(j=0;j<M;j++)
            {
                printf("%5d",b[i][j]);
            }
            printf("\n");
        }
}
```

程序运行情况:
```
array a:
    1    2    3
    4    5    6
array b:
    1    4
    2    5
    3    6
```

【例6.6】 输出如下所示的杨辉三角。
```
    1
    1    1
    1    2    1
    1    3    3    1
    1    4    6    4    1
    1    5   10   10    5    1
```

程序分析: 每行首列元素与对角线元素的值为1,其余元素的值等于上一行同列元素与上一行前一列元素的和,并且每行元素个数递增1。

定义一个6×6的二维整型数组,用来存放杨辉三角的各个元素。先对每行首列及对角线元素赋值为1,行号从0到5;再对其余元素赋值,行号从2,列号从1起,$a[i][j]=a[i-1][j-1]+a[i-1][j]$,最后输出该数组左下角的元素。

参考程序如下:
```c
#include <stdio.h>
#define n 6
void main()
{
    int a[n][n];
    int i,j;
    for(i=0;i<n;i++)
    {
        a[i][0]=1;
        a[i][i]=1;
    }
    for(i=2;i<n;i++)
        for(j=1;j<i;j++)
            a[i][j]=a[i-1][j-1]+a[i-1][j];
    for (i=0;i<n;i++)
    {
        for(j=0;j<=i;j++)
            printf("%5d",a[i][j]);
        printf("\n");
    }
}
```

【例 6.7】 求出二维数组的各行元素最大值之和。

程序分析： 数组中行下标相同的元素之和称为行和，各行中最大值为最大行和。

参考程序如下：

```c
#include <stdio.h>
void main()
{
   int a[][4]={23,14,563,657,54,95,-98,0,99,108,777,10};
   int b[3],i,j,rowmax;
   int sum=0;
   for(i=0;i<3;i++)
   {
      rowmax=a[i][0];
      for(j=1;j<4;j++)
         if(a[i][j]>rowmax)rowmax=a[i][j];
         b[i]=rowmax;
   }
   printf("二维数组 a:\n");
   for(i=0;i<3;i++)
   {
      for(j=0;j<4;j++)
         printf("%5d",a[i][j]);
      printf("\n");
   }
   printf("各行元素最大值数组 b:\n");
   for (i=0;i<3;i++)
   {
      printf("%5d",b[i]);
      sum+=sum+b[i];
   }
   printf("\nthe sum is:%5d",sum);
   printf("\n");
}
```

程序运行情况：

```
二维数组 a:
   23    14   563   657
   54    95   -98     0
   99   108   777    10
各行元素最大值数组 b:
  657    95   777
The sum is 3595
```

多维数组的使用较少见，这里不再赘述。

6.3 字符数组

字符数组是用来存放字符型数据的数组。其类型为 char，一个数组元素只能用来存放一个字符。

6.3.1 字符数组的定义

字符数组的定义方法与数值型数组的定义方法相同，例如：

```c
char a[20],b[10];
```

定义了两个一维数组 a 和 b，其中字符数组 a 包含 20 个元素（字符），字符数组 b 包含 10 个元素（字符）。一维字符数组一般用来存放字符串，例如：
```
b[0]='I'; b[1]=' '; b[2]='a'; b[3]='m'; b[4]=' '; b[5]='h'; b[6]='a'; b[7]='p';
b[8]='p'; b[9]='y';
```
通过如上的赋值以后，b 数组的存储形式如图 6-4 所示。

b[0]	b[1]	b[2]	b[3]	b[4]	b[5]	b[6]	b[7]	b[8]	b[9]
I		a	m		h	a	p	p	y

图 6-4　字符数组在内存中的存储形式

由于在 C 语言中字符型与整型是通用的，因此也可以定义一个整型数组来存放字符数据，例如：
```
int  b[10];
b[0]='a';
```
同样也可以定义二维字符数组，例如：
```
char  string1[10][50];
```
在使用时，二维字符数组可以看成是由一维字符数组组成的数组，即二维字符数组中的每一个元素都是一个一维字符数组。在处理字符串数据时，就应用了这样的思想，由于一维字符数组可以用来存放一个字符串，所以二维字符数组就可以看成是存放字符串的一维数组。

6.3.2　字符数组的初始化

字符数组的初始化有以下两种方法。
（1）对数组元素逐个赋初值
```
char b[10]={'I',' ','a','m',' ','h','a','p','p','y'};
```
把 10 个字符分别赋予 b[0]~b[9]10 个元素。如果初值个数多于数组长度，则按语法错误处理；如果初值个数少于数组长度，则未取到初值的数组元素自动赋空字符（\0），例如：
```
char c[14] = {'I',' ','a','m',' ','h','a','p','p','y'};
```
其存储形式如图 6-5 所示。

c[0]	c[1]	c[2]	c[3]	c[4]	c[5]	c[6]	c[7]	c[8]	c[9]	c[10]	c[11]	c[12]	c[13]
I		a	m		h	a	p	p	y	\0	\0	\0	\0

图 6-5　字符数组的存储形式

（2）用字符串初始化

字符串在存储时，系统会自动在其后加上字符串结束标志"\0"（占 1 字节，其值为二进制数），例如：
```
char c[] = {"I am happy"};
```
或
```
char c[] = "I am happy";
char c[11] = "I am happy";
```
其存储形式如图 6-6 所示。

c[0]	c[1]	c[2]	c[3]	c[4]	c[5]	c[6]	c[7]	c[8]	c[9]	c[10]
I		a	m		h	a	p	p	y	\0

图 6-6　字符数组的存储形式

可见用字符串初始化时，数组的长度可以省略，花括号也可以省略。存储长度为"字符串中字符个数+1"，字符串结束标志"\0"占 1 字节。

6.3.3 字符串与字符串结束标志

C 语言中，字符串常量用双引号括起来，没有字符串变量，作为字符数组来处理。例如，char c[14] = "I am happy"字符串中的字符逐个存到数组元素中，数组的长度为 14，字符串的长度为 10。为了测定字符串的实际长度，C 语言规定了一个"字符串结束标志"，以字符"\0"作为标志。上述数组的 c[0]~c[9]中存放字符串"I am happy"，系统自动在字符串常量后加上字符串结束标志"\0"，存放在 c[10]中，表示字符串结束；c[11]~c[13]中未赋初值，自动取值"\0"。

有了字符串结束标志"\0"，字符数组的长度就显得不那么重要了。在程序中往往依靠检测字符串结束标志"\0"来判断字符串是否结束，而不再依靠字符数组的长度了。但在定义字符数组时其长度应大于或等于字符串的实际长度。

字符串结束标志"\0"的 ASCII 码值为 0，是一个空操作符，什么也不显示。用它作为字符串的结束标志不会产生附加的操作或增加有效字符，其只是一个标志。

注意：字符数组并不要求它的最后一个字符为"\0"，甚至可以不包含"\0"。

例如：
```
char c[] = {'C','h','i','n','a'};
```
数组 c 的长度为 5，包含 5 个字符。
```
char c[ ] = "China";
```
数组 c 的长度为 6，包含 5 个字符和一个字符串结束标志"\0"。

是否需要加入"\0"，完全根据需要决定。由于系统会对字符串常量自动添加结束的标志，因此为使处理方便，可在初始化时人为加入一个"\0"，例如：
```
char c[] = {'C','h','i','n','a','\0'};
```

6.3.4 字符数组的引用与输入/输出

字符数组的引用即字符数组元素的引用，如同字符型变量的使用，常出现在赋值语句或输入/输出语句中，例如：
```
char c[5];
c[0]= 'C';
c[4]=c[2]+5;
for(i=0;i<5;i++)
  c[i]='a'+i;
for(i=0;i<5;i++)
  printf("c[%d] =%c",i,c[i]);
```

通过 for 语句循环对字符数组元素逐个赋值或输出，也可以采用"%s"将整个字符串输出，输出遇到"\0"时即停止，例如：
```
char c[ ] = "China";
printf("%s",c);
```

注意：

（1）输出的字符不包含"\0"。

（2）用"%s"格式输出字符串时，printf 中的输出项只能是数组名，不能是数组元素。数组名代表数组的首地址，输出时从首地址开始输出，直到"\0"结束。

（3）如果一个字符串包含多个"\0"，应在遇到第 1 个"\0"时结束输出。

（4）可以用 scanf()输入一个字符串，例如：
```
char c[6];
scanf("%s",c);
scanf()的输入项 c 是一个已经定义的字符数组名，输入的字符串应该短于定义的长度
China↙    (输入 China 并按 Enter 键)
```

系统自动加一个"\0"。如果利用 scanf()输入多个字符串，则以空格或按 Enter 键标记结束。例如：
```
char a1[4],a2[5],a3[5];
scanf("%s%s%s",a1,a2,a3);
```
执行上面的输入语句时，若输入"How are you?"，则 a1 中存放的是"How"，a2 中存放的是"are"，a3 中存放的是"you?"。

如果改为
```
car a1[14];
scanf("%s",a1);
```
运行时输入"How are you?"，则 a1 中存放的是"How"，由于遇到空格字符串而结束。

注意：scanf()中的输入项如果是数组名，则不加取地址符号"&"，因为 C 语言中数组名代表数组的起始地址，例如：
```
scanf("%s",&a1);
```
是错误的。

（5）二维数组可当作一维数组来处理，因此，一个二维数组可存储多个字符串。当二维数组输入/输出多个字符串时，可用循环语句来完成，例如：
```
char str[5][10];
for(i=0;i<5;i++)
   scanf("%s",str[i]);
for(i=0;i<5;i++)
   printf("%s",str[i]);
```

6.3.5 字符串处理函数

C 语言的函数库中提供了一些用来处理字符串的函数，经常与字符数组结合起来使用。下面介绍 8 种常用的函数。

1．gets 函数

其一般形式为
```
gets(字符数组)
```
功能：从终端输入一个字符串到字符数组中，返回该数组的起始地址。

例如：
```
char str[20];
gets(str);
```
从键盘输入：
```
Welcome↙   （输入 Welcome 并按 Enter 键）
```
将字符串"Welcome"输入字符数组 str 中，注意最后一个字符"e"后面的单元将存放字符串结束标志"\0"，但它并不是字符串的组成部分。函数值为字符数组 str 的首地址。一般利用 gets 函数的目的是向字符数组输入一个字符串，而并不关心其函数值。

gets 函数输入的字符串可以包含空格，从第 1 个字符到回车符的所有字符都存到该字符数组中，例如：
```
#include <stdio.h>
#include <string.h>
void main()
{ char str1[20],str2[20];
  gets(str1);
  scanf("%s",str2);
  printf("%s\n%s\n",str1,str2);
}
```
运行时从键盘输入：

```
how are you?↙    (输入 how are you?并按 Enter 键)
do you best?↙   (输入 do you best?并按 Enter 键)
```
程序运行情况：
```
how are you?
do
```

2. puts 函数

其一般形式为
```
puts(字符串或字符数组)
```
功能：将一个字符串或一个字符数组中存放的字符串（以"\0"结束的字符序列）输出到终端。

例如：
```
char str[20];
puts("Input a string:");
gets(str);
puts("The string is:");
puts(str);
```

程序运行情况：
```
Input a string:
Welcome↙    (输入 Welcome 并按 Enter 键)
The string is:
Welcome
```

puts 函数可以输出字符串常量，字符串中可包含转义字符，也可输出字符数组中的字符串，输出后进行换行。

3. strcpy 函数

其一般形式为
```
strcpy(字符数组1,字符串2)
```
功能：将第 2 个字符串或字符数组赋值到第 1 个字符数组中，包括赋值串后的字符串结束标志"\0"。

例如：
```
char str1[10],str2[10]="China";
strcpy(str1, str2);
```

str1 中存放的也是"China"。

strcpy 函数用于复制字符串数据，因为对一个字符数组赋值不能使用赋值运算符"="。例如：
```
str1="China";
```
或
```
str1=str2;
```
都是错误的赋值形式，如果要用赋值运算符，只能对字符数组的元素逐个赋值，例如：
```
str1[0]='C';  str1[1]='h';  str1[2]='i';
str1[3]='n';  str1[4]='a';  str1[5]='\0';
```

注意：<字符数组1>的长度要大于或等于<字符串2>的长度，才能容纳下被赋值的字符串。

4. strcat 函数

其一般形式为
```
strcat(字符数组1,字符串2)
```
功能：将字符串 2 连接到字符数组 1 的字符串后面，并返回字符数组 1 的起始地址。字符串 2 可以是字符数组或字符串常量。

例如：
```
char str1[20],str2[10];
printf("str1 :");
```

133

```
        gets(str1);
        printf("str2 :");
        gets(str2);
        strcat(str1,str2);
        printf("str1 :%s",str1);
```
程序运行情况：
```
str1 :Good ✓      (输入 Good 并按 Enter 键)
str2 :morning!✓   (输入 morning!并按 Enter 键)
str1 :Good morning!
```
注意： 字符数组 1 的长度应该足以连接字符串 2，否则会发生越界错误。在连接时，将字符数组 1 中的字符串结束标志 "\0" 去掉，将字符串 2 的每个字符依次连接字符串 1 的末尾字符后，在新字符串的末尾再加上字符串结束标志 "\0"。

5. strcmp 函数

其一般形式为
```
strcmp(字符串1,字符串2)
```
功能：将字符串 1 和字符串 2 进行大小比较。当两个字符串相同时，返回 0；当字符串 1 大于字符串 2 时，返回一个正整数；当字符串 1 小于字符串 2 时，返回一个负整数。

字符串的比较是从各自第 1 个字符开始逐字符比较的，按字符的 ASCII 码值大小进行。前面的对应字符相同，则继续往后比较，直到遇上第 1 对不同的字符，以这对字符的大小作为字符串比较的结果。字符串 1 和字符串 2 可以是字符数组或字符串常量。

例如：
```
printf("%d,",strcmp("abc","abd"));
printf("%d,",strcmp("abcd","abc"));
printf("%d",strcmp("abc","abc"));
```
程序运行情况：
```
-1,1,0
```
因为 "abc" < "abd"，所以 strcmp("abc","abd") 返回负整数-1；因为 "abcd" > "abc"，所以 strcmp("abcd","abc") 返回正整数；而 "abc" 自己与自己相等，所以 strcmp("abc","abc") 返回 0。

注意： 在程序中，常通过对 strcmp 函数的返回值进行判断，来确定两个字符串的大小，因此，strcmp 函数经常出现在条件判断表达式中。进行字符串的比较不能使用关系运算符，只能使用 strcmp 函数。

6. strlen 函数

其一般形式为
```
strlen(字符串)
```
功能：返回字符串的实际长度，即字符串中包含的字符个数，不包括字符串结束标志 "\0"。字符串可以是字符数组也可以是字符串常量。

例如：
```
char str[20];
gets(str);
printf("Length of \"%s\"is %d\n",str,strlen(str));
printf("Length of \"%s\"is %d","abcdefgh",strlen("abcdefgh"));
```
程序运行情况：
```
Welcome to China!✓    (输入 Welcome to China!并按 Enter 键)
Length of "Welcome to China!"is 17
Length of "abcdefgh" is 8
```
注意： 输出双引号时采用了转义字符的表达方式。

7. strlwr 函数

其一般形式为

strlwr(字符串)

功能：将指定字符串中的大写字母转换成小写字母并返回。字符串可以是字符数组或字符串常量。

例如：
```
char str[20];
gets(str);
printf("%s\n",strlwr(str));
printf("%s",strlwr("ABCD"));
```

程序运行情况：
ASCII↙ (输入 ASCII 并按 Enter 键)
ascii
abcd

8. strupr 函数
其一般形式为
strupr(字符串)

功能：将指定字符串中的小写字母转换成大写字母并返回。字符串可以是字符数组或字符串常量。

例如：
```
char str[20];
gets(str);
printf("%s\n",strupr(str));
printf("%s\n",strupr("abcd"));
```

程序运行情况：
Ascii↙ (输入 Ascii 并按 Enter 键)
ASCII
ABCD

6.3.6 字符数组应用举例

【例 6.8】 利用字符数组格式的字符串变量将字符串倒序排列。

参考程序如下：
```
#include <stdio.h>
void main()
{
  char ch,str[]="The c programming language!";
  int i,n;
  n=sizeof(str)-1;
  for(i=0;i<n/2;i++)
  {
  ch=str[i];
  str[i]=str[n-i-1];
  str[n-i-1]=ch;
  }
  printf("%s\n",str);
}
```

程序运行情况：
!egaugnal gnimmargorp c ehT

程序说明：元素 s[i]和元素 s[n-i-1]是需要互换的一对，因此需要互换的元素对有 len/2 对，如果字符串的长度为奇数，中间的元素 s[1en/2]则不需要互换，因此在循环控制语句中循环变量 i 的值应从 0 到 1en/2-1。

当然也可以将互换循环的控制进行如下修改：

```
    for(i=0,j=n-1;i<=j;i++,j--)
    { ch=s[i];
      s[i]=s[j];
      s[j]=ch;
    }
```

循环控制变量 j 控制元素下标从最后一个字符开始往前移动，i 从第 1 个字符开始往后移动，s[i]与 s[j]互换，直到 i>j 时为止。

【例 6.9】 编写程序，实现 strcpy 函数的功能。

参考程序如下：

```
#include <stdio.h>
#include <string.h>
void main()
{
  char s1[20],s2[20];
  int i;
  printf("Input s2:   \n");
  gets(s2);                         /*输入字符串 s2*/
  for(i=0;s2[i]!='\0';i++)   /*复制*/
  {
    s1[i]=s2[i];
  }
  s1[i]='\0';
  printf("Output s1:   \n");
  puts(s1);                         /*输出字符串 s1*/
}
```

程序运行情况：

```
Input s2:
How are you? ✓ （输入此字符串并按 Enter 键）
Output s1:
How are you?
```

【例 6.10】 编写程序，求出三个字符串中的最大者。

程序分析：将三个字符串存放在二维字符数组 str 中，每一行存放一个字符串，如表 6-1 所示。可以把 str[0]、str[1]、str[2]看作三个一维字符数组，由 gets 函数读入三个字符串，将 strcmp 函数两两进行比较，把较大的存到 maxstring 字符数组中。

表 6-1 存放二维数组的字符串

str[0]:	C	h	i	n	a	\0	\0	\0	\0	\0	\0	\0	\0	\0	\0	\0	\0	\0
str[1]:	A	m	e	r	i	c	a	n	\0	\0	\0	\0	\0	\0	\0	\0	\0	\0
str[2]:	J	a	p	a	n	\0	\0	\0	\0	\0	\0	\0	\0	\0	\0	\0	\0	\0

参考程序如下：

```
#include <stdio.h>
#include <string.h>
void main()
{
  char str[3][18],maxstring[18];
  int i;
  for(i=0;i<3;i++)
    gets(str[i]);
  if (strcmp(str[0],str[1])>0)
    strcpy(maxstring,str[0]);
  else
    strcpy(maxstring,str[1]);
```

```
      if (strcmp(str[2],maxstring)>0)
         strcpy(maxstring,str[2]);
      printf("\n the max string is:%s\n",maxstring);
}
```

程序运行情况：

<u>China</u> ✓ （输入 China 并按 Enter 键）
<u>American</u> ✓ （输入 American 并按 Enter 键）
<u>Japan</u>✓ （输入 Japan 并按 Enter 键）

The max string is:Japan

6.4 数组应用举例

【例 6.11】 任意输入一个正整数，将其转换成字符串输出，例如，输入整数 10010202，输出字符串"10010202"，正整数位数不超过 10 位。

参考程序如下：

```
#include <stdio.h>
void main()
{
  long int n;
  int i,count=0;
  char temp,str[11];
  printf("\n Please input a number to convert:\n");
  scanf("%d",&n);
  while(n>0)
  {
     int t=n%10;
     if(t==0)str[count++]='0';
     else if(t==1)
     str[count++]='1';
     else if(t==2)
     str[count++]='2';
     else if(t==3)
     str[count++]='3';
     else if(t==4)
     str[count++]='4';
     else if(t==5)
     str[count++]='5';
     else if(t==6)
     str[count++]='6';
     else if(t==7)
     str[count++]='7';
     else if(t==8)
     str[count++]='8';
     else
     str[count++]='9';

    n=n/10;
  }
  printf("\n Convert the number to STRING:");
  for(i=0; i<count/2;i++)
  {
    temp=str[i];
    str[i]=str[count-i-1];
    str[count-i-1]=temp;
```

```
        str[count]='\0';
        puts(str);
}
```

程序运行情况：
```
Please input a number to convert:
10010202
Convert the number to STRING:10010202
```

程序说明： 首先要定义一个长整型变量 n 接收用户输入的整数，因为基本整型的正整数范围不能超过 32767，所以定义成 long 型。还要定义一个字符数组 str，存放从整数分解出来的每位数字字符，长度为 11。最多输入 10 位整数，还要剩余一个元素存储字符串结束标志。

然后将整数的每一位数字分解出来对应成字符，存储到字符数组 str 中。分解每位的方法是，先分解出个位数字，再通过 n=n/10 将整数的个位数去掉，准备分解十位数字，将变化后的 n 再去整除 10 取余，以此类推，则可以完成每位数字的分解，直到 n=0 时，停止分解，因此循环控制的条件是 n>0。

但是把个位数字逐一分解出来之后，如何把数字转换成对应的数字字符并赋值给字符数组的元素呢？可以采用多分支选择语句，根据 n%10 可能出现的 10 种取值，用多分支选择语句分别将各自对应的不同数字字符赋值给数组元素 str[count]，随后 count++为下一个数字字符写入数组奠定基础。也可以不采用多分支语句，而考虑数值与字符的对应关系，通过 str[count++]=t+'0'来实现。

【例 6.12】 求 4×4 的二维数组中值最大的元素，以及它所在的行号与列号，同时求出主、次对角线元素的和。

程序分析： 定义一个 4×4 的二维单精度数组 a，用数组元素逐一比较找出最大数，同时记录其所在的行号与列号。主对角线元素的特点是"行号=列号"，次对角线元素的特点是"行号+列号=4-1"。

参考程序如下：
```c
#include <stdio.h>
void main()
{
  float a[4][4]={{23,653,77.5,-89},{55,99.5,101,565},
          {140.5,145,123,98},{-78,78.5,665,120.5}};
  int row,col,i,j;
  float max,sum1,sum2;
  max= a[0][0];
  row=col=0;
  sum1=sum2=0;
  for(i=0;i<4;i++)
    for(j=0;j<4;j++)
    { if(a[i][j]>max)           /*找出最大值及其所在的行号与列号 */
       {
          max=a[i][j];
          row=i;
          col=j;
       }
      if(i==j)sum1+=a[i][j];           /*求主对角线元素的和*/
      if((i+j)==4-1)sum2+=a[i][j]; /*求次对角线元素的和*/
    }
  printf("最大值为：%f(%d,%d) \n",max,row,col);
  printf("主对角线元素的和: %f \n",sum1);
  printf("次对角线元素的和: %f \n",sum2);
}
```

程序运行情况：
最大值为:665.000000(3,2)
主对角线元素的和:389.000000
次对角线元素的和:102.000000

【例 6.13】 有一个已经排好序的数组。现输入一个数，要求按原来的规律将它插到数组中。

程序分析：先输出原来的数组元素，再输入要插入的数，从数组的最后开始比较，依次左移一个位置，找到插入的位置即可。

参考程序如下：

```
#include <stdio.h>
void main()
{
  int a[11]={1,4,6,9,13,16,19,28,40,100};
  int number,i;
  printf("插入前的顺序: ");
  for(i=0;i<10;i++)
     printf("%5d",a[i]);
  printf("\n");
  printf("插入的数为:");
  scanf("%d",&number);
  printf("\n");
  for(i=9;i>=0;i--)
     if(number>a[i])
     {  a[i+1]=number;break;}
     else
        a[i+1]=a[i];
  if(number<a[0])a[0]=number;
  printf("插入后的顺序: ");
  for(i=0;i<11;i++)
     printf("%5d",a[i]);
  printf("\n");
}
```

程序运行情况：
插入前的顺序:1   4   6   9   13   16   19   28   40 100
插入的数为:-5✓（输入-5 并按 Enter 键）
插入后的顺序: -5   1   4   6   9   13   16   19   28   40 100

6.5 编程实践

任务：多规格打印万年历

【问题描述】

设计程序实现多规格打印万年历，要求按以下打印规格：每一横排打印 x 个月，整数 x 可选取 1、2、3、4、6 共 5 个选项。

【问题分析与算法设计】

设置两个数组：一维数组放月份的天数，如 $m(8)=31$，即 8 月为 31 天；二维 d 数组存放日号，如 $d(3,24)=11$，即 3 月第 2 个星期的星期 4 为 11 日，其中 24 分解为数字 2 和数字 4，可以用二维数组存放三维信息。

输入年号 y，m 数组数据通过赋值完成，根据历法规定，平年 2 月为 28 天，若年号能被 4 整除且不能被 100 整除，或能被 400 整除，该年为闰年，2 月为 29 天，则必须把 $m(2)$ 改为 29。

同时，根据历法，设 y 年元旦是星期 w（取值为 0～6，其中 0 为星期日），整数 w 的计算公式为

$w=(y+[(y-1)/4]-[(y-1)/100]+[(y-1)/400])\%7$

其中[]为取整，元旦过后，每增一天 w 就增 1，当 $w=7$ 时改为 $w=0$ 即可。

设置三重循环 i、j、k 为 d 数组的 $d(i,j\times10+k)$ 赋值。i 为 1～12 表示月份号，j 为 1～6 表示每个月约定最多 6 个星期行；k 为 0～6 表示星期 k，从元旦的 $a=1$ 开始，每赋一个元素，a 就增 1，同时 $w=k+1$。当 $w=7$ 时，即改为 $w=0$（为星期日）。当 $a>m(j)$ 时，终止第 i 月的赋值操作。

输入格式参数 x（1,2,3,4,5,6），设置 4 重循环控制规格打印如下。

n 循环（n 为 1～12/x）：控制打印 12/x 段（每一段 x 个月）。

j 循环（j 为 1～6）：控制打印每月的 6 个星期行（6 行）。

i 循环（i 为 t～$t+x-1$）：控制打印每行 x 个月（从第 t 个月至 $t+x-1$ 个月，$t=x(n-1)+1$）。

k 循环（k 为 0～6）：控制打印每个星期的 7 天。

【代码实现】

```c
#include<stdio.h>
#define WEEK 7
void main()
{
    int a,i,j,n,k,t,w,x,y,z;
    j = 0;
    static int d[13][78]={0};
    int m[14]={0,31,28,31,30,31,30,31,31,30,31,30,31};
    char wst[]=" sun mon tue wed thu fri sta   ";
    printf("please entera year");
    scanf("%d",&y);
    if(y%4==0&&y%100!=0||y%400==0)m[2]=29;
    w=(y+(int)((y-1)/4)-(int)((y-1)/100)+(int)((y-1)/400))%7;
    k = w;
    for(i=1;i<=12;i++)
    {
        a=1;
        for(j=1;j<6;j++)
        {
            while(k<WEEK){
                k=k+1;
                d[i][j*10+k]=a;
                a=a+1;
                if(a>m[i])
                    break;
            }
            k %= 7;
            if(a>m[i])
                break;
        }
    }
    printf("intput x(1,2,3,4):");
    scanf("%d",&x);
    for(k=1;k<14*x/2;k++)
        printf(" ");
    printf("========%d========\n",y);
    for(n=1;n<12/x;n++)
    {
        t=x*(n-1)+1;
        printf("\n    ");
        for(z=1;z<=x;z++)
```

```
            {
                printf(" ");
                printf("%2d",t+z-1);
                for(k=1;k<=8;k++)
                    printf(" ");
            }
            printf("\n  ");
            for(z=1;z<=x;z++)
                printf(" %s",wst);
            for(j=1;j<=7;j++)
            {
                printf("\n");
                for(i=t;i<=t+x-1;i++)
                {
                    for(k=0;k<=7;k++)
                        if(d[i][j*10+k]==0)
                            printf("    ");
                        else
                            printf("%4d",d[i][j*10+k]);
                }
            }
        }
    }
}
```

6.6 知识扩展材料

"物以类聚，人以群分"（出自《战国策·齐策三》），用于比喻同类的事物常聚在一起，志同道合的人相聚成群，反之就分开。"聚类"已成为 C 语言中经典的问题处理方法。

6.6.1 聚类分析

在 C 语言中，数组属于构造数据类型。一个数组可以分解为多个数组元素，这些数组元素可以是基本数据类型或是构造类型。因此按数组元素的类型不同，数组又可分为数值数组、字符数组、指针数组、结构数组等各种类别。这样就方便一类数据的处理。

聚类分析指将物理或抽象对象的集合分组为由类似的对象组成的多个类的分析过程。它是一种重要的处理问题的方法。聚类与分类的不同在于，聚类所要求划分的类是未知的。聚类是一个把数据对象（观测）划分成多个组或簇的过程，使得簇内对象具有很高的相似性，但簇与簇之间的对象不相似。如为了商品精准营销对客户画像（细分）就是经典案例。

常见的聚类分析是一种基于距离的方法，如 K-means 方法。

6.6.2 相似性度量

聚类通常按照对象间的相似性进行分组，因此如何描述对象间相似性是聚类的重要问题。数据的类型不同，相似性的含义也不同。例如，对数值型数据而言，两个对象的相似度是指它们在欧氏空间中互相邻近的程度；而对分类型数据来说，两个对象的相似度与它们取值相同属性的个数有关。最经典的相似性度量方法有闵可夫斯基距离、曼哈顿距离、欧氏距离、夹角余弦距离等距离函数。

设对象点 $x_i = [x_{i1} \quad x_{i2} \quad \cdots \quad x_{in}]^T$，$y_i = [y_{i1} \quad y_{i2} \quad \cdots \quad y_{in}]^T$，参考点 $c = [c_1 \quad c_2 \quad \cdots \quad c_n]^T$ 均为 n 维向量，则 x_i 与参考对象 c 的闵可夫斯基距离定义为 $d_i = \sqrt[\lambda]{\sum_{k=1}^{n}|x_{ik} - c_k|^\lambda}$；曼哈顿距离

定义为 $d_i = \sum_{k=1}^{n}|x_{ik}-c_k|$；欧氏距离定义为 $d_i = \sqrt{\sum_{k=1}^{n}(x_{ik}-c_k)^2}$；$x_i$ 与 y_i 的夹角余弦距离定义为 $d_i = \cos\theta = \dfrac{\sum_{i=1}^{n}(x_i y_i)}{\sqrt{\sum_{i=1}^{n}x_i^2}\sqrt{\sum_{i=1}^{n}y_i^2}}$。

习题 6

1. 选择题

（1）以下对一维数组 a 的正确说明是_____。
　　A．char　a(10);　　　　　　　　　　B．int a[10];
　　C．int k=5,a[k];　　　　　　　　　　D．char a[ ]={'a 版','b','c'};

（2）以下对二维数组 a 不正确的说明是_____。
　　A．char　a[10][5];　　　　　　　　　B．int a[2][3];
　　C．int k=5,a[k][k-2];　　　　　　　　D．int a[3][4] = {{1},{5},{9}};

（3）若有说明"int a[10];"，则对 a 数组元素的正确引用是_____。
　　A．a[10]　　　B．a[3.5]　　　C．a(5)　　　D．a[10-10]

（4）执行下面的程序段后，变量 k 的值为_____。
```
int k=1,a[2];
a[0]=1;
k=a[k]*a[0];
```
　　A．0　　　B．1　　　C．2　　　D．不确定的值

（5）字符串"How are you?"在存储单元中占_____字节。
　　A．12　　　B．13　　　C．11　　　D．10

（6）以下程序的输出结果是_____。
　　A．1 5 9　　B．1 4 7　　C．3 5 7　　D．3 6 9
```
#include <stdio.h>
void main()
{ int i,x[3][3]={1,2,3,4,5,6,7,8,9};
    for(i=0;i<3;i++)
      printf("%4d",x[i][2-i]);
}
```

（7）有以下定义：
```
char a[10];
```
不能给数组 a 输入字符串的语句是_____。
　　A．gets(a)　　B．gets(a[0])　　C．gets(&a[0])　　D．gets(&a[1])

（8）以下语句的输出结果为_____。
```
printf("%d\n",strlen("\t\"\065\xff\n"));
```
　　A．5　　　　　　　　　　　　　B．14
　　C．8　　　　　　　　　　　　　D．输出项不合法，不能输出

（9）下列程序执行后的输出结果是_____。
```
#include <stdio.h>
#include <string.h>
void  main()
{ char c[2][4];
  strcpy(c,"you");
```

```
    strcpy(c[1],"me");
    c[0][3]='&';
    printf("%s\n",c);
}
```

  A．you&me   B．you   C．me   D．err

（10）调用 gets 函数和 puts 函数时，必须包含的头文件是_____。

  A．stdio.h   B．stdlib.h   C．define   D．string.h

2．填空题

（1）C 语言中，二维数组元素在内存中的存放顺序是_____。

（2）若有定义：

`double x[10];`

则 x 数组下标的下限是_____，上限是_____。

（3）设有"int x[3][4]={{1},{2},{3}};"，则 a[1][1]的值为_____。

（4）在内存中存储'a'占用_____字节，存储"a"占用_____字节。

（5）有如下定义"char a[]="Ab\123\\%%";"，则执行语句"printf("%d",strlen(a));"的结果为_____。

（6）gets 函数与 scanf 函数在输入字符串时的区别是_____。

（7）字符串常量不能直接赋值给字符数组，但可以通过_____函数来实现。

（8）以下程序段的功能是，通过键盘输入数据，为数组中所有元素赋值，请填空将程序补充完整。

```
#define N 10
void main()
{ int a[N],i=0;
  while(i<N)
  scanf("%d,_____);
}
```

（9）以下程序的功能是，将一个字符串 str 的内容颠倒过来，请填空将程序补充完整。

```
#include <string.h>
void main()
{ int i,j,__(1)__;
  char str[]="123456789";
  for(i=0,j=strlen(str__(2)__;i<j;i++,j--)
  { k=str[i];str[i]=str[j];str[j]=k;}
  printf("%s\n",str);
}
```

（10）以下程序的运行结果是_____。

```
#include <stdio.h>
void main()
{   char a[]={'a','b','c','d','e','f','g','h','\0'};
    int i,j;
    i=sizeof(a); j=strlen(a);
    printf("%d, %d\n",i,j);
}
```

3．程序分析题

（1）已知程序如下，其运行结果是_____。

```
#include <stdio.h>
void main()
{
    int i,n[]={0,0,0,0,0};
    for(i=1;i<=4;i++)
    {
      n[i]=n[i-1]*2+1;
      printf("%d ",n[i]);
    }
}
```

(2) 以下程序运行后的输出结果是_____。
```
void main()
{ int i,j,a[][3]={1,2,3,4,5,6,7,8,9};
  for(i=0;i<3;i++)
    for(j=i+1;j<3;j++) a[j][i]=0;
     for(i=0;i<3;i++)
     { for(j=0;j<3;j++) printf("%d ",a[i][j]);
       printf("\n");
     }
}
```

(3) 以下程序运行后的输出结果是_____。
```
#include <stdio.h>
#include <ctype.h>
void main()
{ char s[80], d[80]; int i,j;
  gets(s);
  for(i=j=0;s[i]!='\0';i++)
     if(s[i]>='0'&& s[i]<='9') { d[j]=s[i]; j++; }
  d[j]='\0';
  puts(d);
}
```

(4) 阅读程序，根据其功能修改错误。

① 对两个字符串进行比较。
```
#include <stdio.h>
void main()
{   char str1[]={"abcdefg"};
    char str2[]={"abcdefg"};
    if (str1 == str2)
    printf("yes");
    else printf("no");
}
```

② 输出字符数组。
```
void main()
{ int i;
  char c1[] = {"How are you?"};
  printf("%s",  c1[ ] );
}
```

③ 有以下程序
```
#include <studio's>
void main()
{ int m[][3]={1,4,7,2,5,8,3,6,9};
  int i,j,k=2;
  for(i=0;i<3;i++)
  { printf("%d ",m[k][i]); }
}
```
执行后的输出结果是：4 5 6。

4. 编程题

(1) 编写程序，查找数组中的最大元素和最小元素。

(2) 有 15 个整数按升序排列，现输入一个数，编写程序，用折半查找法判断该数在序列中是否存在，若存在，则指出是第几个。

(3) 编写程序，寻找一个整型二维数组的"鞍点"，"鞍点"指一个元素在所在行中值是最小的，在所在列中值是最大的。如果存在，则输出"鞍点"所在的行、列及其"鞍点"的值。

第 7 章 函　　数

程序设计时，我们总是希望将复杂问题分解成子问题进行求解，即将完成特定功能的较大程序分解成若干个子功能的程序模块。在 C 语言中，我们可以先将程序需要实现的一些功能分别编写为若干个函数，再把它们组合成一个完整的程序。函数是 C 语言程序的基本单位，一个 C 语言程序可由一个主函数 main 和若干个其他函数组成。其中，每个函数都是一个独立的程序段，可以赋予它完成特定的操作或计算任务。模块化设计思想就是通过函数来实现的。

本章介绍函数的定义、参数、返回值、调用、声明、递归函数、变量的作用域及存储类别等。

7.1　函数的定义

7.1.1　函数概述

我们在求解某个复杂问题时，通常先采用分而治之的方法，也就是将一个大问题分解成若干个比较容易求解的小问题，然后分别求解。程序员在设计一个复杂的应用程序时，也是把整个程序划分成若干个功能较为单一的程序模块，然后分别予以实现，最后再把所有的程序模块像搭积木一样装配起来，这种在程序设计中分而治之的策略，称为模块化程序设计方法。

在 C 语言中，函数是程序的基本单位。利用函数不仅可以实现程序的模块化，使程序设计得简单和直观，提高程序的易读性和可维护性，还可以把常用的一些计算或操作编成通用的函数，以供随时调用，这样可以大大减轻程序员编写代码的工作量。在学习 C 语言时，我们不仅要掌握函数的定义、调用和使用方法，同时还要通过对函数的学习，掌握模块化程序设计的理念，培养团队协作完成大型应用软件的职业素质。

C 语言源程序的函数其实就是一段可以重复调用的、功能相对独立完整的程序段。虽然本书中的范例一般只有一个主函数 main，但在实际应用中，程序往往由多个函数组成，通过对函数的调用来实现特定的功能。C 语言中的函数相当于其他高级语言的子程序。

C 语言不仅提供了极为丰富的标准库函数，还允许用户建立自己定义的函数。用户可把自己的算法用 C 语言编写成一个个相对独立的函数模块，然后用调用的方法来使用函数。可以说 C 语言程序的全部工作都是由各式各样的函数完成的，所以也把 C 语言称为函数式语言。由于采用了函数模块式的结构，因此 C 语言易于实现结构化程序设计，使程序的层次结构清晰，便于程序的编写和调试。

7.1.2　函数类型

1．从函数的定义角度

从函数的定义角度，函数可分为标准函数（库函数）和用户自定义函数。

（1）库函数。由 C 语言系统提供，用户无须定义，可直接使用，是一些常用功能模块的集合。如 printf、scanf、getchar、putchar、gets、puts 等均属此类函数。值得注意的是，不同的 C 语言编译系统提供的库函数的功能和数量不尽相同。

（2）用户自定义函数。由用户按需要编写的函数。因为 C 语言所提供的库函数不一定包含用户所需要的所有功能，为了完成特定功能的程序，用户必须通过自己编写函数来实现。

下面通过两个程序来说明函数的作用。

【例 7.1】 函数调用示例。

参考程序如下：

```
#include <stdio.h>
void main()
{  void printstar();              /*对 printstar 函数进行声明*/
   void print_message();          /*对 print_message 函数进行声明*/
   printstar();                   /*调用 printstar 函数*/
   print_message();               /*调用 print_message 函数*/
   printstar();                   /*调用 printstar 函数*/
}
void printstar()                  /*定义 printstar 函数*/
{
   printf("* * * * * * * * * * * * * \n");
}
void print_message()              /*定义 print_message 函数*/
{  printf("How do you do!\n");
}
```

程序运行情况：

```
* * * * * * * * * * * * *
How do you do!
* * * * * * * * * * * * *
```

程序说明： printstar()和 print_message()都是用户定义的函数名，分别用来实现输出一排*号和一行信息。在定义这两个函数时指定函数的类型为 void，意为函数为空类型，即无函数值，也就是执行这两个函数后不会把任何值带回 main()。

【例 7.2】 通过输入半径，计算圆的周长。

参考程序如下：

```
float circumference (float x)     /*定义 circumference 函数*/
{ float y;
  y=2*3.14*x;
  return(y);
}
main()
{ float r,s;
  printf("请输入半径:");
  scanf("%f", &r);
  s=circumference (r);            /*调用 circumference 函数*/
  printf("周长是%f\n",s);
}
```

程序运行情况：

```
请输入半径:5 ↙
周长是 31.400000
```

程序说明： circumference()是用户定义的用来计算圆周长的函数。在定义这个函数时指定函数的类型为 float。

2．从函数的形式角度

从函数的形式角度，函数可分为无参函数和有参函数。

（1）无参函数。在函数定义、函数说明及函数调用中均不带参数，即主调函数和被调函数之间不进行参数传送。【例 7.1】中的 printstar()和 print_message()就是无参函数。无参函数通常用来完成一组指定的功能，可以返回或不返回函数值。

（2）有参函数（也称带参函数）。在函数定义及函数说明时都有参数，称为形式参数（简称为形参）。在函数调用时也必须给出参数，称为实际参数（简称为实参）。进行函数调用时，主调函数将把实参的值传送给形参，供被调函数使用。【例 7.2】中的 circumference()就是有参函数。

3．从函数的返回值角度

从函数的返回值角度，函数可分为有返回值函数和无返回值函数。

（1）有返回值函数。调用执行完后向主调函数返回一个执行结果，称为函数返回值。有返回值函数的数学函数即属于此类函数。【例 7.2】中的 circumference()也是这类函数。C 语言的函数兼有其他语言中的函数和过程两种功能。有返回值函数接近于其他语言中的函数特性。

（2）无返回值函数。用于完成某项特定的任务，执行完成后不向主调函数返回函数值。如【例 7.1】中的 printstar()和 print_message()。由于函数无返回值，因此用户在定义此类函数时应当用"void"定义函数为"空类型"或"无类型"。

下面将函数概念总结如下：

（1）一个 C 语言程序（称为源文件）由一个函数或多个函数组成。

（2）一个 C 语言程序由一个或多个源文件组成。对较大的程序，我们一般不希望放在一个文件中，而是将函数和其他内容（如宏定义）分别放在若干个源文件中，再由若干源文件组成一个 C 程序。这样就可以分别编写、编译，也可以由多个程序员分别编写不同函数，提高开发效率。一个源文件可以为多个 C 语言程序公用。C 语言程序项目的组成如图 7-1 所示。

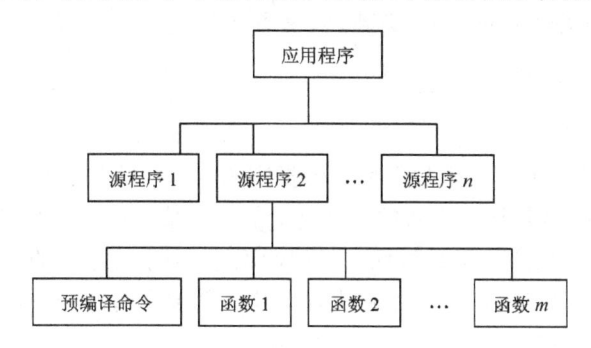

图 7-1　C 语言程序项目的组成

（3）一个 C 语言源程序有且仅有一个主函数 main，而且无论主函数 main 位于程序中的什么位置，程序执行时都必须从主函数 main 开始，在主函数 main 中完成对其他函数的调用。每一个函数也可以调用其他函数，或被其他函数调用，但主函数 main 不可以被任何函数调用。当函数调用结束后，程序总是从被调函数返回到原来的调用处，最后在主函数 main 中结束整个程序的运行。

7.1.3　函数定义和使用

函数定义就是编写具有一定功能的程序段，它包含对函数类型、函数名、参数个数、函数体等的定义。

下面通过一个例子来了解函数的定义和使用。

【例 7.3】　计算 S=1！+2！+3！+…+8！。

程序分析：多项式中的每一项都是一个阶乘值，C 语言系统并没有提供求阶乘值的库函数，但用户可以自己设计一个函数，专门计算 $k!$，当 k 取不同的值时就可以得到不同的阶乘值。

参考程序如下：

```c
#include <stdio.h>
long jc(int k)      /*自定义求 k 的阶乘值函数*/
{ long p;
  int i;
  p=1;
  for(i=1; i<=k; i++)
    p=p*i;
  return p;
}
void main()
{ long jc_sum=0;
  int i;
  for(i=1; i<=8; i++)
    jc_sum+= jc(i);    /*调用 jc 函数计算 i 的阶乘值*/
  printf("%ld",jc_sum);
}
```

程序运行情况：
```
46233
```

程序说明： 该程序由两个函数组成，一个是求阶乘的函数 jc，另一个就是主函数 main。在主函数 main 的 for 循环中，先后 8 次调用 jc 函数，分别计算出 1!、2!、3!、…、8!，并累加到变量 jc_sum 中。最终在主函数 main 中输出 jc_sum 的值。

通过以上例子不难看出，函数定义的一般形式为

类型标识符 函数名(类型 形式参数, 类型 形式参数, …)
{
    声明部分
    执行部分
}

其中，类型标识符用来定义函数类型，即指定函数返回值的类型。其类型应根据具体函数的功能确定，如【例 7.3】中 jc 函数的功能是计算阶乘值，执行的结果是一个整数值，所以函数类型定义为 long。如果定义函数时默认类型标识符，则系统指定函数返回值为 int 类型。花括号{}内是函数体，它包括声明部分和执行部分，其中声明部分包括对函数中用到的变量进行定义，以及对要调用的函数进行声明等内容。

函数值通过 return 语句返回。函数执行时一旦遇到 return 语句，则结束当前函数的执行，返回主调函数的调用点。

return 语句在函数体中可以有一个或多个，但只有其中一个起作用，即一旦执行到某个 return 语句，立即结束函数执行，控制返回到调用点。

如果函数执行后没有返回值，则函数类型标识符使用"void"，称为"空类型"或"无类型"。

函数名是由用户给函数所取的名字，如【例 7.2】中定义的函数名为 circumference，【例 7.3】中定义的函数名为 jc。程序中除主函数 main 外，其余函数名都可以任意取名，但必须符合标识符的命名规则，通过函数名可大体知道函数功能，提高程序的可读性。在函数定义时，函数体中不能再出现与函数名相同的其他对象名（如变量名、数组名等）。

函数名后括号内的参数为形参，形参的值来自函数调用时所提供的实参值。形参也称形参变量。形参个数及形参的类型，由具体的函数功能决定。函数可以有形参，也可以没有形参。一般将需要从函数外部传入函数内部的数据列为形参，而形参的类型由传入的数据类型决定。如【例 7.3】中，jc 函数计算 k 的阶乘值，k（形参）的值来自主函数 main 的 i（实参），i 是 int 型变量，所以对应的形参 k 也为 int 型。

下面举例说明函数的定义。

【例 7.4】 求数的立方。

参考程序如下：
```c
#include <stdio.h>
long cub(int x)            /*函数定义*/
{ long y;                  /*函数体中的声明部分*/
  y=x*x*x;                 /*函数体中的执行部分*/
  return y;
}
main ( )
{ int num;
  long cub_num;
  printf("请输入一个整数:\n");
   scanf("%d",&num);
  cub_num=cub(num);        /*函数调用*/
  printf("%d 的立方值是%ld", num, cub_num);
}
```

程序运行情况：
```
请输入一个整数:2✓
2 的立方值是 8
```

程序说明：

（1）从 long cub(int x)开始函数定义，函数定义的首部给出函数的返回值类型、函数名和形参描述。在花括号中的函数体包括变量定义，以及函数在被调用时要执行的语句。

（2）语句 cub_num=cub(num);调用 cub 函数，并将变量 num 作为参数传递给它。该函数的返回值赋予变量 cub_num。

（3）函数以一个 return 语句终结，return 语句将一个值传回调用程序，并结束函数的调用。本例中，返回变量 y 的值。

在程序设计中有时会用到空函数。

空函数的定义格式为

类型说明符 函数名(){}

例如：
```c
void dummy()
{}
```
调用此函数时，什么工作也不做。编程时，需要对每个模块都编写一个函数。但编写程序时在主调函数中先将所有的函数调用写出来后，所有的函数都还没有定义，不能够执行。所以此时将所有的函数先定义成空函数，让程序能够执行，再逐步完善各个函数，调试好一个函数，再调试下一个，而不用先将所有的函数都写完全再调试程序。

7.2 函数参数和返回值

7.2.1 形式参数和实际参数

在大多数情况下调用函数时，主调函数和被调函数之间存在数据传递关系，这就是有参函数。前面已经说明，在定义函数时函数名后面括号中的参数为形参，在主调函数中调用一个函数时，函数名后面括号中的参数称为实参。

有参函数调用时，需要由实参向形参传递参数。在函数未被调用时，函数的形参并不占有实际的存储单元，也没有实际值。只有当函数被调用时，系统才为形参分配存储单元，并完成实参与形参的数据传递。

函数调用的整个执行过程可分成以下 4 步。

（1）创建形参变量，为每个形参变量都建立相应的存储空间。

（2）值传递，即将实参的值复制到对应的形参变量中。

（3）执行函数体，即执行函数体中的语句。

（4）返回（带回函数值、返回调用点、撤销形参变量）。

其中第（2）步可完成把实参的值传给形参。

C 语言中函数的值传递有两种方式，一种是传递数值，即传递基本类型的数据、结构体数据等；另一种是传递地址，即传递存储单元的地址。

传递数值指将实参的值传递给形参变量。实参可以是常量、变量或表达式。当函数调用时，为形参分配存储单元，并将实参的值传递给形参。调用结束后形参单元被释放，实参单元仍保留并维持原值。由于形参与实参各自占用不同的存储空间，因此，在函数体执行中，对形参变量的任何改变都不会改变实参的值。

【例 7.5】 分析以下程序的运行结果。

参考程序如下：

```c
#include <stdio.h>
void swap(float x,float y)  /*定义交换变量 x 和 y 值的函数*/
{ float temp;
  temp=x; x=y; y=temp;
  printf("x=%.2f y=%.2f\n",x,y);
}
void main()
{ float x=9.3,y=4.6;
  swap( x,y );               /*调用 swap 函数*/
  printf("x=%.2f y=%.2f\n",x,y);
}
```

程序运行情况：

```
x=4.60 y=9.30
x=9.30 y=4.60
```

程序说明：swap 函数交换的只是两个形参变量的值。函数调用时，当实参传给形参后，函数内部实现了两个形参变量 x 和 y 的值交换，但由于实参变量与形参变量在内存中占不同的存储单元（尽管名字相同），因此实参值并没有被交换。图 7-2 为 swap 函数调用的整个执行过程。

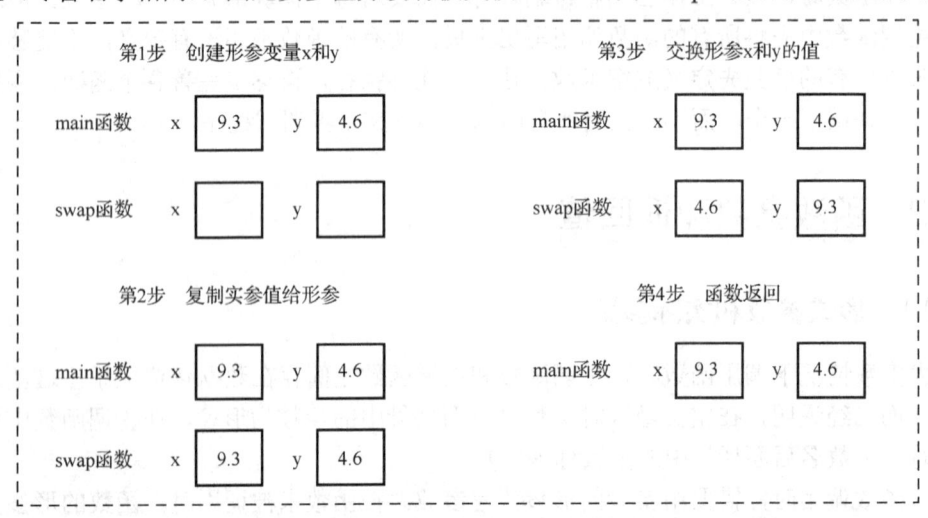

图 7-2 swap 函数调用的整个执行过程

传递地址指函数调用时，将实参数据的存储地址作为参数传递给形参。其特点是形参与实参占用同样的内存单元，函数中对形参值的改变也会改变实参的值。因此函数参数的传递地址方式可实现调用函数与被调函数之间的双向数据传递。

注意：实参和形参必须是地址常量或变量。比较典型的传递地址方式就是用数组名作为函数的参数。在用数组名作函数参数时，不是进行值的传送，即不是把实参数组的每一个元素的值都赋予形参数组的各个元素。因为实际上形参数组并不存在，编译系统不为形参数组分配内存。以数组名作为函数参数时所进行的传送只是地址的传送，也就是说把实参数组的首地址赋予形参数组名。形参数组名取得该首地址之后，也就等于有了实在的数组。实际上，形参数组和实参数组为同一数组，共同拥有一段内存空间。

【例7.6】 判别一个整数数组中各元素的值，若大于0，则输出该值，若小于或等于0，则输出0值。

参考程序如下：

```
#include <stdio.h>
void nzp(int a[5])
{
    int i;
    printf("\nvalues of array a are:\n");
    for(i=0;i<5;i++)
    {
    if(a[i]<0) a[i]=0;
    printf("%d ",a[i]);
    }
}
main()
{
    int b[5],i;
    printf("\ninput 5 numbers:\n");
    for(i=0;i<5;i++)
        scanf("%d",&b[i]);
    printf("initial values of array b are:\n");
    for(i=0;i<5;i++)
        printf("%d ",b[i]);
    nzp(b);
    printf("\nlast values of array b are:\n");
    for(i=0;i<5;i++)
        printf("%d ",b[i]);
}
```

程序运行情况：

```
input 5 numbers:
3 -4 7 2 5✓
initial values of array b are:
3 -4 7 2 5
values of array a are:
3 0 7 2 5
last values of array b are:
3 0 7 2 5
```

程序说明： 本程序中 nzp 函数的形参为整数组 a，长度为5。主函数 main 中实参数组 b 也为整型，长度也为5。在主函数 main 中先输入数组 b 的值，再输出数组 b 的初始值，并以数组名 b 为实参调用 nzp 函数。在 nzp 函数中，按要求把负值单元清0，并输出形参数组 a 的值。返回主函数 main 之后，再次输出数组 b 的值。从运行结果可以看出，数组 b 的初值和终值是不同的，数组 b 的终值和数组 a 是相同的。这说明实参和形参为同一数组，它们的值同时得以改变。

【例 7.7】 使用以数组名作为函数参数实现传递地址方式，将任意两个字符串连接成一个字符串。

参考程序如下：
```c
#include <stdio.h>
void mergestr (char s1[], char s2[], char s3[])
{ int i,j;
  for(i=0;s1[i]!='\0';i++)
    s3[i]=s1[i];
  for(j=0;s2[j]!='\0';j++)
    s3[i+j]=s2[j];
  s3[i+j]='\0';
}
void main ()
{ char str1[]={"Hello "};
  char str2[]={"China!"};
  char str3[40];
  mergestr (str1, str2, str3);
  printf("%s\n",str3);
}
```

程序运行情况：
```
Hello China!
```

程序说明： 在主函数 main 中定义了三个字符数组 str1、str2 和 str3，先通过调用 mergestr 函数将 str1 字符串与 str2 字符串相连接后形成一个新的字符串放入 str3 中，再输出连接后的字符串。

mergestr 函数有三个形参，分别是数组名 s1、s2 和 s3。主函数 main 在调用该函数时将三个字符数组名 str1、str2 和 str3 赋值给三个形参 s1、s2 和 s3。这样 s1、s2 和 s3 所对应的数组就分别是 str1、str2 和 str3 了。在函数中具体实现连接的方法是，先将 s1 字符串（str1）逐个字符复制到 s3 字符串（str3）中，然后再将 s2 字符串（str2）逐个字符复制到 s3 字符串的末尾，最后在 s3 字符串的末尾添加字符串结束标志 "\0"。

用数组名作为函数参数时要注意以下三点内容。

（1）形参数组和实参数组的类型必须一致，否则将引起错误。

（2）形参数组和实参数组的长度可以不同，因为在函数调用时，只传递数组的首地址而不检查形参数组的长度。

（3）多维数组也可以作为函数的参数，在函数定义时对形参数组指定每一维的长度。

7.2.2 函数的返回值

我们通常希望通过函数调用使主调函数能得到一个函数计算值，这就是函数的返回值。函数的返回值是通过函数中的 return 语句获得的。return 语句将被调函数中的一个确定值带回主调函数中。如果需要从被调函数带回一个函数值供主调函数使用，则被调函数中必须包含 return 语句。

return 语句的一般形式：
```
(1)return;
(2)return 表达式; 或 return (表达式);
```

其作用是结束函数的执行，使控制返回主调函数的调用点。如果是带表达式的 return 语句，则同时将表达式的值带回主调函数的调用点。

函数的返回值属于某一个确定的类型，应在定义函数时指定函数返回值的类型。

例如，下面是三个函数的首行。

```
int    max(float a,float b)         /*函数值为整型*/
char   letter(char c1,char c2)      /*函数值为字符型*/
double min(int y,int y)             /*函数值为双精度型*/
```

建议在定义时对所有函数都指定函数类型。

在定义函数时指定的函数类型应同 return 语句中的表达式类型一致。如果函数值的类型和 return 语句中表达式的值不一致，则以函数类型为准。对数值型数据，可以自动进行类型转换，即函数类型决定返回值的类型。

【例 7.8】 调用函数返回两个数中的较大者。

参考程序如下：
```
#include <stdio.h>
int max (float x,float y)
{   float z;
    z=x>y?x:y;
    return(z);
}
void main ()
{float a,b;
 int c;
 scanf ("%f,%f",&a,&b);
 c=max(a,b);
 printf("较大的是%d\n",c);
}
```

程序运行情况：
```
5.6,9.8✓
较大的是 9
```

程序说明： max 函数定义为整型，而 return 语句中的 z 为实型，二者不一致。先将 z 的值 9.8 转换为整型，得到 9，这样 max 函数就带回一个整数 9 返回主调函数 main 中。

如果函数中没有 return 语句，并不代表函数没有返回值，只能说明函数返回值是一个不确定的数。

对于不带返回值的函数，应当用"void"定义函数为"无类型"（或称"空类型"）。这样，系统就保证不让函数带回任何值，即禁止在调用函数中使用被调函数的返回值。此时在函数体中不得出现 return 语句。

注意： C99 标准不再支持隐含式的 int 规则，删除了隐含式函数声明；并增加了对返回值的约束。非空类型函数必须使用带返回值的 return 语句。

对函数调用中的参数最多个数进行了限制，C89 标准是 31 个，C99 标准扩展到 127 个。

7.3 函数调用和声明

程序中使用已定义好的函数，称为函数调用。如果 f1 函数调用 f2 函数，则称 f1 函数为主调函数，f2 函数为被调函数。除了主函数，其他函数都必须通过函数调用来执行。

7.3.1 函数调用

调用有参函数的一般形式如下：
函数名(实参表列)
如果是调用无参函数，则没有实参表列，但括号不能省略。其形式如下：
函数名()

如果实参表列包含多个实参，则实参之间以逗号相隔。调用时实参与形参的个数必须相等，类型应匹配。

函数调用可以有以下三种方式。

（1）表达式方式

指函数调用出现在一个表达式中。这类函数必须要有一个明确的返回值以参加表达式运算。例如：

```
c=2*max(a,b);
```

其中 max 函数是表达式的一部分，将其值乘以 2 赋给 c。

（2）参数方式

指函数调用作为另一个函数调用的实参，同样，这类函数也必须有返回值。例如：

```
d=max(a,max(b,c));
```

其中函数调用 max(b,c)的值又作为 max 函数调用的一个实参。d 的值是 a、b、c 中的最大者。

（3）语句方式

指函数调用作为一个独立的语句。一般用在仅要求函数完成一定的操作，不要求函数带回返回值的情况，如 scanf()、printf()等库函数的调用。

7.3.2 函数声明

在函数中，若需调用其他函数，调用前要对被调函数进行函数声明。函数声明的目的是告诉编译系统有关被调函数的特性，便于在函数调用时，检查调用是否正确。

函数声明的一般形式如下：

```
类型标识符 函数名(类型 参数名,类型 参数名,…);
```

或

```
类型标识符 函数名(类型,类型,…);
```

通过函数声明语句，向编译系统提供的被调函数信息包括函数返回值类型、函数名、参数个数及各参数类型等，称为函数原型。编译系统根据函数的原型对函数调用的合法性进行检查，与函数原型不匹配的函数调用会导致编译系统给出错误信息。

【例 7.9】 对被调函数进行声明。

参考程序如下：

```
#include <stdio.h>
void main()
{ float sub(float x,float y);       /*对被调函数 sub 的声明*/
  float a,b,c;
  scanf("%f,%f",&a,&b);
  c=sub(a,b);
  printf("差是%f \n",c);
}
float sub(float x,float y)           /*函数首部*/
{ float z;                            /*函数体*/
  z=x-y;
  return(z);
}
```

程序运行情况：

```
9.8,5.6✓
差是 4.200000
```

程序说明： sub 函数的作用是求两个实数之差，程序的第 3 行是对被调函数 sub 的声明。为什么在前面所介绍的有关函数调用程序中，主调函数里并没有出现对被调函数的声明语句呢？因为前面这些程序有一个共同的特点，就是主调函数定义的位置都在被调函数定义的位置之后。如果被调函数定义的位置在主调函数之前，主调函数中可以省略对被调函数的声明。这是因为，编译系统在编译主调函数前，已经了解了有关被调函数的情况，所以可以省略函数声明。

C 语言系统定义了许多库函数，并且在 stdio.h、math.h、string.h 等"头文件"中声明了这些函数。使用时只需通过#include 命令把"头文件"包含到程序中，用户就可以在程序中调用这些库函数了。

7.4 函数的嵌套调用和递归调用

7.4.1 函数的嵌套调用

C 语言中函数是不允许嵌套定义的，但允许嵌套调用。嵌套调用是指函数在被调用过程中又去调用了其他函数。嵌套调用其他函数的个数又称为嵌套的深度或层数。函数嵌套调用示意如图 7-3 所示。

图中为两层嵌套的情况，其执行过程：执行 main 函数中调用 a 函数的语句时转去执行 a 函数；在 a 函数中调用 b 函数时又转去执行 b 函数；b 函数执行完毕返回 a 函数的断点继续执行，a 函数执行完毕返回 main 函数的断点继续执行，直到结束。

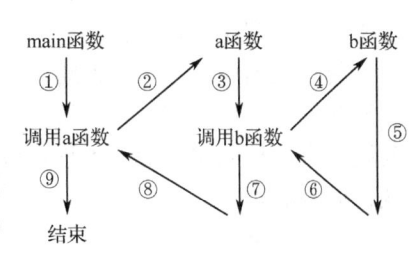

图 7-3 函数嵌套调用示意

【例 7.10】 计算 $s=1^2!+2^2!+3^2!+4^2!$。

程序分析：本题可编写两个函数，一个是用来计算平方值的 f1 函数，另一个是用来计算阶乘值的 f2 函数。主函数先调用 f1 函数计算出平方值，再在 f1 函数中以平方值为实参，调用 f2 函数计算其阶乘值，然后返回 f1 函数，最后返回主函数，并在循环程序中计算累加和。

参考程序如下：

```
long f1(int p)
{ int k;
  long r;
  long f2(int);
  k= p*p;
  r= f2(k);
  return r;
}
long f2(int q)
{ long jc=1;
  int i;
  for(i=1;i<= q;i++)
    jc= jc*i;
  return jc;
}
main()
{ int i;
  long s=0;
  for(i=1;i<=4;i++)
    s= s+ f1(i) ;
  printf("\ns= % ld\n",s);
}
```

程序说明：在程序中，f1 函数和 f2 函数均为长整型，都在主函数 main 之前定义，故不必在主函数 main 中对 f1 函数和 f2 函数加以说明。在主函数 main 中，执行循环依次把 i 值作为实参调用 f1 函数求 i 平方的值。在 f1 函数中又对 f2 函数进行调用，i 平方的值作为实参去调用 f2 函数，在 f2 函数中完成求 i 平方的阶乘的计算。f2 函数执行完毕把 i 平方的阶乘返回给 f1 函数，再由 f1 函数返回主函数 main 实现累加。至此，由函数的嵌套调用实现了题目的要求。

7.4.2 函数的递归调用

递归调用是一种特殊的解决问题的方法，其基本思想是：将要解决的问题分解成比原问题规模小的类似子问题，而解决这个子问题时，又可以用到原有问题的解决方法，按照这个原则，逐步递推转化下去，最终将原问题转化成较小且有已知解的子问题。

递归调用方法适用于求解一类特殊的问题，即分解后的子问题必须与原问题类似，能用原来的方法解决问题，且最终的子问题是已知解或易于求解的。

将递归调用的过程分为递推和回归两个阶段。递推阶段是将原问题不断地转化成子问题，逐渐从未知向已知推进，最终到达已知解的问题，即递推阶段结束。回归阶段是从已知解的问题出发，按照递推的逆过程，逐一求值回归，最后到达递归的开始处，即结束回归阶段，获得问题的解。

例如，求 5!。

递推阶段：

5！=5×4！

4！=4×3！

3！=3×2！

2！=2×1！

1！=1×0！

0！=1　　←　　已知解问题

回归阶段：

0!=1

1!=1×0!=1

2!=2×1!=2

3!=3×2!=6

4!=4×3!=24

5!=5×4!=120　　→　得到解

用递归解决问题的思想体现在程序设计中，可以用函数的递归调用实现。在函数定义时，函数体内出现直接调用函数自身，称为直接递归调用；或者通过调用其他函数，由其他函数再调用原函数，则称为间接递归调用，该类函数就称为递归函数。

若求解的问题具有可递归性，即可将求解问题逐步转化成与原问题类似的子问题，且最终子问题有明确的解，则可采用递归函数，实现问题的求解。

由于在递归函数中，存在着调用自身的过程，控制将反复进入自身函数体执行，因此在函数体中必须设置终止条件。当条件成立时，终止调用自身，并使控制逐步返回主调函数。

【例 7.11】 用递归方法计算 n!。

计算 n 阶乘的数学递归定义式：

$$n! \begin{cases} 1 & n=0,1 \\ n(n-1)! & n>1 \end{cases}$$

参考程序如下：

```c
#include <stdio.h>
void main()
{ long jc(int n);   /*对jc函数的声明*/
  int n;
  printf("请输入 n:\n");
  scanf("%d",&n);
  printf("%d!=%ld\n",n,jc(n));
}
long jc(int n)
{ long t;
  if (n<0)
    printf("n<0,输入数据错！");
  else if (n==0||n==1) return 1;
    else
  return n*jc(n-1);
}
```

程序运行情况：

```
请输入 n:
4↙
4!=24
```

程序说明：求 n! 的问题可用递归方法求解。在递归函数 jc 中，递归的终止条件设置成 n 等于 1。因为 1! 的值是明确的。

【**例 7.12**】Hanoi（汉诺）塔问题。这是一个用递归方法解题的典型例子。问题是这样的：古代有一个梵塔，塔内有 3 座 A、B、C，开始时 A 上有 64 个盘子，盘子大小不等，大的在下，小的在上，如图 7-4 所示。有一个老和尚想把这 64 个盘子从 A 移到 C，但每次只允许移动一个盘，且在移动过程中 3 个座上的盘子都始终保持大盘在下，小盘在上的排列方式。在移动过程中可以利用 B，要求编程输出移动的步骤。

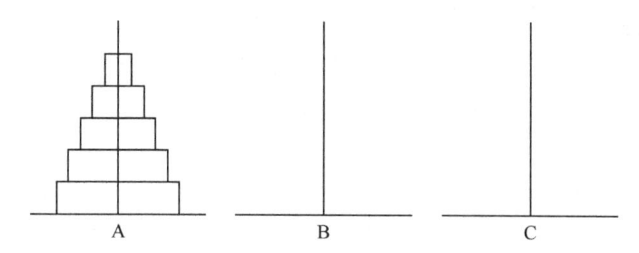

图 7-4 Hanoi（汉诺）塔问题

程序分析：将 n 个盘子从 A 移到 C 可以分解为以下 3 个步骤。

（1）将 A 上 n-1 个盘子借助 C 先移到 B 上；
（2）把 A 上剩下的 1 个盘子移到 C 上；
（3）将 n-1 个盘子从 B 借助 A 移到 C 上。

如果想将 A 上 3 个盘子移到 C 上，可以分解为以下 3 个步骤。

（1）将 A 上 2 个盘子移到 B 上（借助 C）；
（2）将 A 上 1 个盘子移到 C 上；
（3）将 B 上 2 个盘子移到 C 上（借助 A）。

其中第（2）步可以直接实现。

第（1）步又可用递归方法分解为

① 将 A 上 1 个盘子从 A 移到 C 上；
② 将 A 上 1 个盘子从 A 移到 B 上；
③ 将 C 上 1 个盘子从 C 移到 B 上。

第（3）步可以分解为

① 将 B 上 1 个盘子从 B 移到 A 上；
② 将 B 上 1 个盘子从 B 移到 C 上；
③ 将 A 上 1 个盘子从 A 移到 C 上。

将以上综合起来，可得到移动 3 个盘子的步骤为

A→C，A→B，C→B，A→C，B→A，B→C，A→C。

参考程序如下：

```c
#include <stdio.h>
void main()
{
    void hanoi(int n,char one,char two,char three);
                      /*对 hanoi 函数的声明*/
    int m;
    printf("请输入盘子数:");
    scanf("%d",&m);
    printf("移动%d个盘子的步骤是:\n",m);
    hanoi(m,'A','B','C');
}
void hanoi(int n,char one,char two,char three)
/* 定义 hanoi 函数,将 n 个盘子从 A 借助 B,移到 C*/
{
    void move(char x,char y);    /*对 move 函数的声明*/
    if(n==1) move(one,three);
    else
    {hanoi(n-1,one,three,two);
     move(one,three);
     hanoi(n-1,two,one,three); }
}
void move(char x,char y)         /* 定义 move 函数*/
{
    printf("%c->%c\n",x,y);
}
```

程序运行情况：

请输入盘子数:3✓
移动 3 个盘子的步骤是:
A->C
A->B
C->B
A->C
B->A
B->C
A->C

注意： 递归调用时，虽然函数代码一样，变量名相同，但每次函数调用时，系统都为函数的形参和函数体内的变量分配了相应的存储空间，因此，每次调用函数时，使用的都是本次调用所新分配的存储单元及其值。当递归调用结束返回时，就会释放本次调用所分配的形参变量和函数体内的变量，并将本次计算值带到上次的调用点。

递归调用方法虽然简单，但是需要计算资源的支持，否则容易出现计算速度慢或内存不足等问题。

7.5 变量的作用域

C 语言程序由若干个函数组成，在函数内外都可以定义变量，不同位置定义的变量，其作用范围不同。变量的作用域限定程序能在何时、何处访问该变量。

C 语言中的变量分为全局变量和局部变量。

在函数内部定义的变量称为局部变量。其作用域是所定义的函数，即只能在函数内对该变量赋值或使用该变量值，一旦离开了这个函数就不能引用该变量了。形参也是局部变量。

在复合语句内定义的变量亦是局部变量，仅在复合语句内有效。

在函数外部定义的变量是外部变量，也称为全局变量。其作用域从变量定义的位置开始到文件结束，可被本文件的所有函数共用。

例如：

```
int a;              /*定义全局变量，可在主函数 main 和 fun 函数中引用*/
void main()
{
   int x,y;         /*x、y 为局部变量，只能在主函数 main 中引用*/
   …
}
int b;              /*b 为全局变量，可在 fun 函数中引用*/
fun(int z)          /*z 为局部变量，可在 fun 函数中引用*/
{
   int c;           /*c 为局部变量，可在 fun 函数中引用*/
   …
}
```

【例 7.13】 编写一个函数，求两个数的和与差。

参考程序如下：

```
#include<stdio.h>
float add, diff;        /*全局变量*/
void fun(float x,float y)
{
   add=x+y;
   diff=x-y;
}
void main()
{
   float a,b;
   scanf("%f%f ",&a,&b);
   fun(a,b);
   printf("%.2f %.2f\n",add, diff);
}
```

程序运行情况：

```
7 5↙
12.00 2.00
```

程序说明： 由于函数的调用只能带回一个函数返回值，因此该程序定义了两个全局变量 add 和 diff，使 func 函数和主函数 main 都可以引用。通过调用 func 函数将计算结果分别赋值给 add 和 diff，并在主函数 main 中输出全局变量 add 和 diff 的值。

如果在全局变量定义位置之前或其他文件中的函数要引用该全局变量，则应在引用之前用关键字 extern 对该变量做声明，表示该变量是一个已经定义的全局变量。

【例 7.14】 用 extern 声明全局变量。

```c
#include<stdio.h>
void main()
{
  extern int a;
  void fun();
  fun();
  printf("%d",a);
}
int a;         /*全局变量*/
void fun()
{   a=1*3*5*7*9; }
```

程序运行情况：
945

程序说明：因全局变量 a 定义在主函数 main 后面，所以主函数 main 必须用 extern 对全局变量 a 进行声明，否则编译时就会出错，系统不会认为 a 是已经定义的全局变量。

在同一个函数中不能定义具有相同名字的变量，但在同一个文件中全局变量和局部变量可以同名。当全局变量与局部变量同名时，在局部变量的作用范围内全局变量不起作用。

【例 7.15】 局部变量同名。

参考程序如下：
```c
#include<stdio.h>
main()
{
    int i=2,j=3,k;
    k=i+j;
    {
      int k=8;
      printf("%d\n",k);
    }
    printf("%d\n",k);
}
```

程序运行情况：
8
5

程序说明：程序的第 4 行定义了一个局部变量 k，其执行的区域从定义的位置开始至程序结束，第 7 行的复合结构中定义了一个同名的局部变量 k，其执行的区域从定义的位置开始至其复合结构结束，在这个复合结构中的 k 屏蔽了外部的局部变量 k，所以第 1 个 printf 函数输出的结果是 8，第 2 个 printf 函数输出的是外部的局部变量，即 k=i+j 的值，是 5。

【例 7.16】 全局变量与局部变量同名。

参考程序如下：
```c
#include<stdio.h>
float add=1,diff=1;     /*全局变量*/
void fun(float x,float y)
{
    float add, diff;    /*局部变量*/
    add=x+y;
    diff=x-y;
}
void main()
{
    float a,b;
    scanf("%f%f",&a,&b);
    fun(a,b);
```

```
    printf("%.2f %.2f\n",add, diff);
}
```
程序运行情况：
7 5↙
1.00 1.00

程序说明： 程序的第 2 行定义了全局变量 add 和 diff，并使之初始化。在 fun 函数中定义了局部变量 add 和 diff，并给局部变量 add 和 diff 赋值。全局变量在 fun 函数范围内不起作用，所以全局变量的值未被改变。在主函数 main 中输出的是全局变量 add 和 diff 的值。

7.6 变量的存储类别

　　C 语言程序运行时，供用户使用的内存空间由三部分组成，分别是程序存储区、静态存储区和动态存储区。程序存储区用于存储程序代码，静态存储区和动态存储区用于存放程序要处理的数据。全局变量就存放在静态存储区中，程序开始执行时它们给全局变量分配存储区，程序执行过程中它们占据固定的存储单元，程序执行完后才释放。而在动态存储区中存放的是函数的形参、自动变量，以及函数调用时的现场保护和返回地址等，在函数调用时才为其分配动态存储空间，函数结束就会释放这些存储空间。这种分配和释放存储空间的方式是在程序执行过程中动态进行的。

　　变量的存储方式有两种，即静态存储方式和动态存储方式。静态存储方式是指在程序运行期间由系统分配固定存储空间的方式，空间分配在静态存储区，当整个程序运行结束时释放空间。动态存储方式则是在程序运行期间根据需要由系统动态分配存储空间的方式，空间分配在动态存储区，函数调用结束或复合语句结束时，释放空间。

　　静态存储方式和动态存储方式包括 4 种存储类别：auto（自动型）、static（静态型）、register（寄存器型）、extern（外部型）。

　　变量定义的一般形式为

存储类型标识符 类型标识符 变量名表列；

　　其中，存储类型标识符用以定义变量的 4 种存储类型，即 auto、register、static、extern。若定义变量时，省略了存储类型，则系统默认为 auto。

1．auto（自动型）

　　定义自动型变量时，前面可加 auto 或不加。一般在函数内部或复合语句内部使用，函数中的形参和在函数中定义的变量（包括在复合语句中定义的变量）都属于这一类。系统在每次进入函数或复合语句时，为定义的自动变量分配存储空间，都会分配在动态存储区。函数执行结束或复合语句结束时，存储空间自动释放。前面的例子中用得最多的就是这类变量。

2．static（静态型）

　　静态型变量可分为静态局部变量和静态全局变量。

　　（1）静态局部变量

　　定义静态局部变量时，前面加 static 存储类型标识符。静态局部变量属于静态存储类别，在静态存储区内分配存储单元，并在程序运行期间都不进行释放。对静态局部变量是在编译时赋初值的，若没有显式赋初值，则系统自动赋初值 0（对数值变量）或空字符（对字符变量）。以后每次调用函数时都不再重新赋初值，只是保留上一次函数调用结束时的值。

　　【例 7.17】 考察静态局部变量与自动变量的区别。

　　参考程序如下：
```
#include"stdio.h"
```

```
int func1()
{
  static int s=5;      /*静态局部变量*/
  s+=1;
  return (s);
}
int func2()
{
  int s=5;             /*局部变量*/
  s+=1;
  return (s);
}
void main()
{
int i;
for(i=0;i<3;i++)
  printf("%3d",func1());
printf("\n");
for(i=0;i<3;i++)
  printf("%3d",func2());
}
```

程序运行情况：
```
  6  7  8
  6  6  6
```

程序说明： func1 函数中的 s 是静态局部变量，在编译时给 s 赋初值 5，首次调用 func1 函数后，s 的值是 6，以后的第 2 次、第 3 次调用函数 func1 时，都是在上一次调用结束时的 s 值上加 1。而 func2 函数中的局部变量 s 是自动变量，属于动态存储类别，占动态存储区空间，函数调用结束后即释放。因此在每次调用 func2 函数时重新对 s 分配存储单元和赋初值，所以函数每次调用后的返回值都是 6。

（2）静态全局变量

如果在程序设计时希望某些全局变量只限于被本文件中的函数引用，而不能被其他文件中的函数引用，就可以在定义全局变量时加上 static 进行声明。例如：

```
file.c
static int x;
void main()
{…}
```

在 file.c 中定义了一个全局变量 x，并用 static 进行声明。x 就是静态全局变量，只能用于本文件，不能被其他文件引用

3．register（寄存器型）

寄存器型变量是 C 语言所具有的汇编语言特性之一，它存储在 CPU 的寄存器中，而不像普通变量那样存储在内存中。对寄存器型变量的访问要比对内存变量访问速度快得多。如果将使用频率较高的数据存放在所定义的 register 变量中，可以提高运算速度。

例如：
```
register int r;       /*定义 r 为寄存器型变量*/
```

现在用 register 声明变量是不必要的，优化的编译系统能够识别并自动地将使用频繁的变量放在寄存器中，不需要编程者指定。

4．extern（外部型）

前面已经介绍，全局变量的作用域是从变量的定义处到本程序文件结束。如果在全局变量定义位置之前的函数需要引用该全局变量，则应在引用之前用关键字 extern 对该变量做声明，表示把该变量的作用域扩展到这个位置。具体方法在【例 7.14】中已经说明了。

如果程序由多个源程序文件组成，在一个文件中需要引用另一个文件中已经定义的全局变量，同样是用 extern 对需要引用的全局变量进行声明。这样在编译和连接时系统会知道该全局变量已经在别处定义，从而将在另一个文件中定义的全局变量的作用域扩展到本文件。

7.7 编程实践

7.7.1 任务：正（余）弦曲线演示

【问题描述】

根据提示选择在屏幕上用"*"显示 0～360 度的正弦函数 sin(x)、余弦函数 cos(x) 的曲线，如图 7-5 所示。

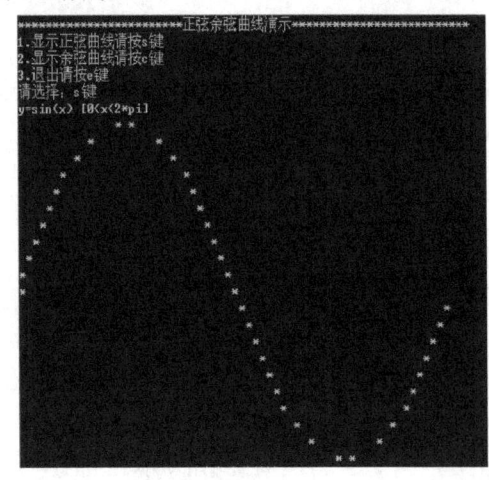

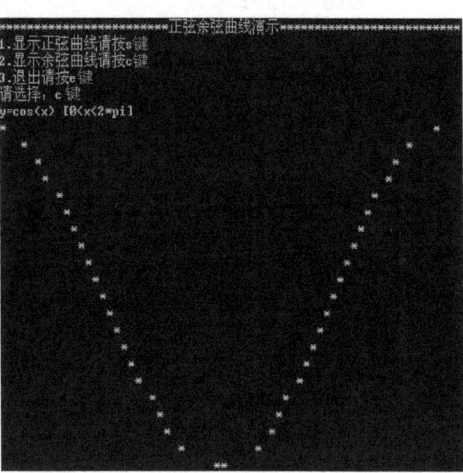

（a）正弦曲线　　　　　　　　　　　　（b）余弦曲线

图 7-5　正弦曲线和余弦曲线

【问题分析与算法设计】

正（余）弦曲线在 0～360 度的区间内，一行中要显示两个点，而对一般的显示器来说，只能按行输出，即输出第 1 行信息后，只能向下一行输出，不能再返回到上一行。为了获得要求的图形就必须在一行中一次输出两个"*"。

对于正弦函数，在一个周期内其函数曲线分为上、下两部分，以上部分为例，为了同时得到其图像在一行上的两个点，考虑利用 sin(x) 的左、右对称性。将屏幕的行方向定义为 x，列方向定义为 y，则 0～90 度的图形与 90～180 度的图形是左、右对称的。若定义图形的总宽度为 62 列，上部分是 31 列，则计算出 sx 行 0～90 度时 sy 点的坐标 sm，那么在同一行与之对称的 90～180 度的 sy 点的坐标就应为 31-sm。程序中利用反正弦函数 asin 计算坐标(sx,sy)的对应关系。

为了同时得到余弦函数 cos(x) 图形在一行上的两个点，考虑利用 cos(x) 的左、右对称性。将屏幕的行方向定义为 x，列方向定义为 y，则 0～180 度的图形与 180～360 度的图形是左、右对称的。若定义图形的总宽度为 62 列，计算出 x 行 0～180 度时 y 点的坐标 m，那么在同一行与之对称的 180～360 度的 y 点的坐标就应为 62-m。程序中利用反余弦函数 acos 计算坐标(x,y)的对应关系。使用这种方法编写的程序短小精炼，体现了一定的技巧。

【代码实现】

```c
#include<stdio.h>
#include<math.h>
main()
{
    char ch;
    while(1)
    {   printf("*************正弦和余弦曲线演示****************\n");
        printf("1.显示正弦曲线请按 s 键\n");
        printf("2.显示余弦曲线请按 c 键\n");
        printf("3.退出请按 e 键\n");
        printf("请选择:");
        scanf("%c",&ch);
        getchar();
        switch(ch)
        {
        case 's':
        case 'S':
            {   double sy;
                int sx,sm,si;
                printf("y=sin(x)  [0<x<2*pi]\n");
                for(sy=1;sy>=-1;sy-=0.1)          /*表示 sy 的取值范围是[-1,1]*/
                {   if(sy>=0)
                        {    /*反正弦函数,确定空格的数量,最大值为 15*/
                            sm=asin(sy)*10;
                            for(sx=1;sx<sm;sx++)
                                printf(" ");
                            printf("*");
                            for(;sx<31-sm;sx++)
                                printf(" ");             /*输出第 2 个点,并换行*/
                            printf("*\n");
                        }
                        else                    /*同理输出 y 小于 0 的点*/
                        {
                            sm=-1*asin(sy)*10;
                            for(si=0;si<32;si++)
                                printf(" ");
                            for(sx=1;sx<sm;sx++)
                                printf(" ");
                            printf("*");
                            for(;sx<31-sm;sx++)
                                printf(" ");
                            printf("*\n",sm);
                        }
                }
            }
            break;
        case 'c':
        case 'C':
            {   double y;
                int x,m,n;
                printf("y=cos(x)  [0<x<2*pi]\n");
                for(y=1;y>=-1;y-=0.1)   /*y 为列方向,值从 1 到-1,步长为 0.1*/
                {   m=acos(y)*10;          /*计算出 y 对应的弧度 m,并放大 10 倍*/
                    for(x=1;x<m;x++) printf(" ");
                    printf("*");                      /*控制输出左侧的*号*/
                    for(;x<62-m;x++) printf(" ");
                    printf("*\n");           /*控制输出同一行中对称的右侧*号*/
                }
```

```
            }
            break;
    default:  printf("谢谢!\n");return 0;
    }
  }
}
```

【编程小结】

在本程序中使用了系统函数库中的库函数 asin()和 acos(),大大加快编程效率,增强了实现效果,但在使用库函数时应将其所属的头文件包含进来。这是个典型的使用库函数的例子。

7.7.2 任务：输出杨辉三角

【问题描述】

在屏幕上输出杨辉三角,如图 7-6 所示。

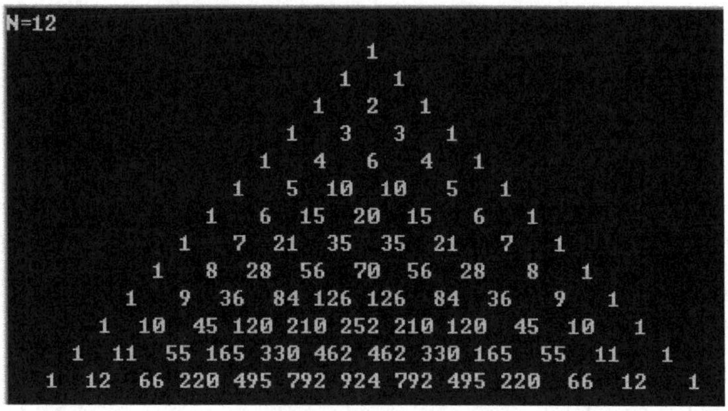

图 7-6 杨辉三角

【问题分析与算法设计】

杨辉三角中的数,正是(x+y)的 N 次方幂展开式各项的系数。本任务作为程序设计中具有代表性的题目,求解的方法有很多,在此仅列举一种。

从杨辉三角的特点出发,可以总结出:

（1）第 N 行有 N+1 个值,设起始行为第 0 行;

（2）对于第 N 行的第 J 个值(N≥2),当 J=1 或 J=N+1 时,其值为 1；当 J!=1 且 J!=N+1 时,其值为第 N-1 行的第 J-1 个值与第 N-1 行第 J 个值之和。

将这些特点提炼成数学公式可表示为

$$c(x,y) = \begin{cases} 1 & x=1 | x=N+1 \\ c(x-1,y-1)+c(x-1,y) & 其他 \end{cases}$$

程序是根据以上递归调用的数学表达式编写的。

【代码实现】

```
#include<stdio.h>
int yangc(int,int);
void main()
{
    int i,j,n=0;
    printf("N=");
        scanf("%d",&n);         /*控制输入的值以保证屏幕显示的图形正确*/
        for(i=0;i<=n;i++)                       /*控制输出 N 行*/
        {
```

```
            for(j=0;j<24-2*i;j++) printf(" ");           /*控制输出第 i 行前面的空格*/
            for(j=1;j<i+2;j++) printf("%4d",yangc(i,j)); /*输出第 i 行的第 j 个值*/
            printf("\n");
        }
        printf("\n");
}
int yangc(int x,int y)                          /*求杨辉三角形中第 x 行和第 y 列的值*/
{
        int z;
        if((y==1)||(y==x+1))    return 1;  /*若为 x 行的第 1 列或第 x+1 列,则输出 1*/
        z=yangc(x-1,y-1)+yangc(x-1,y);     /*否则,其值为前一行中第 y-1 列与第 y 列值之和*/
        return z;
}
```

【编程小结】

(1) 算法设计和实现均严格围绕杨辉三角的数字规律,即从起始行算起的第 3 行开始,杨辉三角中除最外层(不包括杨辉三角底边)的数为 1 外,其余的数都是它肩上两个数之和。

(2) 在程序中使用了自定义的递归函数 int yanc(int,int)。递归调用是一项非常重要的编程技巧,递归的意思就是函数自己调用自己本身,或者在自己调用的下级函数中调用自己。

(3) 递归调用包含递推和回归两个过程,初学者往往只能判断出递推,而对回归的去向和步骤把握不准。简单地说,递归是一个从未知逐层递推到已知,再从已知逐层回归求解未知的过程。

(4) 程序在所有函数之前对自定义函数给予原型声明,以方便后面函数的调用。在调用递归函数 int yangc(int,int)时,先将实参 i 和 j 的值分别传递给形参 x 和 y,执行完后再通过参数 z 返回调用函数。

7.8 知识扩展材料

在复杂系统的结构中,模块是可组合、分解和更换的单元。每个模块都可采用对应的方法加以处理。

7.8.1 分而治之

分而治之(Divide and Conquer)方法,又称分治术,是有效算法设计中普遍采用的一种技术。

分而治之方法就是把一个复杂的算法问题,先按一定的"分解"方法分为等价的规模较小的若干部分,然后逐个解决,分别找出各部分的解,并把各部分的解组成整个问题的解。这种朴素的思想来源于人们生活与工作的经验,也完全适合于技术领域,如软件的体系结构设计、模块化设计都是分而治之方法的具体表现。下面以快速排序算法为例加以说明。

在快速排序中,n 个元素被分成三段(组),即左段(left)、右段(right)和中段(middle)。middle 仅包含一个元素,left 中各元素都小于或等于中段元素,right 中各元素都大于或等于中段元素。因此,left 和 right 中的元素可以独立排序,并且不必对 left 和 right 的排序结果进行合并。middle 中的元素被称为支点(pivot)。下面给出快速排序的伪代码。

(1) 从数组 a [0 : n-1]中选择一个元素作为 middle,该元素为支点把余下的元素分为两段,即 left 和 right,使 left 中的元素都小于或等于支点,而 right 中的元素都大于或等于支点。

(2) 使用递归对 left 进行快速排序。

(3) 使用递归对 right 进行快速排序。

（4）所得结果为 left + middle + right。

考察元素序列[4,8,3,7,1,5,6,2]。

假设选择元素 6 作为支点，则 6 位于 middle；4，3，1，5，2 位于 left；8，7 位于 right。当 left 排好序后，所得结果为[1,2,3,4,5]；当 right 排好序后，所得结果为[7,8]。把 right 中的元素放在支点元素之后，left 中的元素放在支点元素之前，即可得到最终的结果[1,2,3,4,5,6,7,8]。

7.8.2 模块化设计

模块化设计是指程序编写的过程不是开始就逐条录入计算机语句和指令，而是先用主程序、子程序（函数）、子过程等框架把软件的主要结构和流程描述出来，并定义好各个框架之间输入/输出的链接关系。然后逐步求精，以功能模块为单位进行算法描述和程序设计，这个实现其求解算法的方法称为模块化。模块化的目的是降低程序复杂度，使程序设计、调试和维护等操作简单化，如果要改变某个子功能只需修改相应模块即可。

模块是模块化设计和制造的功能单元，可以体现在产品硬件和软件上，具有相对独立性、互换性、通用性三大特征。相对独立性使模块可以单独进行设计、制造、调试、修改和存储，便于由不同的专业化人员分别进行生产；互换性使模块接口部位的结构、尺寸和参数标准化，容易实现模块间的互换，从而使模块能满足更大数量的、不同产品的需要；通用性有利于实现横系列、纵系列，以及跨系列产品间的模块通用。

习题 7

1. 选择题

（1）以下不正确的说法是_____。

　　A．实参可以是常量、变量或表达式　　B．形参可以是常量、变量或表达式

　　C．实参可以为任何类型　　D．形参应与其对应的实参类型一致

（2）以下正确的函数声明形式是_____。

　　A．double fun(int x, int y)　　B．double fun (int x; int y)

　　C．double fun (int x, int y);　　D．double fun (int x, y);

（3）以下正确的说法是_____。

　　A．定义函数时，形参的类型说明可以放在函数体内

　　B．return 语句后边的值不能为表达式

　　C．如果函数值的类型与返回值类型不一致，则以函数值类型为准

　　D．如果形参与实参类型不一致，则以实参类型为准

（4）凡是函数中未指定存储类别的局部变量，其隐含的存储类别均为_____。

　　A．自动型（auto）　　B．静态型（static）　　C．外部型（extern）　　D．寄存器型（register）

（5）若用数组名作为函数的实参，传递给形参的是_____。

　　A．数组的首地址　　B．数组第 1 个元素的值

　　C．数组中全部元素的值　　D．数组元素的个数

（6）函数调用不可以_____。

　　A．出现在执行语句中　　B．出现在一个表达式中

　　C．作为一个函数的实参　　D．作为一个函数的形参

(7) C语言规定，函数返回值的类型由_____。
    A．return 语句中的表达式类型所决定   B．调用该函数时的主调函数类型所决定
    C．调用该函数时系统临时决定   D．在定义该函数时所指定的函数类型所决定
(8) C语言规定：简单变量作为实参时，它和对应形参之间的数据传递方式是_____。
    A．地址传递   B．单向值传递
    C．由实参传给形参，再由形参传回给实参   D．由用户指定的传递方式
(9) 在一个C源程序文件中，若要定义一个只允许本源文件中所有函数使用的全局变量，则该变量需要使用的存储类别是_____。
    A．register   B．static   C．auto   D．extern
(10) 以下叙述中不正确的是_____。
    A．在不同的函数中可以使用相同名字的变量
    B．函数中的形参是局部变量
    C．在一个函数内定义的变量只于本函数范围内有效
    D．在一个函数内的复合语句中，定义的变量于本函数范围内有效
(11) 在C语言中，函数的数据类型是指_____。
    A．函数返回值的数据类型   B．函数形参的数据类型
    C．调用该函数时实参的数据类型   D．任意指定的数据类型
(12) 如果一个变量在整个程序运行期间都存在，但仅在说明其函数内是可见的，那么这个变量的存储类型应该被说明为_____。
    A．静态变量   B．动态变量   C．外部变量   D．内部变量
(13) 在C语言程序中，以下正确的描述是_____。
    A．函数的定义可以嵌套，但函数的调用不可以嵌套
    B．函数的定义不可以嵌套，但函数的调用可以嵌套
    C．函数的定义和函数的调用均不可以嵌套
    D．函数的定义和函数的调用均可嵌套
(14) 设有如下程序

```c
#include<stdio.h>
int digits(int n)
{
    int c=0;
    do{
    c++;
    n/=10;
    }while(n);
    return c;
}
main()
{
    printf("%d",digits(824));
}
```

    程序运行结果是_____。
    A．8   B．3   C．4   D．5

2．填空题

(1) 从函数定义的角度看，函数可分为_____和_____两种。
(2) 调用带参数的函数时，实参表列中的实参必须与函数定义时的形参_____相同、_____相符。
(3) C语言程序中，函数不允许嵌套_____，但允许嵌套_____。

（4）下面程序的功能是显示具有 n 个元素的数组 s 中的最大元素。请为程序填空。
```
#include<stdio.h>
#define N 20
int fmax(int s[],int n);
main()
{ int i,a[N];
  for(i=0;i<N;i++)
  scanf("%d",&a[i]);
  printf("%d\n",_____);
}
fmax(int s[],int n)
{ int k,p;
  for(p=0,k=p;p<n;p++)
  if(s[p]>s[k]) _____;
  return(s[k]);
}
```

（5）以下程序是计算学生的年龄。已知第 1 个最小的学生年龄为 10 岁，其余学生的年龄一个比一个大 2 岁，求第 5 个学生的年龄。请为程序填空。
```
#include <stdio.h>
age( int n )
{ int c;
  if( n==1 ) c=10;
  else c= _____;
  return(c);
}
main()
{ int n=5;
  printf("age:%d\n", _____);
}
```

（6）输入 n 值，输出高度为 n 的等边三角形，如当 n=4 时的图形如下：

　*

　**

　***

　****

请为程序填空。
```
#include <stdio.h>
void prt( char c, int n )
{ if( n>0 )
  { printf( "%c", c );
    _____ ;
  }
}
main()
{ int i, n;
  scanf("%d", &n);
  for( i=1; i<=n; i++ )
  { _____ ;
    _____ ;
    printf("\n");
  }
}
```

3. 程序分析题

（1）阅读下列程序，写出程序运行的输出结果。
```
char st[ ] = "hello,friend!";
void func1 (int i
```

```
    {
      printf ("%c", st[i]);
      if (i < 3) { i += 2; func2 (i); }
    }
    void func2 (int i)
    {
      printf("%c", st[i]);
      if (i < 3) { i += 2; func1 (i); }
    }
    void main( )
    {
      int i = 0; func1(i); printf("\n");
    }
```

(2) 阅读下列程序，写出程序运行的输出结果。
```
    int f (int n)
    {
      if (n == 1) return 1;
      else return f (n - 1) + 1;
    }
    void main( )
    {
      int i, j = 0;
      for (i = 1; i < 3; i++) j += f(i);
      printf("%d\n", j);
    }
```

(3) 阅读下列程序，写出程序运行的输出结果。
```
    void incre( );
    int x = 3;
    void main( )
    { int i;
      for (i = 1; i < x; i++) incre( );
    }
    void incre( )
    { static int x = 1;
      x *= x + 1;
      printf("%d", x);
    }
```

(4) 阅读下列程序，写出程序运行的输出结果。
```
    #include <stdio.h>
    func(int a,int b)
    { int c;
      c=a+b;
      return(c);
    }
    main()
    { int x=6,y=7,z=8,r ;
      r=func((x--,y++,x+y),z--);
      printf("%d\n",r);
    }
```

(5) 阅读下列程序，写出程序运行的输出结果。
```
    #include <stdio.h>
    void num()
    { extern int x,y;
      int a=15,b=10;
      x=a-b;
      y=a+b;
    }
```

```
  int x,y;
main()
{ int a=7,b=5;
  x=a-b;
  y=a+b;
  num();
  printf("%d,%d\n",x,y);
}
```

4．编程题

（1）编写递归函数，求出斐波纳契数列的前 40 项。

（2）编写程序，输入长方体的长、宽、高（l、w、h），求体积及三个面（l*w、l*h、w*h）的面积。

（3）编写程序，使给定的一个 5×5 的二维整型数组转置，即行、列互换。

（4）编写程序，输入一个十六进制数，输出相应的十进制数。

（5）编写程序，使输入的一个字符串按反序存放。

第 8 章 指　针

指针是 C 语言的重要概念，也是体现 C 语言特色的部分。应用好指针将充分体现 C 语言简洁、紧凑、高效等优势，提高程序的编译效率和执行速度。因此，掌握指针的内容是深入理解 C 语言特性和运用编程技巧的重要环节，也是学习使用 C 语言的难点。可以说，不理解指针的概念就没有掌握 C 语言的精华。

本章介绍指针和地址、指针变量、指针和数组、指针和字符串、指针和函数、指向指针的指针等内容。

8.1　指针和地址

指针是一种十分重要的数据类型。利用指针变量可以直接对内存中各种不同结构的数据进行快速处理，正确使用指针可以设计出简洁明快、性能强、代码紧凑、质量高的程序。

指针与内存有着密切的联系，为了正确理解指针的概念，必须了解计算机系统中数据存储的读取方式。首先需要区分三个较为相近的概念：名称、地址和内容（值）。名称是给内存空间取的一个容易记忆的名字；内存中的字节都有编号，就是地址；在地址所对应的内存单元中存放的数值即为内容（值）。在计算机中，所有数据都是存放在存储器中的。一般把存储器中的 1 字节称为 1 个内存单元，不同的数据类型所占用的内存单元数不等，若在程序中定义了变量，对程序进行编译时，系统就会为这些变量分配与变量类型相符合的相应长度空间的内存单元。如 TURBO C2.0 中对整型变量分配 2 字节，Visual C++ 6.0 中对整型变量分配 4 字节。为了正确地访问这些内存单元，需要为每个内存单元编上号，这些内存单元的编号称为地址。

为了帮助大家理解三者之间的关系，以下举例说明。教师办公楼中每个房间都有一个编号，如 101，102，…，201，202，…。当各房间被分配给相应的职能部门后，就挂起了部门名称，如教学秘书办公室、软件工程教研室、教学办公室等，如果要找教学秘书（按内容找），就可以去找教学秘书办公室（按名称找），也可以去找 101 房间（按地址找），所以，对一个存储空间的访问既可以通过其名称，也可以通过其地址。

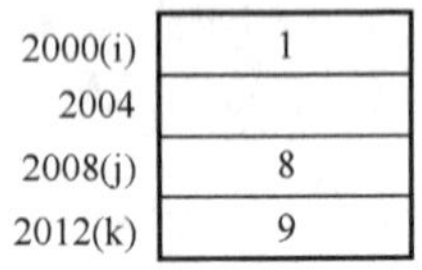

2000(i)	1
2004	
2008(j)	8
2012(k)	9

图 8-1　名称、地址和内容关系示意

C 语言规定编程时必须先说明变量名、数组名，这样编译系统才会给变量或数组分配内存单元。系统根据程序中定义的变量类型，分配相应长度的空间，如 int i,j,k;语句定义了 i、j、k 三个整型变量，C 编译系统在编译过程中为这三个变量分配空闲的内存空间，并记录下各自对应的地址，如图 8-1 所示。

从用户角度看，访问变量 i 和访问地址 2000 是对同一空间的两种访问形式；而对系统来说，对变量 i 的访问归根结底还是对地址的访问，因而若在程序中执行如下赋值语句：i=1,j=8,k=9;则编译系统就会将数值 1、8、9 依次填充到地址为 2000、2008、2012 的内存空间中。系统的变量访问形式可分成以下两种。

（1）直接访问

用变量名对变量进行访问属于直接访问，源程序经过编译后，使变量名和变量地址之间发生直接对应关系，对变量名的访问就是通过地址对变量的访问。

（2）间接访问

将变量的地址存放在一种特殊变量中，借用这个特殊变量进行访问。如图 8-2 所示，特殊变量 ipx 存放的内容是变量 x 的物理地址，通过访问变量 ipx 来间接访问变量 x。

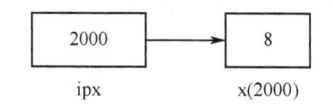

```
    ┌──────┐      ┌──────┐
    │ 2000 │─────▶│  8   │
    └──────┘      └──────┘
      ipx          x(2000)
```

图 8-2　通过特殊变量访问变量

在 C 语言中，一个变量的地址称为该变量的指针。如果变量 ipx 中的内容是另一个变量 x 的地址，则称变量 ipx 指向变量 x，或称 ipx 是指向变量 x 的指针变量，所以变量的指针即为变量的地址，而存放其他变量地址的变量是指针变量。

8.2　指针变量

8.2.1　指针变量的定义

在 C 语言中规定所有变量在使用之前必须定义、指定其类型，并按此分配内存单元。指针变量不同于整型变量、字符型变量等，它专门用于存放地址，这个地址既可以是变量的地址，也可以是其他数据结构的地址。所以对指针变量的定义必须包含以下内容：

（1）指针类型说明（用*号表示），即定义变量为一个指针变量；

（2）指针的变量名；

（3）指针值所指向的变量数据类型。

其一般形式为

```
类型说明符  *变量名；
```

其中，*表示一个指针变量，变量名表示定义的指针变量名，类型说明符表示本指针变量所指向的变量数据类型。

例如：
```
int *p0;
```

表示 p0 是一个指针变量，它的值是某个整型变量的地址。或者说 p0 指向一个整型变量。至于 p0 究竟指向哪个整型变量，应由向 p0 赋予的地址决定。

例如：
```
int *p1;
float *p2;
char *p3;
```

表示定义了三个指针变量 p1、p2、p3，其中 p1 用于指向一个整型变量，p2 用于指向一个实型变量，p3 用于指向一个字符型变量。换句话说，p1、p2、p3 可以分别存放整型变量的地址、实型变量的地址、字符型变量的地址。

注意：

（1）C 语言规定所有变量必须先定义后使用，指针变量也不例外，为了表示指针变量是存放地址的特殊变量，定义变量时应在变量名前加"*"。

（2）指针变量名是 p0、p1、p2、p3，而不是*p0、*p1、*p2、*p3，指针前面的"*"表示该变量的类型为指针型变量。

（3）一个指针变量只能指向同类型的变量，如指针变量 p2 只能指向浮点变量，不能时

| 173

而指向一个浮点变量，时而又指向一个字符变量，其基类型在定义指针时必须指定。

（4）定义指针变量时，不仅要定义指针变量名，还必须指出指针变量所指向的变量类型，即基类型，或者说，一个指针变量只能指向同一数据类型的变量。由于不同类型的数据在内存中所占的字节数不同，如果同一指针变量一会儿指向整型变量，一会儿指向实型变量，就会使该系统无法管理变量的字节数，从而引发错误。

8.2.2 指针变量的赋值

指针变量同普通变量一样，使用之前不仅要定义说明，而且必须赋予具体的值。未经赋值的指针变量不能使用，否则将造成系统混乱，甚至死机。指针变量的赋值只能赋予地址，不能赋予任何其他数据，否则将引起错误。在 C 语言中，变量的地址是由编译系统分配的，用户不知道变量的具体地址。

设有指向整型变量的指针变量 p，如要把整型变量 a 的地址赋予 p 可以有以下两种方式。

（1）指针变量初始化的方式
```
int a;
int *p=&a;
```
（2）赋值语句的方式
```
int a;
int *p;
p=&a;
```

以上两种方式均将变量 a 的地址存放到指针变量 p 中，这时 p 就指向了变量 a，如图 8-3 所示。

不允许直接把一个数赋予指针变量，如下面的赋值语句是错误的：
```
int *p;
p=1000;
```

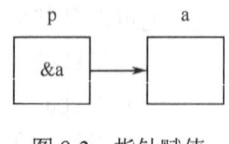

图 8-3 指针赋值

被赋值的指针变量前不能再加"*"说明符，如下写法也是错误的：
```
*p=&a;
```

【例 8.1】 通过指针变量访问整型变量。
```
#include <stdio.h>
void main()
{
    int x;int *p1;
    x=8;
    p1=&x;
    printf("%d\n",x);
    printf("%d\n",*p1);
}
```

程序运行情况：
```
8
8
```

程序说明：程序中第 4 行语句定义了指针变量 p1，但未指向任何一个整型变量，只是规定它可以指向整型变量。至于指向哪个整型变量，要在程序语句中指定。第 6 行语句将变量 x 的地址赋值给 p1，作用就是使 p1 指向 x。第 8 行语句的*p1 就是变量 x，取得变量 x 中的数据 8，由于分别采用变量名直接访问和指针变量间接访问两种不同访问方式，所以第 7、8 行语句输出结果是一样的。

需要注意的是，程序中出现了两次*p1。第 4 行语句的*p1 表示定义一个指针变量 p1，其前面的"*"只是表示该变量是指针变量。而第 8 行 printf 函数中的*p 代表指针变量 p 所指向的变量。

【例 8.2】 通过指针变量求两个整数的和与积。

```c
void main()
{
    int a=100,b=200,s,t,*pa,*pb;
    pa=&a;
    pb=&b;
    s=*pa+*pb;
    t=*pa**pb;
    printf("a=%d\nb=%d\na+b=%d\na*b=%d\n",a,b,a+b,a*b);
    printf("s=%d\nt=%d\n",s,t);
}
```

程序运行情况：
```
a=100
b=200
a+b=300
a*b=20000
s=300
t=20000
```

程序说明：程序中第 3 行语句定义了两个整型指针变量 pa 和 pb。第 4、5 行语句分别给指针变量 pa 赋值变量 a 的地址，给指针变量 pb 赋值变量 b 的地址。第 6 行语句是求 a+b（*pa 就是 a、*pb 就是 b）。第 7 行语句求 a*b。第 8、9 行语句输出了 a+b 和 a*b 的结果。

【例 8.3】 通过指针变量求三个整数的最大数和最小数。

```c
void main()
{
    int a,b,c,*pmax,*pmin;
    printf("input three numbers:\n");
    scanf("%d %d %d",&a,&b,&c);
    if(a>b)
        { pmax=&a;
          pmin=&b;  }
    else
        { pmax=&b;
          pmin=&a;  }
    if(c>*pmax)  pmax=&c;
    if(c<*pmin)  pmin=&c;
    printf("max=%d\nmin=%d\n",*pmax,*pmin);
}
```

程序说明：程序中第 3 行语句定义了两个整型指针变量 pmax 和 pmin。第 4 行语句为输入提示。第 5 行语句输入了三个数字。接着判断两个数的大小，将 pmax 变量中存放较大数的地址，pmin 变量中存放较小数的地址，再将第三个数与以上较大数和较小数进行比较，最后输出，从而得到三个数中的最大数和最小数。

8.2.3 指针运算符与指针表达式

在 C 语言中有两个关于指针的运算符。

（1）取地址运算符（&）

取地址运算符（&）是单目运算符，其结合性为自右至左，功能是取变量的地址，如&a 是变量 a 的地址。在 scanf 函数及前面介绍的指针变量赋值中，已经了解并使用了&运算符。

（2）取内容运算符（*）

取内容运算符（*）是单目运算符，其结合性为自右至左，用来表示指针变量所指变量的值。在*运算符之后跟的变量必须是指针变量，如*p 为指针变量 p 所指向的存储单元的内容，即所指向的变量的值。

需要注意的是，指针运算符和指针变量说明中的指针说明符不是一回事。在指针变量说明中，"*"是类型说明符，表示其后的变量是指针类型。而表达式中出现的"*"则是一个运算符，用以表示指针变量所指的变量。

如果在程序中已经执行了以下语句：
```
int a;
int *p1,*p2;
p1=&a;
p2=&*p1;
```

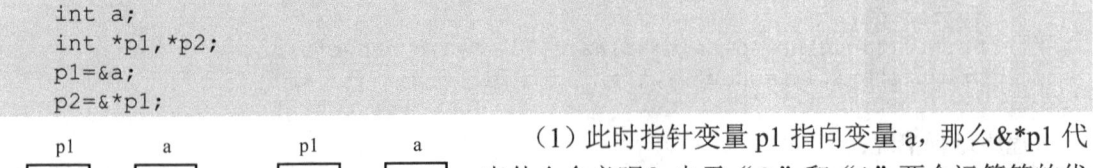

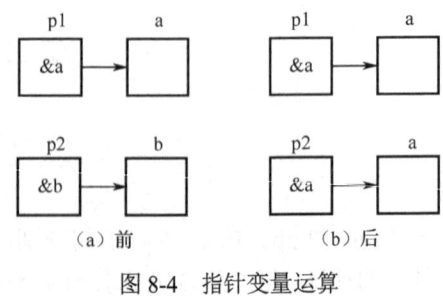

（1）此时指针变量 p1 指向变量 a，那么&*p1 代表什么含义呢？由于"&"和"*"两个运算符的优先级相同，按照自右至左结合，先进行*p1 的运算，就是变量 a。这时&*p1 就等价于&a。那么对于语句"p2=&*p1;"来说，它的作用就是将 a 的地址赋给 p2，如果在此之前 p2 指向的是 b，如图 8-4（a）所示，则经过赋值语句"p2=&*p1;"后的结果如图 8-4（b）所示。

图 8-4 指针变量运算

（2）*&a 的含义是什么呢？先进行&a 的运算，得知&a 等价于 p1，那么*&a 可以简化为*p1，又知*p1 就是 a，即*&a 与 a 等价。

（3）(*p1)++、*p1++与*(p1++)是否等价呢？++与*的优先级相同，结合方向都是自右至左，因此*p1++与*(p1++)等价。由于++在 p1 的右侧，是先使用后加 1，因此先对 p1 的原值进行*运算，得到 a 的值，然后改变 p1 的值，这样 p1 就不会再指向 a 了。而(*p1)++相当于 a++，就是将变量 a 的值加 1。

【例 8.4】 统计一个字符串中有效字符的个数。
```
#include<stdio.h>
void main()
{
    int fun(char *);
    char str[]={"Jiangxi University of Science and Technology!"};
    printf("%d\n",fun(str));
}
int fun(char *s)
{
    char *pt=s;
    int i=0;
    while(*pt++) i++;
    return i;
}
```

程序运行情况：
45

程序说明：在程序的第 4 行语句中，首先对被调函数 fun 进行原型声明，其形参是一个字符型指针变量。然后定义了字符数组 str，在 printf 函数的输出项中调用 fun 函数。程序执行到 fun 函数时，形参 s 获得实参 str 传递的值，即"Jiangxi University of Science and Technology!"字符串的首地址。在 fun 函数中定义了局部字符型指针变量 pt 和整型变量 i，将 s 获得的值赋给 pt，即将字符串的首地址赋值给它。在 while 循环中 pt 顺字符串逐个字符扫描，每扫描一个有效字符，变量 i 加 1。起计数器作用的变量 i 其值最终作为 fun 函数返回值返回到主调函数调用的地方。

注意：

（1）如果已执行赋值语句"p1=&a;"，则"&*p1"的值是&a。因为"*"与"&"的运算符优先级相同，根据自右至左结合的特性，可以视为"&(*p1)"，所以先进行*p1的运算得到变量a，再进行&运算得到的值为变量a的地址。

（2）如果已执行赋值语句"a=200;"，则*&a的值是a，即200。因为先进行&a运算得到a的地址，再进行*运算，得到a地址内容a的值。

（3）指针加1，并不是纯加1，而是加一个所指变量的字节个数。例如：

```
int *p1;int x=200;
p1=&x;
p1++;
...
```

假如x的地址是1000，占4字节，p1++后p1的值为1004，而非1001，如图8-5所示。如果p1是指向实型单精度变量的指针变量，占4字节，其初值为1004，则p1++后p1的值为1008。

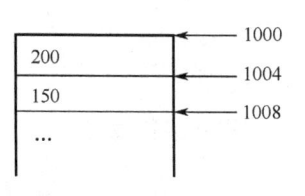

图8-5 指针运算的地址变化

8.2.4 指针变量引用

在C语言中，变量的地址是由编译系统分配的，用户不需要知道变量的具体地址。利用指针变量能够提供对变量的一种间接访问形式。对指针变量的引用形式为

```
* 指针变量
```

其含义是指针变量所指向的值。下面举例说明指针变量引用方法。

【例8.5】 用指针变量进行输入/输出。

```
void main ( )
{
  float *pi,x;
  scanf("%f",&x);
  pi=&x ;              /*指针pi指向变量x * /
  printf("%.0f",*pi);   /*pi是对指针所指变量的引用形式，与此x意义相同* /
}
```

程序运行情况：

```
8
8
```

上述程序可修改为

```
void main()
{
   float *pi,x;
   pi=&x;
   scanf("%f",pi);      /*pi是变量x的地址，可以替换&x * /
   printf("%f", x);
}
```

其程序功能完全相同。

8.2.5 指针变量作为函数的参数

前面已介绍了整型、实型等基本数据类型可作为函数的参数，实际上指针也可作为函数参数来使用，它的作用是把地址传给被调函数。下面通过一个例子来说明。

【例8.6】 输入a和b，按从小到大的顺序输出。

```
void swap(int *p1,int *p2)
{   int t;
    t=*p1;
```

```
       *p1=*p2;
       *p2=t;
}
void main()
{ int a,b;
   int *q1,*q2;
   q1=&a;
   q2=&b;
   scanf("%d,%d",q1,q2);
   printf("%d,%d\n",q1,q2);
   if(a>b)swap(q1,q2);
   printf("%d,%d\n",a,b);
   printf("%d,%d\n",q1,q2);
}
```

程序运行情况：

9,3✓   （输入 9、3 并按 Enter 键）
_ _,_ _   （输出的结果）
3,9   （输出的结果）
_ _,_ _   （输出的结果）

其中 _ _ 表示 q1 和 q2 的地址值（随计算机系统的不同而不同），从程序的输出结果可以看出，虽然 a 和 b 的值发生交换，但 q1 和 q2 的值并未交换。

【例 8.6】中，在被调函数 swap 中形参 p1 和 p2 为指针型变量，该函数的作用是交换两个变量的值。程序运行时，先执行 main 函数，输入两个数 9 和 3 给变量 a 和 b。将 a 和 b 的地址分别赋值指针变量 q1 和 q2，然后执行 if 语句，由于 a>b，因此执行 swap 函数。在调用过程中，首先将实参 q1 和 q2 的值传递给形参 p1 和 p2，经虚实结合后，形参 p1 指向变量 a，形参 p2 指向变量 b，如图 8-6（a）所示。接着执行 swap 函数，将*p1 和*p2（a 和 b）中的值交换，互换后的情况如图 8-6（b）所示。函数调用结束后，形参 p1 和 p2 将释放，如图 8-6（c）所示。最后在 main 函数中输出的 a 和 b 的值即为交换后的值(a=3,b=9)，由于 q1 和 q2 在调用 swap 函数前、后没有改变，main 函数两次输出的 q1 和 q2 的值均相等。

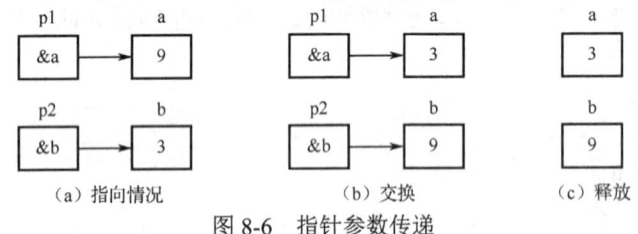

```
 p1     a           p1     a           a
[&a]→[ 9 ]         [&a]→[ 3 ]        [ 3 ]

 p2     b           p2     b           b
[&b]→[ 3 ]         [&b]→[ 9 ]        [ 9 ]

 (a) 指向情况        (b) 交换           (c) 释放
```

图 8-6 指针参数传递

以下两种情况需特别注意：
（1）中间变量定义成指针类型变量
```
void swap(int *p1,int *p2)
{ int *t;
  *t=*p1;
  *p1=*p2;
  *p2=*t;
}
```
函数将出现语法错误，原因是变量 t 无指向，所以不能引用变量*t。

（2）被调函数中的地址交换
```
void swap(int *p1,int *p2)
{ int *t;
  t=p1;
  p1=p2;
  p2=t;
}
```

swap 函数调用结束后，变量 a 和 b 中的值没有交换。原因是 swap 函数交换了变量 p1 和 p2 的值，所以无法通过值传递形式返回主函数中的 p1 和 p2，如图 8-7 所示。

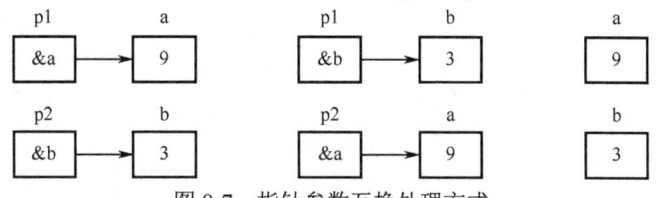

图 8-7　指针参数互换处理方式

将【例 8.6】修改如下：

```
void swap(int *p1,int *p2)
{  int  *t;
   t=p1;
   p1=p2;
   p2=t;
}
void main()
{
   int a,b;
   int *q1,*q2;
   q1=&a;
   q2=&b;
   scanf("%d,%d",q1,q2);
   printf("%d,%d\n",q1,q2);
   if(a>b)swap(q1,q2);
   printf("%d,%d\n",a,b);
   printf("%d,%d\n",q1,q2);
}
```

程序运行情况：

```
9,3✓         （输入 9、3 并按 Enter 键）
_ _,_ _      （输出的结果）
9,3          （输出的结果）
_ _,_ _      （输出的结果）
```

（3）利用普通变量作为函数参数

```
void swap(int x,int y)
{  int  t;
   t=x;
   x=y;
   y=t;}
main()
{
...
swap(a,b)
...
}
```

主函数 main 中直接将 a 和 b 作为实参传递给 swap 函数，形参数据在 swap 函数中交换后并不返回主函数 main，如图 8-8 所示。

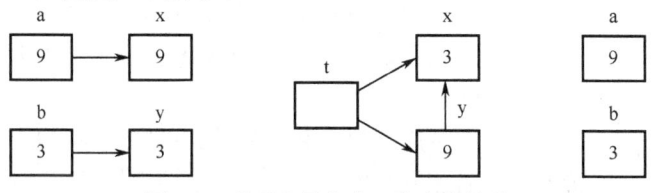

图 8-8　普通变量作为函数参数传递

将【例 8.6】修改如下：
```
void swap(int x,int y)
{   int  t;
     t=x;
     x=y;
     y=t;
}
void main()
{
  int a,b;
  int *q1,*q2;
  q1=&a;
  q2=&b;
  scanf("%d,%d",q1,q2);
  if(a>b)swap(a,b);
  printf("%d,%d\n",a,b);
}
```

程序运行情况：

9,3↙   （输入 9、3 并按 Enter 键）
9,3   （输出的结果）

注意：C99 标准中增加了指针的 restrict 类型修饰符，它是初始访问指针所指对象的唯一途径，因此只有借助 restrict 指针表达式才能访问对象。restrict 指针主要用于函数变元，或者指向由 malloc()所分配的内存变量。restrict 指针的数据类型不会改变程序的语义。如果某个函数定义了两个 restrict 指针变元，编译程序就假定它们指向两个不同的对象。C89 标准中 memcpy()原型 void *memcpy (void *s1, const void *s2, size_t size);，如果 s1 和 s2 所指向的对象重叠，其操作就是未定义的，也就是该函数只能用于不重叠的对象。C99 标准中定义 memcpy()原型 void *memcpy(void *restrict s1, const void *restrict s2,size_t size);，通过使用 restrict 指针修饰 s1 和 s2 变元，可确保它们在该原型中指向不同的对象。

8.3 指针和数组

数组是由若干相同类型的元素构成的有序序列，这些元素在内存中占据了一组连续的存储空间，每个元素都有一个地址。数组的地址是指数组的起始地址，这个起始地址也称为数组的指针。

8.3.1 指向数组的指针

如果一个变量中存放了数组的起始地址，那么该变量称为指向数组的指针变量。指向数组的指针变量的定义遵循一般指针变量定义规则。它的赋值与一般指针变量的赋值相同。例如：
```
int m[5],*p;
p=&m[0];
```

注意：如果数组为 int 型，则指针变量必须指向 int 类型。上述语句组的功能是将指针变量 p 指向 m[0]，由于 m[0]是数组的第 1 个元素，其地址也一定是数组 m 的首地址，所以指针变量 p 指向数组 m，如图 8-9 所示。

C 语言中规定数组名代表数组的首地址，所以下面两个语句是等价的，具有相同功能。

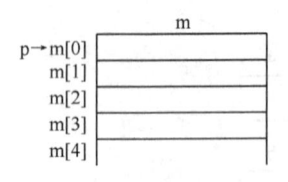

图 8-9 数组及其指针

```
p=a;
p=&a[0];
```

允许用一个已经定义过的数组地址作为定义指针时的初始化值。例如：
```
float score[10];
float *pf=score;
```
注意：上述语句的功能是将数组 score 的首地址赋给指针变量 pf，这里的*是定义指针类型变量的说明符。

8.3.2 通过指针引用数组元素

已知指向数组的指针后，数组中各元素的起始地址就可以通过起始地址加相对值的方式来获得，从而增加了访问数组元素的渠道。

C 语言规定，如果指针变量 p 指向数组中的一个元素，则 p+1 指向同一数组中的下一个元素（而不是简单地将 p 的值加 1）。如果数组元素类型是整型，每个元素占 4 字节，则 p+1 意味着将 p 的值加 4，使它指向下一个元素。因此，p+1 所代表的地址实际上是 p+1*d，d 是一个数组元素所占的字节数（对整型数组，d=4；对 short 型数组，d=2；对实型数组，d=4；对字符型数组，d=1）。

1．地址表示法

当 p 定义为指向 a 数组的指针变量后，数组元素的地址就可以用多种不同的方法进行表示。例如，数组元素 a[3]的地址有三种不同的表示形式：
```
p+3,a+3,&a[3]
```

2．数组元素的引用法

与地址表示法相对应，数组元素的引用也有多种表示法。例如，数组元素 a[5]可通过下列三种形式进行引用和访问：
```
*(p+5),*(a+5),a[5]
```

3．指针变量加下标

指向数组的指针变量可以带下标，如 p[5]与*(p+5)等价。

4．指针变量与数组名的引用区别

指针变量可以取代数组名进行操作，数组名表示数组的首地址，属于常量，它不能完全取代指针变量进行操作。例如，设 p 为指向数组 a 的指针变量时，使用 p++可以，但 a++不行。

5．++与+i 不等价

用指针变量对数组逐个访问时，一般有两种方式，即*(p++)或*(p+i)。表面上这两种方式没有多大区别，但实际上差异很大，如 p++不必每次都重新计算地址，这种自加操作方式能大大提高执行效率。

根据以上叙述，引用一个数组元素有以下两种方法。

（1）下标法。通过数组元素序号来访问数组元素，采用 a[i]形式表示。

（2）指针法。通过数组元素的地址来访问数组元素，采用*(p+i)或*(a+i)的形式表示。

【例 8.7】 任意输入 10 个数，并按逆序输出。

（1）下标法访问数组
```
void main()
{
   int a[10],i;
   for(i=0;i<10;i++)
   scanf("%d",&a[i]);
   printf("\n");
   for(i=9;i>=0;i--)
   printf("%d",a[i]);
}
```

（2）数组名访问数组
```c
void main()
{
    int a[10], i;
    for(i=0;i<10;i++)
    scanf("%d",&a[i]);
    printf("\n");
    for(i=9;i>=0;i--)
    printf("%d",*(a+i));
}
```

（3）指针变量访问数组

方法一：
```c
void main()
{
    int a[10],i,*p;
    for(i=0;i<10;i++)
    scanf("%d",&a[i]);
    printf("\n");
    for(i=9;i>=0;p--)
    printf("%d",*(p+i));
}
```

方法二：
```c
void main()
{int a[10],i,*p;
    p=a;
    for(i=0;i<10;i++)
    scanf("%d",p+i);
    printf("\n");
    for(p=a+9;p>=a;p--)
    printf("%d",*p);
}
```

将上述三种算法比较如下：

① 【例 8.7】中（1）、（2）和（3）中的"方法一"执行效率是相同的，编译系统需要将 a[i]转换成*(a+i)进行处理，即先计算地址再访问数组元素。

②（3）中的"方法二"执行效率比其他方法高，因为它有规律地改变了地址值的方法(p--)，从而大大提高了执行效率。

③ 要注意指针变量的当前值。请看下面程序，分析其能否达到依次输出 10 个数组元素的目的，为什么？

```c
void main()
{
    int a[10],i,*p;
    p=a;
    for(i=0;i<10;i++)
    scanf("%d",p++);
    printf("\n");
    for(i=0;i<10;i++, p++)
    printf("%d",*p);
}
```

如果指针变量 p 指向数组 a，比较以下表达式的含义。

① 表达式*p++。由于++与*运算符优先级相同，结合方向为自右至左，故*p++的作用是先得到*p 的值，再使 p+1→p。表达式*p--的作用是先得到*p 的值，再使 p-1→p。

② 表达式*++p。先使 p+1→p，再得到*p 的值。表达式*--p 的作用是先使 p-1→p，再得到*p 的值。

③ 表达式(*p)++。表示 p 所指向的数组元素值(*p)加 1，变量 p 的值不会改变。(*p)--表示 p 所指向的数组元素的值(*p)减 1。

8.3.3 数组名作为函数参数

正如在函数部分所述，数组名也可作为函数的参数，例如：
```
main()
{
int a[9];
…
sort(a,9);
…
}
sort(int x[],int n)
{
   …
}
```

由于数组名代表数组的首地址，故在函数调用时（sort(a,9);）按"虚实结合"的原则，把以数组名 a 为首地址的内存变量区传递给被调函数中的形参数组 x，使得形参数组 x 与主调函数的数组 a 具有相同的地址。所以在 sort 函数中（这块内存区）数据发生变化的结果就是主调函数中数据的变化，如图 8-10 所示。这种现象似乎被调函数有多个值返回主函数，实际上还是严格遵照"单向"传递原则的。

有了指针的概念后，我们对数组名作为函数参数就有了进一步的认识。实际上，能够接收并存放地址值的形参只能是指针变量，C 语言的编译系统都是将形参数组名作为指针变量来处理的。因此，sort 函数的首部也可以写成

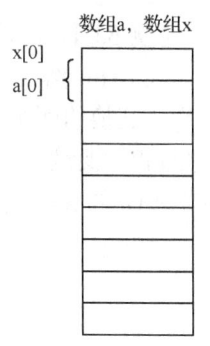

图 8-10 数组名作为函数参数调用

```
sort(int *x,int n)
```

在函数调用过程中，x 先要接收实参数组 a 的首地址，也就指向了数组元素 a[0]。由于指针变量 x 指向数组后，就可以带下标，即 x[i]与*(x+i)等价，它们都代表数组中下标为 i 的元素。

因为函数参数有实参、形参之分，所以数组指针作为函数参数具有以下三种情况。

（1）形参、实参为数组名

在第 7 章中已做详细介绍。

（2）形参是指针变量，实参是数组名

【例 8.8】 用选择法对 10 个整数进行排序。
```
void main()
{
  int *p, i, a[10];
  p=a;
  for( i=0; i<10; i++)   scanf("%d",p++);
  p=a;
  sort(p,10);
  for( p=a,i=0; i<10; i++)
    { printf("%5d",*p);p++;}
}
void sort(int x[],int n)
{
  int i, j, k, t;
  for(i=0; i<n-1; i++)
  { k=i;
```

| 183

```
        for(j=i+1; j<n; j++)
            if(x[j]>x[k]) k=j;
        if(k!= i)
          { t=x[i];
            x[i]=x[k];
            x[k]=t;
          }
    }
}
```

程序运行情况：

```
0 -2 12 9 -56 100 3 1 10 2↙
100 12 10 9 3 2 1 0 -2 -56
```

程序分析： 形参是数组 x，函数调用时，它接收数组 a 的首地址，即 x 是数组 a 的代名词，在 sort 函数中可以通过 x 访问数组 a 的每个元素。选择法排序的基本思想是，每一趟在 n-i+1（i=1,2,…,n-1）个记录中选取关键字最大的作为有序序列中第 i 个记录。返回主函数 main 后，可以输出按从大到小排序的数组。

（3）形参、实参均为指针变量

【例 8.9】 将数组 a 中前 n 个元素按相反顺序存放。

设 n=6，解此算法要求将 a[0]与 a[5]交换，a[1]与 a[4]交换，a[2]与 a[3]交换。通过分析，发现被交换的两个数组元素下标的和为 n-1（5）。下面用循环方式来处理此问题，设定两个"位置指针变量" i 和 j，i 的初值为 x，j 的初值为 x+n-1，先将 a[i]与 a[j]交换，并将 i 增加 1，j 减少 1，再交换 a[i]与 a[j]，直到 i>=j 时结束循环，如图 8-11 所示。

| 2 | 4 | 6 | 8 | 10 | 12 | 14 | 16 | 18 | 20 |
| 12 | 10 | 8 | 6 | 4 | 2 | 14 | 16 | 18 | 20 |

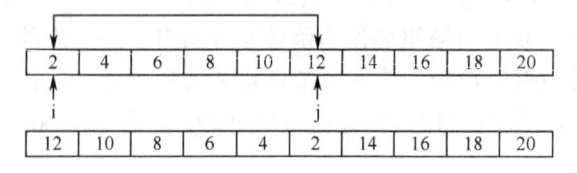

图 8-11 【例 8.9】示意

```c
#include<stdio.h>
void inv(int *x,int n)              /*形参 x 为指针变量*/
{
  int *i,*j,temp;
  for(i=x,j=x+n-1;i<j;i++,j--)
    {temp=*i;*i=*j;*j=temp;}
}
void main()
{
  int i,n,a[10]={2,4,6,8,10,12,14,16,18,20};
  int *p;
  printf("the original array:\n");
  for(i=0;i<10;i++)
    printf("%d,",a[i]);
  printf("\n");
  p=a;                              /*为指针变量 p 赋值*/
  printf("input to n:\n");
  scanf("%d",&n);
  inv(p,n);                         /*实参 p 为指针变量*/
  printf("the array after invented:\n");
  for(p=a;p<a+10;p++)
    printf("%d,",*p);
  printf("\n");
}
```

程序运行情况：
```
the original array:
2,4,6,8,10,12,14,16,18,20
input to n:
6↙                              （输入 6 并按 Enter 键）
12,10,8,6,4,2,14,16,18,20       （输出结果）
```
程序分析：若实参为指针变量，则在调用函数前必须给指针变量赋值，使它指向某个数组，如本例中的第 1 个"p=a;"语句。本程序显示前 6 个整数按逆序排列后的结果。

8.3.4 指向多维数组的指针和指针变量

用指针变量可以指向一维数组，也可以指向多维数组。多维数组的首地址称为多维数组的指针，存放这个指针的变量称为指向多维数组的指针变量。多维数组的指针并不是一维数组指针的简单拓展，在概念上和使用上，它比指向一维数组的指针更复杂。

多维数组的首地址是这片连续存储空间的起始地址，它既可以用数组名表示，也可以用数组中第 1 个元素的地址表示。

以二维数组为例，设一个二维数组 s[3][4]，其定义如下：
`int s[3][4]={{0,2,4,6},{1,3,5,7},{9,10,11,12}};`

这是一个 3 行 4 列的二维数组，如图 8-12 所示，s 数组包含 3 行，即由 3 个元素 s[0]、s[1]、s[2]组成。而每一行又是一个一维数组，共包含 4 个元素，如 s[0]包含 s[0][0]、s[0][1]、s[0][2]、s[0][3]。

s[0]	2000 0	2004 2	2008 4	2012 6
s[1]	2016 1	2020 3	2024 5	2028 7
s[2]	2032 9	2036 10	2040 11	2044 12

图 8-12 二维数组

从二维数组的角度看，s 代表二维数组的首地址，也是第 0 行的首地址，s+1 代表第 1 行的首地址，从 s[0]到 s[1]要跨越一个一维数组的空间（包含 4 个整型元素，共 16 字节）。若 s 数组首地址为 2000，则 s+1 为 2016；s+2 代表第 2 个一维数组的首地址，值为 2032。

s[0]、s[1]、s[2]既然是一维数组名，C 语言又规定数组名代表数组的首地址，因此 s[0]表示第 0 行一维数组的首地址，即&s[0][0]；s[1]表示第 1 行一维数组的首地址，即&s[1][0]；s[2]表示第 2 行一维数组的首地址，即&s[2][0]。s[0]+1 表示第 0 行一维数组第 1 个元素的地址&s[0][1]，以此类推，对各元素内容的访问也可以写成*(s[0]+1)，*(s[1]+2)。

既然 s=s[0]，s[1]=s+1，s[2]=s+2，是否能用*(s+0+1)对 s[0][1]进行访问呢？显然是不行的。因为 s 是整个二维数组的首地址，而 s+0，s+1，s+2 是每一行数组的首地址，这时进行的是行操作，并不能对每一行中的各元素进行操作。若想利用 s 对指定行中各元素进行操作，首先必须将行操作方式转换成列操作方式，转换方式为
`s[i]=*(s+i)  i=0,1,2`

如果将二维数组 s 视为由 s[0]、s[1]、s[2]组成的一维数组，那么，s[0]=*(s+0)，s[1]=*(s+1)，s[i]=*(s+2)，所以 s[0]+1=*(s+0)+1=&s[0][1]，s[i]+j=*(s+i)+j=&s[i][j]。

总之，虽然 s=s[0]，s[1]=s+1，s[2]=s+2，但只是地址相等，操作并不相等；而 s[0]=*(s+0)，s[1]=*(s+1)，s[2]=*(s+2)不仅地址相等，操作也相等。

请认真分析和体会表 8-1 中二维数组的指针表示形式及其含义。

表 8-1　二维数组的指针表示形式及其含义

表 示 形 式	含 义	地 址
s	二维数组名，数组首地址，0 行首地址	2000
s[0],*(s+0),*s	第 0 行第 0 列元素地址	2000
s+1,&s[1]	第 1 行首地址	2016
s[1],*(s+1)	第 1 行第 0 列元素地址	2016
s[1]+2,*(s+1)+2,&s[1][2]	第 1 行第 2 列元素地址	2024
(s[1]+2),(*(s+1)+2),s[1][2]	第 1 行第 2 列元素的值	数值 5

为了帮助理解这个容易混淆的概念，举一个日常生活中的例子来说明。

有一幢三层楼，每层有四个房间，每层楼在入口处均设有一个大门，大楼有一个总大门，设大楼地址为 s，一楼门地址为 s[0]，二楼门地址为 s[1]，三楼门地址为 s[2]，通过 s+0，s+1，s+2 仅能到达各层，但并没有打开相应层的门，而*(s+0)，*(s+1)，*(s+2)能够打开该层的门，进入该层。s[0]、s[1]、s[2]是各层的地址，不存在开门的问题，因而 s[i]与*(s+i)在地址和操作上完全等价。

【例 8.10】 试分析下面程序，以加深对多维数组地址的理解。

```
#define FMT "%d,%d\n"
void main()
{
  int s[3][4]= {{0,2,4,6},{1,3,5,7},{9,10,11,12}};
  printf(FMT,s,*s);
  printf(FMT,s[0],*(s+0));
  printf(FMT,&s[0], (s+0));
  printf(FMT,s[1],*(s+1));
  printf(FMT,&s[1][0], *(s+1)+0);
  printf(FMT,s[2],*(s+2));
  printf(FMT,s[1][0],*(*(s+1)+0));
}
```

程序运行情况：
```
1703680,1703680
1703680,1703680
1703680,1703680
1703696,1703696
1703696,1703696
1703712,1703712
1,1
```

程序说明： 程序运行情况验证了哪些地址数值是一样的，对应表 8-1 的解释。二维数组的地址，既是数组第 1 个元素的地址，也是第 0 行第 0 列的地址。

注意： 地址值 1703680、1703696、1703712 等在不同的计算机运行环境中结果可能会不同。

1. 指向多维数组的指针变量

【例 8.11】 用指向元素的指针变量找出数组元素中的最大值。

```
#include<stdio.h>
void main()
{
int a[3][4]={{0,2,4,6},{1,3,5,7},{9,10,11,12}};
int *p,max=a[0][0];
for(p=a[0];p<a[0]+12;p++)
    {
    if ((p-a[0])%4==0) printf("\n");
```

```
        printf("%4d",*p);
     if(*p>=max) max=*p;
     }
printf("\n 数组元素中最大值为：%d\n",max);
}
```

程序运行情况：

```
0   2   4   6
1   3   5   7
9  10  11  12
数组元素中最大值为：12
```

程序说明：本程序段中将 p 定义成一个指向整型的指针变量，执行语句 p=a[0]后将第 0 行 0 列地址赋给变量 p，每次 p 值加 1 都会向下移动一个元素。第 8 行 if 语句的作用是使一行输出 4 个数据，然后换行。程序先假定 a[0][0]元素值最大并用 max 保存，随着 p 指针逐个取出数组元素并依次与 max 进行比较找出最大值。本程序功能是顺序输出数组中各元素的值并找出其中最大值，若要输出某个指定的数组元素，如 a[1][2]，必须先计算出该元素在数组中的相对位置（相对于数组起始位置的相对位移量）。计算 a[i][j]在数组中的相对位移量的公式为 i*m+j（其中 m 为二维数组的列数）。如上述数组中元素 a[1][2]的相对位移量为 1*4+2=6，即 p+6 表示数组元素 a[1][2]的地址。

2．指向由 m 个元素组成的一维数组的指针变量

格式：

`数据类型 (*p)[m]`

功能：指定变量 p 是一个指针变量，它指向包含 m 个元素的一维数组。

示例：

```
int  (*p)[4];
p=s;
```

程序说明：p 指向 s 数组，p++的值为 s+1，它只能对行进行操作，不能对行中的某个元素进行操作，只有将行转列后，即*(p++)，才能对数组元素进行操作。

【例 8.12】 输出二维数组中任一行任一列元素的值。

```
void main()
{
   int s[3][4]= {{0,2,4,6},{1,3,5,7},{9,10,11,12}};
   int  (*p)[4],i,j;
   p=s;
   scanf("%d,%d",&i,&j);
   printf("s[%d,%d]=%d\n",i,j,*(*(p+i)+j));
}
```

程序运行情况：

```
1,2↙      （输入 1、2 并按 Enter 键）
s[1,2]=5  （输出结果）
```

程序分析：指针变量 p 指向包含 4 个整型元素的一维数组，若将二维数组名 s 赋给 p，p+i 表示第 i 行首地址，*(p+i)表示第 i 行第 0 列元素的地址，此时将行指针转换成列指针，*(p+i)+j 表示第 i 行第 j 列元素的地址，而*(*(p+i)+j)则代表第 i 行第 j 列元素的值。

3．指向多维数组的指针作为函数参数

和一维数组的地址可以作为函数参数一样，多维数组的地址也可以作为函数参数。下面举例说明。

【例 8.13】 一个班级中有 3 个学生，各学 4 门课程，计算总平均分数，以及第 n 个学生的成绩。

```
void main()
{
```

```
    void ave(float *p,int m);
    void search(float (*p)[4] ,int n);
    float score[3][4]={{65,66,67,68},{78,79,80,81},
                       {66,67,68,69}};
    int n;
    ave(*score, 12);
    printf("enter a number to n:\n");
    scanf("%d",&n);
    search(score, n);
}
void ave(float *p,int m)
{
    float *end=p+m;
    float aver=0;
    for(;p<end;p++)
    aver=aver+*p;
    aver=aver/m;
    printf("Average=%6.2f\n",aver);
}
void search(float (*p)[4] ,int j)
{
    int i;
    for(i=0;i<4;i++)
    printf("%6.2f,",*(*(p+j)+i));
}
```

程序运行情况：

```
enter a numer to n:
2↙                         （输入 2 并按 Enter 键）
Average=71.17
62.00,67.00,68.00,69.00    （输出结果）
```

程序说明：

（1）在主函数 main 中，调用 ave 函数求数组元素平均值。在 ave 函数中形参 p 为指向实型数据的指针变量。对应的实参*score，即 score[0]，它表示第 0 行第 0 个元素的地址，于是*p 实际上代表的是 score[0][0]的值，p++指向下一个元素。形参 n 表示需求平均值的元素个数，它对应的实参是 12，表示要求二维数组所有元素的平均值。

（2）当二维数组名作为实参时，对应的形参必须是一个行指针变量。search()的形参 p 不是指向一般实型数据的指针变量，而是指向包含 4 个元素的一维数组的行指针。*(p+n)表示 score[n][0]的地址，*(p+j)+i 表示 score[j][i]的地址，*(*(p+j)+i)表示 score[j][i]的值。若 n 的值为 2，i 的值为 0～3，for 循环体表示依次输出 score[2][0]～score[2][3]的值。

8.4 指针和字符串

8.4.1 字符串的表示

我们已经介绍过字符数组，即通过数组名来表示字符串，数组名就是数组的首地址，是字符串的起始地址。实际上 C 语言中可以使用两种方法进行一个字符串的引用。

1．字符数组

将字符串的各字符（包括"\0"）依次存放到字符数组中，利用下标变量或数组名对数组进行操作。

【例8.14】 字符数组应用。
```
void main()
{
  char str[]="I am a boy.";
  printf("%s\n",str);
}
```
程序运行情况：
```
I am a boy.
```
程序说明：

① 字符数组 str 长度为空，默认的长度是字符串中字符个数外加结束标志，str 数组长度应该为 12。

② str 是数组名，它表示字符数组首地址，str+3 表示序号为 3 的元素地址，它指向 m。str[3]和*(string+3)表示数组中序号为 3 的元素的值（m）。

③ 字符数组允许用%s 格式进行整体输出。

2．字符指针

对字符串而言，也可以不定义字符数组，直接定义指向字符串的指针变量，利用该指针变量对字符串进行操作。

【例8.15】 字符指针应用。
```
void main()
{
  char *str="I am a teacher.";
  printf("%s\n",str);
}
```
程序运行情况：
```
I am a teacher.
```
程序说明：

在这里没有定义字符数组，而是定义了一个字符指针变量 str。程序将字符串常量 "I am a teacher." 按字符数组处理，在内存中开辟一个字符数组用来存放字符串常量，并把字符数组的首地址赋值字符指针变量 str。这里的 char *str="I am a teacher.";语句仅是一种 C 语言表示形式，其真正的含义是：
```
char a[]="I am a teacher.",*str;
str=a;
```
但省略了数组 a，数组 a 由 C 语言环境隐含给出，如图 8-13 所示。在输出时，用 printf("%s\n",str);语句，%s 表示输出一个字符串，输出项指定为字符指针变量 str。系统先输出它所指向的一个字符,然后自动使 str 加 1，使之指向下一个字符，再输出一个字符，直到遇到字符串结束标志 "\0" 为止。

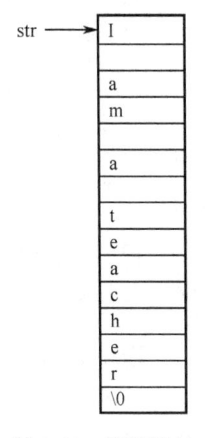

图 8-13 字符指针

【例8.16】 输入两个字符串，比较是否相等。若相等，则输出 YES，若不等，则输出 NO。
```
#include "stdio.h"
#include "string.h"
void main()
{
  int t=0;
  char s1a[80],s2a[80];
  char *s1=s1a,*s2=s2a;
  gets(s1);
  gets(s2);// （输入两字符串）
```

```
    while (*s1!='\0' && *s2!='\0')
    {
       if(*s1!=*s2){t=1;break;}
       s1++;
       s2++;
    }
    if(t==0)printf("YES");
    else printf("NO");
}
```

程序运行情况：
```
good
good
YES
```

8.4.2 字符串指针作为函数参数

将一个字符串从一个函数传递到另一个函数，一方面可以用字符数组名作为参数，另一方面可以用指向字符串的指针变量作为参数。在被调函数中改变字符串的内容，可在主调函数中得到改变了的字符串。

【例 8.17】 先将输入字符串中的大写字母改成小写字母，再输出字符串。

```
#include "stdio.h"
#include "string.h"
void inv(char *s)
{
   int i;
   for(i=1;i<=strlen(s);i++)
       if (*(s+i)>=65 && *(s+i)<=92)
       *(s+i)+=32;
}
main()
{  char str0[80];
   char *string=str0;
   gets(string);
   inv(string);
   puts(string);
}
```

程序运行情况：
```
CDefG↙        (输入 CDefG 并按 Enter 键)
cdefg         (输出结果)
```

程序说明：

主函数 main 中，通过 gets 函数从终端获得一个字符串，并由指针变量 string 指向该字符串的第 1 个字符，调用 inv 函数，将指向字符串的指针 string 作为实参传递给 inv 函数中的形参 s，inv 函数的作用是逐个检查字符串的每个字符是否为大写字符，若是，则将其加 32 转换成相应的小写字符，否则不做处理。

inv 函数无返回值，由于从主调函数传递来的指针 string 与形参 s 指向同一内存空间，所以字符串在 inv 函数中的处理结果也就是指针 string 所指向空间改变的数据。

用指向字符串的指针对字符串进行操作，比字符数组操作起来更方便灵活。例如，可将例中 inv 函数改写成下面两种形式。

（1）
```
void inv(char *s)
{
```

```
   while (*s!='\0')
   {
      if (*s>=65 && *s<=92)
         *s+=32;
      s++;
   }
}
```
（2）
```
void inv(char *s)
{
   for(;*s!='\0';s++)
      if (*s>=65 && *s<=92)
         *s+=32;
}
```

【例 8.18】 编写 length(char *s)返回指针 s 所指字符串的长度。

```
int length(char *s)
{
   int n=0;
   while(*(s+n)!='\0') n++;
   return n;
}
main( )
{
   char str[]="this is a book";
   printf("%d=",length(str));
}
```

程序说明：形参 s 指向字符串的首地址，依次统计串中的字符个数，直到遇到结束标志"\0"为止。变量 n 有计数和记录字符串访问偏移量的作用。主函数 main 中将实参指针 str 传递给形参 s，返回字符串中的字符个数并输出。

8.4.3 字符数组与字符串指针的区别

对字符串的操作可以使用字符串指针和字符数组两种方式，但二者是有区别的，主要区别如下。

（1）存储方式不同

字符数组由若干元素组成，每个元素存放一个字符，而字符串指针中存放的是地址（字符串的首地址），并不是将整个字符串放到字符指针变量中。

（2）赋值方式不同

字符数组只能对各个元素赋值，下列对字符数组赋值的方法是错误的。
```
char str[16];
str="I am a student.";
```
但若将 str 定义成字符串指针，就可以采用下列方法赋值。
```
char *str;
str="I am a student.";
```

（3）定义方式不同

在一个数组被定义后，编译系统将分配给具有确切地址的具体内存单元。在一个指针变量被定义后，编译系统将同样分配给一个具体存储地址单元，存放的只能是地址值。要强调的是，指针变量可以指向一个字符型数据，但在对它赋以一个具体地址值前，它并未指向哪一个字符数据。

例如：

```
   char  str[10];
   scanf("%s",str);
```
这样是可以的。如果用下面的方法：
```
   char  *str;
   scanf("%s",str);
```
其目的也是输入一个字符串，虽然一般也能运行，但 str 可能被系统其他地址所占用而给程序安全性带来风险，所以不提倡使用这种方法。

（4）运算方式不同

指针变量的值允许改变，如果定义了指针变量 s，则 s 可以进行++、--等运算。

【例 8.19】 指针变量的运算。
```
void main()
{
   char *string="I am a student.";
   string=string+7;
   printf("%s\n",string);
}
```
程序运行情况：
```
student.
```
指针变量 string 的值是可以改变的，输出字符串时从 string 当前所指向的单元开始输出各个字符，直到遇到"\0"结束。而字符数组名是地址常量，不允许进行++、--等运算。下面代码是错误的。
```
void main()
{
   char string[]="I am a student.";
   string=string+7;
   printf("%s\n",string);
}
```

8.5 指针和函数

8.5.1 函数的指针

函数在编译时被分配一个入口地址（首地址），这个入口地址就是函数的指针，C 语言规定，函数的首地址就是函数名。如果把这个地址赋值给某个特定的指针变量，这个变量就指向了函数，通过这个指针变量可以实现对函数的调用。实现步骤如下。

（1）定义指向函数的指针变量

数据类型　(*指针变量名)()；

（2）将某函数的入口地址赋值给指针变量

指针变量名=函数名；

（3）通过函数入口地址（指向函数的指针变量）调用函数

(*指针变量名)(实参表)

下面举例说明指向函数的指针变量的应用。

【例 8.20】 输入 10 个数，求其中的最大值。

（1）使用一般函数调用方法
```
void main()
{
   int i,m,a[10];
   for(i=0;i<10;i++)
```

```
    scanf("%d",&a[i]);
  m=max(a);
  printf("max=%d",m);
}
max(int *p)
{
  int i,t=*p;
  for(i=1;i<10;i++)
  if(*(p+i)>t) t=*(p+i);
  return (t);
}
```

（2）使用定义指向函数的指针变量调用函数的方法

```
int max(int *);
void main()
{
  int i,m,a[3];
  int (*f)(int *);            /*声明函数指针变量f*/
  for(i=0;i<3;i++)
  scanf("%d",&a[i]);
  f=max;                      /*将函数max入口地址赋值给f*/
  m=(*f)(a);                  /*利用指针变量f调用函数*/
  printf("max=%d",m);
}
max(int *p)
{
  int i,t=*p;
  for(i=1;i<3;i++)
  if(*(p+i)>t) t=*(p+i);
  return (t);
}
```

程序说明：

（1）定义指向函数的指针变量时，*f 必须用()括起来。如果写成*f()则意义不同，它表示 f 是一个返回指针值的函数。

（2）指针变量的数据类型必须与被指向的函数类型一致。

（3）在给函数指针变量赋值时，只需给出函数名而不必给出参数，如 f=max;。因为函数名即为函数入口地址，不能随意添加实参或形参。

（4）用函数指针变量调用函数时，只需用(*f)代替函数名，在(*f)之后的括号中根据需要写上实参。事实上，可以直接使用 f()代替 max()行使职能，即把程序第 9 行 m=(*f)(a)改写成 m=f(a)。

8.5.2 用指向函数的指针作为函数参数

我们已经介绍过，函数的参数可以是变量、指向变量的指针变量、数组名、指向数组的指针变量等。指向函数的指针变量也是可以作为函数参数的。在函数调用时把函数的首地址传递给被调函数，使被传递的函数在被调函数中调用，如下所示：

```
主调函数                      被调函数
p1=max;                       inv(int  (*x1)(int,int),int  (*x2)(int,int));
p2=min;                       {
...                              ...
                                 y1=(*x1)(a,b);
inv(p1,p2);                      y2=(*x2)(a,b);
...                              ...
                              }
```

程序说明：定义一个 inv()有两个参数 x1 和 x2。x1 和 x2 被定义为指向函数的指针变量，x1 所指向的函数(*x1)有两个整型参数，x2 所指向的函数(*x2)有两个整型参数。在主调函数中，实参用两个指向函数的指针变量 p1 和 p2 给形参传递函数地址，此处也可直接用函数名 max 和 min 作为函数实参。这样在 inv()中就可以通过函数(*x1)和函数(*x2)调用 max 和 min 两个函数了。

下面举例说明指向函数的指针的使用。

【例 8.21】 编写 func 函数，在调用它的时候，每次可实现不同的功能。对于给定的两个数 a 和 b，第 1 次调用 func 函数时找到 a 和 b 中的大数；第 2 次调用 func 函数时找到 x 和 y 中的小数；第 3 次调用 func 函数时返回 a、b 的和。

```
#include<stdio.h>
void main()
{
    int max(int,int);
    int min(int,int);
    int sum(int,int);
    void func(int,int,int (*fun)(int,int));
    int x,y;
    printf("Enter two number to a and b:");
    scanf("%d,%d",&x,&y);
    printf("max=");
    func (x,y,max);
    printf("min=");
    func (x,y,min);
    printf("sum=");
    func (x,y,sum);
}
max(int a,int b)
{ int c;
  c=(a>b)?a:b;
  return(c);
}
min(int a,int b)
{ int c;
  c=(a<b)?a:b;
  return(c);
}
sum(int a,int b)
{ int c;
  c=a+b;
  return(c);
}
/*函数定义,形参 fun 是指向函数的指针,该函数有两个整型形式,函数类型是整型*/
void func(int a,int b,int (*fun)(int,int))
{
  int  result;
  result=(*fun)(a,b);
  printf("%d\n",result);
}
```

程序运行情况：
```
Enter two number to a and b:6,8↙        （输入 6、8 并按 Enter 键）
max=8
min=6
sum=14
```

程序说明：max、min 和 sum 是已定义的三个函数，分别实现了最大数、最小数和求和的功能。main 函数第 1 次调用 func 函数时，除将参数 x 和 y 作为实参传递给 func 函数中的形参 a 和 b 外，还将函数名 max 作为实参传递给形参 fun，这时形参 fun 指向 max，如图 8-14 所示。func 函数中的(*fun)(a,b)相当于 max(a,b)，执行 func 函数后输出 x、y 中的大数。main 函数第 2 次调用 func 函数时，将函数名 min 作为实参传递给形参 fun，形参 fun 指向函数 min。func 函数中的(*fun)(a,b)相当于 min(a,b)，执行 func 函数后输出 x、y 中的小数。同理，main 函数第 3 次调用 func 函数后输出 a、b 的和。

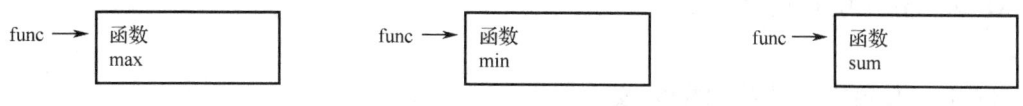

图 8-14 函数指针的调用

前面曾经指出，对同一源程序文件中的整型函数可以不加说明调用，但那只限于函数调用的情况。函数调用时在函数名后跟括号与实参，编译时能根据此形式判断它为函数名，而在 func 函数中，max 作为实参，后面没有括号和参数，编译系统无法判断它是变量名还是函数名，因而必须事先申明 max、min、sum 是函数名，而非变量名。这样编译时将它们按函数名处理，即将函数的入口地址作为实参值，才不会导致出错。

8.5.3 返回指针值的函数

一个函数可以返回一个整型值、实型值或字符型值，也可以返回指针值。这种返回指针值的函数，一般定义形式为

类型名 *函数名(参数表)

例如，int *maxc(int x,int y)表示 maxc 是函数名，调用以后能得到一个指向整型数据的指针（地址）。maxc 函数的两个整型形参是 x 和 y。

注意：在*maxc 两侧没有括号。在 maxc 两侧分别有*运算符和( )运算符，其中( )运算符优先级高于*运算符，因此 maxc 先与()结合，表明 maxc 是函数名。函数前有一个*，表示此函数返回值类型是指针，最前面的 int，表示返回的指针指向整型变量。这种形式容易与定义指向函数的指针变量混淆，使用时要注意。

【例 8.22】 以下函数把两个整数形参中较大的那个数的地址作为函数值传回。

```
void main()
{
    int *maxc(int,int);     /*函数说明*/
    int *p,i,j;
    printf("Enter two number to i,j:");
    scanf("%d,%d",&i,&j);
    p=maxc(i,j);     /*调用 maxc 函数，返回最大数的地址赋值指针变量 p*/
    printf("max=%d",*p);
}
int *maxc(int x,int y)    /*定义返回值为整型指针的 maxc 函数*/
{
    int *z;
    if(x>y)  z=&x;
    else z=&y;
    return(z);
}
```

程序运行情况：
```
Enter two number to i,j:17,48↵    （输入 17、48 并按 Enter 键）
max=48                              （输出结果）
```

程序说明：调用 maxc 函数时，将变量 i、j 的值 17、48 分别传递给形参 x、y，在 func 函数中将 x 和 y 的大数地址&y 赋给指针变量 z。函数调用完毕，将返回值 z 赋给变量 p，即 p 指向大数 j。

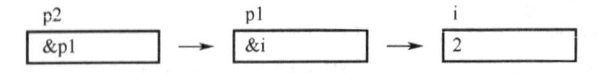

8.6 指向指针的指针

8.6.1 指向指针的指针的定义

若一个变量中存放的是一个指针变量的指针，该变量称为指向指针变量的指针变量，简称为指向指针的指针。若有如下语句：
```
int  i=2;
int  *p1;
p=&i;
```
其定义了指针变量 p1 指向 i，*p1 的值为 2。C 语言还允许定义变量 p2，在变量 p2 中存放指针变量 p1 的地址，变量 p2 称为指向指针的指针。变量 i、p1、p2 的关系如图 8-15 所示。变量 p2 的定义和赋值形式如下：
```
int  **p2;
p2=&p1;
```

```
 p2          p1          i
┌────┐     ┌────┐     ┌────┐
│&p1 │ ──▶ │ &i │ ──▶ │ 2  │
└────┘     └────┘     └────┘
```

图 8-15　指向指针的指针

有了上述的定义与赋值后，*p2 的值为 p1，变量 i 存在三种访问形式，即 i、*p1、**p2。

掌握了指向指针的指针后，下面介绍指向指针的指针与指针数组的关系。由图 8-16 可以看到，name 是一个指针数组，它的每一个元素均为指针型数据，其值为地址。name 代表指针数组第 0 个元素的地址，name+1 代表第 1 个元素的地址等，可以设置一个指针变量 p，它指向指针数组的元素，p 就是指向指针的指针变量。

```
            指针数组   name
    name    ┌───────┐         ┌──────────────────┐
    ──▶    │name[0]│ ──────▶ │ C Program        │
            ├───────┤         ├──────────────────┤
            │name[1]│ ──────▶ │ BASIC            │
     p      ├───────┤         ├──────────────────┤
    ──▶    │name[2]│ ──────▶ │ Computer English │
            ├───────┤         ├──────────────────┤
            │name[3]│ ──────▶ │ Word             │
            └───────┘         └──────────────────┘
```

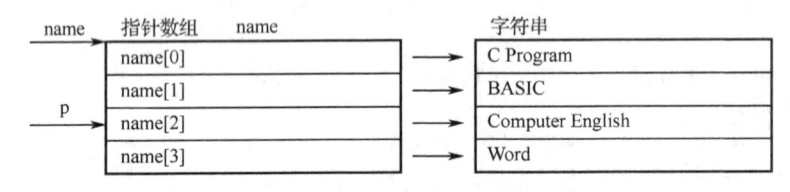

图 8-16　指向字符串的指针

【例 8.23】 指向指针的指针变量应用。
```
void main()
{
   char *name[]={"C Program","BASIC","Computer English","Word"};
   char **p;
   for(p=name;p<name+4;p++)
   printf("%s\n",*p);
}
```

程序运行情况：
```
C Program
```

```
BASIC
Computer English
Word
```

程序说明：p 是指向指针的指针变量，第 1 次执行循环体时，它指向 name 数组的第 0 个元素 name[0]。*p 是第 0 个元素的值 name[0]，它是第 1 个字符串"C Program"的起始地址，printf 函数按格式符%s 输出第 0 个字符串。接着执行 p++，p 指向 name 数组的第 1 个元素 name[1]，输出第 1 个字符串。然后依次输出其余各字符串。

8.6.2 指针数组

若一个数组的元素均为指针类型数据，就称为指针数组。一维指针数组的定义形式为

　　类型名　　*数组名[数组长度]

例如：

```
int *p[4];
```

由于运算符[]比*优先级高，因此 p 先与[]结合，表明 p 为数组名，数组 p 中包含 4 个元素。再与*结合，*表示此数组元素是指针类型，每个元素均指向一个整型变量，即每个元素都相当于一个指针变量。

注意：不能写成 int (*p)[4]，这是一个指向一维数组的行指针变量。

为什么要引用指针数组的概念呢？它比较适合于指向若干长度不等的字符串，使字符串处理更方便灵活，而且节省内存空间。

例如，一个班级有若干门课，想先把课程名存放到一个数组中，如图 8-17（a）所示，然后对这些课程名进行排序和查询。按一般的思路，每门课均对应一个字符串，一个字符串就需要一个字符数组存放，因此要设计一个二维的字符数组才能存放若干门课名，并且必须按最长的课名来定义二维数组的列数，而实际上课名长度一般不相等，这样就造成了内存空间的浪费，如图 8-17（b）所示。

| C Program |
| BASIC |
| Visual C++ 6.0 |
| Office |

（a）课程名数组

C	P	r	o	g	r	a	m	\0			
B	A	S	I	C	\0						
V	i	s	u	a	l		C	+	+		6	.	0	\0
O	f	f	i	c	e						

（b）字符数组

图 8-17　二维数组存储

换一种思路，字符串除通过字符数组存放外，还可以通过字符串指针进行存取。定义一个指针数组，将该数组中的每一个元素都指向各字符串，如图 8-18 所示。这样处理有两个优点：一个是节省内存空间；另一个是若想对字符串排序，不必改动字符串的位置，只需改动指针数组各元素的指向，移动指针变量的值比移动字符串所花的时间要少得多。

指针数组　　name　　　　　　　字符串

name[0]	→	C Program
name[1]	→	BASIC
name[2]	→	Visual C++ 6.0
name[3]	→	Office

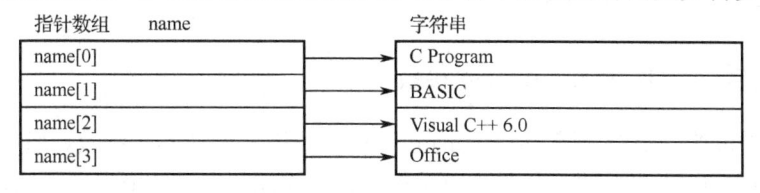

图 8-18　指针数组存储

【例 8.24】 将若干字符串按字母顺序由小到大输出。

```
void sort(char *kcna[],int n)
{
    char *temp;
```

```
     int i,j,k;
     for(i=0;i<n-1;i++)
     {
       k=i;
       for(j=i+1;j<n;j++)
       if(strcmp(kcna[k],kcna[j])>0) k=j;
       if(k!=i)
       { temp=kcna[i];kcna[i]=kcna[k];kcna[k]=temp;}
     }
   }
   void main()
   {
      char *kcna[ ]={"C Program","BASIC","Visual C++ 6.0","Office"};
      int i,n=4;
      sort(kcna,n);
      for(i=0;i<n;i++)
        printf("%s\n",kcna[i]);
   }
```

程序运行情况：
```
BASIC
C Program
Office
Visual C++ 6.0
```

程序说明： main()中定义了指针数组 kcna，它有 4 个元素，其初值分别是"C Program"、"BASIC"、"Visual C++ 6.0"和"Office"的首地址，见图 8-17。sort 函数先利用选择排序法对指针数组 name 所指向的字符串按字母顺序进行排序，在排序过程中不交换字符串，只交换指向字符串的指针（kcna[i]与 kcna[k]交换），执行完 sort 函数后指针数组的情况如图 8-19 所示。

指针数组	name		字符串
kcna[0]		→	C Program
kcna[1]		→	BASIC
kcna[2]		→	Computer English
kcna[3]		→	Office

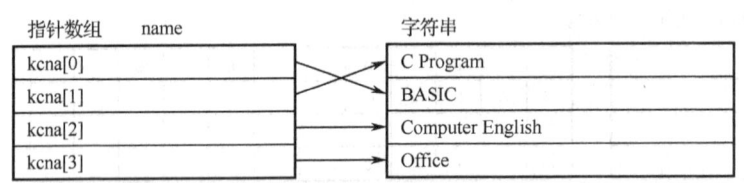

图 8-19 sort 执行后指针数组存储情况

然后依次输出各字符串。通过本例可以很清楚地看到指针数组把非有序化量有序化了，这种方法可以用到以后的结构体数据排序中，通过设置指向结构体元素的指针数组，实现对结构体元素的有序化。

注意： 两个字符串大小比较时应当使用 strcmp 函数。用于两个指针数组元素交换的中间变量 temp 必须定义成字符指针类型。

8.6.3 指针数组作为 main 函数参数

在我们已讲过的 C 语言源程序中，main 函数后的括号内都不带参数。但实际上，main( ) 是可以带参数的，指针数组的一个重要应用就是作为 main 函数的形参。一般习惯用 argc 和 argv 作为 main 函数的形参名。

argc 是命令行中参数的个数，它是一个指向字符串的指针数组，这些字符串既包括正在执行的程序文件名，也包括该程序的操作对象参数，即带参数的 main 函数的原型是
```
main(int argc,char *argv[ ]);
```
main 函数是由系统调用的，C 源程序文件经过编译、连接后得到与源程序文件同名的可

执行文件，在操作系统命令环境下，输入该文件名，系统就调用 main 函数。若 main()中给出了形参，执行文件时必须指定实参，其命令行的一般形式为

```
文件名 参数1 参数2…参数n
```

文件名和各参数之间用空格隔开，各参数都是字符串。

【例 8.25】 编写一个命令文件，把输入的字符串倒序输出。设文件名为 inverse.c。

```
void main(int argc,char *argv[])
{
  int i;
  for(i=argc-1;i>0;i--)
  printf("%s ",argv[i]);
}
```

本程序经编译、连接后生成文件名为 inverse.exe 的可执行文件，在 DOS 提示符下输入：

```
"inverse  I  am a student"
```

程序运行情况：

```
student  a  am I
```

程序说明：执行 main 函数时，文件名 inverse 是第 1 个参数，因此 argc 的值为 4。argc[0]是字符串"inverse"的首地址；argc[1]是字符串"I"的首地址；argc[2]是字符串"am"的首地址；argc[3]是字符串"a"的首地址；argc[4]是字符串"student"的首地址。

8.7 编程实践

8.7.1 任务：黑白棋子交换

【问题描述】

有三个白子和三个黑子如下图布置：

游戏的目的是用尽可能少的步数，将上图中白子和黑子的位置进行如下交换：

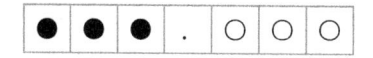

游戏的规则：（1）一次只能移动一个棋子；（2）棋子可以向空格中移动，也可以跳过一个对方的棋子进入空格，但不能向后跳，也不能跳过两个子。请用计算机实现上述游戏。

【问题分析与算法设计】

计算机解决此类问题的关键是要找出规律。分析本题，可总结出以下规律：

（1）黑子向左跳过白子落入空格，转（5）；
（2）白子向右跳过黑子落入空格，转（5）；
（3）黑子向左移动一格落入空格（但不应产生棋子阻塞现象），转（5）；
（4）白子向右移动一格落入空格（但不应产生棋子阻塞现象），转（5）；
（5）判断游戏是否结束，若没有结束，则转（1）继续。

阻塞现象：在移动棋子的过程中，两个尚未到位的同色棋子连接在一起，使棋盘中的其他棋子无法继续移动。例如，按下列方法移动棋子：

start:

| ○ | ○ | ○ | . | ● | ● | ● |

step1:

| ○ | ○ | ○ | ● | . | ● | ● |

或step1:

| ○ | ○ | . | ○ | ● | ● | ● |

✧ step2: 出现"白、空、黑、白"

| ○ | **○** | **.** | **●** | **○** | ● | ● |

✧ 或step2: 出现"黑、白、空、黑"

| ○ | ○ | **●** | **○** | **.** | **●** | ● |

step3:

| ○ | ○ | ● | . | ○ | ● | ● |

step4: 两个黑子连在一起产生阻塞

| ○ | ○ | ● | ● | ○ | . | ● |

或step4: 两个白子连在一起产生阻塞

| ○ | . | ● | ○ | ● | ● | ○ |

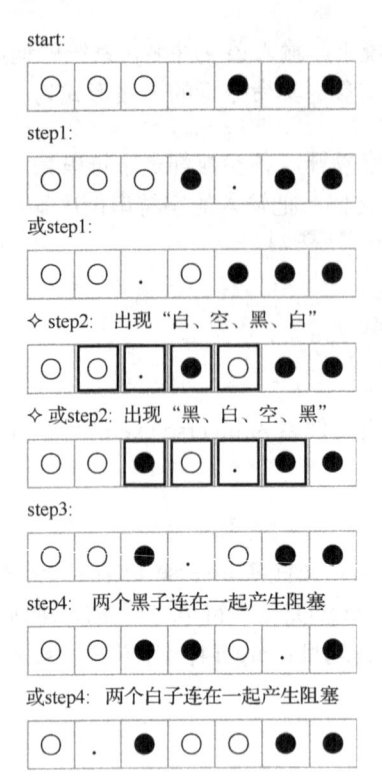

产生阻塞现象的原因是，在step2中，白子不能向右移动，只能将黑子向左移动。

总结产生阻塞的原因，当棋盘出现"黑、白、空、黑"或"白、空、黑、白"状态时，不能向左或向右移动中间的棋子，只能移动两边的棋子。

按照上述规则，可以保证在移动棋子的过程中，不会出现棋子无法移动的现象，且可以用最少的步数完成白子和黑子的位置交换。

【代码实现】

```c
#include<stdio.h>
int number;
void print(int a[]);
void change(int *n,int *m);
void main()
{
   int t[7]={1,1,1,0,2,2,2};/*初始化数组1白子2黑子0空格*/
   int i,flag;
   print(t);
       while(t[0]+t[1]+t[2]!=6||t[4]+t[5]+t[6]!=3)   /*判断游戏是否结束,若还没有完成棋子的交换,则继续进行循环*/
       {
         flag=1;      /*flag为棋子移动一步的标记,1为尚未移动棋子,0为已经移动棋子*/
         for(i=0;flag&&i<5;i++)     /*若白子可以向右跳过黑子,则白子向右跳*/
            if(t[i]==1&&t[i+1]==2&&t[i+2]==0)
            {change(&t[i],&t[i+2]); print(t); flag=0;}
         for(i=0;flag&&i<5;i++)       /*若黑子可以向左跳过白子,则黑子向左跳*/
            if(t[i]==0&&t[i+1]==1&&t[i+2]==2)
            {change(&t[i],&t[i+2]); print(t);  flag=0;}
         for(i=0;flag&&i<6;i++)   /*若向右移动白子不会产生阻塞,则白子向右移动*/
            if(t[i]==1&&t[i+1]==0&&(i==0||t[i-1]!=t[i+2]))
            {change(&t[i],&t[i+1]); print(t);flag=0;}
```

```
        for(i=0;flag&&i<6;i++)    /*若向左移动黑子不会产生阻塞,则黑子向左移动*/
            if(t[i]==0&&t[i+1]==2&&(i==5||t[i-1]!=t[i+2]))
            { change(&t[i],&t[i+1]); print(t);flag=0;}
    }
}
void print(int a[])
{
    int i;
    printf("No. %2d:.............................\n",number++);
    printf("       ");
    for(i=0;i<=6;i++)
        printf(" | %c",a[i]==1?'*':(a[i]==2?'@':' '));
    printf(" |\n         .............................\n\n");
}
void change(int *n,int *m)
{
    int term;
    term=*n; *n=*m; *m=term;
}
```

【编程小结】

(1) 程序中 change(int *,int *)表示一个返回值为空,带有两个整型指针变量参数的自定义函数。其功能是交换两个变量的值,所传递的是变量地址,即地址传递,在传递两个实型参数内存首地址的同时也将实参的"实际控制权"交给了形参。

(2) 数组 t 用于模拟棋盘,其中元素值为 1 代表白子,2 代表黑子。设定 t[0]+t[1]+t[2]==3,t[4]+t[5]+t[6]==6 为初始状态,即从左至右分别为 3 个白子、1 个空格、3 个黑子。最终状态从左至右分别为 3 个黑子、1 个空格、3 个白子,即以 t[0]+t[1]+t[2]==6,t[4]+t[5]+t[6]==3 表示。屏幕显示时以"*"表示白子,"@"表示黑子。

(3) 程序核心代码是主函数 main 中的 while 循环,在其循环体内有两类状态处理,分别为白(黑)子可以跳过黑(白)子,此时交换的是 t[i]和 t[i+2]两个元素值,并且 i<5。当向右移动白子或向左移动黑子不产生阻塞时,交换的是 t[i]和 t[i+1]两个元素值,并且 i<6。

(4) 程序中 flag 作为工作变量用于标记是否发生交换。

(5) 程序运行结果如图 8-20 所示。

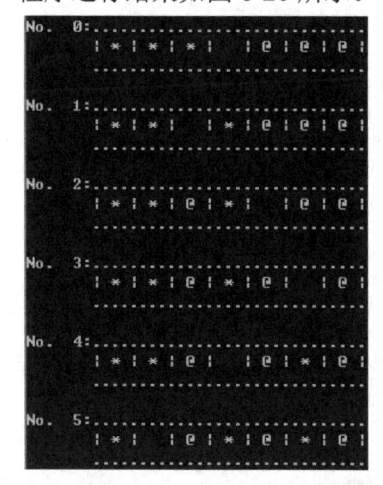

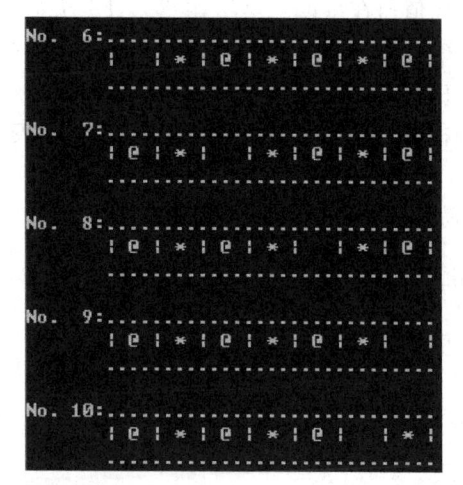

图 8-20 程序运行结果

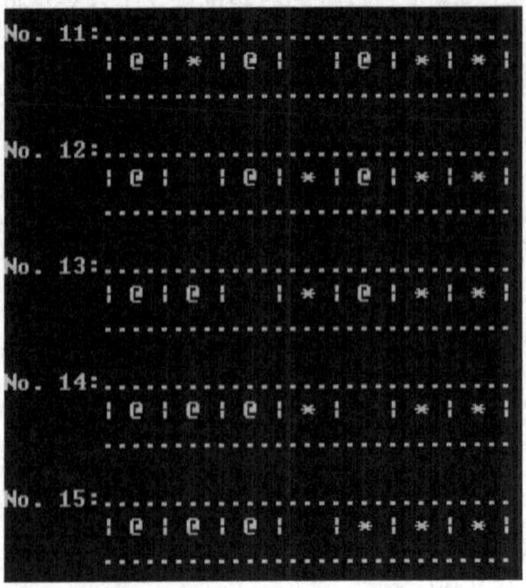

```
No. 11:.................................
            |@|*|@|    |@|*|*|

No. 12:.................................
                |@|   |@|*|@|*|

No. 13:.................................
              |@|@|       |*|@|

No. 14:.................................
            |@|@|@|*|    |*|*|

No. 15:.................................
            |@|@|@|     |*|*|*|
```

图 8-20　程序运行结果（续）

8.7.2　任务：班干部值日安排

【问题描述】

班主任要求班干部轮流值日负责班级卫生和上课考勤。班上有班长、团支书、生活委员、学习委员、体育委员、宣传委员、纪律委员 7 位班干部，分别用 A、B、C、D、E、F、G 表示，在一星期内（星期一至星期日）每人要轮流值日一天。现在已知：

A 比 C 晚一天值日；

D 比 E 晚二天值日；

B 比 G 早三天值日；

F 在 B 和 C 之间值日，且是星期四；

请确定每天究竟是哪位班干部值日？

【问题分析与算法设计】

由题目可推出如下已知条件：

（1）F 是星期四值日；

（2）B 值日在星期二至星期三，且三天后是 G 值日；

（3）C 值日在星期五至星期六，且一天后是 A 值日；

（4）E 两天后是 D 值日，E 值日的日期只能在星期一至星期三。

在编程时，用数组元素的下标 1～7 分别表示星期一到星期日，用数组元素的值分别表示 A～F 这 7 位班干部。

【代码实现】

```c
#include<stdio.h>
#include<stdlib.h>
char * leader(char);
int a[8];
char *day[]={"","星期一","星期二","星期三","星期四","星期五","星期六","星期日"};
                                        /*建立星期表*/
void main()
{
    int i,j,t;
    a[4]=6;                             /*星期四是 F 值日*/
    for(i=1;i<=3;i++)
```

```
            {
                a[i]=2;                        /*假设 B 值日的日期*/
                if(!a[i+3]) a[i+3]=7;          /*若三天后无人值日,则安排 G 值日*/
                else{ a[i]=0;continue;}        /*否则 B 值日的日期不对*/
                for(t=1;t<=3;t++)              /*假设 E 值日的时间*/
                {
                    if(!a[t]) a[t]=5;          /*若当天无人值日,则安排 E 值日*/
                    else continue;
                    if(!a[t+2]) a[t+2]=4;      /*若 E 值日两天后无人值日,则应为 D*/
                    else{ a[t]=0;continue;}    /*否则 E 值日的日期不对*/
                    for(j=5;j<7;j++)
                    {
                        if(!a[j]) a[j]=3;      /*若当天无人值日,则安排 C 值日*/
                        else continue;
                        if(!a[j+1]) a[j+1]=1;  /*C 之后一天无人值日,则应当是 A 值日*/
                        else{ a[j]=0;continue;} /*否则 A 值日的日期不对*/
                        printf("------班级值日表------\n");
                        for(i=1;i<=7;i++)  /*安排完毕,调用 leader(),输出结果*/
                            printf("%10.8s:%s 值日.\n",leader('A'+a[i]-1),day[i]);
                        exit(0);
                    }
                }
            }
        }
    }
}
char * leader(char ch)
{
    switch(ch)
    {
    case 'A': return "班    长"; break;
    case 'B': return "团 支 书"; break;
    case 'C': return "生活委员"; break;
    case 'D': return "学习委员"; break;
    case 'E': return "体育委员"; break;
    case 'F': return "宣传委员"; break;
    case 'G': return "纪律委员"; break;
    }
}
```

【编程小结】

（1）程序在实现值日安排时采用的是穷举法，数组 a 作为工作数组，所起到的作用是用于保存值日安排，其与数组 day 的共同点是数组下标均表示相同的星期。

（2）数组 day 是一个指针数组，除首元素外每个元素均指向初始化时的一个字符串常量的首地址。

（3）数组 a 的元素值为整型数 1~7，分别对应 7 位班干部。

（4）为使实际星期表示与数组下标相一致，数组 a 和数组 day 中下标为 0 的数组元素空闲。

（5）自定义 leader() 的作用是将 A~F 转换成班干部的具体职位并输出，该函数返回值为字符指针，即班干部职位字符串的存储首地址。

（6）程序最后的 printf("%10.8s:%s 值日.\n",leader('A'+a[i]-1), day[i]); 中第 1 个输出格式为 %10.8s，其中采用修饰符的作用是给出 10 字节的输出位置，但实际允许输出 8 字节，即 4 个汉字字符，输出结果如图 8-21 所示。

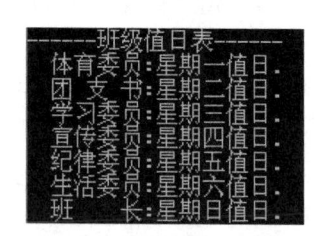

图 8-21　班级值日表的输出结果

8.8 知识扩展材料

任何事物都有正、反两面性，因此我们需要"一分为二"看问题，既要看正面，也要看反面，既要看到矛盾双方的对立和排斥，也要看到双方的联系和统一，以及在一定条件下的相互转化。指针也要如此理解。

8.8.1 指针的优点和缺点

指针的功能十分强大，这是 C 语言成功的重要原因之一。但指针也有两面性，既有优点，也有缺点。

C 语言主要是针对硬件及系统底层进行编程的。在编程中，对数据处理的灵活性要求较高，数据的意义需要经常变动，而数据类型决定了数据的意义。指针的一个重要作用是实现对数据类型的转换，如将机器码 0x3f8ccccd 表示成浮点数：

```c
#include <stdio.h>
int  main()
{
 unsigned ui = 0x3f8ccccd;
 float   f1 = ( float ) ui;            //错误，转换的意义不正确
 printf ("%f\n" , f1);
 float   f2 = *( float *)(&ui);        //正确，通过指针改变内存数据的意义
 printf ("%f\n" , f2);
 return  0;
}
```

指针能改变数据上、下文环境的能力是非常有用的，如检测 CPU 所支持的存储顺序。

```c
#include <stdio.h>
char   endian( void )
{
 unsigned ui = ~0 - 1;
 return ((*(unsigned  char *)(&ui)==0xfe) ?  'L':'B');
}
```

如果 C 语言没有指针，当然可以想出其他的方法，但是远没有使用指针方便。指针的优点是可以动态分配数组，对于相同类型（甚至是相似类型）的多个变量进行通用访问，可节省函数的调用代价，动态扩展数据结构，它是操作内存的精确而高效的工具。

指针的缺点是不容易理解，会出现一些莫名其妙的错误。本质上是没有理解指针，错误地使用了指针，尤其是"野指针"，即指向"垃圾"内存的指针。"野指针"的成因主要有以下两种。

（1）指针变量没有初始化。任何指针变量刚被创建时都不会自动成为 NULL 指针，它的默认值是随机的，会出现乱指情况。

（2）指针变量被 free 或 delete 之后，没有置为 NULL，可能会让人误以为是个合法的指针。

如果函数的参数是一个指针，不要用该指针去申请动态内存，应使用指向指针的指针作为参数来传递动态内存。在需要修改指针变量本身时，就需要使用指向指针的指针作为参数，这也是传值与传地址的差别所在。

8.8.2 指针的本质

指针的本质是定义了一种复合的数据类型。所谓的数据类型就是具有某种数据特征的数据的统称，如数据类型 char。它的数据特征就是占据内存为 1 字节，指针也很类似，指针所

指向的值也占据着内存中的一个地址，地址的长度与指针的类型有关，如对于数据类型 char 指针也占据了一个内存空间地址。地址的长度和机器的字长有关，如在 32 位机器中，这个长度就是 4 字节，因此，指针其实是一种复合的数据类型。

假设定义 int nValue;，那么，变量 nValue 的类型就是 int。由此类推 int *p，*代表变量（指针本身）的值是一个地址，int 代表这个地址里存放的是一个整数，这两个结合起来，int *定义了一个指向整数的指针。int **p 定义了一个指向整数的指针的指针。int (*p)[3]定义了一个拥有三个整数的数组的指针。int (*p)()定义了一个函数的指针，这个函数参数为空，返回值为整数。由此可以看出，指针包括两个方面，一个指它本身的值，是一个内存中的地址；另一个是指针所指向的物，是这个地址中存放的具有意义的数据。

C 语言中常出现#define NULL 0，并将指针初始化为 NULL。其实 NULL 定义的值和操作系统平台有关。将一个指针定义为 NULL，其用意是为了保护操作系统，因为通过指针可以访问任何一个地址。但是，有些数据是不允许一般用户访问的，如操作系统的核心数据。当通过一个空指针（NULL）去访问数据时，系统会提示非法。而操作系统一般规定从每个进程的起始地址（0x00000000）开始的某个地址范围内是存放系统数据的，用户进程无法访问，所以当用户用空指针访问时，其实访问的就是 0x00000000 地址的系统数据，它是受系统保护的，系统会提示错误。这也就是说 NULL 值不一定要定义成 0，只需定义在系统保护范围的地址空间内，但是为了考虑其移植性，普遍定义为 0。

习题 8

1. 选择题

（1）以下程序的输出结果是_____。

  A. 52   B. 51   C. 53   D. 97

```
#include <stdio.h>
main( )
{ int I, x[3][3]={9,8,7,6,5,4,3,2,1}, *p=&x[1][1];
  for(I=0; I<4; I+=2)  printf("%d",p[I]);
}
```

（2）以下程序的输出结果是_____。

  A. 6   B. 6789   C. '6'   D. 789

```
#include <stdio.h>
main( )
{ char a[10]={'1','2','3','4','5','6','7','8','9',0},*p;
  int i;
  i=8;
  p=a+i;
  printf("%s\n",p-3);
}
```

（3）以下程序的输出结果是_____。

  A. 运行后报错   B. 6 6   C. 6 12   D. 5 5

```
#include "stdio.h"
main( )
{ int a[ ]={1,2,3,4,5,6,7,8,9,10,11,12,};
  int *p=a+5,*q=NULL;
  *q=*(p+5);
  printf("%d%d \n",*p,*q);
}
```

(4) 若已定义：int a[9],*p=a;并在以后的语句中未改变 p 的值，不能表示 a[1] 地址的表达式是_____。
  A. p+1   B. a+1   C. a++   D. ++p

(5) 若有说明：long *p,a;，则不能通过 scanf 语句正确给输入项读入数据的程序段是_____。
  A. *p=&a; scanf("%ld",p);   B. p=(long *)malloc(8); scanf("%ld",p);
  C. scanf("%ld",p=&a);   D. scanf("%ld",&a);

(6) 若有以下的说明和语句，则在执行 for 语句后，*(*(pt+l)+2)表示的数组元素是_____。
  A. t[2][0]   B. t[2][2]   C. t[l][2]   D. t[2][l]

```
int t[3][3], *pt[3], k;
for (k=0;k<3;k++) pt[k]=&t[k][0];
```

(7) 下面程序把数组元素中的最大值放入 a[0]中，则在 if 语句中的条件表达式应该是_____。
  A. p>a   B. *p>a[0]   C. *p>*a[0]   D. *p[0]>*a[0]

```
#include <stdio.h>
main( )
{ int a[10]={6,7,2,9,1,10,5,8,4,3},*p=a,i;
  for(i=0;i<10;i++,p++)
  if(*p>a[0])  *a=*p;
  printf("%d",*a);
}
```

(8) 以下程序的输出结果是_____。
  A. 1   B. 4   C. 7   D. 5

```
#include <stdlib.h>
#include "stdio.h"
int a[3][3]={1,2,3,4,5,6,7,8,9},*p;
f(int *s, int p[ ][3])
{ *s=p[1][1]; }
main( )
{ p=(int*)malloc(sizeof(int));
  f(p,a);
  printf("%d \n",*p);
}
```

(9) 设已有定义 char *st="how are you";，下列程序段中正确的是_____。
  A. char a[11],*p;strcpy(p=a+1,&st[4]);
  B. char a[11];strcpy(++a,st);
  C. char a[11];strcpy(a,st);
  D. char a[],*p;strcpy(p=&a[1],st+2);

(10) 有如下程序：
```
int *p, a=10, b=1;
p=&a;a=*p+b;
```
执行该程序后，a 的值为_____。
  A. 12   B. 11   C. 10   D. 编译出错

(11) 对于基类型相同的两个指针变量之间，不能进行的运算是（ ）。
  A. <   B. =   C. +   D. -

(12) 有如下程序：
```
#include <stdio.h>
main( )
{ char s[]="ABCD",*p;
  for(p=s+1;p<s+4;p++)
  printf("%s\n",p);
}
```
该程序的输出结果是_____。

A. ABCD	B. A	C. B	D. BCD
BCD	B	C	CD
CD	C	D	D
D	D		

（13）下列程序的输出结果是_____。

A. 非法　　　　B. a[4]的地址　　　　C. 5　　　　　　D. 3

```
main( )
{ char a[10]={9,8,7,6,5,4,3,2,1,0},*p=a+5;
  printf("%d",*--p);
}
```

（14）下列程序的输出结果是_____。

A. 2 1 4 3　　　B. 1 2 1 2　　　C. 1 2 3 4　　　D. 2 1 1 2

```
#include <stdio.h>
void fun(int *x,int *y)
{ printf("%d%d ",*x,*y); *x=3; *y=4;}
main( )
{ int x=1,y=2;
  fun(&y,&x);
  printf("%d%d",x,y);
}
```

（15）在说明语句 int *f( );中，标识符 f 代表_____。

　　A. 一个用于指向整型数据的指针变量　　B. 一个用于指向一维数组的行指针

　　C. 一个用于指向函数的指针变量　　　　D. 一个返回值为指针型的函数名

2. 填空题

（1）定义语句 int ＊f( )和 int （＊f）( );的含义分别为_____和_____。

（2）在 C 程序中，指针变量能够赋_____值或_____值。

若定义 char *p="abcd";，则 printf("%d",*(p+4));的结果为_____。

（4）以下函数用来求两个整数之和，并通过形参将结果传回，请填空。

```
void func(int x,int y, _____ )
   { *z=x+y; }
```

（5）若有以下定义和语句：

```
int w[10]={23,54,10,33,47,98,72,80,61},*p;
p=w;
```

则通过指针 p 引用值为 98 的数组元素的表达式是_____。

（6）若 int a[10];，则 a[i]的地址可表示为_____或_____，a[i]可表示为_____。

（7）在 C 语言中，对于二维数组 a[i][j]的地址可表示为_____或_____。其中，对于 a[i]来说，它代表_____，它是一个_____。

（8）一个指针变量 p 和数组变量 a 的说明如下：

```
int a[10],*p;
```

则 p=&a[1]+2 的含义是指针 p 指向数组 a 的第_____个元素。

（9）一个数组，其元素均为指针类型数据，这样的数组称为_____。

（10）int *p[4]表示一个_____，int(*p)[4]表示_____。

3. 程序设计

（1）编写一个程序，计算一个字符串的长度。

（2）编写一个程序，用键盘输入整数 1~12，显示相应的英文月份名，输入其他整数会显示错误信息。

（3）编写一个程序，先将字符串"software"赋值给一个字符数组，再从第 1 个字母开始间隔地输出该串。请用指针完成。

（4）编写一个程序，将字符串中的第 m 个字符开始的字符子串复制成另一个字符串。要求在主函数 main 中输入字符串及 m 的值，并输出复制结果，在被调函数中完成复制。

（5）编写一个程序，设有一个数列，包含 10 个数，先按升序排好，再将从指定位置开始的 n 个数按逆序重新排列，并输出新的完整数列。进行逆序处理时要求使用指针方法。

（6）编写一个程序，通过指针数组 p 和一维数组 a 构成一个 3×2 的二维数组，并为 a 数组赋初值 2、4、6、8 等。要求先按行的顺序输出此"二维数组"，再按列的顺序输出它。

（7）编写一个程序，先从键盘输入 10 个数并存入数组 data[10]中，同时设置一个指针变量 p 指向数组 data，再通过指针变量 p 对数组按照从小到大的顺序排序，最后输出其排序结果。

（8）编写一个程序，从存储 10 名同学 5 门课程成绩的二维数组中，找出最好成绩所在的行和列，并将最大值及所在行、列的值输出。要求将查找和输出功能编写一个函数，二维数组的输入在主函数 main 中进行，并将二维数组通过指针参数传递的方式由主函数 main 传递到子函数中。

第 9 章　结构体和共用体

我们已经介绍了 C 语言的基本类型变量（如整型、实型、字符型变量等）和构造类型数据的数组部分。但在实际问题中，描述一个对象的信息需要一组数据，而且这组数据往往由不同的数据类型所构成。例如，在学生登记表中，一个学生的情况包括姓名、学号、年龄、性别、成绩等内容，姓名应为字符型，学号可为整型或字符型，年龄应为整型，性别应为字符型，成绩可为整型或实型等。显然不能用一个数组来存放这组数据，为了整体存放这些类型不同的相关数据，C 语言允许用户使用自定义的数据类型，包括结构体类型、共用体类型和枚举类型，其中结构体和共用体属构造类型，枚举类型属简单类型。

本章主要介绍结构体和共用体这两种构造类型的概念、定义和应用，以及枚举类型的概念，并介绍如何通过 typedef 为一个系统提供的类型名，或者用户已定义的类型再命名一个新的类型名。

9.1　结构体

C 语言中给出了一种构造数据类型，称为结构或结构体。它相当于其他高级语言中的记录。结构体是一种构造类型，它由若干数据项组成。组成结构体的各个数据项被称为结构体成员，每一个成员都可以是一个基本数据类型或是一个构造类型。结构体既然是一种"构造"而成的数据类型，那么在说明和使用之前必须先根据实际情况定义结构体类型，再定义结构体类型变量，如同在说明和调用函数之前要先定义函数一样。

9.1.1　结构体类型的定义

前面各章节中使用的定义变量都是由系统提供的类型定义变量，程序如下：
```
int a,b;
float c[10];
char str;
```
上面语句定义的普通变量 a 和 b 就是整型变量，数组 c 是包含 10 个元素的单精度实型数组，每个数组元素都是单精度实型的，最后定义了一个字符型变量 str。其中，int、float、char 是系统定义的类型名，是系统关键字。

然而结构体类型比较复杂，系统无法事先为用户定义一种统一的结构体类型。因此，在定义结构体变量之前，用户要先定义结构体类型，即用自己定义的结构体类型定义结构体变量。

定义结构体类型时，应指出该结构体类型名、包含哪些成员、各成员名及其数据类型等。定义一个结构体类型的一般形式为
```
struct 结构体名
{成员表列
};
```
结构体名用于结构体类型的标志，它又称结构体标记。成员表列由若干个成员组成，每个成员都是该结构体的一个组成部分。对每个成员也必须进行类型说明，其形式如下：

```
    类型说明符   成员名;
```
所以定义结构体类型可以写成：
```
struct 结构体类型名
{
    类型说明符   成员名1;
    类型说明符   成员名2;
    类型说明符   成员名3;
};
```

注意：

（1）struct 是关键字，必须原样写出，表示定义一个结构体类型。它是语句的主体，是该语句所必需的。

（2）结构体类型名、成员名的命名规则应遵循标识符的定义规则。花括号内是结构体成员表列，各结构体成员的定义方式和一般变量的定义方式相同。

（3）结构体类型定义是一个语句，应以分号结束，注意"}"后面的分号一定不能省略，否则编译系统无法通过。

（4）结构体类型的定义只说明了该类型的构成形式，系统并不为其分配内存空间，编译系统仅给变量分配内存空间。

（5）结构体成员的类型也可以是另外一个结构体类型，程序如下：
```
struct date
{ int year;
  int month;
  int day;
};
struct student
{ int num;
  char name[20];
  char sex;
  struct date birthday;
  int score[5];
};
```
结构体成员的类型如果是另外一个结构体类型，同样必须遵守先定义，后使用的原则。如上例中，先定义 struct date 类型，再定义 struct student 类型。

（6）不同结构体类型的成员名可以相同，结构体的成员名也可以与基本类型的变量名相同。它们分别代表不同的对象，系统将以不同的形式进行表示，程序如下：
```
struct student
{ int num;
  char name[20];
  int age;
  int score;
} a,b;
struct teacher
{ int num;
  char name[20];
  int age;
  float salary;
}c,d;
```

（7）"struct 结构体类型名"为结构体的类型说明符，可用于定义或说明变量。结构体类型的定义可置于函数内，这样该类型名的作用域仅为该函数。如果结构体类型的定义位于函数之外，则其定义为全局的，可在整个程序中使用。

由此可见，结构体是一种复杂的数据类型，是数目固定、类型不同的变量在内存中的分配模式，并没有分配实际的内存空间。当定义了结构体类型的变量之后，系统才能在内存中为变量分配存储空间。因此，结构体类型定义是为结构体变量定义服务的。

9.1.2 结构体变量的定义

结构体类型反映的是所处理对象的抽象特征，而当描述具体对象时，就需要定义结构体类型的变量，简称为结构体变量或结构体。定义结构体变量有三种方法，下面分别进行介绍。

1. 定义结构体类型后再定义结构体变量

先定义结构体类型，再说明结构体变量，其形式如下：

```
结构体类型  变量1,变量2,…,变量n;
```

例如：

```
struct stu
{short num;
 char name[20];
 char sex;
 short age;
 float score;
 char address[30];
};
struct stu zhang,wang;
```

程序说明：定义了两个结构体变量 zhang、wang，其在内存中的存储形式如图 9-1 所示。

可以使用 sizeof() 运算符来求解当前变量存储空间所占的字节数，其使用形式如下：

```
sizeof(类型或变量)
```

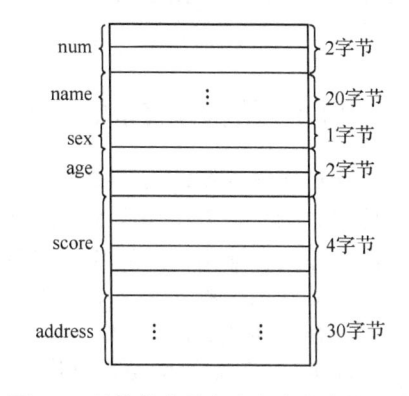

图 9-1 结构体变量在内存中的存储形式

例如：

```
printf("%d",sizeof(zhang));
```

输出结果为 68。

2. 定义结构体类型的同时定义结构体变量

其形式如下：

```
struct 结构体名
 {
   成员表列
 } 变量名表列;
```

例如：

```
struct stu
{
  short num;
  char name[20];
  char sex;
  short age;
  float score;
  char address[30];
}zhang,wang;
```

3. 直接定义结构体变量

其形式如下：

```
struct
{ 成员表列
}变量名表列;
```

在此方法中没有具体指出结构体类型名，在程序中仅有一处需要定义某种结构体类型变量时，可用此方法。

例如：
```
struct
{ short num;
  char name[20];
  char sex;
  short age;
  float score;
  char address[30];
}zhang,wang;
```

这三种基本形式的比较：第 3 种方法与前两种方法的区别在于，第 3 种方法中省去了结构体类型名，而直接给出结构体变量。这种情况下不能使用前两种方法对变量进行定义，只能在构造类型的时候定义变量。这三种方法中说明的变量 zhang、wang 都具有图 9-1 的内存单元。

9.1.3 结构体变量的引用

在程序中使用结构体变量时，要对每个结构体成员进行引用，即不能把它作为一个整体来使用。除允许具有相同类型的结构体变量相互赋值以外，一般对结构体变量的使用，包括赋值、输入、输出、运算等，都是通过结构体变量的成员来实现的。

（1）结构体变量成员引用的一般形式如下：

结构体变量名.成员名

其中，"."称为成员运算符，其优先级最高，结合方向为从左向右。

如对上面定义的结构体变量 wang 的访问：

wang.num 即访问 wang 的学号。

wang.sex 即访问 wang 的性别。

（2）如果成员本身又是一个结构体变量，则必须逐级找到最低级的成员才能使用，即只能对最低级的成员进行赋值、存取、运算。如对上面定义的结构体变量 wang 的访问：

wang.birthday.year 即访问 wang 的出生年份。

注意：不能用 wang.birthday 来访问变量 wang 中的成员 birthday，因为 birthday 本身是一个结构体变量。

（3）成员可以在程序中单独使用，与普通变量完全相同。其中，"."运算符的优先级别最高，所以可以把"结构体变量名.成员名"视为一个整体。

如果 zhang、wang 是同一类型变量，对各自的同名成员 num，也可用 zhang.num、wang.num 来区分。

（4）对结构体变量的成员可以像普通变量一样，根据其类型进行相应的运算，例如：

```
zhang.score=wang.score;
average=(zhang.score+wang.score)/2;
zhang.num++;
```

由于"."运算符的优先级最高，因此，zhang.num++是对 zhang.num 进行自加运算，而不是先对 num 进行自加运算。

（5）可以引用结构体变量成员的地址，也可以引用结构体变量的地址，例如：

```
scanf("%f",&zhang.score);    /*输入 zhang.score 的值*/
printf("%o",&zhang.score);   /*输出 zhang.score 的首地址*/
```

但不能用以下语句整体读入结构体变量，例如：

```
scanf("%d,%s,%c,%d,%d,%d,%d",&a);
```

结构体变量的地址主要作为函数参数，传递结构体变量的地址。

9.1.4 结构体变量的赋值

结构体变量的值已知,在定义结构体变量时可以给其成员赋初值,这就是结构体的初始化。它包括在定义结构体变量时赋初值和定义结构体变量后赋初值。

1. 定义结构体变量时赋初值

和其他类型变量一样,对结构体变量可以在定义时进行初始化赋值,对结构体变量赋初值的形式如下:

```
struct 结构体类型名 变量名={成员1的值,成员2的值,…,成员n的值};
```

初值表用"{ }"括起来,表中各个数据以逗号分隔,应与结构体类型定义时的成员个数相等,并且类型一致。如果初值个数少于结构体成员个数,则将无初值对应的成员赋以 0 值。如果初值个数多于结构体成员个数,则编译出错。

当结构体具有嵌套结构时,内层结构体的初值也需用"{ }"括起来。

【例 9.1】 在定义时对结构体变量赋初值。

参考程序如下:

```
#include <stdio.h>
void main()
{
  struct stu
  {
    int num;
    char name[20];
    char sex;
    float score;
  }a={1001,"Zhang",'M',78.5};          /*定义结构体变量并初始化*/
  struct stu b={1002,"Wang",'F',67.5};
    printf("NO.=%d\tName=%s\tsex=%c\tscore=%5.2f\n",a.
        num,a.name, a.sex,a.score );  /*输出结构体 a 的值*/
    printf("NO.=%d\tName=%s\tsex=%c\tscore=%5.2f\n",b.
        num,b.name, b.sex,b.score );  /*输出结构体 b 的值*/
}
```

程序运行情况:

```
NO.=1001        Name=Zhang       sex=M     score= 78.50   (输出的结果)
NO.=1002        Name=Wang        sex=F     score= 67.50   (输出的结果)
```

程序说明:程序中首先定义了结构体类型 stu,然后定义了结构体变量 a 和 b,并对变量进行初始化。最后用 printf 语句输出结构体变量 a 和 b 各成员的值。本例定义了一个局部的结构体类型和结构体变量,它们的作用域只在主函数体内有效。

注意:结构体变量 a 的各成员输出,不能直接输出结构体变量名,如 printf("%d",a);是错误的,这样只能输出第 1 个成员的值,即 1001。

2. 定义结构体变量后赋初值

在结构体变量定义之后对结构体变量赋值时可以采用各成员赋值,用输入语句或赋值语句来完成。

【例 9.2】 在定义结构体变量后对结构体变量赋初值。

参考程序如下:

```
#include <stdio.h>
#include <string.h>
struct stu                    /*定义结构体类型*/
{
  int num;
  char name[20];
  char sex ;
```

```
    float score ;
}a ;                       /*定义结构体变量a*/
void main()
{
    struct stu b ;         /*定义结构体变量b*/
    a.num=1001;
    printf("输入姓名:");
    gets(a.name);
    a.sex='M';
    a.score=76.5;
    b=a;                   /*将结构体变量a赋值给结构体变量b*/
       printf("No.=%d\tName=%s\tsex=%c\tscore=%5.2f\n",a.
          num,a.name, a.sex,a.score );
       printf("No.=%d\tName=%s\tsex=%c\tscore=%5.2f\n",b.
          num,b.name, b.sex,b.score );
}
```

程序运行情况：

输入姓名:Zhang↙　（输入 Zhang 并按 Enter 键）
No.=1001　　　　Name=Zhang　　　sex=M　score=76.50　　（输出的结果）
No.=1001　　　　Name=Zhang　　　sex=M　score=76.50　　（输出的结果）

程序说明：用赋值语句给成员的 num、sex 和 score 赋值，而成员的 name 是一个字符型数组，数组在定义后不能使用赋值语句进行赋值，所以应采用字符串输出函数或用 scanf 函数动态地进行输入，然后把结构体变量 a 的所有成员的值整体赋予结构体变量 b，最后输出它们的各个成员值。结构体类型的定义和结构体变量的定义在【例 9.1】中处于主函数 main 内，而在【例 9.2】中处于主函数外，前一个是局部的结构体类型及变量，只在主函数 main 内有效，而后一个是全局的结构体类型。a 是全局的结构体变量，b 是局部的结构体变量。

注意：对结构体变量各个成员不可以一次性全部赋值，但是对同类型的结构体变量可以整体一次性赋值。如上例所示 b=a;就是合法的，相当于

```
b.num=a.num,
strcpy(b.nme,a.nme);
b.sex=a.sex;
b.score=a.score;
```

其中，对 b.name、a.name 常用字符串进行处理，所以只有用字符串复制函数才能完成赋值操作。

【例 9.3】 有两条记录，包括数量（num）和价钱（price），编写一个程序完成总价钱的计算。

程序分析：用结构体变量保存两条记录的数据，先求出每条记录的价钱后再相加，即可得到最终结果。

参考程序如下：
```
#include <stdio.h>
struct p
{
  int num;
  float price;
};
void main()
{
    struct p a,b ;
    float sum ;
    printf("输入第 1 个数量和价格:\n");
    scanf("%d%f",&a.num,&a.price );
    printf("输入第 2 个数量和价格:\n");
    scanf("%d%f",&b.num,&b.price );
```

```
    sum=a.num*a.price+b.num*b.price ;
    printf ("sum=%5.2f",sum);
}
```

程序运行情况：

输入第 1 个数量和价格：
10✓　　　　　　　　（输入 10 并按 Enter 键）
2.50✓　　　　　　　（输入 2.50 并按 Enter 键）
输入第 2 个数量和价格：
20✓　　　　　　　　（输入 20 并按 Enter 键）
3.50✓　　　　　　　（输入 3.50 并按 Enter 键）
sum=95.00　　　　　（输出的结果）

程序说明： 本例定义了一个全局的结构体类型 p，又定义了两个局部的结构体变量 a 和 b，这两个结构体变量均有两个成员，一个表示商品数量（num），另一个表示商品单价（price）。程序要输出商品的总价，其表达式就是 a 的商品数量*单价与 b 的商品数量*单价的和。

9.2 结构体数组与结构体指针

9.2.1 结构体数组

在实际应用中，经常用结构体数组来表示具有相同数据结构的一个群体，如一个班的学生档案、一个车间职工的工资表等。结构体数组是指数组元素类型为结构体类型的数组。因此，结构体数组的每个元素都是具有相同结构体类型的下标结构体变量。结构体数组的使用与结构体变量类似，要先构造类型，再定义变量，只需说明它为数组类型即可。

1．定义结构体数组

结构体数组的一般形式如下：

结构体类型标识符　数组名[长度]；

例如，定义一个结构体类型，其数组名为 stu，长度为 2 的结构体数组，程序如下：

```
struct  student
{   short  num;
    char name[20];
    char sex;
    short age;
};
struct  student stu[2];
```

程序说明： 结构体数组的定义与普通结构体变量的定义相同，也可分成三种形式，具体请参阅结构体变量的定义规则。该结构体数组在内存中的存储情况如图 9-2 所示。

定义一个结构体数组 stu，共有 2 个元素，即 stu[0] 和 stu[1]，每个数组元素都具有 struct student 的结构形式。

2．结构体数组的引用

定义好结构体数组后对结构体数组元素进行引用，其形式如下：

数组名[下标].成员名

例如，对上述结构体数组的引用：stu[0].num 表示第 0 行数组的第 1 个成员 num 的值；stu[1].score 表示第 1 行数组的第 4 个成员 score 的值。

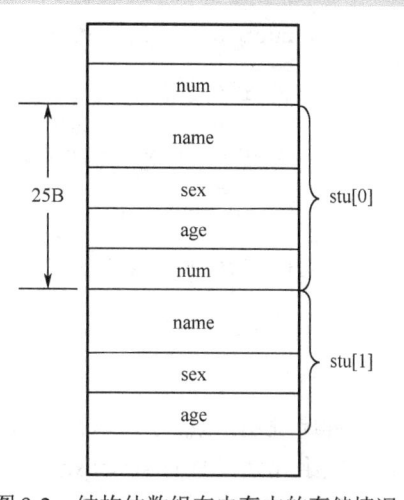

图9-2　结构体数组在内存中的存储情况

3. 结构体数组的初始化

结构体数组定义好之后就可以对结构体数组进行赋值操作，包括在定义结构体数组时赋值和在定义结构体数组之后赋值。

（1）在定义结构体数组时赋值，其程序如下：

```c
struct stu
{
  short num;
  char name[20];
  char sex ;
  float score ;
}student[5]={{1001,"Li",'M',73.5},
             {1002,"Zhang",'M',67.5},
             {1003,"Hu",'F',95},
             {1004,"Cheng",'F',78.5},
             {1005,"Wang",'M',58.5}};
```

当对全部元素进行初始化赋值时，数组长度可以省略。数组元素与数组元素之间用"{ }"括起来，"{ }"和"{ }"之间用逗号分隔，即写成以下形式：

```
student[ ]={{…},{…},{…},{…},{…}};
```

编译时，系统会根据给出初值的结构体常量的个数来确定数组元素的个数。一个结构体常量包括结构体中全部成员的值。

（2）在定义结构体数组之后赋值，其赋初值操作与一维数组的赋值操作类似，可用一个for循环语句，通过格式输入语句进行赋值。

【例 9.4】 输入/输出学生的相关信息，学生信息包括学号（num）、姓名（name）、语文成绩（chinese）、英语成绩（english）、数学成绩（maths）。

参考程序如下：

```c
#include <stdio.h>
struct stu                        /*定义结构体类型stu*/
{
  int num;
  char name[10];
  int chinese;
  int english;
  int maths;
};
void main()
{
  struct stu student[5];    /*定义结构体数组student*/
  int i;
  for (i=0;i<5;i++)          /*通过键盘输入为结构体数组赋值*/
  {
    printf("输入第%d个学生的学号、姓名、语文成绩、英语成绩、数学成绩：\n",i );
      scanf("%d%s%d%d%d",&student[i].num,student[i].name,&student[i].
      chinese,&student[i].english,&student[i].maths );
  }
  printf("学生基本信息为：\n");
  for(i=0;i<5;i++)
    printf("%d\t%s\t%d\t%d\t%d\n",student[i].num,student[i].name,student[i].
    chinese,student[i].english,student[i].maths);
}
```

程序说明： 该程序是以格式输入语句进行赋值的，因共有5个元素：student[0]～student[4]，每个数组元素又具有 struct stu 的结构形式，故这里采用i来标识数组下标。

注意： 整型、实型、字符型数组输入时，必须用成员引用的地址，如以下语句。

```
scanf("%d",&student[i].num);
```
而对于字符数组在按"%s"进行输入时，注意不要加"&"，因为字符数组名就是变量的地址，如以下语句。
```
scanf("%s",student[i].name);
```

9.2.2 指向结构体的指针

我们已介绍了基本类型指针，如整型指针、字符指针等，也介绍过构造类型指针，如指向一维数组指针。同样也可以定义一个指针变量用于指向结构体变量。与其他指针类似，一个结构体变量的指针就是该变量所占内存空间的首地址。通过结构体指针变量即可访问该结构体变量，这与数组指针和函数指针的情况是相同的。

1. 结构体指针变量

结构体指针变量定义的一般形式如下：
```
struct 结构体名 *结构体指针变量名
```
如定义一个结构体类型 student：
```
struct student
{
  int num;
  char name[20];
  char sex;
  float score;
};
```
如要说明一个指向 student 的指针变量 p，可定义如下：
```
struct student *p
```
定义 p 是指向 struct student 结构体变量的指针变量，或者说指针变量 p 的基本类型是 struct student 类型。

结构体指针变量的定义也可以像结构体变量定义一样，在定义结构体类型的同时定义结构体指针变量，如以下语句：
```
struct date
{int year,month,day;} *q;
```
结构体指针变量也必须要先赋值后才能使用。赋值是把结构体变量的首地址赋予该指针变量，不能把结构体名直接赋予该指针变量，如以下语句：
```
sturct student stu;
```
则 p=&stu;是正确的。结构体名和结构体变量是两个不同的概念，注意不能写成 p=&student，这是错误的。结构体名只能表示一个结构体类型，编译系统并不对它分配存储空间。只有当某变量被说明为这种类型的结构体变量时，才对该变量分配存储空间。因此，上面 p=&student 写法是错误的，不可能去取一个结构体名的首地址。

有了结构体指针变量，就能更方便地访问结构体变量的各个成员，其访问形式如下：
```
(*结构体指针变量).成员名
```
或者
```
结构体指针变量->成员名
```
如有以下程序段：
```
struct code
{
  int n;
  char c;
  a,*p;
  p=&a;
```
p 是指向 a 的结构体指针，对于变量 a 中的成员有以下三种引用方式。

（1）a.n、a.c：通过变量名进行分量运算选择成员。

（2）(*p).n、(*p).c：利用指针变量间接存取运算访问目标变量的形式。由于"."的优先级高于"*"，因此圆括号是必不可少的。

（3）p->n、p->c：这是专门用于结构体指针变量引用结构体成员的一种形式，它等价于第 2 种方式。"->"是指向结构体成员运算符，优先级为一级，从左向右结合。例如：

p->n++运算等价于(p->n)++，是先取成员 n 的值，再使 n 成员自增 1。

++p->n 运算等价于++(p->n)，是先对成员 n 进行自增 1，然后再取 n 的值。

【例 9.5】 用指向结构体变量的指针变量引用结构体变量。

参考程序如下：

```
#include <stdio.h>
struct stu
{
  int num;
  char name[20];
  int score;
};
void main()
{
   struct stu s={1001, "zhang",78},*p;
   p=&s;                  /*使指针p指向结构体变量s*/
   printf("num\tname\tscore\n");
   printf("%d\t%s\t%d\n",s.num,s.name,s.score);
   printf("%d\t%s\t%d\n",(*p).num,(*p).name,(*p).score);
   printf("%d\t%s\t%d\n",p->num,p->name,p->score);
}
```

程序运行情况：

```
num     name    score       （输出的结果）
1001    zhang   78          （输出的结果）
1001    zhang   78          （输出的结果）
1001    zhang   78          （输出的结果）
```

程序说明： 本例程序定义了一个结构体类型 stu 和 stu 类型结构体变量 s，并做了初始化赋值，还定义了一个指向 stu 类型结构体的指针变量 p。在主函数 main 中，p 被赋予了 s 的地址，因此 p 指向 s，然后在 printf 语句内用三种形式输出 s 的各个成员值。从运行结果可以看出，结构体变量.成员名、(*结构体指针变量).成员名、结构体指针变量->成员名，这三种用于表示结构成员的形式是完全等效的。

2．结构体指针数组

结构体指针具有同其他类型指针一样的特征和使用方法。结构体指针变量也可以指向结构体数组。同样，结构体指针加、减运算也遵照指针计算规则。例如，结构体指针变量加 1 的结果是指向结构体数组的下一个元素。结构体指针变量的地址值的增量取决于所指向的结构体类型变量所占存储空间的字节数。

【例 9.6】 有 4 个学生，每个学生的属性包括学号、姓名、成绩，要求通过指针方法找出成绩最高者的姓名和成绩。

程序分析： 将学生信息存入数组中，通过指针依次访问每一个学生信息，比较其分数，从而求出获得最高分学生在数组中的位置。

参考程序如下：

```
#include <stdio.h>
int main()
{
    struct student                          /*定义结构体类型*/
```

```c
    {
        int num;
        char name[20];
        float score;
    };
    struct student stu[4];
    struct student *p;
    int i,temp=0;
    float max;
    for(p=stu;p<stu+4;p++)                  /* 输入数据 */
        scanf("%d%s%f",&p->num,p->name,&p->score);
    for(max=stu[0].score,i=1;i<4;i++)   /*查找成绩最高者*/
        if(stu[i].score>max)
        {
            max=stu[i].score;
            temp=i;
        }
    p=stu+temp;
    printf("\n 最高分:\n");                  /*输出结果*/
        printf("NO.%d\nname: %s\nscore: %4.1f\n",p->num,
           p->name,p->score);
}
```

程序说明：用变量 temp 记录最高分所在数组元素的下标，通过数组名 stu+temp 使指向结构体类型的指针 p 指向该数组元素。

注意：

（1）区别结构体指针和结构体成员的自增情况。

设 p=stu;

++p->num 等价于++(p->num)，是成员自增。此运算是先将 stu[0]的 num 成员自增 1，再取成员 num 的值，此表达式的值为 2，而 p 的指向未变。

(++p)->num 是指针自增，此运算是先进行 p 自增 1，使其指向 stu[1]，stu[1]的 num 成员值未变，所以表达式的值为 2。

（2）区别结构体指针的自增、自减运算符是位于前缀还是后缀。

设 p=stu;

(++p)->num 运算是先进行 p 自增，所以是访问 stu[1]元素的 num 成员。

(p++)->num 运算是先访问 stu[0]元素的 num 成员，再进行 p 的自增。虽然两个表达式运算结束后均使 p 指向 stu[1]，但是表达式本身访问的是不同元素的 num 成员。

9.2.3 用结构体作为函数的参数

用结构体作为函数的参数包括用结构体变量作为函数的参数、用结构体数组作为函数的参数和用指向结构体的指针作为函数的参数。它们的使用方法与普通变量和指针作为函数的参数类似。

将一个结构体变量的值传递给另一个函数，有以下三个方法。

（1）用结构体变量的成员作为参数，如用 stu[1].num 或 stu[2].name 作为函数实参，将实参值传给形参。用法和普通变量作为实参是一样的，属于值传递方式。应当注意与形参的类型保持一致。

（2）用结构体变量作为实参，采取的也是值传递方式，将结构体变量所占内存单元的内容全部顺序传递给形参，形参也必须是同类型的结构体变量。在函数调用期间形参也要占用内存单元。这种传递方式在空间和时间上开销较大，如果结构体的规模很大，则开销很可观。

此外，由于采用值传递方式，如果在执行被调函数期间改变了形参（也是结构体变量）的值，则该值不能返回主调函数，这往往会造成使用上的不便。因此，一般较少用这种方法。

（3）用指向结构体变量（或数组）的指针作为实参，将结构体变量（或数组）的地址传给形参。

1. 用结构体变量作为函数的参数

可以使用结构体变量名作为函数的参数，也可以使用结构体变量的成员作为函数的参数，这里一般用前者。

【例 9.7】 编写一个函数，输出结构体变量各成员的值。

参考程序如下：

```c
#include <stdio.h>
struct s
{
  int chinese;
  int maths ;
};
void print(struct s y)
{
  printf("chinese=%d\tmaths=%d\n",y.chinese,y.maths );
}
void main ()
{
  struct s x;
  scanf("%d%d",&x.chinese,&x.maths );
  print(x);
}
```

程序说明：因为用结构体类型变量 x 作为函数的实参，所以自定义函数的形参必须是跟 x 同类型的变量。这里把结构体类型 s 设置成全局类型，便于自定义函数中形参的定义及主函数 main 中实参的定义。

2. 用结构体数组作为函数的参数

【例 9.8】 有 5 个学生，学生信息包括学号（num）和三门课的成绩（score[3]），编写一个函数，统计成绩不及格的学生人数并输出其学号。

参考程序如下：

```c
#include <stdio.h>
struct stu                          /*全局的结构体类型*/
{
  int num;
  int score[3];
};
int count(struct stu s[],int n)     /*形参数组和长度*/
{
  int i,j,c=0,flag ;                /*flag 变量是标志位*/
  printf("number is: \n");
  for (i=0;i<n;i++)
  {
    flag=0;                         /*flag==0 假设没有成绩不及格的*/
    for (j=0;j<3;j++)
     if(s[i].score[j]<60)
     {
        flag=1;                     /*flag==1 找到一个成绩不及格的*/
        break;                      /*不用再继续查找了,可以退出循环*/
     }
    if(flag==1)                     /*如果 flag 为 1,则说明有成绩不及格的*/
    {
```

```
      c++;                            /*将统计变量c加1*/
      printf("%d\n",s[i].num);        /*输出成绩不及格学生的学号*/
     }
   }
   return(c );                        /*将C值返回到主函数main中*/
}
void main()
{
  int c;
  struct stu a[5]={ {1001,67,56,78},
                    {1002,78,78,90},
                    {1003,67,85,45},
                    {1004,89,67,89},
                    {1005,83,92,99}
                  };
  c=count(a,5);                       /*实参是数组名和长度*/
  printf("notpass is: %d",c);
}
```

程序运行情况：
```
number is:           （输出的结果）
1001                 （输出的结果）
1003                 （输出的结果）
notpass is: 2        （输出的结果）
```

程序说明：程序中定义了一个全局的结构体类型 stu，该类型包括学号和三门课的成绩，将三门课的成绩定义成整型数组，使结构体数据的成员中又出现了一个数组。在引用成员时，可以使用一个 for 循环语句。

在主函数 main 中定义了一个结构体类型数组，数组中共有 5 个元素，并做了初始化赋值。在自定义函数 count 中用 for 循环语句逐个判断学生成绩，如有一门课的成绩小于 60 分，就将累加器 c 加 1，并同时输出学生的学号。循环结束后将成绩不及格的学生数返回主函数 main 中并输出。

【例 9.9】 有 5 个学生，学生信息包括学号（num）、语文成绩（chinese）、英语成绩（english）、数学成绩（maths），编写一个函数，计算各学生的总成绩及平均成绩。

参考程序如下：
```
#include <stdio.h>
struct stu
{
  int num;
  int chinese,english,maths;
  int sum;
  float aver;
};
void sum(struct stu student[],int n)
{
  int i;
  for (i=0;i<n;i++)
     {student[i].sum=student[i].chinese+student[i].
         english+student[i].maths;
   student[i].aver=student[i].sum/3.0;
     }
}
void main ()
{
int i;
struct stu a[5]={ {1001,67,56,78},
                  {1002,78,78,90},
```

```
                       {1003,67,85,45},
                       {1004,89,67,89},
                       {1005,83,92,99} };
   sum(a,5);
   printf("num\tchinese\tenglish\tmaths\tsum\taverage");
   printf("\n");
     for(i=0;i<5;i++)
       printf("%d\t%d\t%d\t%d\t%d\t%.2f\n",a[i].num,a[i].chinese,a[i].english,
       a[i].maths,a[i].sum,a[i].aver );
   }
```

程序运行情况：

```
num     chinese  english  maths    sum     average    （输出的结果）
1001    67       56       78       201     67.00      （输出的结果）
1002    78       78       90       246     82.00      （输出的结果）
1003    67       85       45       197     65.67      （输出的结果）
1004    89       67       89       245     81.67      （输出的结果）
1005    83       92       99       274     91.33      （输出的结果）
```

程序说明： 用结构体数组作为函数的参数，与一维数组作为函数参数的方式类似，如果实参是数组名和长度，则形参就可以是数组名和整型变量。定义结构体类型时，可将总成绩和平均值作为结构体类型的成员。

3．用指向结构体的指针作为函数的参数

通过指向结构体类型的指针参数，将主调函数的结构体变量的指针传递给被调函数的结构体指针形参。通过该指针形参的指向域扩展，操作主调函数中结构体变量及其成员，达到数据传递的目的。另外，也可将函数定义为结构体指针型函数，将被调函数中结构体变量的指针利用 return 语句返回主调函数的结构体指针变量。

【例 9.10】 将【例 9.7】改用指向结构体的指针作为函数的参数。

参考程序如下：

```
#include <stdio.h>
struct s
{
  int chinese;
  int maths;
};
void print(struct s *p)
{printf("chinese=%d\tmaths=%d",p->chinese,p->maths);
 printf("\n");
}
void main ()
{
  struct s x;
  scanf("%d%d",&x.chinese,&x.maths);
  print(&x);
}
```

程序说明： print 函数中的形参 p 被定义为指向 struct s 类型数据的指针变量。注意在调用 print 函数时，用结构体变量 x 的起始地址&x 作为实参。在调用函数时将该地址传送给形参 p（p 是指针变量）。这样形参 p 就指向结构体变量 x。在 print 函数中输出形参 p 所指向的结构体变量的各个成员值，它们就是结构体变量 x 的成员值。

9.2.4 结构体举例

【例 9.11】 有 5 个学生，学生信息包括姓名、电话、年龄、地址等，按照姓名拼写首字母升序进行输出。

参考程序如下：

```c
#include <stdio.h>
#include <string.h>
struct user_info
{
  char name[20];
  int age;
  char phone[20];
  char address[80];
};
void main()
{
  int i,j,k;
  struct user_info tmp;
  struct user_info user[5]={{"Li",31,"1258746","Beijing"},
                            {"Zhao",39,"5897412","Shanghai"},
                            {"Qian",28,"3654879","Chongqing"},
                            {"Zhou",30,"5632146","Hangzhou"},
                            {"Sun",34,"8632541","Shenyang"}
                           };
  for(i=1;i<5;i++)                 /*按姓名拼写首字母升序排列*/
  {
    k=5-i;
    for(j=0;j<5-i;j++)
      if(strcmp(user[j].name,user[k].name)>0)
        k=j;
    if(k!=5-i)
    {
      tmp=user[k];
      user[k]=user[5-i];
      user[5-i]=tmp;
    }
  }
  printf("%20s%5s%15s%20s","name","age","phone","address");
  printf("\n");
  for(i=0;i<5;i++)
    printf("%20s%5d%15s%20s\n",user[i].name,user[i].age,
           user[i].phone,user[i].address);
}
```

程序运行情况：

```
Name    age     phone           address         （输出的结果）
Li      31      1258746         Beijing         （输出的结果）
Qian    28      3654879         Chongqing       （输出的结果）
Sun     34      8632541         Shenyang        （输出的结果）
Zhao    39      5897412         Shanghai        （输出的结果）
Zhou    30      5632146         Hangzhou        （输出的结果）
```

程序说明： 程序定义了一个结构体类型 user_info，包含三个字符数组成员（姓名、电话和地址）和一个 int 型成员（年龄）。先在主函数 main 中为数组 user 进行了初始化，并应用选择法排序，对数组 user 中各元素按照姓名拼写首字母升序排列，再输出 user 中每个元素成员的值。

【例 9.12】 候选人得票统计程序。设有三个候选人，每次输入一个得票候选人的名字，要求输出各人得票的结果。

参考程序如下：

```c
#include <stdio.h>
#include <string.h>
```

```
struct person
{
  char name[10];
  int count;
}leader[3]={"li",0,"wang",0,"zhang",0};
void main()
{
  int i,j;
  char leadername[20];
  for(i=1;i<=10;i++)
  {
    gets(leadername);
    for(j=0;j<3;j++)
    if(strcmp(leadername,leader[j].name)==0)
    leader[j].count++;
  }
  printf("leader\tcount\n");
  for(i=0;i<3;i++)
  printf("%s\t%d\n",leader[i].name,leader[i].count );
}
```

程序说明：该题是典型的统计问题。结构体数组 leader 的长度为 3，每行有两个成员，字符型数组表示名字，整型数组表示得票数，票数初值为 0。外循环 i 表示循环次数；内循环 j 表示查找判断，判断输入的名字与原结构体变量成员名字是否相同。如果相同，则将其统计值加 1，直到循环结束，最终输出结构体数组的各成员值。

9.3 链表

9.3.1 链表概述

在前面介绍的程序中，系统在模块运行之前必须对该模块所定义的变量分配存储空间，这种存储空间的分配方式称为静态分配方式。静态分配方式要求变量的存储空间长度是确定的。例如，曾介绍过数组的长度就是预先定义好的，在整个程序中固定不变。C 语言中不允许有动态数组类型，例如：

```
int n;
scanf("%d",&n);
int a[n];
```

用变量表示长度来对数组的大小进行动态说明，这是错误的。但是在实际编程中，往往会发生这种情况，即所需的内存空间取决于实际输入的数据，而无法预先确定。对于这种问题，用数组就很难解决，如果数组定义长了，会造成存储空间浪费；如果数组定义短了，会造成空间溢出。

为了解决上述问题，C 语言提供了一些内存管理函数，它们可以按需要动态地分配内存空间，也可把不再使用的空间回收待用，这样可以有效地利用内存资源。

用动态分配方式定义的变量没有变量名，需要通过变量的地址引用该变量，而变量地址需要存储在另一个已经定义的指针变量中。用动态分配方式定义变量的过程如下：

```
int *p;
p=(int *)malloc(sizeof(int));
```

从上述变量定义过程中并没有感到动态存储分配的灵活性。因为在定义动态变量之前必须先定义一个静态的指针变量，然后通过静态变量才能引用动态变量。如果把指向动态变量的指针也用动态方式定义，动态存储分配的灵活性就能充分体现出来。链表是采用动态存储分配的一种重要数据结构，一个链表中存储的是一批同类型的相关联数据。采用动态分配的方法为一个结构分配内存空间。例如，存储学生信息数据时，每次分配一块空间就可用来存放一个学生信息数据，称为一个节点。有多少个数据就应该申请分配多少块内存空间，也就是说要建立多少个节点。当然用结构体数组也可以完成上述工作，但如果预先不能准确把握学生人数，也就无法确定数组大小，而且当学生留级、退学之后也不能把该元素占用的空间从数组中释放出来。

用动态存储的方法可以很好地解决这些问题。有一个学生就分配一个节点，无须预先确定学生的准确人数，某学生退学，可删去该节点，并释放该节点占用的存储空间，从而节约宝贵的内存资源。另一方面，用数组的方法必须占用一块连续的内存区域。而使用动态分配时，每个节点之间可以是不连续的（节点内是连续的），节点之间的联系可以用指针实现，即在节点结构中定义一个成员项用来存放下一个节点的首地址，这个用于存放地址的成员项称为指针域。

注意： 链表和数组具有相同的逻辑结构，它们之间的区别是，数组各元素的存储空间是连续的、固定的，数组元素个数一经定义是不可改变的。而链表中的元素个数是可变化的，元素的存储空间是动态分配的，逻辑上相邻的节点其物理存储空间不一定相邻。

为指示相邻节点关系，可在第 1 个节点的指针域内存放第 2 个节点的首地址，在第 2 个节点的指针域内又存放第 3 个节点的首地址，如此串联下去直到最后一个节点。最后一个节点因无后续节点连接，其指针域可赋为 0。这样一种连接方式，在数据结构中称为链表，如图 9-3 所示。

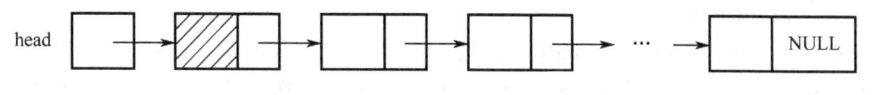

图 9-3 简单链表示意

图中带有阴影线的节点称为头节点，它存放第 1 个节点的首地址，其数据域存储的是链表辅助信息，如链表节点个数等，并不存储链表的实际数值。以下的每个节点都分为两个域，一个是数据域，存放各种实际的数据，如学号（num）、姓名（name）、性别（sex）和成绩（score）等；另一个域为指针域，存放下一个节点的首地址，链表中的每一个节点都是同一种结构类型。

例如，一个存放学生学号和成绩的节点应为以下结构：

```
struct stu
{
  int num;
  int score;
  struct stu *next;
};
```

其中，前两个成员项组成数据域，后一个成员项 next 构成指针域，它是一个指向 stu 结构体类型的指针变量。

9.3.2 处理动态链表所需的函数

常用的内存管理函数有以下三个，在使用时要包含头文件：
```
#include <stdlib.h>
```

1. 分配内存空间函数（malloc）

函数原型：void *malloc(unsigned size);。

函数调用的一般形式：(类型说明符*)malloc(size);。

注意：

（1）malloc 函数要求系统在内存中分配一块存储空间，这个存储空间是一块长度为 size 字节的连续区域。malloc 函数的返回值为该区域的首地址。

（2）malloc 函数返回的指针是无类型的，用户要根据存储空间的用途把它强制转换成相应的类型。"类型说明符"表示把该区域用于何种数据类型；(类型说明符*)表示把返回值强制转换为该类型指针。

（3）size 是一个无符号数，单位为字节，其语句如下：

```
p=(char *)malloc(100);
```

表示分配 100 字节的内存空间，并强制转换为字符数组类型。malloc 函数的返回值为指向该字符数组的指针，把该指针赋予指针变量 p。

【例 9.13】 应用 malloc()动态分配存储空间。

参考程序如下：

```
#include <stdio.h>
#include <stdlib.h>
void main ()
{
  short int *p;
  p=(short int *)malloc(2);
  *p=20;
  printf("%d",*p);
}
```

程序运行情况：
20   （输出的结果）

程序说明： 表达式(short int *)malloc(2)是指系统分配一块包含 2 字节的存储空间，用于存储一个整数。malloc 函数返回存储空间首地址后要强制转换成整型指针，才能把该指针赋给变量 p，程序通过*p 引用该整型变量。

注意： 如果不清楚该为变量分配多少存储空间，可使用 sizeof 运算符来获得，如 p=(int *)malloc(sizeof(int));。

2. 分配内存空间函数（calloc）

函数原型：void *calloc(unsigned int n,unsigned int size);。

函数调用的一般形式：(类型说明符 *)calloc(n,size);。

注意：

（1）calloc 函数实现的功能是，在内存动态存储区中分配 n 块长度为 size 字节的连续区域。calloc 函数的返回值为该区域的首地址。

（2）(类型说明符 *)用于强制类型转换。

（3）calloc 函数与 malloc 函数的区别仅在于一次可以分配 n 块区域，其语句如下：

```
ps=(struct stu*)calloc(2,sizeof(struct stu));
```

其中的 sizeof(struct stu)是求 stu 的结构长度。因此，该语句的意思是，按 stu 的长度分配 2 块连续区域，强制转换为 stu 类型，并把其首地址赋予指针变量 ps。

3. 释放内存空间函数（free）

函数原型：void free(void *p);。

函数调用的一般形式：free (p);。

注意： 释放 p 所指向的一块内存空间。p 是一个任意类型的指针变量，它指向被释放区域的首地址，被释放区域应该是由 malloc 函数或 calloc 函数所分配的区域。

【例 19.14】 动态分配存储空间的函数应用。

参考程序如下：

```c
#include <stdio.h>
#include <stdlib.h>
void main()
{
  struct stu
   {
      int num;
      char *name;
      char sex;
      float score;
   }*ps;
  ps=(struct stu*)malloc(sizeof(struct stu));
  ps->num=1001;
  ps->name="Zhang";
  ps->sex='M';
  ps->score=95.5;
  printf("No.=%d\nName=%s\n",ps->num,ps->name);
  printf("Sex=%c\nScore=%f\n",ps->sex,ps->score);
  free (ps);
}
```

程序运行情况：

```
No.=1001              （输出的结果）
Name=Zhang            （输出的结果）
Sex=M                 （输出的结果）
Score=95.500000       （输出的结果）
```

程序说明： 定义了结构体类型 stu 及其指针变量 ps，然后分配一块内存区，并把首地址赋予 ps，使 ps 指向该区域，再以 ps 为指向结构的指针变量对各成员赋值，并用 printf()输出各成员值，最后用 free 函数释放 ps 指向的内存空间。整个程序包括申请内存空间、使用内存空间、释放内存空间三个步骤，实现了存储空间的动态分配。

9.3.3 链表的基本操作

对链表的主要操作包括建立链表、查找与输出、删除节点、插入节点等。

1. 建立链表

建立链表是指从无到有地建立一个链表，即一个一个地输入各节点数据，并建立起前后相连的关系。

单链表的建立过程应反复执行以下三个步骤：

（1）调用 malloc()向系统申请一个节点的存储空间；

（2）输入该节点的值，并把该节点的指针成员设置为 0；

（3）把该节点加入链表，如果链表为空，则该节点为链表的头节点，否则把该节点加入表尾。

【例 9.15】 建立包含 5 个节点的单链表，其节点值分别为 1001、78，1002、87，1003、54，1004、89，1005、90。

参考程序如下：

```c
#include <stdio.h>
#include <stdlib.h>
struct node
{
  int num,score;
```

```c
    struct node *next;
};
void main()
{
  struct node *creat(struct node *head,int n);
  void print(struct node *head);
  struct node *head=NULL;        /*定义表头指针*/
  head=creat(head,5);
  print(head);
}
struct node *creat(struct node *head ,int n)
{
  struct node *p,*q;
  int i;
  for (i=1;i<=n;i++)
  { /*申请节点空间*/
    q=(struct node *)malloc(sizeof(struct node ));
    printf("Input%d num,score: \n",i);
    scanf("%d,%d",&q->num,&q->score );
    q->next=NULL;
    if(head==NULL)
        head=q;                /*新节点作为表头节点插入链表*/
    else
        p->next=q;             /*新节点作为表尾节点插入链表*/
    p=q;
  }
  return head ;
}
void print(struct node *head)
{
  struct node *p=head;
  printf("num\tscore\n");
  while(p!=NULL )
  {
    printf("%d\t%d\n",p->num,p->score);
    p=p->next;                /*p指向下一个节点*/
  }
}
```

程序说明：自定义两个函数 creat 和 print，creat()用于链表的建立，print()用于输出链表值，其中 creat()是返回头指针的函数。建立链表的过程是用 q 开辟空间，输入数据，如果是第 1 个节点，则将 head 指向节点的首地址（将 q 的值赋给 head），然后将 q 赋给 p，为下一次 q 开辟空间，并保留上一次节点地址；如果不是第 1 个节点，则将 q 赋给 p->next 链接，然后将 q 赋给 p，为下一次 q 开辟空间，并保留上一次节点地址。

输出链表通过 print()，实参是 head 指针，用 print()将 head 赋给 p，使 p 指向链表头，然后输出 p 所指空间的内容，使 p 移动到下一节点的首地址，可以把 p->next 的值赋给 p，因为 p->next 的值就是下一节点的首地址。

注意：由于 NULL 在头文件 "stdio.h" 中已经定义成 0，所以在使用 NULL 之前要包含头文件 "stdio.h"。

2. 查找与输出

查找是经常使用的操作，也是更新、删除等操作的基础。在链表中查找满足条件的节点，其操作过程和链表的输出过程相似，也要依次扫描链表中的各个节点。

【例 9.16】 编写一个函数，在链表中查找指定学号的学生成绩，若找到，则输出成绩，否则输出查找失败。

程序分析：循环比较输入的学号与链表中的学号，循环初始值是输入 x 的值。循环条件是当到链表结尾时没有找到该学号，或者找到该学号后退出循环。循环结束的标志是 p==NULL，那么循环条件是 p!=NULL && p->num!=x，循环体是 p 向下移动。退出循环后如果找到该学号，就输出相应内容；如果没有找到该学号，p 的值应该是 NULL。

参考程序如下：

```c
#include <stdio.h>
#include <stdlib.h>
struct node
{   int num,score;
    struct node *next;
};
void find(struct node *head)
{   struct node *p;
    int x;
    printf("输入要查找的数：\n");
    scanf("%d",&x);
    p=head;
    while(p!=NULL && p->num!=x)
        p=p->next;
    if(p)
        printf("num=%d\tscore=%d",p->num,p->score);
    else
        printf("%d not be found!\n");
}
```

3. 删除节点

链表中已经不需要的节点应该删除，但删除节点时不能破坏链表的结构。在单链表中删除指定位置的节点，并由系统回收该节点所占用的存储空间，其具体操作过程如下。

（1）从表头节点开始，确定要删除节点的地址 p，以及 p 的前一个节点地址 q。

（2）如果 p 为头节点，删除后应修改表头指针 head，否则修改 q 节点的指针域。

（3）回收 p 节点的空间。

删除节点的过程如图 9-4 所示。

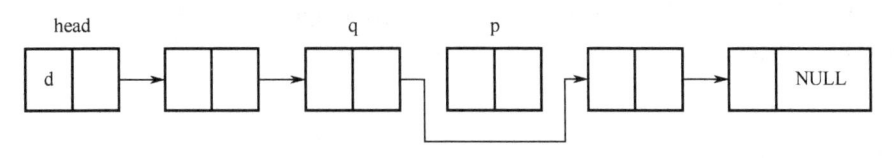

图 9-4　删除节点示意

【例 9.17】编写一个函数，在链表中删除指定学号的节点，并且将该函数返回删除后的表头指针。

参考程序如下：

```c
#include <stdio.h>
#include <stdlib.h>
struct node
{   int num,score;
    struct node *next;
};
struct node *dele(struct node *head)
{   int x;
    struct node *p,*q;
    p=head;
    printf("输入学号:\n");
```

```
        scanf("%d",&x);
        while(p!=NULL&&p->num!=x)       /*查找被删除节点*/
         { q=p;
           p=p->next;
         }
        if(p==NULL)
           printf("%d is not found!\n");
        else if(p==head)                /*删除表头节点*/
           head=p->next;
        else
           q->next=p->next;             /*删除中间节点*/
        free(p);
        return(head);
   }
```

4．插入节点

根据应用的需要，可以在链表中插入新节点。插入的节点可以放在表头、表尾或链表的任意位置。例如，要在学生成绩表中插入一个学生的考试成绩，为了保持链表中学号的连续性（按从小到大的顺序排列），需要根据插入节点的学号值，把该节点插到链表的适当位置。在链表中插入新节点的过程如下。

（1）调用 malloc() 分配一个节点空间，并输入新节点的值。

（2）查找合适的插入位置。

（3）修改相关节点的指针域。

插入节点过程如图 9-5 所示。

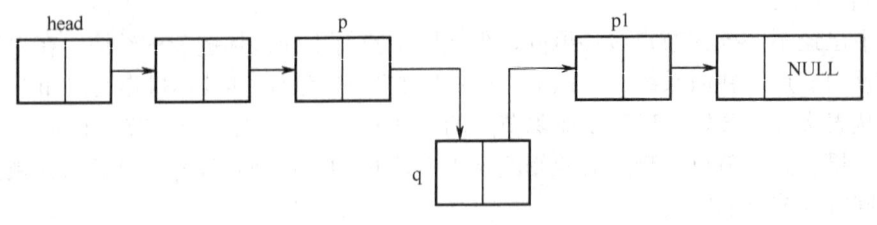

图 9-5　插入节点示意

【例 9.18】 编写一个函数，把某学生的考试成绩添加到学生信息链表中，添加节点后，链表中的各节点还应按学号从小到大的顺序排列。

参考程序如下：

```
#include <stdio.h>
#include <stdlib.h>
struct node
{ int num,score;
  struct node *next;
};
struct node *insert(struct node *head)
{ struct node *q,*p,*p1;
  q=(struct node *)malloc(sizeof(struct node));
  printf("输入学号、成绩:\n");
  scanf("%d,%d",&q->num,&q->score );
  if(head==NULL)             /*在空表中插入*/
   { q->next=NULL;
     head=q;
     return(head);
   }
  if(head->num>q->num)       /*将新节点插入表头之前*/
   { q->next=head;
     head=q;
```

```
        return head;
    }
    p=head;
    p1=head->next;
    /*在链表中查找插入位置*/
    while(p1!=NULL&&p1->num<q->num)
    {   p=p1;
        p1=p1->next;
    }
    q->next=p1;
    p->next=q;
    return(head);
}
```

程序说明：插入过程中要分别考虑新节点插入在链表头之前、链表中间和链表尾部的几种情况。注意在插入链表中间时，要记录插入点之前一个节点的位置。

9.4 共用体

有时为了节省内存空间，会把不同用途的数据存放在同一个存储区域，这种数据类型称为共用体类型，也称为联合体类型（union）。构成共用体变量各成员的数据类型可以是相同的，也可以是不同的。

共用体类型和共用体变量的定义方式与结构体的定义方法类似，也需要先构造共用体类型，后定义共用体变量。共用体成员的引用也和结构体成员的引用方法类似。二者主要区别在于对成员项的存储方式。

9.4.1 共用体类型的定义

可以先定义共用体类型，然后用已定义的共用体类型定义共用体变量。也可以把共用体类型和共用体变量放在一个语句中一次定义。

定义共用体类型的一般形式如下：

```
union  共用体名
{成员表列};
```

成员表列由若干个成员组成，对每个成员都必须做类型说明，其形式为

```
类型说明符  成员名;
```

union 是关键字，必须原样写出，表示定义一个共用体类型。共用体名、成员名命名规则同标识的定义规则。

注意：和结构体类型定义一样，在没有定义共用体变量之前，共用体类型定义只是说明了共用体变量使用的内存模式，并没有分配具体的存储空间。

例如：

```
union num
{    short x;
     float y;
};
```

其定义了一个共用体类型 num，共用体类型中的成员有两个，一个是整型的 x，另一个是单精度实型的 y。

注意：花括号后的分号是不可少的，这与结构体类型定义类似。凡说明为共用体类型 num 的变量都由上述两个成员组成。

231

9.4.2 共用体类型变量的定义

与结构体类型变量的定义类似，共用体类型变量的定义也有三种形式。共用体类型构造好了以后，就可以使用其定义共用体类型的变量了。

例如：
```
union num
{
   short x;
   float y;
}a;
```

其定义了一个共用体类型的变量 a，在内存中的存储情况如图 9-6 所示。

共用体类型变量在内存中所占的空间不是该变量所有成员项的空间长度的总和，而是把长度最大的成员项的存储空间作为共用体变量的存储空间。前面所定义的共用体类型变量 a，其在内存中存储空间的大小为 4 字节，是以单精度实型变量 y 的空间作为整个变量的存储空间的。如用 sizeof 函数来测试当前共用体变量 a 所占存储空间的字节数，即
```
printf("%d",sizeof(a));
```
输出结果为 4。

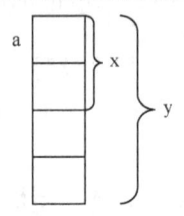

图 9-6 共用体变量在内存中的存储情况

注意：结构体类型的变量所占空间为各个成员项所占空间的总和，而共用体类型的变量所占空间是以最大长度成员项所占空间的大小为准。

9.4.3 共用体变量的引用

定义好共用体类型变量后就可以对共用体变量进行引用了，其一般形式如下：

共用体变量名.成员名

例如：
```
union num
{
   short x;
   float y;
}a;
```

引用共用体成员，则 a.x 是共用体类型变量 a 的成员 x 的值，a.y 是共用体类型变量 a 的成员 y 的值。

9.4.4 共用体变量的初始化

可以对共用体变量进行初始化，其一般形式为

union 共用体类型名　共用体变量名={初始值};

例如：
```
union num a={45};
```

注意：花括号不能省略，而且其中只能提供一个值，否则在程序编译过程中易出现错误信息的提示。

另一种形式是在共用体变量定义后，对其成员进行赋值，例如：
```
a.x=2; a.y=4.5;
```

注意：由于共用体类型变量各成员在一个存储空间，所以第 1 次赋的值会被第 2 次赋的值覆盖。在使用共用体类型的变量时，要注意值的输入。

【例 9.19】 共用体变量举例。

参考程序如下：

```c
#include <stdio.h>
union num
{
  short x;
  float y;
};
void main()
{
  union num a;
  printf("输入 x:\n");
  scanf("%d",&a.x);
  printf ("a.x=%d\n",a.x);
  printf("输入 y:\n");
  scanf("%f",&a.y);
  printf("a.y=%f\n",a.y);
  printf("a.x=%d\n",a.x);
}
```

程序运行情况：

```
输入 x:          （输出的结果）
2✓               （输入 2 并按 Enter 键）
a.x=2            （输出的结果）
输入 y:          （输出的结果）
4.5✓             （输入 4.5 并按 Enter 键）
a.y=4.500000     （输出的结果）
a.x=0            （输出的结果）
```

程序说明：第 1 次输入成员 x 的值为 2，则输出 a.x 的值为 2，第 2 次输入成员 y 的值为 4.5，则输出 a.y 的值为 4.5，而其值 4.5 将被第 1 次输入的值 2 覆盖，所以再输出 a.x 的值就为 0 了。

思考：如果第 2 次输入的值为 32767，则输出 a.y 的值为多少？输出 a.x 的值为多少？

【例 9.20】 存储若干个人员信息，其中有学生和教师的信息。学生的信息包括姓名、学号、身份、班级；教师的信息包括姓名、工号、身份、职务。

程序分析：从题目可以看出，学生和教师所包含的信息是不同的。现要求把这些数据放在同一个数据表格中。如果"job（身份）"项为"s"（学生），则第 4 项为 classes（班级）；如果"job（身份）"项为"t"（教师），则第 4 项为 position（职务）。显然可以采用共用体对第 4 项进行处理。

要求先输入人员的数据，然后再输出。为简化起见，只设有两个人（一个学生，一个教师）。

参考程序如下：

```c
#include <stdio.h>
union p
{
  int classes;
  char position[10];
};
struct stu
{
  char name[10];
  int num;
  char job;
  union p category;
}person[2];
void main()
```

```c
{
  int n,i;
  printf("输入姓名:\n");
  for (i=0;i<2;i++)
  {
    scanf("%s%d%c",person[i].name,&person[i].num,
       &person[i].job);
    if(person[i].job=='s')         /*输入学生信息*/
      scanf("%d",&person[i].category.classes);
    else if(person[i].job=='t')    /*输入教师信息*/
      scanf("%s",person[i].category.position);
    else
      printf("输入错误!");
  }
  printf("\nnum\tname\tjob\tclasses/position\n");
  for (i=0;i<2;i++)
    if (person[i].job=='s')        /*输出学生信息*/
      printf("%d\t%s\t%c\t%d\n",person[i].num,person[i].name,
         person[i].job,person[i].category.classes );
    else if (person[i].job=='t')   /*输出教师信息*/
      printf("%d\t%s\t%c\t%s\n",person[i].num,person[i].name,
         person[i].job,person[i].category.position );
}
```

程序说明：可以看到在主函数 main 之前，定义了外部的结构体数组 person，在结构体类型定义中包括了共用体类型，这个共用体的成员为 classes 和 position，前者为整型的，后者为字符型的数组。这种共用体变量的用法是很有用的，可以节省内存空间，也可以从不同角度处理有关数据。

9.5 枚举类型和自定义类型

在实际应用中，有些变量的取值是在一定范围内的，如一天有 12 个小时，一个星期有 7 天，一年有 12 个月等。如果把这些变量说明为整型、字符型或其他类型显然是不妥当的。为此，C 语言提供了一种称为枚举的类型。

枚举类型属于基本数据类型，用户一般应先定义一种枚举类型，再定义属于该类型的变量。

9.5.1 枚举类型的定义

定义枚举类型就是定义该类型的值集合，即枚举变量可能的取值范围。枚举类型也需要先进行类型的定义，再进行变量的定义。枚举类型的定义以关键字 enum 开始，其后是枚举类型名，然后是花括号包围的枚举元素表列。枚举类型定义的一般形式如下：

```
enum 枚举名{枚举值表};
```

例如：

```
enum weekday{sun,mon,tue,wed,thu,fri,sat};
```

程序说明：

（1）定义了一个枚举类型 weekday，该类型中罗列出所有可用值，这些值也称为枚举元素。枚举元素是标识符，必须符合标识符的定义规则。

（2）枚举元素本身由系统定义了一个表示序号的数值，默认从 0 开始，顺序定义为 0、1、2…。在 weekday 这个枚举类型中，sun 的值为 0，mon 的值为 1，…，sat 的值为 6。

（3）如果枚举元素指定序号，则该枚举元素后的序号为前一枚举元素加 1，当然枚举元素表中任何两个元素的序号不能相同。

（4）可以对枚举元素表中的枚举元素指定序号，这可以通过在该枚举元素之后加一个等号和一个整数来实现，如以下语句：
```
enum day{mon=1,tues,wed,thu,fri,sat,sun=0};
```

程序说明：这样 mon 的值为 1，tues 的值为 2，以此类推，sat 的值为 6。如果不对 sun 进行重新指定序号的话，sun 的值为 7。如果重新指定为 0，则 sun 的值就为 0。定义枚举类型而不直接使用整数，是因为使用枚举元素更便于记忆和进行类型检查，总之可增加程序的可读性。

注意：在枚举类型的定义中列举出所有可能的取值，说明为该枚举类型的变量取值不能超过定义的范围。应该说明的是，枚举类型是一种基本数据类型，而不是一种构造类型，因为它不能再分解为任何基本类型。

9.5.2 枚举变量的定义和初始化

将枚举类型定义好后，就可以用来定义此种类型的枚举变量了，其定义格式与结构体变量类似。枚举变量也可用不同的方式说明，即先定义后说明、同时定义说明或直接说明。

1. 枚举变量的定义

（1）在定义枚举类型时定义枚举变量的一般形式为
```
enum 枚举类型名{枚举值表} 枚举变量表列;
```
例如：
```
enum weekday{sun,mon,tue,wed,thu,fri,sat} a,b;
```

（2）在定义枚举类型后定义枚举变量的一般形式为
```
enum 枚举类型名 枚举变量表列;
```
如 weekday 枚举类型已经定义，则定义枚举类型变量的形式为
```
enmu weekday c,d;
```

程序说明：该枚举类型 weekday 的枚举值共有 7 个，即一周中的 7 天。凡被定义为 weekday 类型变量的取值只能是 7 天中的某一天。枚举值是常量，而不是变量，不能在程序中用赋值句再对它赋值，如 sun=5;和 mon=1;都是错误的。也不能在枚举元素值之间进行赋值，如 sum=mon;也是错误的。

（3）枚举数组的定义，其一般形式为
```
enum 枚举类型名 数组名[长度];
```
例如：
```
enum weekday enday[7];
```

程序说明：定义了一个枚举类型数组，对枚举数组的定义、初始化、引用同整型数组，这里要注意，整型数组里的数组元素值是整型的，而枚举类型数组里的数组元素值是枚举值。

2. 枚举变量的初始化

定义好枚举变量后就可以对变量进行初始化了，枚举类型在使用中有以下规定，即枚举变量的值只能是该枚举元素的值，不能再赋给其他值，其形式如下：
```
枚举变量=枚举元素;
```
例如：
```
enum weekday{sum,mon,tues,wed,thu,fri,sat} a;
a=mon;
```

注意：枚举元素不是字符常量也不是字符串常量，使用时不要加单引号、双引号。也可

以使用强制转换将常量强制转换成枚举类型，例如：
```
a=(weekday)6;
```

9.5.3 枚举数据的运算

在 C 语言系统中，枚举变量内存放的不是枚举常量，而是枚举常量所代表的整型值。枚举数据可以进行一些运算。

（1）用 sizeof 运算符计算枚举变量所占的内存空间。

由于枚举变量中存放的是整型值，所以每个枚举变量占用 2 字节的内存空间。

（2）赋值运算

通过赋值运算可以给枚举变量赋予该类型的枚举常量，例如：
```
enum weekday{red,yellow,lightblue}c1,c2,c3;
fg=true;c1=red;c2=yellow;c3=lightblue;
```
这些都是合法的赋值运算。但 c3=white 是非法的，因为 white 不是该类型的枚举常量。

注意：如果对枚举变量赋以整型值，则 C 语言系统将视其为整型变量处理，不进行枚举类型方面的检查。如对于 fg=5 时，编译系统并不提示出错。

（3）关系运算

对枚举数据进行关系运算时，按其所代表的整型值进行比较。例如：
```
true>false        结果为真
sun>sat           结果为假
```

（4）取址运算

枚举变量也和其他类型变量一样可以进行取址运算，如&fg、&c1。

9.5.4 枚举数据的输入/输出

在 C 语言系统中，不能对枚举数据直接进行输入/输出。但由于枚举数据可以作为整型变量处理，所以可以通过间接方法输入或输出枚举数据的值。

1．枚举数据的输入

枚举数据作为整型变量进行输入，例如：
```
scanf("%d",&fg);
```
这里应输入此类型枚举常量的整型值，但是如果输入了范围之外的整型值，系统也不提示出错。

2．枚举数据的输出

枚举数据的输出可以采用多种间接方法，在这里介绍以下三种方法。

（1）直接输出枚举变量中存放的整型值，但其值的含义不直观，例如：
```
fg=true;
printf("%d",fg);
```
（2）利用多分支选择语句输出枚举常量所对应的字符串，例如：
```
switch(fg)
{
  case false:printf("false"); break;
  case true:printf("true");
}
```
（3）如果枚举类型定义时，采用隐式方法指定枚举常量的值，则可以用二维数组存储枚举常量所对应的字符串，或者先用字符指针数组存储枚举常量所对应的字符串首地址，再依据枚举值输出对应的字符串，例如：

```
enum flag{first,second} fg;
char *name[]={"first","second"};
…
fg=first;
printf("%s",name[fg]);
```

注意：因为枚举常量是标志符，不是字符串，所以用输出字符串的方式输出枚举常量是错误的，例如：

```
fg=first;
printf("%s",fg);
```

9.5.5 枚举变量举例

【例 9.21】 枚举类型和字符串的对比示例。

参考程序如下：
```
#include <stdio.h>
#include <string.h>
enum weekday{mon=1,tues,wed,thu,fri,sat,sun=0};
void main()
{
    enum weekday a,b;
    a=thu;
    b=fri;
    printf("enum：");
    if (a>b)
        printf("thu>fri\n");
    else
        printf("thu<fri\n");
    printf("string：");
    if (strcmp("thu","fri")>0)
        printf("thu>fri\n");
    else
        printf("thu<fri\n");
}
```

程序运行情况：
```
enum:thu<fri          （输出的结果）
string:thu>fri        （输出的结果）
```

程序说明：可见枚举变量是以序号作为比较依据的，而字符串则是以字符的 ASCII 码值作为比较依据的。

【例 9.22】 输出枚举数组元素值。

参考程序如下：
```
#include <stdio.h>
enum weekday{sun,mon,tues,wed,thu,fri,sat};
void main()
{
    int i;
    enum weekday endday[]={sun,mon,tues,wed,thu,fri,sat};
    for(i=0;i<7;i++)
        printf("%5d",endday[i]);
}
```

程序运行情况：
```
0    1    2    3    4    5    6      （输出的结果）
```

程序说明：定义一个枚举数组，该枚举数组中数组元素值均是枚举值，输出从 0 开始，逐一递增。

【例 9.23】 袋子中有红、黄、蓝、白、黑 5 种颜色的球若干个，每次从袋子中先后取出 3 个球，问得到 3 种不同颜色的球的可能取法，输出每种排列的情况。

程序分析：由于球只能是 5 种颜色之一，而且要判断各球是否同色，应该用枚举类型变量处理。设取出的球为 i、j、k，根据题意，i、j、k 分别是 5 种颜色的球之一，并要求 i、j、k 不能相同。可以使用穷举法将所有可能都试一遍，看哪组符合条件。

参考程序如下：

```c
#include <stdio.h>
void main()
{
  enum color{red,yellow,blue,white,black};
  enum color i,j,k,pri;
  int n=0,loop;
  for(i=red;i<=black;i++)
   for(j=red;j<=black;j++)
    if(i!=j)
    {
      for(k=red;k<=black;k++)
       if((k!=i)&&(k!=j))
       {
         n=n+1;
         printf("%-4d",n);
         for(loop=1;loop<=3;loop++)
          {
            switch(loop)
            {
              case 1:pri=i;break;
              case 2:pri=j;break;
              case 3:pri=k;break;
              default:break;
            }
            switch(pri)
            {
              case red:printf("%-10s","red");break;
              case yellow:printf("%-10s","yellow");break;
              case blue:printf("%-10s","blue");break;
              case white:printf("%-10s","white");break;
              case black:printf("%-10s","black");break;
              default:break;
            }
          }
         printf("\n");
       }
    }
  printf("\ntotal:%5d\n",n);
}
```

程序说明：不用枚举变量而用整型常量 0 代表红球，1 代表黄球，也是可以的。但选用枚举值更直观，便于阅读。

9.5.6 用 typedef 定义类型

在 C 语言程序中，程序员除可以利用 C 语言提供的标准类型名（如 int、float 等）和自定义的结构体、共用体类型名外，还可以用 typedef 为已有的类型名再命名一个新的类型名，即别名。

1. 为类型名定义别名

为类型名定义别名的一般形式为

```
typedef 类型名 新类型名
```

或

```
typedef 类型定义 新类型名
```

其中，typedef 是关键字。类型名可以是基本类型、构造类型等，或者是已定义过的类型名。新类型名是程序员自定义的类型名，一般用大写字母表示，以便与关键字相区别。例如：

```
typedef int COUNTER;          /*定义 COUNTER 为整型类型名*/
typedef struct date
{ int year;
  int month;
  int day;
}DATE;
```

在这里分别为 int、struct date 命名了新的类型名 COUNTER、DATE。新类型名与旧类型名的作用相同，并且两者可以同时使用。如 int i;与 COUNTER i;等价，struct date birthday;与 DATE birthday;等价。

2. 类型命名的方法

类型命名的方法与变量定义的方法有些相似，即以 typedef 开头，加上变量定义的形式，并用新类型名代替旧类型名。

归纳起来，声明一个新类型名的方法如下：

（1）按定义变量的方法写出定义体（如 int i;）；
（2）将变量名换成新类型名（如将 i 换成 COUNTER）；
（3）以 typedef 开头（如 typedef int COUNTER）；
（4）用新类型名来定义变量。

下面举例说明，如何为类型命名，以及使用新类型名定义变量的方法。

（1）为基本类型命名。

例如：

```
typedef float REAL;
REAL x,y;             /*相当于 float x,y;*/
```

为 float 命名的新类型名为 REAL，并用它定义单精度实型变量 x 和 y。

（2）为数组类型命名。

例如：

```
typedef char CHARR[80];
CHARR c,d[4];         /*相当于 char c[80],d[4][80];*/
```

为一维字符数组类型命名的新类型名为 CHARR，并用它定义一个一维字符数组 c 和一个二维数组 d。

（3）为指针类型命名。

例如：

```
typedef int *IPOINT;
IPOINT ip;            /*相当于 int *ip;不能写成 IPOINT *ip;*/
IPOINT *pp           /*相当于 int **pp;*/
```

为整型指针类型命名的新类型名为 IPOINT，并用它定义一个整型指针变量 ip 和一个二级整型指针变量 pp。

再如：

```
typedef int (*FUNpoint)()
FUNpoint funp;
```

(4) 为结构体、共用体类型命名。

例如：
```
struct node
{char c;
 struct node *next;
 }
typedef struct node CHNODE;
CHNODE *p;    /*相当于 struct node *p;,不能写成 struct CHNODE *P;*/
```
为 struct node 结构体类型命名的新类型名为 CHNODE，并用它定义一个结构体指针变量 p。

说明：

（1）类型名必须是已经定义的数据类型名或 C 语言系统的基本类型名，类型名的别名必须是合法标识符，通常用大写字母命名。

（2）用 typedef 可以声明各种类型名，但不能用来定义变量。用 typedef 可以声明数组类型、字符串类型，使用比较方便。

如定义数组，原来使用
```
int a[10],b[10],c[10],d[10];
```
由于都是一维数组，大小也相同，因此可以先将此数组类型声明为一个名字：
```
typedef int ARR[10];
```
再用 ARR 去定义数组变量：
```
ARR a,b,c,d;
```
ARR 为数组类型，它包含 10 个元素。因此，a、b、c、d 都被定义为一维数组，含 10 个元素。

可以看到，用 typedef 可以将数组类型和数组变量分离，利用数组类型可以定义多个数组变量。同样也可以定义字符串类型、指针类型等。归纳其特点如下。

① 用 typedef 只是对已经存在的类型增加一个类型名，并没有创造新的类型。如前面声明的整型类型 COUNTER，它无非是对 int 命名了一个新名字。又例如：
```
typedef int NUM[10];
```
无非是把原来用"int n[10];"定义的数组变量类型用一个新名字 NUM 表示出来。无论用哪种方式定义变量，效果都是一样的。

② typedef 与#define 有相似之处，例如：
```
typedef int COUNTER;
```
和
```
#define int COUNTER
```
它们的作用都是用 COUNTER 代表 int。但事实上，它们二者又是不同的。#define 是在预编译时进行处理的，它只能做简单的字符串替换。而 typedef 是在编译时进行处理的，实际上它并不是做简单的字符串替换，例如：
```
typedef int NUM[10];
```
并不是用"NUM[10]"去代替"int"，而是采用同定义变量一样的方法来声明一个类型（将原来的变量名换成类型名）。

当不同源文件中用到同一类型数据（尤其是像数组、指针、结构体、共用体等）时，常用 typedef 声明一些数据类型，把它们单独放在一个文件中，然后在需要时用#include 命令将其包含进来。

使用 typedef 有利于程序的通用与移植。有时程序会依赖于硬件特性，用 typedef 便于移植。例如，有的计算机系统 int 型数据用 2 字节，数值范围为-32768～32767，而另外一些计算机则以 4 字节存放一个整数，数值范围为±21 亿。如果把一个 C 语言程序从一个以 4 字节存放整数的计算机系统移植到以 2 字节存放整数的系统，按一般办法则需要将定义变量中的每个 int 都改为 long。例如，将"int a,b,c;"改为"long a,b,c;"，如果程序中有多处用 int 定义的变量，则要改动多处。现在就可以用一个 INTEGER 来声明 int：

```
typedef int INTEGER;
```

在程序中所有整型变量都用 INTEGER 定义。在移植时只需改动 typedef 定义体即可：

```
typedef long INTEGER;
```

9.6 编程实践

9.6.1 任务：三天打鱼两天晒网

【问题描述】

有一个渔夫从 2000 年 1 月 1 日起开始"三天打鱼两天晒网"，问此人在以后的某天中是"打鱼"还是"晒网"。

【问题分析与算法设计】

根据题意可以将解题过程分为三步：

（1）计算从 2000 年 1 月 1 日开始至指定日期共有多少天；

（2）由于"打鱼"和"晒网"的周期为 5 天，所以将计算出的天数用 5 去除；

（3）根据余数判断他是在"打鱼"还是在"晒网"。若余数为 1、2、3，则他是在"打鱼"，否则是在"晒网"。

在这三步中，第 1 步最关键。求从 2000 年 1 月 1 日至指定日期有多少天，要判断经历年份中是否有闰年，闰年的 2 月为 29 天，平年为 28 天。闰年的计算方法：年份能被 4 整除但不能被 100 整除，或能被 400 整除，则为闰年。计算相隔天数的方法：使用当年前一年的 12 月 31 日距离 2000 年 1 月 1 日的天数加上当年从 1 月 1 日开始的天数。

【代码实现】

```c
#include<stdio.h>
int days(struct date day);
struct date{
    int year;
    int month;
    int day;
};

void main()
{
    struct date today,term;
    int yearday,year,day;
    printf("Enter Date:(for example:year/month/day)");
    scanf("%d/%d/%d",&today.year,&today.month,&today.day);  /*输入当年日期*/
    term.month=12;              /*设置指定年前一年变量的初始值:月*/
    term.day=31;                /*设置指定年前一年变量的初始值:日*/
    for(yearday=0,year=2000;year<today.year;year++)
    {
        term.year=year;
        yearday+=days(term);   /*计算从 2000 年至指定年的前一年共有多少天*/
    }
    yearday+=days(today);       /*加上指定年中到指定日期的天数*/
    day=yearday%5;              /*求余数*/
    if(day>0&&day<4) printf("fishing day.\n");    /*输出结果*/
```

```
        else printf("sleeping day.\n");
}

int days(struct date day)
{
    static int day_tab[13]=
          {0,31,0,31,30,31,30,31,31,30,31,30,31};      /*平均每月的天数*/
    int i,leap;
    leap=day.year%4==0&&day.year%100!=0||day.year%400==0;
        /*判定 year 为闰年还是平年，leap=0 为平年，非 0 为闰年*/
    if(leap==0) day_tab[2]=28;
    else day_tab[2]=29;
    for(i=1;i<day.month;i++)              /*计算指定年自当年 1 月 1 日起的天数*/
        day.day+=day_tab[i];
    return day.day;
}
```

【编程小结】

（1）程序中首先声明结构体类型 date 中，含有 year、month、day 三个成员，分别用于记录年、月、日。结构体是自定义构造类型，当数据需要多个属性时，则需使用该构造类型。

（2）为配合程序中 printf("Enter Date:(for example:year/month/day)");函数输入提示，scanf("%d/%d/%d",&today.year,&today.month,&today.day); 函数采用"/"作为间隔符，输入当年日期。

（3）程序中定义了 today 和 term 两个结构体类型变量，分别用于保存指定年日期和其前一年日期，term.month=12，term.day=31 用于设置指定年前一年的最后一个月，用于计算从 2000 年 1 月 1 日起至指定年前一年的 12 月 31 日相隔的天数。

（4）函数 days(struct date day)是带一个结构体类型变量参数的自定义函数，其功能为计算相对天数。函数中定义的数组 day_tab 空出下标为 0 的元素，使得数组下标值与月份编码相一致，元素 day_tab[2]初值为 0，当为闰年时，其值为 29，为非闰年时，其值为 28。

9.6.2 任务：航班订票系统

【问题描述】

某航空公司需开发一套航班订票系统，希望该系统具有以下功能。

（1）录入功能。录入航班信息，包括航班号、座位数、终点站、起飞时间。

（2）查询功能。根据输入字段查询某条航线的情况，如根据航班号或起飞、抵达城市查询飞机航班情况。

（3）订票功能。根据航班号预订机票。

（4）退票功能。根据航班号和起飞、抵达城市信息核对确定办理退票手续，并修改票务信息。

（5）修改航班信息。根据航班号和起飞、抵达城市信息核对确定修改的航班信息。

【问题分析与算法设计】

（1）由于航班信息包括航班号、座位数、终点站、起飞时间等多个不同类型的数据信息，所以可以采用结构体类型，其定义如下：

```
struct allfly
{   int planenum;        //航班号
    int seat;            //座位数
    char endfly[20];     //终点站
    char date[30];       //起飞时间
}
```

（2）航班之间的关联可以采用单链表形式，链表的每个节点都包括航班信息数据域和指针域，其定义如下：

```
struct flylink
{ flynode data;
  struct flylink * next;
}
```

航班节点链表存储方式如图 9-7 所示。

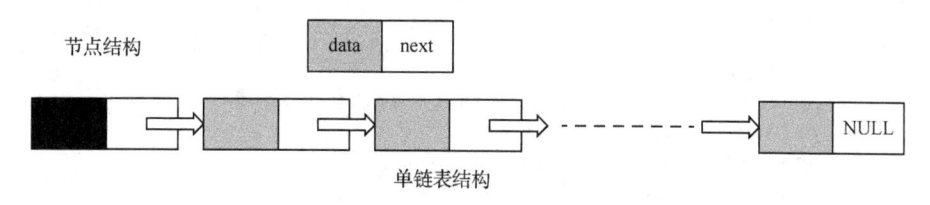

节点结构　| data | next |

单链表结构

图 9-7　航班节点链表存储示意

（3）根据系统需实现的功能，定义以下函数：

```
void find();        //查询指定航班的航班信息及剩余座位数
void dingpiao();    //订票操作
void tuipiao();     //退票操作
void change();      //修改航班信息
void Addplane();    //录入航班信息
```

（4）整个程序应该有个主控菜单，统一控制各功能函数的调用。定义以下函数：

```
void list_menu();   //主控菜单
void choose();      //选择操作
```

【代码实现】

```c
#include <stdio.h>
#include<malloc.h>
#include<stdlib.h>
#include<string.h>

int k=0;      //每天的航班数
int n=0;      //已售票数
int csh=0;    //判断航班是否已进行初始化

typedef struct allfly
{ int planenum;      //航班号
  int seat;          //座位数
  char endfly[20];   //终点站
  char date[30];     //起飞时间
}flynode;

typedef struct flylink
{
  flynode data;
  struct flylink * next;
}flylinknode;
flylinknode * head,* pl;

void list_menu();   //菜单
void choose();      //选择操作
void find();        //查询指定航班的航班信息及剩余座位数
void dingpiao();    //订票操作
void tuipiao();     //退票操作
void change();      //修改航班信息
void Addplane();    //录入航班信息

void Addplane()     //录入航班信息函数
```

```c
{
    if(!csh)
    {
        pl=head=(flylinknode * )malloc(sizeof(flylinknode));
        head->next=NULL;
        printf("请输入航班数:");
        scanf("%d",&k);
        for(int j=0;j<k;j++)
        {
            flylinknode *s;
            s=(flylinknode * )malloc(sizeof(flylinknode));
            printf("\n 请输入航班号:");
            scanf("%d",&s->data.planenum);
            printf("\n 请输入座位数:");
            scanf("%d",&s->data.seat);
            getchar();
            printf("\n 请输入终点站:");
            gets(s->data.endfly);
            printf("\n 请输入起飞时间:");
            gets(s->data.date);
            s->next=NULL;
            pl->next=s;
            pl=pl->next;
        }
        pl=head->next;
        printf("\n\n-------------已输入航班信息--------------\n");
        printf("航班号\t 座位数\t 终点站\t 起飞时间\n");
        while(pl)
        {
            printf("%-6d\t%-5d\t%s\t%-s\n",pl->data.planenum,
            pl->data.seat,pl->data.endfly,pl->data.date);
            printf("\n");
            pl=pl->next;
        }
    }
    printf("--------------江理航空公司---------------\n\n");
}
void choose()                         //菜单选择操作函数
{
    int flag;
    printf("请选择操作: ");
    scanf("%d",&flag);

    switch(flag)
    {
      case 1:Addplane();list_menu();choose();break;
      case 2:find();list_menu();choose();break;
      case 3:dingpiao();list_menu();choose();break;
      case 4:tuipiao();list_menu();choose();break;
      case 5:change();list_menu();choose();break;
      case 6:break;
      default: printf("输入错误!\n\n");
    }
}
void list_menu()                      //主菜单函数
{
    printf("------------------航班订票系统----------------\n");
    printf("\n");
    printf("                请选择您要办理的业务                    \n");
```

```c
        printf("              1. 录入航班信息                    \n");
        printf("              2. 查询航班信息                    \n");
        printf("              3. 订        票                    \n");
        printf("              4. 退        票                    \n");
        printf("              5. 修改航班信息                    \n");
        printf("              6. 退        出                    \n");
        printf("\n");
}
void find()                          //查询航班信息函数
{
    int c;
    char flyend[10];                 //查询的终点站
    int num;                         //查询航班号
    pl=head->next;
    printf("\n\n-------------已开通的航班信息-------------\n");
    printf("航班号\t座位数\t终点站\t起飞时间\n");
    while(pl)
    {   printf("%-6d\t%-5d\t%s\t%s\n",pl->data.planenum,
          pl->data.seat,pl->data.endfly,pl->data.date);
        printf("\n");
        pl=pl->next;
    }
    printf("--------------江理航空公司--------------\n\n");
    printf("按航班号查询请输入1       \n");
    printf("按终点站查询请输入2       \n");
    printf("请按画面提示选择查询方式:\n");
    scanf("%d",&c);
    getchar();
    pl=head->next;
    if(c==1)
    {
        printf("请输入您要查询的航班号:");
        scanf("%d",&num);
        pl=head->next;
        while(pl)
        {
            if(pl->data.planenum==num)
            {
                printf("航班号:%-6d\t终点站:%s\t余票:%4d\n",
                    pl->data.planenum,pl->data.endfly,pl->data.seat-n);
                break;
            }
            pl=pl->next;}
        if(!pl) printf("\n 暂未开通该航班! \n\n\n");
    }
    else if(c==2)
        {
        printf("请输入要查询的终点站:");
        gets(flyend);
        pl=head->next;
        while(pl)
        {
            if(strcmp(pl->data.endfly,flyend)==0)
            {
                printf("航班号:%-6d\t终点站:%s\t余票:%4d\n",
                    pl->data.planenum,pl->data.endfly,pl->data.seat-n);
                break;
            }
        pl=pl->next;
```

```c
        if(!pl) printf("\n暂未开通该航班！\n\n\n");
    }
    else
    {
        printf("输入有误！\n");
    }
}
void dingpiao()                          //订票函数
{
    int pla,left;                        //定义一个变量left来存放剩余票数
    char yd;
    int m;                               //订票数
    pl=head->next;
    getchar();
    printf("您要订票按y,按其他键退出!!");
    scanf("%c",&yd);
    if(yd=='y')
    {
        printf("您要预定的航班号：");
        scanf("%d",&pla);
        while(pl)
        {
            if(pl->data.planenum==pla)
            {
                left=pl->data.seat-n;    //剩余票数=固定票数-已售出的票数
                printf("剩余票%d张！",left);
                printf("您要订几张票?请输入票数:");
                scanf("%d",&m);
                if(left<m)
                    {
                        printf("余票不足！\n\n\n"); break;
                    }
                else
                    {
                        n+=m;
                        printf("预定成功！正在打印机票，请稍等！\n\n\n");
                    }
                break;
            }
            pl=pl->next;
        }
        if(!pl) printf("\n暂未开通该航班！\n\n\n");
    }
}
void tuipiao()                           //退票函数
{
    char flyend[10];
    int backpla;
    int tm;
    pl=head->next;
    getchar();
    printf("请输终点站:");
    gets(flyend);
    printf("\n请输入航班号:");
    scanf("%d",&backpla);
    while(pl)
    {
        if((pl->data.planenum==backpla)&& (strcmp(pl->data.endfly,flyend)==0))
        {
```

```c
                printf("请输入需退票数目:\n");
                scanf("%d",&tm);
                n=n-tm;
                printf("退票成功! \n\n\n");
                break;
            }
        pl=pl->next;
        }
        if(!pl) printf("\n 暂未开通该航班! \n\n\n");
}
void change()                          //修改航班信息函数
{
    int findpla;
    char flyend[10];
    pl=head->next;
    printf("\n 请输入航班号:");
    scanf("%d",&findpla);
    getchar();
    printf("请输终点站:");
    gets(flyend);
    while(pl)
    {
        if(pl->data.planenum==findpla && strcmp(pl->data.endfly,flyend)==0)
        {
            printf("----原航班信息----\n 航班号:%-6d 终点站:%s 日期:%-s 余票:%4d\n",
                pl->data.planenum,pl->data.endfly,pl->data.date,pl->data.seat-n);
            printf("请输入您要修改的信息:\n");
            printf("请输入新航班号:\n");
            scanf("%d",&pl->data.planenum);
            getchar();
            printf("请输入新终点站名:\n");
            gets(pl->data.endfly);
            printf("请输入新航班日期:\n");
            gets(pl->data.date);
            printf("请输入新座位数:\n");
            scanf("%d",&pl->data.seat);
            printf("修改成功! \n");
            printf("----修改后的航班信息----\n");
            printf("航班号:%-6d 终点站:%s 日期:%-s 座位数:%4d\n\n\n",
                pl->data.planenum,pl->data.endfly,pl->data.date,pl->data.seat);
            break;
        }
    pl=pl->next;
    }
        if(!pl) printf("\n 暂未开通该航班! \n\n\n");
}
void main()
{
    list_menu();
    choose();
}
```

【编程小结】

(1) 程序中构造了两个结构体类型，其中 allfly 定义了航班信息，flylink 定义了各航班链接的逻辑结构。在结构体 flylink 中将 allfly 结构体变量 data 作为其成员。

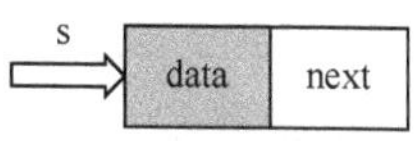

(2) 代表航班信息的节点采用单链表的链式存储结构，构建该链表采用尾插法，其中 pl 指针始终指向新插入链表的节点，s 指针指向新生成的节点，链表链接过程如图 9-8～图 9-10 所示。

图 9-8 新生航班节点链表存储示意

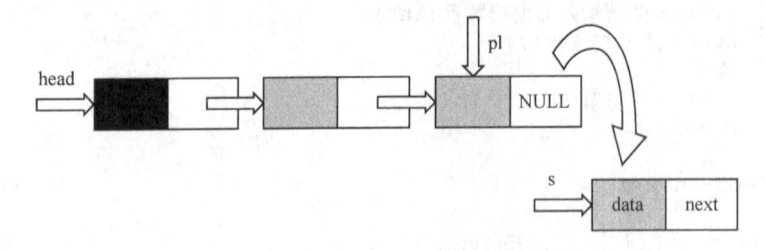

图 9-9 新生成的航班节点插入链表存储示意

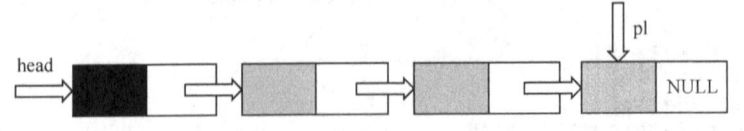

图 9-10 航班节点新链表存储示意

① 生成新节点并用 s 指针指向。
② 修改链表尾节点的 next 域，并插入链表中。
③ 生成新的链表。

（3）程序在进行航班查询时，应注意将指针 pl 回归至链表的第 1 个节点，实现语句为 pl=head->next，这样能够确保从头开始顺链访问每个节点。利用表达式 pl->data.planenum, pl->data.seat,pl->data.endfly,pl->data.date 依次访问航班的各信息项。

（4）程序中将结构体指针变量 head 和 pl 定义为全局变量，用于实现单链表被程序中所有函数共享使用。

（5）程序运行示意图如下。

① 系统主菜单界面如图 9-11 所示。

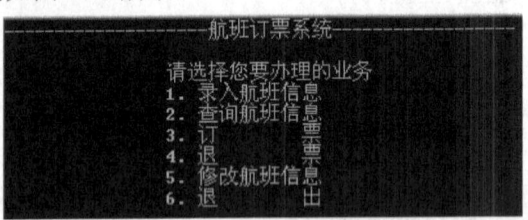

图 9-11 系统主菜单界面

② 输入、查询航班信息界面如图 9-12 所示。

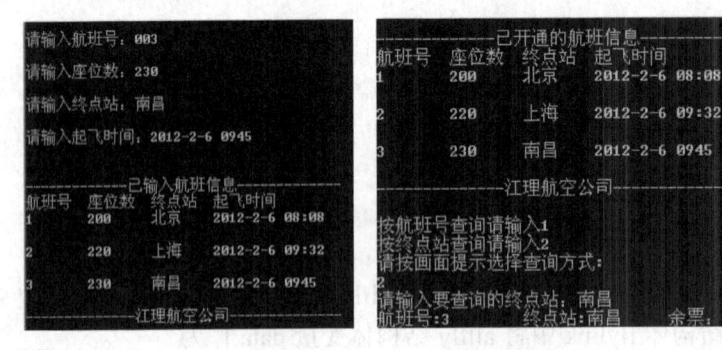

图 9-12 输入、查询航班信息

③ 订票、退票及修改航班操作界面如图 9-13、图 9-14 所示。

248

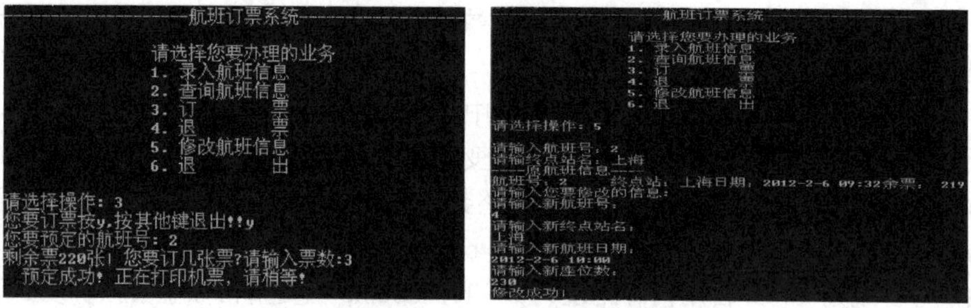

图 9-13 订票、修改航班操作

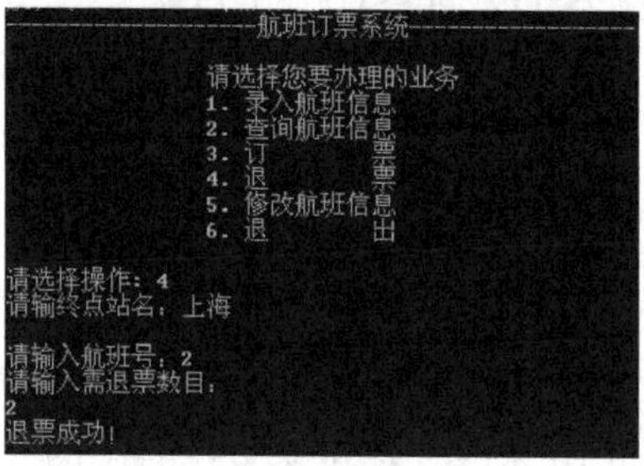

图 9-14 退票操作

9.7 知识扩展材料

系统是由两个或两个以上元素相结合的有机整体，系统的整体不等于其局部的简单相加。系统是一个概念，揭示了客观世界的某种本质属性，有无限丰富的内涵和外延，其内容就是系统论或系统学。结构体概念也要如此理解。

9.7.1 结构体所占内存

C 语言提供自定义数据类型来描述一类具有相同特征点的事务，如结构体、枚举和联合体。其中枚举通过别名限制数据的访问，可以让数据更直观、易读。联合体能够在一个存储空间里存储不同类型数据，联合体的占用空间以最大变量为准。

联合体的用途是通过共享内存地址的方式实现对数据内部段的访问，这为解析某些变量提供了更为简便的方式。结构体占用内存的定义结构如下：

```
struct str1
{
    char a;
    int b;
    float c;
    double d;
};
```

str1 这个结构体占用的内存是多少呢？如果用变量类型直接相加，得到的结果是 17，但这个程序运行的正确结果是 24。为什么呢？

为了使 CPU 能够快速访问，提高访问效率，变量的起始地址应该具有某些特性，这就是所谓的"对齐"。如 4 字节的 int 型变量，其起始地址就应该在 4 字节的边界上，即起始地址可以被 4 整除。

内存对齐的规则如下。

（1）起始地址为该变量类型所占内存的整数倍，若不足，则不足部分用数据填充至所占内存的整数倍。

（2）结构体所占总内存为结构体成员变量中最大数据类型的整数倍。

对于上面定义的结构体 str1，由于 char 型变量占 1 字节，所以它的起始地址为 0。而 int 型变量占 4 字节，它的起始地址应该是 4（的整数倍），那么内存地址 1、2、3 就需要被填充。同样，float 型变量占用 4 字节，而结构体中 a、b 两个成员变量占了 0~7 内存地址，c 的地址从 8 开始，符合规则（1），占用内存地址为 8~11。double 型变量占 8 字节，所以 d 的起始地址就应该从 16 开始，那么 12、13、14、15 内存地址就需要被填充，d 从 16 地址开始，占用 8 字节。整个结构体占用字节数为 24，符合规则（2）。

9.7.2 内存对齐

"内存对齐"是编译器的管辖范围。编译器能将程序中的每个"数据单元"都安排在适当的位置上。但是 C 语言的一个特点就是太灵活，功能太强大了，它允许干预"内存对齐"。每个特定平台上的编译器都有自己的默认"对齐系数"（也叫对齐模数）。程序员可以通过预编译命令#pragma pack(n),n=1,2,4,8,16 来改变这个系数，其中的 n 就是指定的"对齐系数"。

习题 9

1. 选择题

（1）有如下定义：
```
struct data
  { int year,month,day;};
struct person
  { char name[20];
    char sex;
    struct data birthday;}a;
```
对结构体变量 a 的出生年份赋值时，下面正确的赋值语句是_____。

    A．year=1989;   B．birthday.year=1989;

    C．a.birthday.year=1989;   D．a.year=1989;

（2）设有如下定义，则对 data 中 a 成员的正确引用是_____。
```
struct sk {int a; float b;}data,*p=&data;
```
    A．(*p).data.a   B．(*p).a   C．p->data.a   D．p.data.a

（3）以下对枚举类型名定义正确的是_____。

    A．enum a={one,twuo,three};   B．enum a {a1,a2,a3};

    C．enum a={'1','2','3'};   D．enum a {"one","two","three"};

（4）若有如下定义，则 sizeof(struct no)的值是_____。
```
struct no
{ int n1;
  float n2;
  union nu
  { char u1[6];
    double u2;
  }n3;
};
```
    A．12   B．14   C．16   D．10

(5) 设有如下定义，则下列叙述中正确的是_____。
```
typedef struct
{ int s1;
  float s2;
  char s3[80];
}STU;
```
  A. STU 是结构体变量名　　　　　　B. typedef struct 是结构体类型名
  C. STU 是结构体类型名　　　　　　D. struct 是结构体类型名

(6) 设有以下程序段，表达式的值不为 100 的是_____。
```
struct st
{ int a; int *b;};
 void main()
{ int m1[]={10,100}, m2[]={100,200};
  struct st *p,x[]={99,m1,100,m2};
  p=x;
  …
}
```
  A. *(++p->b) B. (++p)->a C. ++p->a D. (++p)->b

(7) 有下面的声明
```
…
struct xyz {int a; char b}
…
struct xyz s1,s2;
…
```
  在编译时，将会发生哪种情形_____。
  A. 编译时出错　　　　　　　　　　B. 编译、连接、执行都通过
  C. 编译和连接都通过，但不能执行　　C. 编译通过，但连接出错

(8) 当声明一个结构体变量时，系统分配给它的内存是_____。
  A. 各成员所需内存量的总和　　　　B. 结构体中第 1 个成员所需内存量
  C. 成员中占内存量最大者所需容量　　D. 结构体中最后一个成员所需内存量

(9) 以下 scanf 函数调用语句中对结构体变量成员的错误引用是_____。
```
struct pupil
{ char name[20];
  int age;
  int sex;
}pup[5],*p;
p=pup;
```
  A. scanf("%s",pup[1].name); B. scanf("%d",&pup[0].age);
  C. scanf("%d",&(p->sex));   D. scanf("%d",p->age);

(10) 设有如下定义，则引用共用体中 h 成员的正确形式为_____。
```
union un
{ int h; char c[10];};
struct st
{ int a[2];
  union un h;
} s={{1,2},3},*p=&s;
```
  A. p.un.h B. (*p).h.h C. p->st.un.h D. s.un.h

2. 填空题

(1) 以下程序用来在学生的结构体数组中，查找最高分和最低分的同学姓名及成绩，根据程序功能填空。
```
#include <stdio.h>
void main()
```

```
{ int max,min,i,j;
  struct
  { char name[10]; int score;
  }stu[5]={ "Wang",90, "Zhao",85, "Li",96,
           "Zhou",75, "Zhang",92};
  max=min=0;
  for(i=1;i<5;i++)
    if(stu[i].score>stu[max].score) _____(1)_____
    else if(stu[i].score<stu[min].score) _____(2)_____
  printf("最高分:%s,%d\n", _____(3)_____ );
  printf("最低分:%s,%d\n", _____(4)_____ );
}
```

(2) 下列程序是将键盘输入的一组字符作为节点内容建立一个单向链表，要求输出链表内容与输入时顺序相反。请填空将程序补充完整。

```
#include <stdio.h>
#include <stdlib.h>
struct node
{ char d;
  struct node *next;
};
void main()
{ struct node head,p;
  char c;
  head=NULL;
  while((c=getchar())!='\n')
  { p=(struct node *)malloc(sizeof(struct node));
    p->d=c;
    p->next=____(1)____;
    head=____(2)____;
  }
  p=head;
  while(p->next!=NULL)
  { printf("%c->",p->d);
    p=____(3)____;
  }
  printf("%c\n",p->d);
}
```

3. 程序分析题

(1) 阅读程序，写出程序的运行结果。

```
#include <stdio.h>
struct stu
{ int x;
  int *y;
} *p;
int dt[4]={10,20,30,40};
struct stu a[4]={40,&dt[0],50,&dt[1],60,&dt[2],70,&dt[3]};
void main()
{ p=a;
  printf("%d,",++p->x);
  printf("%d,",(++p)->x);
  printf("%d\n",++(*p->y));
}
```

(2) 写出下列程序的运行结果。

```
#include <stdio.h>
void main()
{
  enum weekday {sum,mon=3,tue,wed,thu};
```

```
enum weekday workday;
wordday=wed;
printf("%d",workday);
}
```

（3）写出下列程序的运行结果。
```
#include <stdio.h>
void main()
{ union
  {
    int a;
    int b;
  }x,y;
  x.a=3;
  y.b=x.b+2;
  y.a=x.a*2;
  printf("%d",y.b);
}
```

4．编程题

（1）用结构体存放下表中的数据，并输出每人的姓名和实发数（基本工资+浮动工资-支出）。

姓　　名	基 本 工 资	浮 动 工 资	支　　出
Zhao	240.00	400.00	75.00
Qian	360.00	120.00	50.00
Sun	560.00	0.00	80.00

（2）用数据结构定义学生信息，包括学号、姓名、5门课程的成绩。编写一个程序，输入20个学生的成绩，求出总分最高的学生姓名并输出结果。要求编写三个函数，它们的功能分别为

① 输入函数，用于从键盘读入学生的学号、姓名和5门课程的成绩；

② 计算总分函数，用于计算每个学生的总分；

③ 输出函数，用于显示每个学生的学号、总分和5门课程的成绩。

说明：这三个函数的形式参数均为结构体指针和整型变量，函数的类型均为void。

（3）编写一个程序，运用插入节点的方法，将键盘输入的 n 个整数（输入0结束）插入链表中，建立一个从小到大的有序链表。

（4）定义一个结构体变量（包括年、月、日、时、分、秒）。计算输入时刻距离1900年0月0日0时0分0秒流逝的时间。请注意闰年问题。

第 10 章 文 件

文件（file）是程序设计中的一个重要概念。前面各章节用到的输入/输出，都是以终端为对象的，即从终端键盘输入数据，并将运行结果输出到显示器终端上。从操作系统的角度看，每一个与主机相连的输入/输出设备都可视为一个文件，便于数据的记录和处理。另外，在程序运行时，程序本身和数据一般都存放在内存中。当程序运行结束后，存放在内存中的数据便被释放。如果需要长期保存程序运行所需的原始数据，或程序运行产生的结果，就必须以文件形式存储到外部存储介质上。

10.1 文件概述

文件指存放在外部存储介质上的数据集合。每个数据集合都有一个名称，称为文件名。实际上我们在前面的章节中已经多次使用了文件，如源程序文件、目标文件、可执行文件、库文件（头文件）等。文件通常会存储在外部介质（如磁盘等）上，在使用时才调入内存中。从不同的角度可对文件进行不同的分类。

10.1.1 文件分类

从用户的角度看，文件可分为普通文件和设备文件两种。

（1）普通文件指驻留在磁盘或其他外部介质上的一个有序数据集，可以是源文件、目标文件、可执行程序；也可以是一组待输入处理的原始数据，或者是一组输出的结果。对于源文件、目标文件、可执行程序文件可以称为程序文件，对于输入/输出的数据文件可称为数据文件。

（2）设备文件指与主机相连的各种外部设备，如显示器、键盘等。在操作系统中，把外部设备也可视为一个文件来进行管理，将它们的输入/输出等同于对磁盘文件的读/写。通常把显示器定义为标准输出文件，一般情况下在屏幕上显示有关信息就是向标准输出文件输出。如前面经常使用的函数 printf 和 putchar 就是这类输出。键盘通常被指定为标准的输入文件，从键盘上输入就意味着从标准输入文件上输入数据。函数 scanf 和 getchar 就属于这类输入。

10.1.2 文件的编码形式

从文件编码的形式来看，文件可分为 ASCII 码文件和二进制码文件两种。

（1）ASCII 码文件也称为文本文件，这种文件在磁盘中存放时每个字符都会对应 1 字节，用于存放对应的 ASCII 码。

（2）二进制码文件是按二进制的编码方式来存放文件的，十进制数 1234 的存储形式如图 10-1 所示。

十进制数 1234 的 ASCII 码共占用 4 字节，ASCII 码文件可在屏幕上按字符显示，如源程序文件就是 ASCII 文件，用 DOS 命令 TYPE 可显示文件的内容，由于采用按字符显示，因此能读懂文件内容。十进制数 1234 的二进制存储形式只占 2 字节。二进制码文件虽然也可在屏幕上显示，但其内容无法读懂。

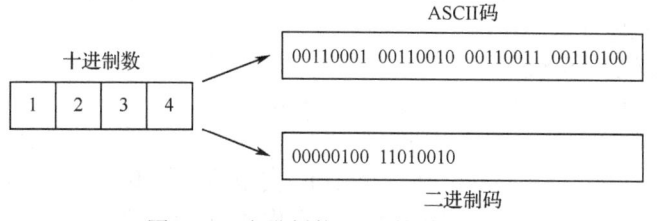

图 10-1 十进制数 1234 的存储形式

10.1.3 文件的读/写方式

C 语言系统在处理文件时，并不区分类型，都看成是字符流，按字节进行处理。输入/输出字符流的开始和结束只由程序控制而不受物理符号（如 Enter 键）的控制。因此也把这种文件称为流式文件。系统自动地在内存区为每个正在使用的文件开辟一个缓冲区。从内存向磁盘输出数据时，必须先输出到缓冲区中。待缓冲区装满后，再一起输入磁盘文件中。从磁盘文件向内存读入数据时，则正好相反。先将一批数据读入缓冲区中，再从缓冲区中将数据逐个送到程序数据区。这就是缓冲文件系统。ANSI C 标准正是采用了这种缓冲文件系统，既能处理文本文件，也能处理二进制文件。

流式文件的各种操作中有个关键的指针，称为文件指针。由于文件指针在 C 语言中用一个指针变量指向一个文件，所以通过文件指针就可对它所指的文件进行各种操作。

定义说明文件指针的一般形式为

`FILE*指针变量标识符；`

其中 FILE 应为大写，它是由系统定义的一个结构，包括文件名、文件状态和文件当前位置等信息。Turbo C 在 stdio.h 文件中有以下文件类型的声明：

```
typedef struct
    {   short  level;            /*缓冲区'满'或'空'的程度*/
        unsigned flags;          /*文件状态标志*/
        char fd;                 /*文件描述符*/
        unsigned char hold;      /*如无缓冲区，则不读字符*/
        short bsize;             /*缓冲区的大小*/
        unsigned char *buffer;   /*数据缓冲区的位置*/
        unsigned char *curp;     /*指针当前的指向*/
        unsigned istemp;         /*临时文件指示器*/
        short token;             /*用于有效性检查*/
    }FILE;
```

在编写源程序时不必关心 FILE 结构的细节。例如，FILE *fp;表示 fp 是指向 FILE 结构的指针变量，通过 fp 查找存放某个文件信息的结构变量，再按结构变量提供的信息找到该文件，实施对文件的操作。习惯上也笼统地把 fp 称为指向一个文件的指针。如果有多个文件，则应设定多个指针变量（指向 FILE 类型结构体的指针变量），使它们分别指向多个文件，以实现对文件的操作。在 C 语言中，文件操作都是由库函数来完成的。下面进一步讨论缓冲文件系统及文件的打开、关闭、读/写、定位等操作。

10.2 文件的基本操作

10.2.1 文件的打开与关闭

文件在读/写操作之前要先打开，使用完毕后要关闭。打开文件就是建立文件的各种有关信息，并使文件指针指向该文件，以便进行其他操作。关闭文件指断开指针与文件之间的联系，即禁止再对该文件进行操作。

1. 文件打开函数（fopen）

fopen 函数用来打开一个文件，其调用的一般形式为

文件指针名=fopen(文件名,使用文件方式)

其中，"文件指针名"必须是被说明为 FILE 类型的指针变量，"文件名"是被打开文件的文件名。"使用文件方式"是指文件的类型和操作要求。"文件名"是字符串常量或字符串数组。例如：

```
FILE *fp;
fp=fopen("file1","r");
```

其意义是在当前目录下打开文件 file1，只允许进行"读"操作，并使 fp 指向该文件。

又如：

```
FILE *fp;
fp=fopen("c:\\file2","rb");
```

其意义是打开 C 驱动器磁盘的根目录下的文件 file2，这是一个二进制码文件，只允许按二进制方式进行读操作。两个反斜线 "\\" 中的第 1 个表示转义字符，第 2 个表示根目录。文件使用方式共有 12 种，如表 10-1 所示。

表 10-1 文件使用方式

文件使用方式	意 义
rt	只读。打开一个文本文件，只允许读数据
wt	只写。打开或建立一个文本文件，只允许写数据
at	追加。打开一个文本文件，并在文件末尾写数据
rb	只读。打开一个二进制码文件，只允许读数据
wb	只写。打开或建立一个二进制码文件，只允许写数据
ab	追加。打开一个二进制码文件，并在文件末尾写数据
rt+	读写。打开一个文本文件，允许读/写
wt+	读写。打开或建立一个文本文件，允许读/写
at+	读写。打开一个文本文件，允许读，或在文件末追加数据
rb+	读写。打开一个二进制码文件，允许读/写
wb+	读写。打开或建立一个二进制码文件，允许读/写
ab+	读写。打开一个二进制码文件，允许读，或在文件末追加数据

注意：C11 标准中增加了文件读/写的排斥模式"x"。它类似 POSIX 中的 O_CREAT|O_EXCL，在文件锁中比较常用。

对于文件使用方式有以下 8 点说明。

（1）文件使用方式由 r、w、a、t、b、+这 6 个字符组成，各字符的含义如下。

r（read）：读。

w（write）：写。

a（append）：追加。

t（text）：文本文件，可省略不写。

b（binary）：二进制码文件。

+：读和写。

（2）用"r"方式打开文件时，该文件必须已经存在，且只能对该文件进行读操作。

（3）用"w"方式打开文件时，只能对该文件进行写操作。若打开的文件不存在，则以指定的文件名建立该文件；若打开的文件已经存在，则将该文件删去，重建一个新文件。

（4）若要向一个已存在的文件追加新信息时，只能用"a"方式打开文件。但此时该文件必须是存在的，否则将会出错。

（5）用"r+"、"w+"和"a+"方式打开文件时，既可以进行数据输入，也可以进行数据输出。用"r+"方式时，该文件必须已存在，以便能向计算机输入数据；用"w+"方式时，需要新建一个文件，先向此文件写数据，然后可以读此文件的数据；用"a+"方式时，打开的源文件不会被删去，位置指针移到文件末尾，文件数据既可以写，也可以读。

（6）在打开一个文件时，如果出错，fopen()将返回一个空指针值 NULL。在程序中可以用这个信息来判别是否完成打开的文件，并进行相应处理。因此常用以下程序段打开文件：

```
if((fp=fopen("c:\\file2","rb")==NULL)
{ printf("\n cannot open c:\\file2 file!");
   getchar();exit(1);
}
```

程序说明：在打开文件时，如果返回的指针为空，表示不能打开 C 盘根目录下的 file2 文件，则给出提示信息"cannot open c:\file2 file!"。getchar()的功能是从键盘输入一个字符，但不在屏幕上显示。在这里，该行的作用是等待，只有当用户从键盘按任一键时，程序才会继续执行，因此用户可利用这个等待时间阅读出错提示。

（7）在程序开始运行时，系统自动打开三个标准文件，并分别定义了文件指针。

① 标准输入文件（stdin）：指向终端输入（一般为键盘）。如果程序中指定要从 stdin 所指的文件输入数据，就是从终端键盘上输入数据。

② 标准输出文件（stdout）：指向终端输出（一般为显示器）。

③ 标准错误文件（stderr）：指向终端标准错误输出（一般为显示器）。

（8）把一个文本文件读入内存时，要将 ASCII 码转换成二进制码，而把文件以文本方式写入磁盘时，也要把二进制码转换成 ASCII 码，因此文本文件的读/写要花费较多的转换时间。对二进制码文件的读/写不存在这种转换。

2．文件关闭函数（fclose）

文件一旦使用完毕，应用关闭文件函数把文件关闭，以避免文件的数据丢失等。调用的一般形式如下：

```
fclose(文件指针);
```

例如：

```
fclose(fp);
```

正常完成关闭文件操作时，fclose 函数的返回值为 0。若返回非零值，则表示有错误发生。

10.2.2 文件的读/写

文件打开后，就可以对文件进行读/写，在 C 语言中提供了多种文件读/写的函数。

（1）字符读/写函数：fgetc 和 fputc。

（2）字符串读/写函数：fgets 和 fputs。

（3）数据块读/写函数：fread 和 fwrite。

（4）格式化读/写函数：fscanf 和 fprintf。

使用以上函数都要求包含头文件 stdio.h，下面对这些函数进行介绍。

1．读字符函数（fgetc）

fgetc 函数的功能是从指定的文件中读一个字符，函数调用的形式为

```
字符变量=fgetc(文件指针);
```
例如：
```
ch=fgetc(fp);
```
其意义是从打开的文件 fp 中读取一个字符，并写入变量 ch 中。

对于 fgetc 函数的使用有以下 4 点说明。

（1）在 fgetc 函数调用时，读取的文件必须是以读或读/写方式打开的。

（2）读取字符结果时也可以不向字符变量赋值，如 fgetc(fp)，但是读取的字符不能保存。

（3）在文件内部有一个位置指针，用来指向文件的当前读/写字节。在文件打开时，该指针总是指向文件的第 1 个字节。使用 fgetc 函数后，该位置指针将向后移动 1 字节。因此可连续多次使用 fgetc 函数，读取多个字符。应注意文件指针和文件内部的位置指针不是一回事。文件指针是指向整个文件的，须在程序中定义说明，只要不重新赋值，文件指针的值是不变的。文件内部的位置指针用以指示文件内部的当前读/写位置，每读/写一次，该指针均会向后移动，它不需要在程序中定义说明，而是由系统自动设置的。

（4）如果在执行 getc 函数时遇到文件结束符，则该函数返回一个文件结束标志 EOF（-1）。如果想从一个磁盘文件中顺序读字符并将其在屏幕上显示，可用如下程序段：
```
while((ch=fgetc(fp))!=EOF)
  putchar(ch);
```
其中，EOF 不是可输出字符，因此不能显示在屏幕上。由于字符的 ASCII 码不可能出现-1，因此 EOF 为-1 是合理的。当读入的字符值等于-1 时，表示读入的不是正常的符号，而是文件结束符。但对于二进制码文件，读入 1 字节中二进制数据的值有可能是-1，这样就会出现冲突，可能会将需要读入的有用数据处理为"文件结束"。为了解决这个问题，ANSI C 标准提供了一个 feof 函数来判断文件是否真的结束。如用 feof(fp)来测试 fp 所指向的文件当前状态是否为"文件结束"。如果文件结束，则函数返回的值为真（1），否则为假（0）。若想顺序读入一个二进制码文件中的数据，可用如下程序段：
```
while(!feof(fp))
{ ch=fgetc(fp)
  putchar(ch);
}
```

2．写字符函数（fputc）

fputc 函数的功能是，把一个字符写入指定的文件中，其调用形式为
```
fputc(字符,文件指针);
```
其中，写入的字符既可以是字符常量，也可以是字符变量，例如：
```
fputc('a',fp);
```
其意义是把字符 a 写入 fp 所指向的文件中。

对于 fputc 函数的使用说明如下。

（1）被写入的文件可以用写、读/写、追加方式打开。当用写或读/写方式打开一个已存在的文件时，将清除原有的文件内容，写入字符从文件首开始。如需保留原有文件内容，并希望写入的字符从文件末开始存放，则必须以追加方式打开文件。被写入的文件若不存在，则创建该文件。

（2）每写入一个字符，文件内部位置指针就会向后移动 1 字节。

（3）fputc 函数有一个返回值，如写入成功，则返回写入的字符，否则返回一个 EOF。可用此来判断写入是否成功。

3．读字符串函数（fgets）

fgets 函数的功能是从指定的文件中读取一个字符串到字符数组中，其函数调用的形式为
```
fgets(字符数组名,n,文件指针);
```
其中 n 是一个正整数，表示从文件中读取的字符串不能超过 n-1 个字符。在读入的最后

一个字符后加上字符串结束标志 "\0"。例如：
```
fgets(str,n,fp);
```
其意义是从 fp 所指的文件中读取 n-1 个字符送入字符数组 str 中。

对 fgets 函数的使用说明如下。

（1）在读出 n-1 个字符之前，如遇到换行符或 EOF，则读取结束。

（2）fgets 函数也有返回值，其返回值是字符数组的首地址。

4．写字符串函数（fputs）

fputs 函数的功能是，向指定的文件写入一个字符串，其调用形式为
```
fputs(字符串,文件指针)
```
其中字符串可以是字符串常量，也可以是字符数组名，或指针变量，例如：
```
fputs("1234",fp);
```
其意义是把字符串"1234"写入 fp 所指的文件中。

5．数据块读/写函数（fread 和 fwrite）

C 语言还提供了用于整块数据的读/写函数。可用来读/写一组数据，如一个数组元素，一个结构变量的值等。

读数据块函数调用的一般形式为
```
fread(buffer,size,count,fp);
```
写数据块函数调用的一般形式为
```
fwrite(buffer,size,count,fp);
```
其中，buffer 是一个指针，在 fread 函数中，它表示存放输入数据的首地址。在 fwrite 函数中，它表示存放输出数据的首地址。size 表示数据块的字节数。count 表示要读/写的数据块的块数。fp 表示文件指针。

例如：
```
fread(fa,4,5,fp);
```
其意义是从 fp 所指的文件中，每次读取 4 字节（一个实数）送入实数组 fa 中，连续读 5 次，即读 5 个实数到 fa 中。

假设有一个结构体类型：
```
struct student
{ long int num;
  char name[10];
  int age;
}stu[30];
```
结构体数组中有 30 个元素，每个元素都用于存放一个学生的信息。假设学生的信息已存放在磁盘文件中，就可以用 for 循环和 fread 函数读取 30 个学生的数据：
```
for(i=0;i<30;i++)
{ fread(&stu[i],sizeof(struct  student),1,fp);
}
```
同样，可以用 for 循环和 fwrite 函数将学生的数据输出到磁盘文件中：
```
for(i=0;i<30;i++)
{ fwrite(&stu[i],sizeof(struct  student),1,fp);
}
```
若函数调用成功，则函数返回 count 的值，即输入或输出数据的完整个数。

6．格式化读/写函数（fscanf 和 fprintf）

fscanf 函数和 fprintf 函数与前面使用的 scanf 函数和 printf 函数的功能相似，用于格式化读/写函数。两者的区别在于 fscanf 函数和 fprintf 函数的读/写对象不是键盘和显示器，而是磁盘文件。

这两个函数的调用形式为

```
fscanf(文件指针,格式字符串,输入表列);
fprintf(文件指针,格式字符串,输出表列);
```

例如:
```
fscanf(fp,"%d%s",&i,&s);/*从磁盘文件fp中将数据输入整型变量i和实型变量s中*/
fprintf(fp,"%d%c",j,ch);/*将整型变量j和字符型变量ch的值输出到fp所指向的文件中*/
```

使用函数 fscanf 和 fprintf 对磁盘文件进行读/写,方便易懂,但是输入时需要将 ASCII 码转换成二进制数形式,而在输出时又要将二进制数形式转换成 ASCII 码,花费时间较多。因此,若在磁盘文件和内存频繁交换数据的情况下,最好使用函数 fread 和 fwrite,而不使用函数 fscanf 和 fprintf。

7. 文件定位函数

前面介绍的文件读/写方式都是顺序读/写,即读/写文件只能从头开始,顺序读/写各个数据。但在实际问题中常要求只读/写文件中某个指定的部分。为了解决这个问题,可先移动文件内部的位置指针到需要读/写的位置,再进行读/写,这种读/写称为随机读/写。实现随机读/写的关键是要按要求移动位置指针,这称为文件的定位。

(1) rewind 函数

rewind 函数的调用形式为
```
rewind(文件指针);
```
它的功能是把文件内部的位置指针移到文件首,该函数没有返回值。

(2) fseek 函数

fseek 函数用来移动文件内部位置指针,其调用形式为
```
fseek(文件指针,位移量,起始点);
```
其中"文件指针"指向被移动的文件。"位移量"表示移动的字节数,要求位移量是 long 型数据,以便在文件长度大于 64KB 时不会出错。当用常量表示位移量时,要求加后缀"L"。"起始点"表示从何处开始计算位移量,规定的起始点有三种,即文件开始、当前位置和文件末尾。起始点表示方式如表 10-2 所示。

表 10-2 起始点表示方式

起 始 点	表 示 符 号	数 字 表 示
文件开始	SEEK_SET	0
当前位置	SEEK_CUR	1
文件末尾	SEEK_END	2

例如:

fseek(fp,20L,0);的意义是把位置指针移到离文件开始 20 字节处。

fseek(fp,20L,1);的意义是把位置指针移到离当前位置 20 字节处。

fseek(fp,-20L,2);的意义是把位置指针从文件末尾处向后退 20 字节。

还要说明的是,fseek 函数一般用于二进制码文件。在文本文件中由于要进行转换,因此计算出来的位置容易出错。文件的随机读/写在移动位置指针之后,即可用前面介绍的任一种读/写函数进行读/写。由于一般是读/写一个数据块,因此常用 fread 函数和 fwrite 函数。

(3) ftell 函数

由于文件的位置指针可以任意移动,读/写也使其位置经常移动,往往容易迷失当前位置,因此要获取文件当前的位置,常调用 ftell 函数。

其调用形式为
```
ftell(文件指针);
```

返回文件位置指针的当前位置（用相对于文件开始处的位移量表示），如果返回值为-1L，则表明调用出错。例如：

```
offset=ftell(fp);
if(offset==-1L)printf("ftell() error\n");
```

8．文件检测函数

C 语言中常用的文件检测函数有以下三个。

（1）文件结束检测函数（feof）

调用格式为

```
feof(文件指针);
```

功能：判断文件是否处于结束位置，如文件结束，则返回值为 1，否则为 0。

（2）读/写文件出错检测函数（ferror）

在调用输入/输出库函数时，如果出错，函数返回值将有所反应，或也可利用 ferror()来检测。

调用格式为

```
ferror(文件指针);
```

功能：检查文件在用各种输入/输出函数进行读/写时是否出错。如果函数返回值为 0，则表示未出错；如果返回一个非 0 值，则表示出错。对同一文件，每次调用输入/输出函数均会产生一个新的函数值。因此在调用了输入/输出函数后，应立即检测，否则出错信息会丢失。在执行 fopen()时，系统将 ferror()的值自动置为 0。

（3）文件出错标志和文件结束标志函数（clearerr）

调用格式为

```
clearerr(文件指针);
```

功能：将文件错误标志（ferror()的值）和文件结束标志（feof()的值）置为 0。

对同一文件，只要出错就一直保留，直至遇到 clearerr()、rewind()，或其他任何一个输入/输出库函数为止。

10.3 文件操作举例

【例 10.1】 读入文件 c:\\file_1.txt，并在屏幕上输出。

```
#include "stdio.h"
#include "stdlib.h"
void main()
{ FILE *fp;
  char ch;
  if((fp=fopen("c:\\file_1.txt","r"))==NULL)
  { printf("Cannot open file!");
    getchar();
    exit(1);
  }
  ch=fgetc(fp);
  while (ch!=EOF)
  { putchar(ch);
    ch=fgetc(fp);
  }
  printf("\n");
  fclose(fp);
}
```

程序运行情况：先在 C 盘根目录下建立文件 file_1.txt，内容为"123456789abcdef"。
运行该程序后屏幕上将显示：

```
123456789abcdef
```

程序说明：程序的功能是，从文件中逐个读取字符，并在屏幕上显示。程序定义了文件指针 fp，以读文本文件方式打开文件 "c:\\file_1.txt"，并使 fp 指向该文件。如打开文件出错，则给出提示并退出程序。程序先读出一个字符，然后进入循环，只要读出的字符不是文件结束标志（EOF）就把该字符显示在屏幕上，再读入下一个字符。每读一次，文件内部的位置指针均会向后移动一个字符，文件结束时，该指针指向 EOF。执行本程序将显示整个文件内容。

【例 10.2】 从键盘输入一行字符，写入一个文件，再把该文件内容读出显示在屏幕上。

```c
#include "stdio.h"
#include "stdlib.h"
void main()
{ FILE *fp;
  char ch;
  if((fp=fopen("c:\\file_2.txt","w+"))==NULL)
  { printf("Cannot open file please strike any key exit!");
    getchar();
    exit(1);
  }
  printf("input a string:\n");
  ch=getchar();
  while (ch!='\n')
  { fputc(ch,fp);
    ch=getchar();
  }/*从键盘输入一个字符后进入循环，当输入字符不为回车符时，则把该字符写入文件之中，然后继续从键盘输入下一个字符*/
  rewind(fp);      /*fp 所指文件的内部位置指针移到文件开始处*/
  ch=fgetc(fp);
  while(ch!=EOF)
  { putchar(ch);
    ch=fgetc(fp);
  }               /*读出文件中的内容*/
  printf("\n");
  fclose(fp);
}
```

程序运行情况：
```
input a string:
Hi,You are welcome↙              （输入字符串并按 Enter 键）
Hi,You are welcome                （输出的结果）
```

程序说明：程序以读/写文本文件方式打开文件 c:\\file_2.txt。每输入一个字符，文件内部位置指针就会向后移动 1 字节。输入完毕，该指针已指向文件末尾处。如要把文件从头读出，须把指针移向文件开始处，程序中使用 rewind 函数即可完成此操作。

【例 10.3】 把一个磁盘文件中的信息复制到另一个磁盘文件中。

方法 1：在主函数 main 中完成磁盘文件名称的输入，并进行处理。

```c
#include "stdio.h"
#include "stdlib.h"
void main()
 { FILE *fp1,*fp2;
   char ch,chin[20],chout[20];
   printf("please input the in name:\n");
   scanf("%s",chin);
   printf("please input the out name:\n");
   scanf("%s",chout);
   if((fp1=fopen(chin,"r"))==NULL)
 { printf("Cannot open %s\n",chin);
   getchar();  exit(1);
```

```
    }
    if((fp2=fopen(chout,"w+"))==NULL)
    { printf("Cannot open %s\n",chout);
      getchar();exit(1);
    }
    while((ch=fgetc(fp1))!=EOF)
    fputc(ch,fp2);
    fclose(fp1);
    fclose(fp2);
}
```

程序运行情况：

```
please input the in name:
vc1.txt↙              （输入原文件名 vc1.txt，并按 Enter 键）
please input the out name:
vcc1.txt↙             （输入新文件名 vcc1.txt 并按 Enter 键）
```

注意：先要确保 vc1.txt 已存在，并与本程序同目录，运行结束后查看 vcc1.txt 的内容，应与 vc1.txt 相同。

方法 2：在带参的主函数 main 中，把命令行参数中前一个文件名标识的文件，复制到后一个文件名标识的文件中，如命令行中只有一个文件名，则把该文件写到标准输出文件（显示器）中。

```
#include "stdio.h"
#include "stdlib.h"
void main(int argc,char *chr[])
{ FILE *fp1,*fp2;
  char ch;
  if(argc==1)
  { printf("have not enter file name strike any key exit");
    getchar();exit(0);
  }
  if((fp1=fopen(chr[1],"r"))==NULL)
  { printf("Cannot open %s\n",chr[1]);
    getchar();exit(1);
  }
  if(argc==2) fp2=stdout;
  else if((fp2=fopen(chr[2],"w+"))==NULL)
  { printf("Cannot open %s\n",chr[2]);
    getchar();exit(1);
  }
  while((ch=fgetc(fp1))!=EOF)
   fputc(ch,fp2);
  fclose(fp1);
  fclose(fp2);
}
```

如果本程序的源文件名为 vc3.c，则编译连接后得到的可执行文件名为 vc3.exe。此方法必须在 DOS 命令工作方式下输入命令行。

如果命令行参数 argc==1，表示没有给出文件名，则会给出提示信息。程序运行情况如下：

```
C:\vc3↙         （输入 C:\vc3 并按 Enter 键，假设 vc3.exe 所在目录为 C:)
have not enter file name strike any key exit  （输出提示信息）
```

如果命令行参数 argc==2，表示只给出一个文件名，由文件指针 fp1 指向，则使 fp2 指向标准输出文件（显示器）。

```
C:\vc3 vc1.txt↙   （输入 C:\vc3 vc1.txt 并按 Enter 键，假设 vc3.exe 和 vc1.txt 所在目录为 C:)
```

如果命令行参数 argc==3，表示给出了两个文件名，程序中定义了两个文件指针 fp1 和 fp2，分别指向命令行参数中给出的文件。程序运行情况如下：

```
    C:\vc3  vc1.txt  vcc1.txt↙        (输入 C:\vc3  vc1.txt  vcc1.txt, 假设 vc3.exe 和
vc1.txt 所在目录为 C:)
```
然后到该目录下查看 vcc1.txt，内容应与 vc1.txt 相同。

注意：此方法中，chr[0]存放的内容为 vc3，chr[1]存放的内容为 vc1.txt，chr[2]存放的内容为 vcc1.txt，argc 的值为 3。因为此命令行中的参数个数为 3，所以执行程序后，打开 chr[2]文件，用循环语句逐个读出文件 chr[1]中的字符，并送到文件中。

【例 10.4】 从 c:\\file_1.txt 文件中输入一个含 10 个字符的字符串。

```c
#include "stdio.h"
#include "stdlib.h"
void main()
{ FILE *fp;
  char stri[11];
  if((fp=fopen("c:\\file_1.txt","r"))==NULL)
  { printf("Cannot open file strike any key exit!");
   getchar();exit(1);
  }
  fgets(stri,11,fp);
  printf("%s",stri);
  fclose(fp);
}
```

程序说明：程序定义了一个字符数组 stri，共 11 字节，在以读文本文件方式打开文件 c:\\file_1.txt 后，从中读取 10 个字符并输入 stri 数组，在数组最后一个单元加上"\0|"，然后在屏幕上显示输出 stri 数组。输出的 10 个字符正是【例 10.1】程序的前 10 个字符。

【例 10.5】 在【例 10.2】建立的文件 c:\\file_2.txt 中追加一个字符串。

```c
#include "stdio.h"
#include "stdlib.h"
void main()
{ FILE *fp;
  char ch,stri[20];
  if((fp=fopen("c:\\file_2.txt","a+"))==NULL)
  { printf("Cannot open file strike any key exit!");
    getchar();exit(1);
  }
  printf("input a string:\n");
  scanf("%s",stri);
  fputs(stri,fp);
  rewind(fp);
  ch=fgetc(fp);
  while(ch!=EOF)
  { putchar(ch);
    ch=fgetc(fp);
  }
  printf("\n");
  fclose(fp);
}
```

程序运行情况：
```
input a string:
hello↙                              (输入追加字符串，并按 Enter 键)
Hi,You are welcome hello            (输出的结果)
```

程序说明：程序要求在 c:\\file_2.txt 文件末尾处加写字符串，因此，在程序中以追加读/写文本文件的方式打开文件 c:\\file_2.txt。然后输入字符串，并用 fputs 函数把该串写入文件 c:\\file_2.txt 中。本程序使用 rewind 函数把文件内部位置指针移到文件开始处，再进入循环逐个显示当前文件中的全部内容。

【例 10.6】 从键盘输入三个学生的数据，写入一个文件中，并将这三个学生的数据显示在屏幕上。

```c
#include "stdio.h"
#include "stdlib.h"
#define NUM 3
struct student
{ long int num;
  char name[10];
  int age;
} stua[NUM],stub[NUM],*p,*q;
void main()
{ FILE *fp;
  int i;
  p=stua;
  q=stub;
  if((fp=fopen("c:\\file_3.txt","wb+"))==NULL)
  { printf("Cannot open file strike any key exit!");
    getchar();exit(1);
  }
  printf("\ninput data:\n");
  for(i=0;i<NUM;i++,p++)
    scanf("%d%s%d",&p->num,p->name,&p->age);
  p=stua;
  fwrite(p,sizeof(struct student),NUM,fp);
  rewind(fp);
  fread(q,sizeof(struct student),NUM,fp);
  printf("\n\nnumber\tname\tage\n");
  for(i=0;i<NUM;i++,q++)
    printf("%5d\t%s\t%4d\n",q->num,q->name,q->age);
  fclose(fp);
}
```

程序运行情况：

```
input data:
1991 zhang 18↙        （输入第 1 个学生的数据，并按 Enter 键）
1993 liu   21↙        （输入第 2 个学生的数据，并按 Enter 键）
1992 peng  19↙        （输入第 3 个学生的数据，并按 Enter 键）

number    name      age
1991      zhang     18
1993      liu       21
1992      peng      19          （输出的结果）
```

程序说明：程序定义了一个结构 student，并说明了两个结构数组 stua 和 stub，以及两个结构指针变量 p 和 q，其中 p 指向 stua，q 指向 stub。以读/写方式打开二进制码文件 "c:\\file_3.txt"，从终端键盘输入三个学生的数据，写入该文件中。fwrite 函数的作用是，将一个数据块输入 "c:\\file_3.txt" 文件中（一个 student 类型结构体变量的长度为它的成员长度之和，即 4+10+2=16）。然后把文件内部位置指针移到文件开始处，并使用 fread 函数读出三个学生的数据，在屏幕上进行显示。

注意：从键盘输入的三个学生数据是 ASCII 码，也就是文本文件，当送到计算机内存时，将回车符和换行符转换成一个换行符，再从内存中以 "wb+" 方式（二进制方式）输出到 "c:\\file_3.txt" 中，此时不发生字符转换，按内存中存储形式原样输出到磁盘文件中。然后把文件内部位置指针移到文件开始处，用 fread 函数读出三个学生的数据，此时数据按原样（二进制方式）输入，也不发生字符转换，最后用 printf 函数输出到屏幕上。因为 printf 函数输出的是 ASCII 码，在屏幕上显示字符，所以换行符又转换为回车符加换行符。

用 fscanf 函数和 fprintf 函数也可以完成【例 10.6】的问题。

【例 10.7】 下面的程序是完成从键盘上输入若干行长度不一的字符串，把其存到一个文件名为 ttt.txt 的磁盘文件中，再从该文件中输出这些数据到屏幕上，并将其中的小写字母转换成大写字母。

```c
#include "stdio.h"
#include"stdlib.h"
void main()
{
int i,flag;
char str[80],c;
FILE *fp;
if((fp=fopen("c:\\ttt.txt","w+"))==NULL)
{
    printf("can't creat file\n");
    exit(0);
}
for(flag=1;flag;)
{
    printf("请输入字符串\n");
    gets(str);
    fprintf(fp,"%s",str);
    printf("是否继续输入? \n");
    if((c=getchar())=='N'||c=='n')
        flag=0;
    getchar();
}
fseek(fp,0,0);
while(fscanf(fp,"%s",str)!=EOF)
{
    for(i=0;str[i]!='\0';i++)
      if((str[i]>='a'&&str[i]<='z'))
          str[i]-=32;
    printf("%s\n",str); }
}
```

程序说明：程序中定义文件指针变量 fp，并使其与 c:\ttt.txt 文件相关联，从键盘输入的字符串通过 fprintf 函数输入 ttt.txt 文件中，然后通过 fscanf 函数读到 str 字符数组中，对 str 数组元素进行小写变大写处理后，在标准输出设备显示器中输出。

【例 10.8】 在学生文件 c:\\file_3.txt 中，读出第 2 个学生的数据。

```c
#include   "stdio.h"
#include   "stdlib.h"
#define NUM 3
struct student
{   int num;
    char name[10];
    int age;
} stu,*p;
void main()
{   FILE *fp;
    int i=1;
    p=&stu;
    if((fp=fopen("c:\\file_3.txt","rb"))==NULL)
    {  printf("Cannot open file strike any key exit!");
       getchar(); exit(1);
    }
    rewind(fp);
    fseek(fp,i*sizeof(struct student),0);
```

```
    fread(p,sizeof(struct student),1,fp);
    printf("\n\nnumber\tname\t age\n");
    printf("%d\t%s\t%d\n",p->num,p->name,p->age);
}
```

程序说明：文件 c:\\file_3.txt 已由【例 10.6】的程序建立，本程序用随机读出的方法读出第 2 个学生的数据。程序中定义 stu 为 student 类型变量，p 为指向 stu 的指针。以读二进制码文件方式打开文件，程序第 11 行移动文件位置指针。其中 i 值为 1，表示从文件头开始，移动一个 student 类型的长度，然后再读出的数据即为第 2 个学生的数据。若本程序使用的文件 c:\\file_3.txt 是由【例 10.7】程序建立的，将会出现乱码，读者可自行检验。

本章只介绍了一些文件基本的概念，更多的内容需要读者在实践中加以掌握。

10.4 编程实践

任务：精挑细选

【问题描述】

读取 c:\source.txt 文件的内容，取其中以'%'开头行的内容写入 c:\dest.txt 中。

source.txt 文件内容如下：
```
%Identifying the note in the program
%First define special variable
Int ii1,ii2,addition
%Describle the algorithm in detail
%Realization the algorithm
addition=ii1+ii2
```
则程序会产生一个 dest.txt 文件，其内容如下：
```
%Identifying the note in the program
%First define special variable
%Describle the algorithm in detail
%Realization the algorithm
```

【问题分析与算法设计】

设计两个文件指针，分别用于指向源文件（c:\source.txt）和目标文件（c:\dest.txt）；从源文件中读取的数据先保存在一个数据缓存区，再写入目标文件中。

【代码实现】
```
#include <stdio.h>
#include <stdlib.h>
#include <string.h>
int main()
{
    FILE *fp1;
    FILE *fp2;          //声明两个文件指针，其中 fp1 用于打开源文件，fp2 用于打开目标文件
    char buf[1024];   //声明一个缓存数组，用于保存文件中每行的内容
    //只读方式打开源文件，这里应用两个反斜杠转义字符
    if( (fp1=fopen("c:\\source.txt","r"))==NULL )
    {   printf("source.txt 打开失败,请检查是否创建成功!\n");
        exit(0);
    }
    //创建目标文件，这里一般不会发生错误
    if( (fp2=fopen("c:\\dest.txt","w"))==NULL )
    {
        printf("dest.txt 文件创建失败!");
        fclose(fp1);
```

```
            exit(0);
        }
    while(!feof(fp1))              //当文件指针 fp1 指向文件末尾时，feof()返回 0，否
                                   //则返回 1，该句作用是只要未到末尾，则进入循环
    {   memset(buf, 0, 1024);      //buf 数组中字符串清 0
        fgets(buf, 1024, fp1);     //从 fp1 文件当前指针读取一行内容到 buf 数组中
        if(buf[0]=='%')            //判断该行的第 1 个字符是否为'%'
        {   fputs(buf, fp2);       //若是'%'，则写内容到 fp2 文件中
        }
    }
    fclose(fp1);
    fclose(fp2);                   //循环结束，关闭文件 fp1 和 fp2，程序结束
    return 0;
}
```

【编程小结】

（1）程序中设计了两个文件指针 fp1 和 fp2，分别用于指向源文件和目标文件。

（2）定义了一个缓存数组 buf，用于保存文件中每一行的内容，为确保 buf 数组在使用前内容为空，选用库函数 memset()。其原型为 void *memset(void *dest, int c, size_t count);。作用是在一段内存块中填充某个给定的值，它是对较大的结构体或数组进行清零操作的一种最快方法。

（3）程序运行效果如图 10-2 所示。

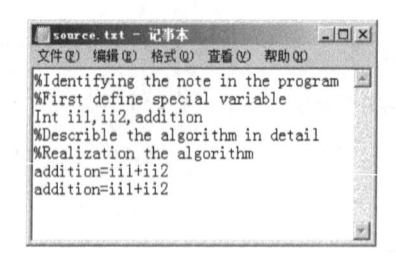

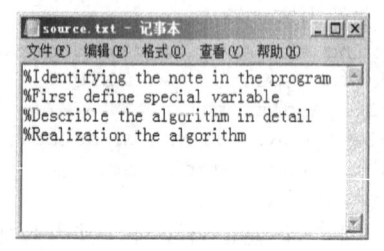

图 10-2　程序运行效果

10.5　知识扩展材料

现在，嵌入式系统编程语言流行使用 C 语言，尤其是代替汇编语言构建应用程序。

10.5.1　嵌入式 C 语言与标准 C 语言的区别

嵌入式 C 语言是 C 语言的扩展，它与标准 C 语言主要有以下不同。

1. 启动过程

标准 C 语言程序的启动程序搭载了 Windows 或 Linux 等通用操作系统，编译器会自动完成启动程序设置，对微处理器和外围设备进行初始化，再调用主函数 main，用户没有必要制作自己的启动程序。

嵌入式 C 语言程序搭载在微处理器上，用于嵌入式系统的启动程序，需要能够对目标系统的硬件和数据进行初始化，因此，程序员必须开发特定的启动程序。当然，在一般情况下，支持微处理器的编译器中会捆绑相应的启动程序，如图 10-3 所示。

2. 存储空间的分配方式

存储空间分为只读存储器（ROM）和随机存储器（RAM）两类。ROM 所存数据一般是装入整机前就先写好的，整机工作过程中只能读出，不能改写，断电后所存数据也不会改变。

RAM 是与 CPU 直接交换数据的内部存储器，也叫主存（内存）。它可以随时读/写，而且速度很快，通常作为操作系统或其他正在运行中的程序的临时数据存储媒介。当电源关闭时 RAM 不能保留数据。如果需要保存数据，就必须把它们写入一个长期的存储设备中（如硬盘）。RAM 和 ROM 相比，两者的最大区别是 RAM 在断电以后保存在上面的数据会自动消失，而 ROM 不会自动消失，可以长时间断电保存。

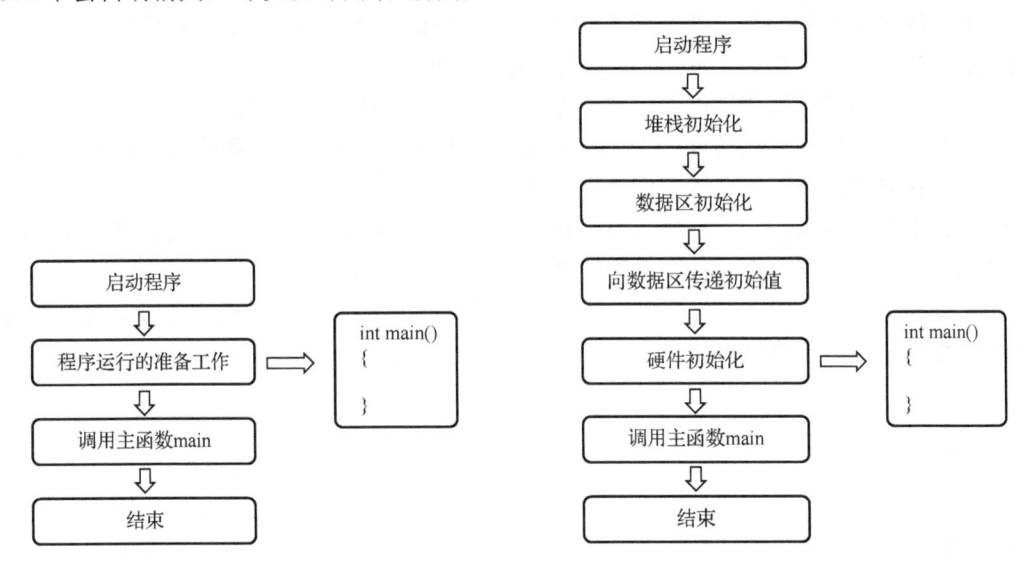

图 10-3　标准 C 语言程序（左图）和嵌入式 C 语言程序（右图）的启动过程

对于标准 C 语言程序，其操作系统可将程序和数据从外部存储设备载入 RAM 中运行。代码、数据、堆栈都在 RAM 中。对于嵌入式 C 语言程序，因没有通用的操作系统，所以该系统必须先将代码设置到 ROM 中，再将数据、堆栈设置到 RAM 中才能运行。

3．对硬件的访问方式

对于标准 C 语言而言，需要通过操作系统对计算机硬件设备进行操作，如控制声卡发出声音、控制显卡绘制图形等。应用程序可以通知操作系统执行某个具体的动作，以便使应用程序间接通过操作系统对硬件进行操作。程序员对于操作系统是怎样控制硬件设备的问题只需大致了解即可，此过程为应用程序对 API 调用的过程。这个过程称为系统调用，通过系统提供的接口函数就可以指挥操作系统进行工作了。

但对于嵌入式 C 语言，其嵌入式系统在访问硬件时，必须编写直接操作硬件的应用程序。

4．资源的限制

嵌入式 C 语言使用的资源受限于嵌入式系统所配置的硬件资源，而且要考虑能耗问题，其内存要区分 ROM 和 RAM，CPU 计算速度和数据处理能力相对弱。在标准 C 语言中，计算机可以访问操作系统、存储器等，能够利用所有计算机资源。

5．应用方向侧重点不同

标准 C 语言主要用于开发操作系统的软件及其功能的扩展，而嵌入式 C 语言主要用于开发电视、洗衣机等微控制器软件。

10.5.2　嵌入式 C 语言数据类型的特点

一般来讲，标准 C 语言类型在嵌入式编译器中是合法的，但由于嵌入式控制器的受限环境，嵌入式 C 语言的变量和数据类型具有了新的特点，这些特点体现在如下方面。

（1）默认的整型类型是 8 位或 16 位，而不是 32 位。

（2）进行常量定义或变量初始化将会消耗更多的 ROM 和 RAM。初始化的变量声明将在重置后立即自动产生，可将一个值放置到已分配地址的机器代码中。

（3）在 MPC 编译器中可以使用类型为 register 的变量，但在 8 位处理器的环境下，由于寄存器数量较少，register 类型变量的稳定性较差。

（4）除了已经定义的类型，程序员能够像在标准 C 语言中定义其数据类型。

（5）当编译器遇到一个未声明的变量时，就会分配一个大小合适的内存块，变量需要 8 位的 RAM 内存。数据类型修饰符影响分配内存的大小和方式。

（6）存储修饰符定义变量内存何时分配，以及在被重用时如何释放。

（7）被编译的模块可以访问一个公共变量。对于编译单元（如函数库或目标文件）必须使用 extern 存储类修饰符来表示它们是外部符号。

（8）属于互斥范围的非静态变量可能被重叠在一起，当嵌入式 C 语言需要定义变量范围来帮助保存内存资源时，需要付出额外的努力。

（9）在每个进入子例程的入口中，嵌入式 C 语言编译器都将重新初始化局部变量。这些变量被声明为 auto。在函数的开始处，可单独放置声明为 static 的局部变量。

习题 10

1. 填空题

（1）C 语言文件系统在处理文件时并不区分类型，都将其看成是字符流，按字节进行处理。输入/输出字符流的开始和结束只由程序控制，而不受物理符号（如回车符）的控制。因此也称这种文件为_____。

（2）C 语言文件系统中的标准终端输入是指_____，标准终端输出是指_____。

（3）若要用 fopen 函数打开一个新的二进制码文件，该文件要既能读也能写，则文件方式字符串应是_____。

（4）若执行 fopen 函数时发生错误，则函数的返回值是_____。

（5）fgetc 函数的作用是从指定文件输入一个字符，该文件的打开方式必须是_____。

（6）函数调用语句 fseek(fp,-30L,2);的含义是_____。

（7）能把文件的读/写位置指针重新指回文件开始的函数是_____，能够把文件的读/写位置指针调整到文件中的任意位置的函数是_____，能获得文件当前的读/写位置指针的函数是_____。

（8）在执行 fopen 函数时，ferror 函数的初值是_____。

2. 简答题

（1）文件型指针是什么？访问文件时是如何使用文件指针的？

（2）对文件操作时打开和关闭文件的主要目的是什么？可通过哪些函数和方式打开或关闭文件？

3. 编程题

（1）编写程序，要求从键盘输入一行字符，以@符号结束，并将字符串中的大写字母转换为小写字母，最后将字符串存放于文件 c:\\vc1.txt 中。

（2）编写程序，把一个 ASCII 码文件（c:\\vc1.txt）连接在另外一个 ASCII 码文件（c:\\vc2.txt）之后。

（3）编写程序，在磁盘文件 c:\\vc3.txt 中存有 20 个学生的信息（学号、姓名、年龄），要求把序号为 2、4、6、8、10 的学生数据在显示器上显示出来。

（4）编写程序，从文件 c:\\vc4.txt 中取出学生信息（学号、英语成绩、数学成绩、计算机成绩、平均成绩），按平均成绩排序后，并按降序存放在 c:\\vc4_1.txt 中。

第 11 章　预处理命令

ANSI C 标准规定可以在 C 语言源程序中加入一些"预处理命令",以改进程序设计环境,提高编程效率。在前面章节的程序里,已多次使用以"#"开头的预处理命令,如文件包含命令#include、宏定义命令#define 等。在源程序中这些命令都放在函数之外,而且一般都放在源文件的前面,它们被称为预处理部分。

预处理(Preprocessor)指在源代码编译之前对其进行一些特殊文本处理的操作。它的主要任务包括插入、删除、注释被#include 指令包含文件的内容;定义和替换由#define 指令定义的符号,以及确定代码的部分内容是否应该根据条件编译指令进行编译。

预处理是 C 语言的一个重要功能,由预处理程序负责完成。当对一个源文件进行编译时,系统将自动引用预处理程序对源程序中的预处理部分进行处理,处理完毕后自动进入对源程序的编译。C 语言编译系统包括了预处理、编译和连接等环节,在进行编译时不需分别完成。因此不少用户误认为预处理命令是 C 语言的一部分,甚至以为它们是 C 语句,这是不对的。只有正确区别预处理命令和 C 语句,以及预处理和编译,才能正确使用预处理命令。

C 语言提供了多种预处理功能,如宏定义、文件包含、条件编译等。其基本特征是以"#"开头、占单独书写行、语句尾不加分号。合理使用预处理功能编写的程序不仅便于阅读、修改、移植和调试,也有利于模块化程序设计。

本章将介绍 C 语言提供的三种预处理命令与应用。

11.1　宏定义

在 C 语言源程序中允许用一个标识符来表示一个字符串,它被称为"宏"。被定义为"宏"的标识符称为"宏名"。在编译预处理时,对程序中所有出现的"宏名"都用宏定义中的字符串去代换,这称为宏代换或宏展开。

宏定义是由源程序中的宏定义命令完成的。宏代换是由预处理程序自动完成的。在 C 语言中,宏定义分为有参数和无参数两种形式。

11.1.1　无参数的宏定义

无参数的宏名后不带任何参数,其定义的一般形式为
```
#define 标识符 字符串
```
功能:用指定标识符(宏名)代替字符序列(宏体)。

其中,"#"表示这是一条预处理命令。"define"为宏定义命令。"标识符"为所定义的宏名。"字符串"可以是常数、表达式、格式串等。

前面所讲符号常量的定义就是一种无参宏定义。例如:
```
#define PI 3.14159
```
其作用就是指定用标识符 PI 来代替"3.14159"这个字符串,在程序被编译时,将程序中所有的 PI 都用"3.14159"这个字符串代替。

另外,也可以对程序中反复使用的表达式进行宏定义,达到简化程序书写的目的。例如:

```
#define EQR (x*x+4*x+4)
```

此时定义 EQR 来代替表达式(x*x+4*x+4)，在编写源程序时，所有用到(x*x+4*x+4)这个表达式的地方都可由 EQR 代替。对源程序进行编译时，先由预处理程序进行宏置换，即用(x*x+4*x+4)表达式去代换所有的宏名 EQR，再进行编译。

【例 11.1】 无参数的宏定义举例。

```
#include <stdio.h>
#define EQR (x*x+4*x+4)
void main( )
{   int x,y;
    printf("请输入一个数：");
    scanf("%d",&x);
    y=3*EQR+4*EQR+5*EQR;
    printf("y=%d\n",y);
}
```

程序运行情况如下：

```
请输入一个数：
1↙         （输入1，并按 Enter 键）
y=108      （输出的结果）
```

程序说明：程序先进行宏定义"#define EQR (x*x+4*x+4)"，然后在"y=3*EQR+4*EQR+5*EQR"中进行宏调用。在预处理时经宏展开，该语句变为 y=3*(x*x+4*x+4)+4*(x*x+4*x+4)+5*(x*x+4*x+4)。此时还需注意的是，在宏定义中表达式两边的括号不能少，否则会引起错误。

（1）宏定义的位置为任意，但一般情况下放在函数的外面。宏名的有效范围是从定义命令开始到本源文件结束。

（2）宏定义是用宏名来表示一个字符串，只是进行简单的代换，不做任何正确性检查。如有错误，只能在编译已被宏展开后的源程序时被发现。例如：

```
#define Yes 1
#define No 0
```

若有以下语句：

```
if (x==Yes) printf("correct! \n");
    else if (x==No) printf("error! \n");
```

宏展开为

```
if (x==1) printf("correct! \n");
    else if (x==0) printf("error! \n");
```

从宏展开的语句中可以看到，宏展开只进行置换，不做检查。

（3）宏定义不是说明或语句，在行末不必加分号。如加上分号，则同分号也一起置换。例如：

```
#define Yes 1;
if(x=Yes) printf("correct! \n");
```

则宏展开为

```
if(x=1;) printf("correct! \n");
```

显然会出现语法错误。

（4）#undef 命令可以终止宏名作用域。例如：

```
#define Yes 1
main()
{
...           ⎫
}             ⎬ Yes 原作用域
#undef Yes    ⎭

#define Yes 0
```

```
max()
{
...          } Yes 新作用域
}
#undef Yes
```

（5）宏名在源程序中若用引号括起来，则预处理程序不对其进行宏代换。例如：
```
#define PI 3.14159
printf("2*PI=%f\n",PI*2);
```
经宏展开为
```
printf("2*PI=%f\n",3.14159*2);
```
此时，在引号中的宏名不进行替换，将其作为字符串处理。

（6）宏定义允许嵌套，即在宏定义的字符串中可以使用已经定义过的宏名。在宏展开时由预处理程序层层代换，但不可以递归。例如：
```
#define width 40
#define length width+20
var=length*2;
```
经宏展开为
```
var=40+20*2;
```
这是可以的。但若有
```
#define max max+10
```
这是错误的，因为宏定义是不可以递归的。

（7）必要时，在宏定义中使用括号。例如，上例的本意是求一个长方形的周长，但实际上并没有实现，所以可进行如下修改：
```
#define width 40
#define length (width+20)
var=length*2;
```
经宏展开为
```
var=(40+20)*2;
```
可以这样通过括号来解决问题。

（8）习惯上宏名用大写字母表示，以便于与变量区别。但并非规定，也允许用小写字母。

（9）可用宏定义表示数据类型，达到书写方便的目的。例如：
```
#define STU   struct stu
```
在程序中可用 STU 进行变量说明：
```
STU body[5],*p;
```
在程序中可用 INTEGER 作为整型变量进行说明，如 INTEGER a,b。

注意：用宏定义表示数据类型和用 typedef 定义数据说明符是有区别的。宏定义只是简单的字符串代换，在预处理时完成；用 typedef 定义的数据说明符是在编译时处理的，它不是进行简单的代换，而是对类型说明符重新命名。被命名的标识符具有类型定义说明的功能。例如：
```
#define STU1   int*
typedef (int*)   STU2;
```
这两者从形式上看相似，在实际使用中却不相同。下面用 STU1 和 STU2 说明其区别：
```
STU1 a,b;
STU2 a,b;
```
STU1 经宏代换后变成 int *a,b，它表示 a 是指向整型的指针变量，b 是整型变量。由于 STU2 是一个类型说明符，所以此时 a 和 b 都是指向整型的指针变量。

（10）在对"输出格式"进行宏定义时，可以减少书写的工作量。例如：
```
#include <stdio.h>
#define P printf
#define D "%d\n"
```

```
#define F "%f\n"
void main()
{   int a=3,c=5,e=8;
    float b=2.1, d=3.2, f=123.456;
    P(D F,a,b);
    P(D F,c,d);
    P(D F,e,f);
}
```

11.1.2 有参数的宏定义

C 语言允许宏带有参数。在宏定义中的参数称为形式参数，宏调用中的参数称为实际参数。对带参数的宏，在调用时，不仅需要进行简单的字符串替换，还要进行参数替换。

带参宏定义的一般形式为

```
#define 宏名(形参表) 字符串
```

宏展开时形参用实参替换，其他字符保留不变。字符串中包含了在括号中所指定的参数。例如：

```
#define D(a,b) 2*a+2*b
circumference=D(4,3);
```

其作用是定义长方形的周长，a 和 b 是其两个边长。经过宏展开分别用实参 4 和 3 代替宏定义中的形参 a 和 b。

因此，经宏展开为

```
circumference=2*4+2*3;
```

对带参数的宏定义是这样展开置换的：在程序中，如果有带实参的宏，如 D(4,3)，则按#define 命令行中指定的字符串从左到右进行置换。如果字符串中包含宏的形参（如 a 和 b），则用程序语句中相应的实参（可以是常量、变量或表达式）代替形参。如果宏定义的字符串中的字符不是参数字符（如 2*a+2*b 中的+），则保留。

以下几点需注意。

（1）宏体及各形参外应加括号( )。

【例 11.2】 计算 x*x 的值。

```
#include <stdio.h>
#define POWER(x) ((x)*(x))
void main()
{ int a,b,c;
  a=4; b=6;
  c=POWER(a+b);
  printf("%d\n",c);
}
```

程序说明：程序经宏展开为 c=(a+b)*(a+b)，满足了题意。若将上例中的第 2 行语句改为#define POWER(x) x*x，经宏展开后为 c=a+b*a+b，这显然不符合题意。因此，为了保证宏代换的正确性，需给宏定义中表示表达式的字符串加上括号。

（2）有参数的宏定义中，宏名和形参之间不能有空格出现，例如：

```
#define S (r)PI*r*r
```

它相当于定义了不带参数的宏 S 代表字符串 "(r) PI*r*r"。

（3）宏定义可以实现某些函数的功能。

【例 11.3】 求两个数的最大值，分别用宏定义和函数实现。

方法 1：用宏定义方式实现。

```
#include <stdio.h>
#define MAX(x,y) (x)>(y)?(x):(y)
```

```
void main()
{int  a,b,t;
 printf("请输入两个数:");
 scanf("%d,%d",&a,&b);
 t=MAX(a,b);
 printf("t=%d",t);
}
```

程序说明：程序中的 t= MAX(a,b)经过宏展开为 t=(a)>(b)?(a):(b)，从而实现了求最大值。

方法2：用函数方式实现。

```
int max(int x,int y)
{return(x>y?x:y);}
#include <stdio.h>
void main()
{int a,b, t;
 printf("请输入两个数:") ;
 scanf("%d,%d",&a,&b);
 t=max(a,b);
 printf("t=%d",t);
}
```

程序说明：在函数中,先通过调用 max 函数将实参 a 和 b 传递给形参 x 和 y,再通过 return 语句带回最大值。

（4）宏定义中的形参是标识符，而宏调用中的实参可以是表达式。

【例 11.4】 实参是表达式的宏调用举例。

```
#include <stdio.h>
#define SQ(y)   (y)*(y)
void main()
{ int a,sq;
  printf("请输入一个数：");
  scanf("%d",&a);
  sq=SQ(a+1);
  printf("sq=%d\n",sq);
}
```

程序说明：宏定义的形参为 y，宏调用中实参为 a+1，是一个表达式。在宏展开时，先用 a+1 代换 y，再用(y)*(y)代换 SQ 得到语句 "sq=(a+1)*(a+1);" 这与函数的调用是不同的。函数调用时，要把实参表达式的值先求出，再赋予形参。而宏代换中对实参表达式不进行计算，直接按照原样代换。

（5）带参数的宏和函数很相似，但又有本质上的不同，其区别如下：

函数调用时，先求实参表达式的值，然后代入形参。而带参数的宏只是进行简单的字符替换。把同一个表达式用函数处理与用宏处理两者的结果有可能是不同的。

【例 11.5】 分析以下程序，查看用函数处理和宏处理同一个表达式的区别。

方法1：函数处理形式。

```
int SQ(int y)
{ return((y)*(y)); }
#include <stdio.h>
void main()
{ int i=1;
  while(i<=5)
  printf("%3d",SQ(i++));
}
```

程序运行情况：
```
1  4  9 16 25    (输出的结果)
```

方法2：宏处理形式。

```
#include <stdio.h>
#define SQ(y) ((y)*(y))
void main()
{   int i=1;
    while(i<=5)
    printf("%3d",SQ(i++));
}
```

程序运行情况：
1 9 25   （输出的结果）

在此可以看到，函数调用为 SQ(i++)，宏的调用也为 SQ(i++)，并且实参也是相同的。但是从输出结果来看，却大不相同。

程序分析：方法 1 中函数调用是先把实参 i 的值传给形参 y 之后自增 1，再输出函数值。因而要循环 5 次，输出 1～5 的平方值。方法 2 中宏调用时，只做简单代换。SQ(i++)被代换为((i++)*(i++))，一次宏调用 i 会发生 2 次自增，其计算过程为表达式中 i 的初值为 1，满足条件做 1*1 并输出，然后 i 自增 2 次变为 3，满足条件做 3*3 并输出；然后 i 自增 2 次变为 5，满足条件做 5*5 并输出；最后 i 再自增 2 次变为 7，不再满足循环条件，停止循环。从以上分析可以看出函数调用和宏调用二者在形式上相似，但在本质上却是完全不同的。

- 宏调用是通过宏展开来完成的，在编译阶段进行，它不占运行时间，只占编译时间；而函数调用则是在程序运行时进行的，占运行时间（包括分配内存单元、保留现场、值传递和返回）。
- 有参数的宏定义中不存在类型问题，宏名无类型，它的参数也无类型，也不需要分配内存空间；而函数却要求形参类型和实参类型必须一致，调用函数时给形参分配临时的存储空间。
- 多次使用宏，会使宏展开后程序变得更长；而函数调用多次也不会使程序加长。
- 调用函数只能得到一个返回值；而用宏则可以设法得到多个结果。

注意：C99 标准增加了 inline 关键字，可实现内联函数，取得了带参宏的效果。内联函数除保持结构化和函数式的定义方式外，还能使程序员写出高效率的代码。由于函数的每次调用与返回都会消耗相当大的系统资源，尤其是当函数调用发生在重复次数很多的循环语句中时。一般情况下，当发生一次函数调用时，变元需要进栈，各种寄存器内存需要保存。当函数返回时，寄存器的内容需要恢复。如果该函数在代码内进行联机扩展，当代码执行时，这些保存和恢复操作又会发生，而且函数调用的执行速度也会大大加快。函数的联机扩展会产生较长的代码，所以只用于对应用程序性能有显著影响的函数，以及长度较短的函数。

【例 11.6】 通过宏得到多个结果。

```
#include <stdio.h>
#define PI 3.14
#define CIRCLE(R,L,S) L=2*PI*R; S=PI*R*R
void main()
{   float r,l,s;
    scanf("%f",&r);
    CIRCLE(r,l,s);
    printf("l=%6.2f,s=%6.2f",l,s);
}
```

经过宏展开为

```
#include <stdio.h>
void main()
{   float r,l,s;
    scanf("%f",&r);
    l=2*3.14*r;s=3.14*r*r;
```

```
    printf("l=%6.2f,s=%6.2f",l,s);
}
```
程序运行情况：
```
2.5↙          （输入 2.5，并按 Enter 键）
l=15.70,s=19.63     （输出的结果）
```
由此，有参数的宏和函数的区别，如表 11-1 所示。

表 11-1 有参数的宏和函数的区别

区别	有参数的宏	函数	区别	有参数的宏	函数
处理时间	编译时	程序运行时	程序长度	变长	不变
参数类型	无类型问题	定义实参、形参类型	运行速度	不占运行时间	调用和返回占运行时间
处理过程	不分配内存	分配内存			

注意：C99 标准增加了变元列表、_Pragma 运算符、内部编译指令和内部宏等预处理功能。变元列表即宏可以带变元，在宏定义中用省略号（…）表示。内部预处理标识符__VA_ARGS__决定变元将在何处得到替换，如#define MySum(…)sum(__VA_ARGS__)其中的 MySum(k,m,n)，将被转换成 sum(k, m, n)。变元还可以包含变元，例如，#define compare(compf, ...)compf(__VA_ARGS__)其中的 compare(strcmp,"small", "large")将替换成 strcmp("small","large")。

C11 标准增加了创建复数的宏，以及很多浮点数处理的宏功能。

11.2 文件包含

文件包含是 C 预处理程序的一个重要功能。文件包含命令行的一般形式为
`#include"文件名"` 或 `#include <文件名>`

功能：先由预处理器删除这条指令，再把指定的文件插入该命令行位置，使指定文件和当前的源程序文件连成一个文件。

图 11-1（a）为文件 file1.c，它有一个#include <file2.c>命令和其他内容（这里以 A 表示）。图 11-1（b）为另一个文件 file2.c，其他文件内容以 B 表示。在编译预处理时，要对#include 命令进行文件包含处理。将 file2.c 的全部内容复制并插到#include <file2.c>命令中，即 file2.c 被包含到 file1.c 中，得到图 11-1（c）中的结果。在编译中，将包含以后的 file1.c 作为一个源文件单位进行编译。

（a）file1.c文件   （b）file2.c文件   （c）操作后的file1.c文件

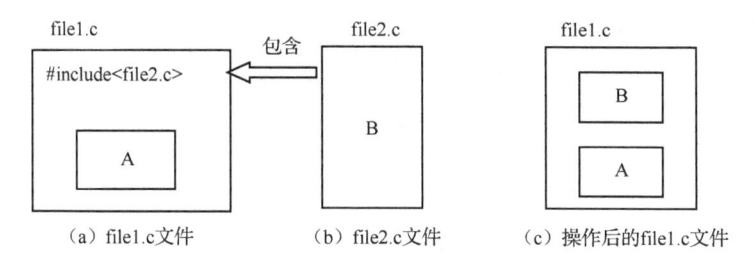

图 11-1 文件包含的含义

能够用于包含文件的，不仅限于 C 语言系统所提供的头文件（如 stdio.h、math.h 等），还可以是用户自己写的命名文件和其他要求在本文件中引用的源程序文件。

在程序设计中，文件包含是很有用的。一个大的程序可以分为多个模块，再由多个程序员分别编写。有些公用的符号常量或宏定义等可单独组成一个文件，在其他文件的开头中用

包含命令包含该文件即可使用。这样，可避免在每个文件开头都写入那些公用量，从而节省时间，减少出错，并且容易维护。

注意：

（1）一个 include 命令只能指定一个被包含文件。如果要包含多个文件，则需要使用多个 include 命令。

（2）包含命令中的文件名可以用双引号括起来，也可以使用尖括号，如以下写法都是允许的：

```
#include"string.h"或 #include <math.h>
```

但是，这两种形式是有区别的：使用尖括号表示在包含文件目录中查找（包含目录是用户事先在设置环境时设置的），而不在源文件目录中查找；使用双引号则表示先在当前的源文件目录中查找，若没找到再到包含目录中查找。用户编程时可根据文件所在的目录来选择某种命令形式。

（3）文件包含允许嵌套，即在一个被包含的文件中还可以包含另一个文件。

（4）如果文件 file1.c 要使用文件 file2.c 中的内容，而文件 file2.c 又要用到文件 file3.c 中的内容，则可以在文件 file1.c 中用两个 include 命令分别包含 file2.c 和 file3.c，而且文件 file3.c 应出现在文件 file2.c 之前，即在 file1.c 中用如下定义：

```
#include <file3.c>
#include <file2.c>
```

这样，file1.c 和 file2.c 都可以使用 file3.c 中的内容，而且在 file2.c 中也不必再用"# include <file3.c>"。为防止文件内容被重复包含，就要合理使用条件编译。

（5）被包含文件（file2.c）与其所在的文件（用#include 命令的源文件 file1.c），在预编译后已成为同一个文件（而不是两个文件）。因此，如果 file2.c 中有全局静态变量，它也在 file1.c 文件中有效，不必用 extern 声明。

11.3 条件编译

在编译一个程序时，如果允许选择某条语句进行翻译或被忽略，则会显得非常方便。条件编译（Conditional Compilation）可用于实现这个目的。使用条件编译，就可以选择代码的某部分是进行正常编译，还是完全忽略。

条件编译命令主要有以下三种形式。

（1）条件编译命令形式 1

```
#if 常数表达式
    程序段 1
#endif
```

或

```
#if 常数表达式
    程序段 1
#else
    程序段 2
#endif
```

其中，常数表达式由预处理器进行求值。如果它的值为真（非 0），就编译程序段 1，否则编译程序段 2，所以可以根据事先给定的条件来使程序在不同的条件下执行不同的功能。

如有这样一段代码：

```
#if DEBUG
    printf("x=%d,y=%d\n",x,y);
```

```
#endif
```
如果想编译它，则只需加一条#define DEBUG 1 就可以了。而如果想要忽略它，则需将其定义为#define DEBUG 0 就可以了。无论哪种情况，上面的代码段都可以保留在源文件中。

【例 11.7】 条件编译举例。
```
#include <stdio.h>
#define R 1
void main()
{float c,r,s;
 printf ("请输入一个数： ");
 scanf("%f",&c);
 #if R
    r=3.14159*c*c;
    printf("area of round is: %f\n",r);
 #else
    s=c*c;
    printf("area of square is: %f\n",s);
 #endif
}
```

程序分析：这个程序是要根据条件求圆的面积或正方形的面积。由于在程序的宏定义中，定义 R 为 1，因此在条件编译时，表达式的值为真，故计算并输出圆面积。如果把宏定义改为#define R 0，则在条件编译时，由于表达式的值为假，则会计算并输出正方形的面积。

上面介绍的条件编译当然也可以用条件语句来实现。但使用条件语句会对整个源程序进行编译，生成的目标代码程序很长。采用条件编译会根据条件只编译其中的程序段 1 或程序段 2，生成的目标程序较短。因此，如果条件选择的程序段很长，采用条件编译的方法是十分必要的。

（2）条件编译命令形式 2
```
#ifdef <宏名>
    程序段 1
#else
    程序段 2
#endif
```
或
```
#ifdef <宏名>
    程序段
#endif
```

功能：如果#ifdef 后的<宏名>在此之前已使用#define 语句定义，就编译程序段 1；否则，编译程序段 2。其中#else 部分可以没有。

【例 11.8】 分析以下程序中宏语句的功能。
```
#include <stdio.h>
void main()
   {float r,s;
    printf("请输入半径： ");
    scanf("%f",&r);
    #ifdef  PI
      s=PI*r*r;
    #else
     #define PI 3.14
         s=PI*r*r;
    #endif
    printf("s=%f",s);
}
```

程序分析：本例用于计算给定半径的圆面积。宏语句的功能是，如果之前已定义宏 PI，则直接计算面积；如果之前未定义宏 PI，则在定义 PI 之后再计算面积。

（3）条件编译命令形式 3

```
#ifndef <宏名>
    程序段 1
#else
    程序段 2
#endif
```

或

```
#ifndef <宏名>
    程序段 1
#endif
```

#ifndef 语句的功能与#ifdef 相反，其功能是，如果宏名未被#define 命令定义过，则对程序段 1 进行编译；否则对程序段 2 进行编译。

本章介绍的预编译功能是 C 语言特有的，该功能有利于程序的可移植性，并可增加程序的灵活性。

11.4 编程实践

任务：串化运算

【问题描述】

如何将带参宏中的参数连到一个字符串常量中，例如：

（1）在宏定义#define PASTE(n)"abcdef"中，如何将参数 n 连到字符串常量"abcdef"中；

（2）在宏定义#define NUM(a,b,c)和#define STR(a,b,c)中，如何将参数 a、b、c 所代表的字符连接起来。

【问题分析与算法设计】

需要使用字符串化操作符（#）和粘接操作符（##）。

【代码实现】

```
#include<stdio.h>
#define PASTE(n)  "abcdef"#n
#define NUM(a,b,c)  a##b##c
#define STR(a,b,c)  a##b##c
void main()
  {
    printf("%s\n",PASTE(15));
    printf("%d\n",NUM(1,2,3));
    printf("%s\n",STR("aa","bb","cc"));
  }
```

【编程小结】

（1）字符串化操作符（#）：表示将宏名转化为字符串。宏定义中的#运算符告诉预处理程序，把源代码中任何传递给该宏的参数转换成一个字符串。

（2）粘接操作符（##）：连接两个宏名。预处理程序把出现在##两侧的参数合并成一个符号，注意所连接的是宏名，而不是其所指代的值。

（3）在使用中应遵循 ANSI C 标准中的规定，但要注意如有编译通不过的情况，也可能是早期编译器不支持该标准的问题。

（4）##操作可应用在变量定义中，若程序开发时遇到要批量定义或修改变量前缀，并且这些变量具有相同的前缀的情况，则##显得尤为重要。它可以使代码更加整洁，且减少了出错的概率。

（5）#可用于在调试时将变量名输出，可配合##一起使用，其定义如下：
```
#define CHECK_VAR(x,fmt)   printf("#x = "##fmt "\n", x)
```
则
```
    CHECK_VAR(var1,%d)
```
相当于
```
    printf("var1= %d\n", var1);
```

11.5 知识扩展材料

"天下没有免费的午餐"，任何算法的优势发挥都需要获得相应的计算条件支持。应用 C 语言编写算法时，要考虑算法复杂度。

11.5.1 算法复杂度

算法复杂度是指算法在编写成可执行程序后，运行时所需要的资源，包括时间资源和内存资源。对一个算法的评价主要从时间复杂度和空间复杂度来考虑。算法的时间复杂度是指执行算法所需要的计算工作量。一般情况下，算法中基本操作重复执行的次数是问题规模 n 的某个函数，用 T(n)表示。若有某个辅助函数 f(n)，存在一个正常数 c 使得 f(n)*c>=T(n)恒成立，记作 T(n)=O(f(n))，称 O(f(n))为算法的渐进时间复杂度，简称时间复杂度。与时间复杂度类似，空间复杂度是指算法在计算机内执行时所需存储空间的度量，记作 S(n)=O(f(n))。算法执行期间所需要的存储空间包括三个部分，即算法程序所占的空间，输入的初始数据所占的存储空间，算法执行过程中所需要的额外空间。

在许多实际问题中，为了减少算法所占的存储空间，通常采用压缩存储技术。

11.5.2 算法复杂度示例

斐波那契（Fibonacci）数列是 0, 1, 1, 2, 3, 5, 8, 13, 21…，即其第 n（n>2）个数是其前两个数之和。构建斐波那契数列可以通过循环结构来完成，也可以通过递归函数的方式来实现。以其为例说明算法复杂度。

定义函数 fib(int fn[100],int n)来产生 n 个元素的斐波那契数列,可以通过循环结构来求取。定义函数 fib(n)，通过递归方式来返回斐波那契数列第 n 个值，则有

```
int Fib(int fn[100],int n) {              //fn[]数组存放斐波那契数列
int i;
fn[0]=0;
fn[1]=1;
for(i=2;i<=n;i++)
  fn[i]=fn[i-1]+fn[i-2];
}
int fib(int n) {                          //递归算法求得斐波那契数列第 n 个值
    if (n == 0 || n == 1) {
        return n;
    }
    return (fib(n-1) + fib(n-2));
}
```

（1）时间复杂度分析

fib 函数的时间复杂度较简单，计算所耗时间与 n 成正比，为 O(n)。

而 fib 递归函数计算斐波那契数列的第 5 个数生成的递归树如图 11-2（a）所示。

在此递归树中，每个状态（除 fib(0)和 fib(1)之外）都会生成两个附加状态，并且生成的状态总数为 15。通常，计算斐波那契数列中 fib(n)的状态总数大约等于 2^n。注意，每个状态都表示对 fib(n)的函数调用，该函数除进行另一个递归调用外不执行任何操作。因此，计算斐波那契数列第 n 个数所需的总时间为 $O(2^n)$。注意这仅是近似分析。

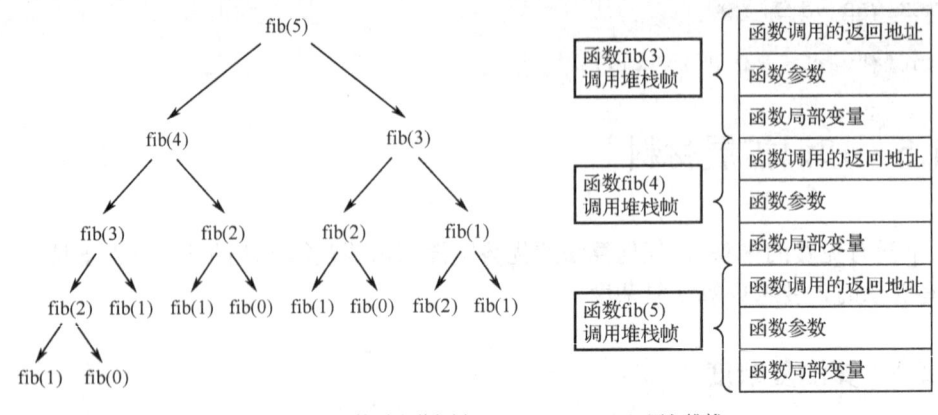

（a）递归函数产生第5个斐波那契数列的递归树　　（b）压入堆栈fib(5)→fib(4)→fib(3)…

图 11-2　递归树及其压入堆栈

（2）空间复杂度分析

fib 函数的空间复杂度较简单，需要存储 n 个元素的数组，为 O(n)。

递归算法的空间复杂度计算有些棘手，需要了解如何在内存中生成堆栈帧以进行递归调用。从函数 fib(5)调用函数 fib(4)时，将创建与函数 fib(4)相对应的堆栈帧。该堆栈帧将保留在内存中，直到函数 fib(4)的调用结束。该堆栈帧负责保存函数 fib(4)的参数、函数中的局部变量及函数调用的返回地址。若函数 fib(4)又调用另一个函数 fib(3)，则会产生同样的操作，如图 11-2（b）所示。并将其保留在堆栈内存中，直到调用结束。

可见使用此类推方法进行递归调用时，在任何时间点内存中可能存在的最大堆栈帧数等于递归树的最大深度。在递归树中，当执行与叶节点状态相对应的调用时，其调用序列可以用从递归树中的根节点到该叶节点的路径表示。例如，计算斐波那契数列第 5 个数生成的递归树，当执行最左端至底端的状态 fib(1)时，调用序列为 fib(5)→fib(4)→fib(3)→fib(2)→fib(1)，所有对应的堆栈帧将出现在内存中，并且当 fib(1)返回时，其堆栈帧将从内存（或调用堆栈）中删除。

总而言之，递归算法的空间复杂度与所生成的最大递归树的深度成正比。如果递归算法的每个函数调用都占用 O(m)空间，并且递归树的最大深度为 n，则递归算法的空间复杂度将为 O(n·m)。

习题 11

1. 选择题

（1）以下说法不正确的是_____。

　　A. 预处理命令行都必须以#开始

　　B. 在程序中凡是以#开始的语句行都是预处理命令行

　　C. C 语言程序在执行过程中对预处理命令行进行处理

　　D. #define AB_CD 是正确的宏定义

(2) 以下有关宏替换叙述不正确的是_____。

  A．宏替换不占用运行时间   B．宏名无类型

  C．宏替换只是字符替换   D．宏名必须用大写字母表示

(3) 以下说法正确的是_____。

  A．宏定义是 C 语句，所以要在行末加分号

  B．可以使用#undef 命令来终止宏定义的作用域

  C．在进行宏定义时，宏定义不能层层置换

  D．在程序中用双引号括起来的字符串内的字符，若与宏名相同，则要进行置换

(4) 在文件包含预处理语句的使用形式中，当#include 后面的文件名用<>括起时，寻找被包含文件的方式是_____。

  A．仅搜索当前目录

  B．仅搜索源程序所在目录

  C．直接按系统设定的标准方式搜索目录

  D．先在源程序所在目录中搜索，再按系统设定的标准方式搜索

(5) 以下叙述正确的是_____。

  A．用#include 包含的头文件后缀不可以是 ".a"

  B．若一些源程序中包含某个头文件，则当该头文件有错时，只需对该头文件进行修改。包含此头文件的所有源程序不必重新进行编译

  C．宏命令可以视为一行 C 语句

  D．C 编译中的预处理是在编译之前进行的

(6) 以下程序的输出结果是_____。

```
#include <stdio.h>
#define MIN(x,y)  (x)<(y)?(x):(y)
void main()
{   int  a,b,t,k;
    a=10;b=15;
    t=MIN(a,b);
    k=10*t;
    printf("k=%d",k);
}
```

  A．15   B．100   C．10   D．150

(7) 以下程序中 for 循环执行的次数是_____。

```
#include <stdio.h>
#define N 2
#define M N+1
#define NUM (M+1)*M/2
void main()
{  int i;
   for(i=1;i<=NUM;i++)
     printf("%d\n",i);
}
```

  A．5   B．6   C．8   D．9

(8) 以下程序的输出结果是_____。

```
#include <stdio.h>
#define FUDGF(y) 2.84+y
#define PR(a)   printf("%d",(int)(a))
#define PRINT1(a)  PR(a); putchar('\n')
void main()
{  int x=2;
```

```
    PRINT1(FUDGF(5)*x);
}
```
   A. 11   B. 12   C. 13   D. 15

(9) 以下程序的输出结果是_____。
```
#define ADD(x)  x+x
void main()
{  int m=1,n=2,k=3;
   int sum=ADD(m+n)*k;
   printf("sum=%d",sum);
}
```
   A. sum=8   B. sum=10   C. sum=12   D. sum=18

(10) 以下程序的输出结果是_____。
```
#define MAX(x,y)  (x)>(y)?(x):(y)
void main()
{  int a=1,b=2,c=3,d=2,t;
   t=MAX(a+b,c+d)*100;
   printf("%d\n",t);
}
```
   A. 500   B. 5   C. 3   D. 300

2．填空题

(1) #define 命令出现在程序中函数的外面，宏名的有效范围为_____。

(2) 可以使用_____命令来终止宏定义的作用域。

(3) _____处理是指一个源文件可以将另外一个源文件的全部内容包含进来。

(4) C 语言规定文件包含预处理指令必须以_____开头。

(5) 下列程序的输出结果是_____。
```
#define N 5
#define s(x) x*x
#define f(x) (x*x)
void main()
{  int i1,i2;
   i1=1000/s(N);
   i2=1000/f(N);
   printf("%d,%d\n",i1,i2);
}
```

(6) 设有如下宏定义：
```
#define MYSWAP(z,x,y) {z=x;x=y;y=z;}
```
以下程序段通过宏调用实现变量 a、b 的内容交换，请填空。
```
float a=5,b=16,c;MYSWAP(_____,a,b);
```

(7) 下列程序的输出结果是_____。
```
#define NX 2+3
#define NY NX*NX
void main()
{  int i=0,m=0;
   for(;i<NY;i++)
      m++;
   printf("%d\n",m);
}
```

(8) 下列程序的输出结果是_____。
```
#define MAX(x,y)  (x)>(y)?(x):(y)
void main()
{  int a=5,b=2,c=3,d=3,t;
   t=MAX(a+b,c+d)*10;
   printf("%d\n",t);
}
```

（9）下列程序的输出结果是_____。
```
#define MAX(a,b) a>b
#define EQU(a,b) a==b
#define MIN(a,b) a<b
void main()
{int a=5,b=6;
if(MAX(a,b))
   printf("MAX\n");
if(EQU(a,b))
   printf("EQU\n");
if(MIN(a,b))
   printf("MIN\n");
}
```

（10）下列程序的输出结果是_____。
```
#define TEST
void main()
{ int x=0,y=1,z;
   z=2*x+y;
#ifdef TEST
   printf("%d,%d\n",x,y);
#endif
   printf("%d\n",z);
}
```

3. 程序分析题

（1）分析以下程序的输出结果。
```
#include <stdio.h>
#define PRINT(a)  printf("OK!")
void main()
{ int i,a=1;
   for(i=0;i<3;i++)
       PRINT(a+i);
   printf("\n");
}
```

（2）分析以下程序的输出结果。
```
#define DEBUG 1
void main()
{int a=10;
 #if DEBUG
   printf("%d\n",a);
 #else
   printf("nothing\n");
 #endif
}
```

（3）分析以下程序的输出结果。
```
#define MAX(a,b)   (a)>(b)?(a):(b)
  void main()
  { int x=1;
    int y=2;
    printf("%d",MAX(x,y));
  }
```

4. 编程题

（1）编写程序，定义一个带参数的宏，求两个整数的余数，实现宏调用并输出求得的结果。
（2）编写程序，分别用函数和带参数的宏，从三个数中找出最大者。
（3）编写程序，输入一个实数 m，判断它是否为正数。要求利用带参数的宏实现。
（4）利用不带参数的宏定义，编写程序求球体的表面积。
（5）编写程序，用一个带参数的宏 min(x,y)来求两个数的最小值，即利用它求一维数组 a 的最小值。

第 12 章　综合案例实训

前面各章节的举例，侧重于基础语法知识的学习，专注于体现某个知识点简单的应用程序。容易给人一种误解，认为 C 语言不能实现具有较完整功能的系统。实际上，我们掌握本书所讲内容，就已经可以开发功能完备的应用程序，只是在人机交互界面上还存在一些缺陷，效果不是那么友好。如果要实现友好的人机交互界面，还需要补充一些知识。

本章通过五子棋游戏和 ATM（自动取款机）这两个功能完整的实际应用范例来展示 C 语言开发程序的魅力，进一步体会 C 语言程序的设计思想。其中五子棋游戏案例采用智能算法实现人机对战，有助于大家对人工智能技术的理解。两个案例都采用了最简单的人机交互界面，在 Visual C++ 6.0 下控制台（Console）项目类型中开发完成。

12.1　五子棋项目实训

【问题描述】
本程序实现了五子棋的基本操作，包括功能如下。
（1）系统初始化：初始化棋盘状态，默认玩家先行。
（2）下棋操作：实现下棋操作的功能，并在下棋过程中能随时退出。
（3）智能判断：能对下棋结果进行判定，分出胜负，并显示结果。
（4）显示棋盘：显示当前棋盘状态和帮助信息。

【问题分析与算法设计】
用简单图形显示五子棋操作界面，实现下棋操作和人机对战功能。

12.1.1　功能模块设计

五子棋功能模块如图 12-1 所示。
1．系统模块
本程序包括 4 个子模块，分别是系统初始化、智能判断、下棋操作和显示棋盘。各模块功能如下。
（1）系统初始化：用于设置初始化屏幕信息、操作方法，并进行初始化棋盘。
（2）智能判断：由各个功能函数组成，被其他模块调用。
（3）下棋操作：执行下棋操作，处理相关信息。

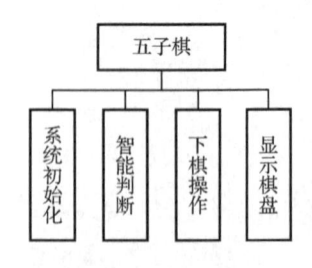

图 12-1　五子棋功能模块

（4）显示棋盘：显示棋盘，给出简单的提示信息。
2．任务执行流程
系统初始化是指游戏玩家先行，进行人机对战。当玩家先行棋后，系统进入初始化搜索状态，寻找并设置最好的走棋位置，等待玩家下一步位置。循环往复，直至结束，或者因玩家输入数据错误而结束。

12.1.2 数据结构设计

1. 定义数组

定义了数组 m_RenjuBoard [GRID_NUM][GRID_NUM]，该数组存储字符类型的值，用于存储棋盘状态值，GRID_NUM 在五子棋中常取为 15。状态值是 0、1 和 255。255 表示给定坐标映射的位置没有棋子，1 表示给定位置坐标映射的位置是白棋，0 表示给定位置坐标映射的位置是黑棋。

2. 定义全局变量

在 int TypeRecord[GRID_NUM][GRID_NUM][4]中存放全部分析结果的数组，有三个维度，用于存放水平、垂直、左斜、右斜 4 个方向上所有棋型的分析结果。

int m_HistoryTable[GRID_NUM][GRID_NUM]表示记录历史得分表。

unsigned char CurPosition[GRID_NUM][GRID_NUM]表示记录搜索时用于当前节点棋盘状态的数组。

STONEMOVE m_cmBestMove 表示记录最佳走法的变量。

STONEMOVE m_MoveList[10][225]表示记录走法的数组。

12.1.3 函数功能描述

（1）根据当前黑/白棋 bIsWhiteTurn 走棋状态，评估棋局状态
```
int Eveluate(unsigned char position[][GRID_NUM],bool bIsWhiteTurn)
```
（2）分析棋盘上某点(i,j)在水平方向上的棋型
```
int AnalysisHorizon(unsigned char position[][GRID_NUM],int i,int j)
```
（3）分析棋盘上某点(i,j)在垂直方向上的棋型
```
int AnalysisVertical(unsigned char position[][GRID_NUM],int i,int j)
```
（4）分析棋盘上某点在左斜方向上的棋型
```
int AnalysisLeft(unsigned char position[][GRID_NUM],int i,int j)
```
（5）分析棋盘上某点在右斜方向上的棋型
```
int AnalysisRight(unsigned char position[][GRID_NUM],int i,int j)
```
（6）分析直线棋型的状况
```
int AnalysisLine(unsigned char* position,int GridNum,int StonePos)
```
（7）将历史记录表中所有项目全设置为初值
```
void ResetHistoryTable()
```
（8）从历史得分表中取给定走法的历史得分
```
int GetHistoryScore(STONEMOVE* move)
```
（9）将最佳走法汇入历史记录
```
void EnterHistoryScore(STONEMOVE* move,int depth)
```
（10）采用融合走法，对走法队列进行从小到大排序
STONEMOVE* source 原始队列，STONEMOVE* target 目标队列，合并 source[l…m]和 source[m+1…r]至 target[l…r]
```
void Merge(STONEMOVE* source,STONEMOVE* target,int l,int m,int r)
//另一种算法
void Merge_A(STONEMOVE* source,STONEMOVE* target,int l,int m,int r)
```
（11）合并大小为 s 的相邻子数组

direction 是标志，指明是从大到小，还是从小到大进行排序
```
void MergePass(STONEMOVE* source,STONEMOVE* target,const int s,const int n,const bool direction)
```

（12）走法排序
```
void MergeSort(STONEMOVE* source,int n,bool direction)
```
（13）计算可能的走法
```
int CreatePossibleMove(unsigned char position[][GRID_NUM], int nPly, int nSide)
```
（14）在 m_MoveList 中插入一个走法

nToX 是目标位置的横坐标，nToY 是目标位置的纵坐标，nPly 是此走法所在的层次
```
int AddMove(int nToX, int nToY, int nPly)
```
（15）重置历史数据
```
void CNegaScout_TT_HH()
```
（16）寻找最好的走法
```
void SearchAGoodMove(unsigned char position[][GRID_NUM],int Type)
```
在函数中，主要采用极大或极小搜索的智能算法进行搜索。

在五子棋中，双方每一次落子都会创造出一种新的局面。通过计算局势得分的函数（人机对战时，假设计算机一方为 A）来计算每一个局面对于 A 的得分，轮到 A 拓展节点（选择落子位置，即创造新局面）时，A 会选择得分最大的，而另一方 B 会选择得分最小的进行决策。通过 A 和 B 交替决策，形成决策树。

在决策树中，轮到 A 决策时，总希望做出得分最高的决策（得分以 A 标准来算）；而在 B 决策时，假定 B 总能做出得分最小的决策（A 得分最小，便是相应 B 得分最高）。所以在决策树中，每一层所要追求的结果，在极大分数和极小分数中不断交替，故称之为极大/极小搜索。

但在该搜索过程中，随着思考层数的上升，时间复杂度会成指数级增长。当思考层数高时很难得到最优的结果，为了解决这个问题，要采用 α-β 剪枝算法。在极小化过程中，若出现大于 α 的得分节点，则剪去该条分枝。在极大化过程中，若出现小于 β 的得分节点，则剪去该条分枝。这样就可以加快搜索过程。

（17）判断是否结束
```
int IsGameOver(unsigned char position[][GRID_NUM],int nDepth)
```
（18）评估搜索结果，并进行删减
```
int NegaScout(int depth,int alpha,int beta)
```
（19）设置当前走一步
```
unsigned char MakeMove(STONEMOVE* move,int type)
```
（20）取消当前走的棋
```
void UnMakeMove(STONEMOVE* move)
```
（21）建立哈希表
```
void CTranspositionTable()
```
（22）释放哈希表
```
void _CTranspositionTable()
```
（23）计算初始的哈希表
```
void CalculateInitHashKey(unsigned char CurPosition[][GRID_NUM])
```
（24）转换为走法
```
void Hash_MakeMove(STONEMOVE *move,unsigned char CurPosition[][GRID_NUM])
```
（25）取消某种走法
```
void Hash_UnMakeMove(STONEMOVE *move,unsigned char CurPosition[][GRID_NUM])
```
（26）查找哈希表
```
int LookUpHashTable(int alpha, int beta, int depth, int TableNo)
```
（27）存入哈希表
```
void EnterHashTable(ENTRY_TYPE entry_type, short eval, short depth, int
```

TableNo)

（28）初始化哈希表
```
void InitializeHashKey()
```
（29）显示简单的人机交互棋盘
```
void display()
```

12.1.4 系统数据流程

由主函数 main 作为入口进行系统流程，首先对桌面进行清理，显示欢迎界面；然后对图形界面进行初始化，画出棋盘；进入下棋阶段，根据规则判断下棋状态，显示下棋信息；最后关闭系统。如图 12-2 所示。

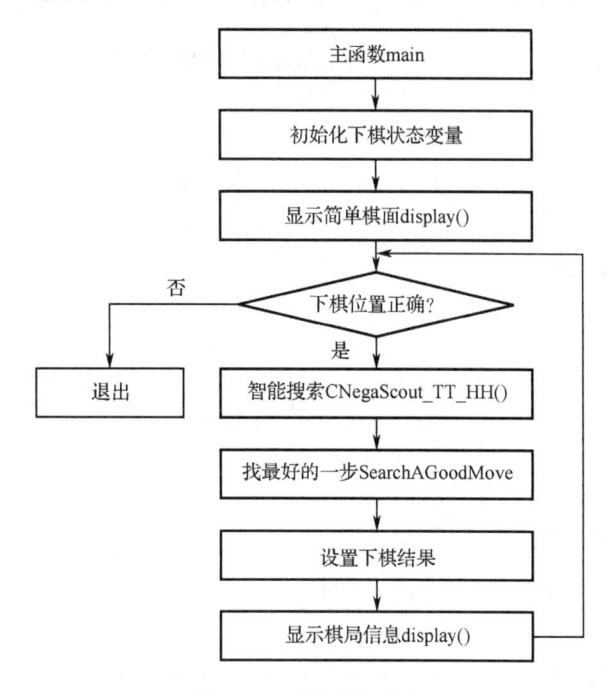

图 12-2 系统数据流程

12.1.5 程序实现

```
    /*  将所有代码放入一个文件内，进行编译、连接  */
#include<stdio.h>
#include<iostream.h>
#include<stdlib.h>
#include<string.h>
#include<time.h>
    /*  宏定义一些基本状态  */
#define GRID_NUM    15          //每行(列)的棋盘交点数
#define GRID_COUNT  225         //棋盘交点总数
#define BLACK       0           //黑棋用 0 表示
#define WHITE       1           //白棋用 1 表示
#define NOSTONE     0xFF        //没有棋子
    //这组宏定义了用以代表几种棋型的数字
#define STWO        1           //眠二
#define STHREE      2           //眠三
#define SFOUR       3           //冲四
#define TWO         4           //活二
```

```c
#define THREE        5          //活三
#define FOUR         6          //活四
#define FIVE         7          //五连
#define NOTYPE       11         //未定义
#define ANALSISED    255        //已分析过的
#define TOBEANALSIS  0          //未分析过的
    //这个宏用以检查某个坐标是否为棋盘上的有效落子点
#define IsValidPos(x,y) ((x>=0 && x<GRID_NUM) && (y>=0 && y<GRID_NUM))
    //定义枚举型的数据类型
enum ENTRY_TYPE{exact,lower_bound,upper_bound};
//哈希表中元素的结构定义
typedef struct HASHITEM
{
    __int64 checksum;           //64位校验码
    ENTRY_TYPE entry_type;      //数据类型
    short depth;                //取得此值时的层次
    short eval;                 //节点的值
}HashItem;
typedef struct Node
{   int x;
    int y;
}POINT;
//用以表示棋子位置的结构
typedef struct _stoneposition
{   unsigned char x;
    unsigned char y;
}STONEPOS;
typedef struct _movestone
{   unsigned char nRenjuID;
    POINT ptMovePoint;
}MOVESTONE;
//这个结构用以表示走法
typedef struct _stonemove
{   STONEPOS StonePos;          //棋子位置
    int Score;                  //走法的分数
}STONEMOVE;
//=======声明函数类型========================================//
int AnalysisLine(unsigned char* position,int GridNum,int StonePos);//分析成线棋
int AnalysisRight(unsigned char position[][GRID_NUM],int i,int j);//分析右上型棋
int AnalysisLeft(unsigned char position[][GRID_NUM],int i,int j); //分析左上型棋
int AnalysisVertical(unsigned char position[][GRID_NUM],int i,int j);//分析垂直线型棋
int AnalysisHorizon(unsigned char position[][GRID_NUM],int i,int j);
int Eveluate(unsigned int position[][GRID_NUM],bool bIsWhiteTurn);
int AddMove(int nToX, int nToY, int nPly);
int CreatePossibleMove(unsigned char position[][GRID_NUM], int nPly, int nSide);
void MergeSort(STONEMOVE* source,int n,bool direction);
void MergePass(STONEMOVE* source,STONEMOVE* target,const int s,const int n,const bool direction);
void Merge_A(STONEMOVE* source,STONEMOVE* target,int l,int m,int r);
void Merge(STONEMOVE* source,STONEMOVE* target,int l,int m,int r);
void EnterHistoryScore(STONEMOVE* move,int depth);
int GetHistoryScore(STONEMOVE* move);
void ResetHistoryTable();
int NegaScout(int depth,int alpha,int beta);
```

```cpp
    void SearchAGoodMove(unsigned char position[][GRID_NUM],int Type);
    int IsGameOver(unsigned char position[][GRID_NUM],int nDepth);
    void UnMakeMove(STONEMOVE* move);
    unsigned char MakeMove(STONEMOVE* move,int type);
    void _CSearchEngine();
    void InitializeHashKey();
    void EnterHashTable(ENTRY_TYPE entry_type, short eval, short depth, int
TableNo);
    int LookUpHashTable(int alpha, int beta, int depth, int TableNo);
    void Hash_UnMakeMove(STONEMOVE *move,unsigned char CurPosition[][GRID_NUM]);
    void Hash_MakeMove(STONEMOVE *move,unsigned char CurPosition[][GRID_NUM]);
    void CalculateInitHashKey(unsigned char CurPosition[][GRID_NUM]);
    __int64 rand64();
    long rand32();
    void CTranspositionTable();
    void _CTranspositionTable();
    bool OnInitDialog();
    //=======声明使用的数组===========================================//
    int m_HistoryTable[GRID_NUM][GRID_NUM];           //历史得分表
    STONEMOVE m_TargetBuff[225];                      //排序用的缓冲队列
    unsigned int m_nHashKey32[15][10][9];             //32位随机树组,用以生成32位哈希值
    unsigned __int64 m_ulHashKey64[15][10][9];        //64位随机树组,用以生成64位哈希值
    HashItem *m_pTT[10];                              //置换表头指针
    unsigned int m_HashKey32;                         //32位哈希值
    __int64 m_HashKey64;                              //64位哈希值
    STONEMOVE m_MoveList[10][225];                    //用以记录走法的数组
    unsigned char m_LineRecord[30];                   //存放AnalysisLine分析结果的数组
    int TypeRecord[GRID_NUM ][GRID_NUM][4];           //存放全部分析结果的数组,有三个维度,
        //用于存放水平、垂直、左斜、右斜4个方向上所有棋型分析结果
    int TypeCount[2][20];                             //存放统记过的分析结果数组
    int m_nMoveCount;                                 //此变量用以记录走法的总数
    unsigned char CurPosition[GRID_NUM][GRID_NUM];    //搜索时用于存储当前节点棋盘状态的数组
    STONEMOVE m_cmBestMove;                           //记录最佳走法的变量
    //CMoveGenerator* m_pMG;                          //走法产生器指针
    //CEveluation* m_pEval;                           //估值核心指针
    int m_nSearchDepth;                               //最大搜索深度
    int m_nMaxDepth;                                  //当前搜索的最大搜索深度
    unsigned char m_RenjuBoard[GRID_NUM][GRID_NUM];   //棋盘数组,用于显示棋盘
    int m_nUserStoneColor;                            //用户棋子的颜色
    //CSearchEngine* m_pSE;                           //搜索引擎指针
    int X,Y;
    //位置重要性价值表,此表从中间向外,越往外价值越低
    int PosValue[GRID_NUM][GRID_NUM]=
    {   {0,0,0,0,0,0,0,0,0,0,0,0,0,0,0},
        {0,1,1,1,1,1,1,1,1,1,1,1,1,1,0},
        {0,1,2,2,2,2,2,2,2,2,2,2,2,1,0},
        {0,1,2,3,3,3,3,3,3,3,3,3,2,1,0},
        {0,1,2,3,4,4,4,4,4,4,4,3,2,1,0},
        {0,1,2,3,4,5,5,5,5,5,4,3,2,1,0},
        {0,1,2,3,4,5,6,6,6,5,4,3,2,1,0},
        {0,1,2,3,4,5,6,7,6,5,4,3,2,1,0},
        {0,1,2,3,4,5,6,6,6,5,4,3,2,1,0},
        {0,1,2,3,4,5,5,5,5,5,4,3,2,1,0},
        {0,1,2,3,4,4,4,4,4,4,4,3,2,1,0},
        {0,1,2,3,3,3,3,3,3,3,3,3,2,1,0},
        {0,1,2,2,2,2,2,2,2,2,2,2,2,1,0},
        {0,1,1,1,1,1,1,1,1,1,1,1,1,1,0},
        {0,0,0,0,0,0,0,0,0,0,0,0,0,0,0}
    };
```

```c
//全局变量，用以统计估值函数的执行遍数
int count=0;
//评估棋局状态
int Eveluate(unsigned char position[][GRID_NUM],bool bIsWhiteTurn)
{   int i,j,k;
    unsigned char nStoneType;
    count++;                                          //计数器累加
     //清空棋型分析结果
    memset(TypeRecord,TOBEANALSIS,GRID_COUNT*4*4);
    memset(TypeCount,0,40*4);
    for(i=0;i<GRID_NUM;i++)
        for(j=0;j<GRID_NUM;j++)
        {   if(position[i][j]!=NOSTONE)
            {   //如果水平方向上没有分析过
                if(TypeRecord[i][j][0]==TOBEANALSIS)
                    AnalysisHorizon(position,i,j);
                //如果垂直方向上没有分析过
                if(TypeRecord[i][j][1]==TOBEANALSIS)
                    AnalysisVertical(position,i,j);
                //如果左斜方向上没有分析过
                if(TypeRecord[i][j][2]==TOBEANALSIS)
                    AnalysisLeft(position,i,j);
                //如果右斜方向上没有分析过
                if(TypeRecord[i][j][3]==TOBEANALSIS)
                    AnalysisRight(position,i,j);
            }
        }
    //对分析结果进行统计，得到每种棋型的数量
    for(i=0;i<GRID_NUM;i++)
        for(j=0;j<GRID_NUM;j++)
            for(k =0;k<4;k++)
            {   nStoneType=position[i][j];
                if(nStoneType!=NOSTONE)
                {   switch(TypeRecord[i][j][k])
                    {
                    case FIVE:                        //五连
                        TypeCount[nStoneType][FIVE]++;
                        break;
                    case FOUR:                        //活四
                        TypeCount[nStoneType][FOUR]++;
                        break;
                    case SFOUR:                       //冲四
                        TypeCount[nStoneType][SFOUR]++;
                        break;
                    case THREE:                       //活三
                        TypeCount[nStoneType][THREE]++;
                        break;
                    case STHREE:                      //眠三
                        TypeCount[nStoneType][STHREE]++;
                        break;
                    case TWO:                         //活二
                        TypeCount[nStoneType][TWO]++;
                        break;
                    case STWO:                        //眠二
                        TypeCount[nStoneType][STWO]++;
                        break;
                    default:
                        break;
                    }
```

```cpp
            }
        }
    //如果已五连，则返回极值
    if(bIsWhiteTurn)
    {   if(TypeCount[BLACK][FIVE])
            return -9999;
        if(TypeCount[WHITE][FIVE])
            return 9999;
    }
    else
    {   if(TypeCount[BLACK][FIVE])
            return 9999;
        if(TypeCount[WHITE][FIVE])
            return -9999;
    }
    //两个冲四等于一个活四
    if(TypeCount[WHITE][SFOUR]>1)
        TypeCount[WHITE][FOUR]++;
    if(TypeCount[BLACK][SFOUR]>1)
        TypeCount[BLACK][FOUR]++;
    int WValue=0,BValue=0;
    if(bIsWhiteTurn)                                        //轮到白棋走
    {   if(TypeCount[WHITE][FOUR])
            return 9990;                                    //活四，白棋胜，返回极值
        if(TypeCount[WHITE][SFOUR])
            return 9980;                                    //冲四，白棋胜，返回极值
        if(TypeCount[BLACK][FOUR])
            return -9970;              //白棋无冲四、活四，而黑棋有活四，黑棋胜，返回极值
        if(TypeCount[BLACK][SFOUR] && TypeCount[BLACK][THREE])
            return -9960;              //而黑棋有冲四和活三，黑棋胜，返回极值
        if(TypeCount[WHITE][THREE] && TypeCount[BLACK][SFOUR]== 0)
            return 9950;               //白棋有活三而黑棋没有冲四，白棋胜，返回极值
        if(TypeCount[BLACK][THREE]>1 && TypeCount[WHITE][SFOUR]==0 && TypeCount[WHITE][THREE]==0 && TypeCount[WHITE][STHREE]==0)
            return -9940;//黑棋的活三多于一个，而白棋无冲四、活三和冲三，黑棋胜，返回极值
        if(TypeCount[WHITE][THREE]>1)
            WValue+=2000;              //白棋的活三多于一个，白棋价值加 2000
        else
                                       //否则白棋价值加 200
            if(TypeCount[WHITE][THREE]) WValue+=200;
        if(TypeCount[BLACK][THREE]>1)
            BValue+=500;               //黑棋的活三多于一个，黑棋价值加 500
        else
                                       //否则黑棋价值加 100
            if(TypeCount[BLACK][THREE])
                BValue+=100;
        //每个白棋眠三加 10
        if(TypeCount[WHITE][STHREE])
            WValue+=TypeCount[WHITE][STHREE]*10;
        //每个黑棋眠三加 10
        if(TypeCount[BLACK][STHREE])
            BValue+=TypeCount[BLACK][STHREE]*10;
        //每个白棋活二加 4
        if(TypeCount[WHITE][TWO])
            WValue+=TypeCount[WHITE][TWO]*4;
        //每个黑棋活二加 4
        if(TypeCount[BLACK][STWO])
            BValue+=TypeCount[BLACK][TWO]*4;
        //每个白棋眠二加 1
```

```cpp
            if(TypeCount[WHITE][STWO])
                WValue+=TypeCount[WHITE][STWO];
            //每个黑棋眠二加1
            if(TypeCount[BLACK][STWO])
                BValue+=TypeCount[BLACK][STWO];
    }
    else                              //轮到黑棋走
    {   if(TypeCount[BLACK][FOUR])
            return 9990;              //活四，黑棋胜，返回极值
        if(TypeCount[BLACK][SFOUR])
            return 9980;              //冲四，黑棋胜，返回极值
        if(TypeCount[WHITE][FOUR])
            return -9970;             //活四，白棋胜，返回极值
        if(TypeCount[WHITE][SFOUR] && TypeCount[WHITE][THREE])
            return -9960;             //冲四并活三，白棋胜，返回极值
        if(TypeCount[BLACK][THREE] && TypeCount[WHITE][SFOUR]==0)
            return 9950;              //黑棋活三，白棋无冲四，黑棋胜，返回极值
        if(TypeCount[WHITE][THREE]>1 && TypeCount[BLACK][SFOUR]==0 && TypeCount[BLACK][THREE]==0 && TypeCount[BLACK][STHREE]==0)
            return -9940;//白棋的活三多于一个，而黑棋无冲四、活三和冲三，白棋胜，返回极值
        //黑棋的活三多于一个，黑棋价值加2000
        if(TypeCount[BLACK][THREE]>1)
            BValue+=2000;
        else
            //否则黑棋价值加200
            if(TypeCount[BLACK][THREE])
                BValue+=200;
        //白棋的活三多于一个，白棋价值加 500
        if(TypeCount[WHITE][THREE]>1)
            WValue+=500;
        else
            //否则白棋价值加100
            if(TypeCount[WHITE][THREE])
                WValue+=100;
        //每个白棋眠三加10
        if(TypeCount[WHITE][STHREE])
            WValue+=TypeCount[WHITE][STHREE]*10;
        //每个黑棋眠三加10
        if(TypeCount[BLACK][STHREE])
            BValue+=TypeCount[BLACK][STHREE]*10;
        //每个白棋活二加 4
        if(TypeCount[WHITE][TWO])
            WValue+=TypeCount[WHITE][TWO]*4;
        //每个黑棋活二加 4
        if(TypeCount[BLACK][STWO])
            BValue+=TypeCount[BLACK][TWO]*4;
        //每个白棋眠二加1
        if(TypeCount[WHITE][STWO])
            WValue+=TypeCount[WHITE][STWO];
        //每个黑棋眠二加1
        if(TypeCount[BLACK][STWO])
            BValue+=TypeCount[BLACK][STWO];
    }
    //加上所有棋子的位置价值
    for(i=0;i<GRID_NUM;i++)
        for(j=0;j<GRID_NUM;j++)
        {
            nStoneType=position[i][j];
            if(nStoneType!=NOSTONE)
```

```cpp
                if(nStoneType==BLACK)
                    BValue+=PosValue[i][j];
                else
                    WValue+=PosValue[i][j];
            }
    //返回估值
    if(!bIsWhiteTurn)
        return BValue-WValue;
    else
        return WValue-BValue;
}

//分析棋盘上某点在水平方向上的棋型
int AnalysisHorizon(unsigned char position[][GRID_NUM],int i,int j)
{
    //调用直线分析函数进行分析
    AnalysisLine(position[i],15,j);
    //拾取分析结果
    for(int s=0;s<15;s++)
        if(m_LineRecord[s]!=TOBEANALSIS)
            TypeRecord[i][s][0]= m_LineRecord[s];
    return TypeRecord[i][j][0];
}
//分析棋盘上某点在垂直方向上的棋型
int AnalysisVertical(unsigned char position[][GRID_NUM],int i,int j)
{
    unsigned char tempArray[GRID_NUM];
    //将垂直方向上的棋子转入一维数组
    for(int k=0;k<GRID_NUM;k++)
        tempArray[k]=position[k][j];
    //调用直线分析函数进行分析
    AnalysisLine(tempArray,GRID_NUM,i);
    //拾取分析结果
    for(int s=0;s<GRID_NUM;s++)
        if(m_LineRecord[s]!=TOBEANALSIS)
            TypeRecord[s][j][1]=m_LineRecord[s];
    return TypeRecord[i][j][1];
}
//分析棋盘上某点在左斜方向上的棋型
int AnalysisLeft(unsigned char position[][GRID_NUM],int i,int j)
{   unsigned char tempArray[GRID_NUM];
    int x,y;
    if(i<j)
    {   y=0;
        x=j-i;
    }
    else
    {   x=0;
        y=i-j;
    }
    //将斜方向上的棋子转入一维数组
    for(int k=0;k<GRID_NUM;k++)
    {   if(x+k>14 || y+k>14)
            break;
        tempArray[k]=position[y+k][x+k];
    }
    //调用直线分析函数进行分析
    AnalysisLine(tempArray,k,j-x);
    //拾取分析结果
```

```cpp
        for(int s=0;s<k;s++)
            if(m_LineRecord[s]!=TOBEANALSIS)
                TypeRecord[y+s][x+s][2]=m_LineRecord[s];
        return TypeRecord[i][j][2];
}
//分析棋盘上某点在右斜方向上的棋型
int AnalysisRight(unsigned char position[][GRID_NUM],int i,int j)
{   unsigned char tempArray[GRID_NUM];
    int x,y,realnum;
    if(14-i<j)
    {   y=14;
        x=j-14+i;
        realnum=14-i;
    }
    else
    {   x=0;
        y=i+j;
        realnum=j;
    }
    //将斜方向上的棋子转入一维数组
    for(int k=0;k<GRID_NUM;k++)
    {   if(x+k>14 || y-k<0)
            break;
        tempArray[k]=position[y-k][x+k];
    }
    //调用直线分析函数进行分析
    AnalysisLine(tempArray,k,j-x);
    //拾取分析结果
    for(int s=0;s<k;s++)
        if(m_LineRecord[s]!=TOBEANALSIS)
            TypeRecord[y-s][x+s][3]=m_LineRecord[s];
    return TypeRecord[i][j][3];
}
//分析直线棋型状况
int AnalysisLine(unsigned char* position,int GridNum,int StonePos)
{   unsigned char StoneType;
    unsigned char AnalyLine[30];
    int nAnalyPos;
    int LeftEdge,RightEdge;
    int LeftRange,RightRange;
    if(GridNum<5)
    {   //数组长度小于5,没有意义
        memset(m_LineRecord,ANALSISED,GridNum);
        return 0;
    }
    nAnalyPos=StonePos;
    memset(m_LineRecord,TOBEANALSIS,30);
    memset(AnalyLine,0x0F,30);
    //将传入数组装入AnalyLine;
    memcpy(&AnalyLine,position,GridNum);
    GridNum--;
    StoneType=AnalyLine[nAnalyPos];
    LeftEdge=nAnalyPos;
    RightEdge=nAnalyPos;
    //计算连续棋子左边界
    while(LeftEdge>0)
    {   if(AnalyLine[LeftEdge-1]!=StoneType)
            break;
        LeftEdge--;
```

```cpp
}
//计算连续棋子右边界
while(RightEdge<GridNum)
{   if(AnalyLine[RightEdge+1]!=StoneType)
        break;
    RightEdge++;
}
LeftRange=LeftEdge;
RightRange=RightEdge;
//通过下面两个循环算出棋子可下的范围
while(LeftRange>0)
{   if(AnalyLine[LeftRange -1]==!StoneType)
        break;
    LeftRange--;
}
while(RightRange<GridNum)
{   if(AnalyLine[RightRange+1]==!StoneType)
        break;
    RightRange++;
}
//如果此范围小于4,则没有意义
if(RightRange-LeftRange<4)
{   for(int k=LeftRange;k<=RightRange;k++)
        m_LineRecord[k]=ANALSISED;
    return false;
}
//将连续区域设为分析过的,防止重复分析此区域
for(int k=LeftEdge;k<=RightEdge;k++)
    m_LineRecord[k]=ANALSISED;
if(RightEdge-LeftEdge>3)
{   //如果分析棋子棋型为五连
    m_LineRecord[nAnalyPos]=FIVE;
    return FIVE;
}
if(RightEdge-LeftEdge== 3)
{   //如果分析棋子棋型为四连
    bool Leftfour=false;
    if(LeftEdge>0)
        if(AnalyLine[LeftEdge-1]==NOSTONE)
            Leftfour=true;                              //左边有气
    if(RightEdge<GridNum)                               //右边未到边界
        if(AnalyLine[RightEdge+1]==NOSTONE)             //右边有气
            if(Leftfour==true)                          //左边有气
                m_LineRecord[nAnalyPos]=FOUR;           //活四
            else
                m_LineRecord[nAnalyPos]=SFOUR;          //冲四
        else
            if(Leftfour==true)                          //左边有气
                m_LineRecord[nAnalyPos]=SFOUR;          //冲四
    else
        if(Leftfour==true)                              //左边有气
            m_LineRecord[nAnalyPos]=SFOUR;              //冲四
    return m_LineRecord[nAnalyPos];
}
if(RightEdge-LeftEdge==2)
{   //如果分析棋子棋型为三连
    bool LeftThree=false;
    if(LeftEdge>1)
        if(AnalyLine[LeftEdge-1]==NOSTONE)              //左边有气
```

```
            if(LeftEdge>1 && AnalyLine[LeftEdge-2]==AnalyLine[LeftEdge])
            {
                //左边隔一空白有己方棋子
                m_LineRecord[LeftEdge]=SFOUR;           //冲四
                m_LineRecord[LeftEdge-2]=ANALSISED;
            }
            else
                LeftThree=true;
        if(RightEdge<GridNum)
            if(AnalyLine[RightEdge+1]==NOSTONE)          //右边有气
                if(RightEdge<GridNum-1 && AnalyLine[RightEdge+2]== AnalyLine[RightEdge])
                {   //右边隔1个己方棋子
                    m_LineRecord[RightEdge]=SFOUR;       //冲四
                    m_LineRecord[RightEdge+2]=ANALSISED;
                }
                else
                    if(LeftThree==true)                  //左边有气
                        m_LineRecord[RightEdge]=THREE;   //活三
                    else
                        m_LineRecord[RightEdge]=STHREE;  //冲三
            else
            {
                if(m_LineRecord[LeftEdge]==SFOUR)        //左冲四
                    return m_LineRecord[LeftEdge];       //返回
                if(LeftThree==true)                      //左边有气
                    m_LineRecord[nAnalyPos]=STHREE;      //眠三
            }
        else
        {   if(m_LineRecord[LeftEdge]==SFOUR)            //左冲四
                return m_LineRecord[LeftEdge];           //返回
            if(LeftThree==true)                          //左边有气
                m_LineRecord[nAnalyPos]=STHREE;          //眠三
        }
        return m_LineRecord[nAnalyPos];
    }
    if(RightEdge-LeftEdge==1)
    {   //如待分析棋子模型为二连
        bool Lefttwo=false;
        bool Leftthree=false;
        if(LeftEdge>2)
            if(AnalyLine[LeftEdge-1]==NOSTONE)
                //左边有气
                if(LeftEdge-1>1 && AnalyLine[LeftEdge-2]==AnalyLine[LeftEdge])
                    if(AnalyLine[LeftEdge-3]==AnalyLine[LeftEdge])
                    {   //左边隔2个己方棋子
                        m_LineRecord[LeftEdge-3]=ANALSISED;
                        m_LineRecord[LeftEdge-2]=ANALSISED;
                        m_LineRecord[LeftEdge]=SFOUR;              //冲四
                    }
                    else
                        if(AnalyLine[LeftEdge-3]==NOSTONE)
                        {   //左边隔1个己方棋子
                            m_LineRecord[LeftEdge-2]=ANALSISED;
                            m_LineRecord[LeftEdge]=STHREE;         //眠三
                        }
                else
                    Lefttwo=true;
        if(RightEdge<GridNum-2)
```

```
                if(AnalyLine[RightEdge+1]==NOSTONE)
                    //右边有气
                    if(RightEdge+1<GridNum-1 && AnalyLine[RightEdge+2] ==AnalyLine
[RightEdge])
                        if(AnalyLine[RightEdge+3]==AnalyLine[RightEdge])
                        {   //右边隔 2 个己方棋子
                            m_LineRecord[RightEdge+3]=ANALSISED;
                            m_LineRecord[RightEdge+2]=ANALSISED;
                            m_LineRecord[RightEdge]=SFOUR;              //冲四
                        }
                        else
                            if(AnalyLine[RightEdge+3]==NOSTONE)
                            {   //右边隔 1 个己方棋子
                                m_LineRecord[RightEdge+2]=ANALSISED;
                                m_LineRecord[RightEdge]=STHREE;         //眠三
                            }
                    else
                    {   if(m_LineRecord[LeftEdge]==SFOUR)               //左边冲四
                            return m_LineRecord[LeftEdge];              //返回
                        if(m_LineRecord[LeftEdge]==STHREE)              //左边眠三
                            return m_LineRecord[LeftEdge];
                        if(Lefttwo==true)
                            m_LineRecord[nAnalyPos]=TWO;                //返回活二
                        else
                            m_LineRecord[nAnalyPos]=STWO;               //眠二
                    }
                else
                {   if(m_LineRecord[LeftEdge]==SFOUR)                   //冲四返回
                        return m_LineRecord[LeftEdge];
                    if(Lefttwo==true)                                   //眠二
                        m_LineRecord[nAnalyPos]=STWO;
                }
        return m_LineRecord[nAnalyPos];
    }
    return 0;
}
//将历史记录表中所有项目全置为初值
void ResetHistoryTable()
{   memset(m_HistoryTable,10,GRID_COUNT*sizeof(int));
}
//从历史得分表中取给定走法的历史得分
int GetHistoryScore(STONEMOVE* move)
{   return m_HistoryTable[move->StonePos.x][move->StonePos.y];
}
//将最佳走法汇入历史记录
void EnterHistoryScore(STONEMOVE* move,int depth)
{   m_HistoryTable[move->StonePos.x][move->StonePos.y]+=2<<depth;
}
//将走法队列从小到大排序
//STONEMOVE* source 原始队列
//STONEMOVE* target 目标队列
//合并 source[l…m]和 source[m +1…r]至 target[l…r]
void Merge(STONEMOVE* source,STONEMOVE* target,int l,int m,int r)
{   //按从小到大排序
    int i=l;
    int j=m+1;
    int k=l;
    while(i<=m && j<=r)
        if(source[i].Score<=source[j].Score)
```

```
                target[k++]=source[i++];
            else
                target[k++]=source[j++];
        if(i>m)
            for(int q=j;q<=r;q++)
                target[k++]=source[q];
        else
            for(int q=i;q<=m;q++)
                target[k++]=source[q];
}
//另一种算法
void Merge_A(STONEMOVE* source,STONEMOVE* target,int l,int m,int r)
{   //按从大到小排序
    int i=l;
    int j=m+1;
    int k=l;
    while(i<=m &&j<=r)
            if(source[i].Score>=source[j].Score)
                target[k++]=source[i++];
            else
                target[k++]=source[j++];
        if(i>m)
            for(int q=j;q<=r;q++)
                target[k++]=source[q];
        else
            for(int q=i;q<=m;q++)
                target[k++]=source[q];
}
//合并大小为 s 的相邻子数组
//direction 是标志,指明是按从大到小,还是从小到大排序
void MergePass(STONEMOVE* source,STONEMOVE* target,const int s,const int n,const bool direction)
{   int i=0;
    while(i<=n-2*s)
    {   //合并大小为 s 的相邻两段子数组
        if(direction)
            Merge(source,target,i,i+s-1,i+2*s-1);
        else
            Merge_A(source,target,i,i+s-1,i+2*s-1);
        i=i+2*s;
    }
    if(i+s<n)                                   //剩余的元素个数小于 2s
    {   if(direction)
            Merge(source,target,i,i+s-1,n-1);
        else
            Merge_A(source,target,i,i+s-1,n-1);
    }
    else
        for(int j=i;j<=n-1;j++)
            target[j]=source[j];
}
//排序
void MergeSort(STONEMOVE* source,int n,bool direction)
{   int s=1;
    while(s<n)
    {   MergePass(source,m_TargetBuff,s,n,direction);
        s+=s;
        MergePass(m_TargetBuff,source,s,n,direction);
        s+=s;
```

```cpp
    }
//计算可能的走法
int CreatePossibleMove(unsigned char position[][GRID_NUM], int nPly, int nSide)
{    int i,j;
    m_nMoveCount=0;
    for(i=0;i<GRID_NUM;i++)
        for(j=0;j<GRID_NUM;j++)
        {
            if(position[i][j]==(unsigned char)NOSTONE)
                AddMove(j,i,nPly);
        }
    //使用历史启发类中的静态归并排序函数，对走法队列进行排序
    //这是为了提高剪枝效率
//    CHistoryHeuristic history;
    MergeSort(m_MoveList[nPly],m_nMoveCount,0);
    return m_nMoveCount;            //返回合法走法个数
}

//在 m_MoveList 中插入一个走法
//nToX 是目标位置横坐标
//nToY 是目标位置纵坐标
//nPly 是此走法所在的层次
int AddMove(int nToX, int nToY, int nPly)
{    m_MoveList[nPly][m_nMoveCount].StonePos.x=nToX;
    m_MoveList[nPly][m_nMoveCount].StonePos.y=nToY;
    m_nMoveCount++;
    //使用位置价值表评估当前走法的价值
    m_MoveList[nPly][m_nMoveCount].Score=PosValue[nToY][nToX];
    return m_nMoveCount;
}
//重置历史数据
void CNegaScout_TT_HH()
{    ResetHistoryTable();
//    m_pThinkProgress=NULL;
}
//寻找最好的走法
void SearchAGoodMove(unsigned char position[][GRID_NUM],int Type)
{    int Score;
    memcpy(CurPosition,position,GRID_COUNT);
    m_nMaxDepth=m_nSearchDepth;
    CalculateInitHashKey(CurPosition);
    ResetHistoryTable();
    Score=NegaScout(m_nMaxDepth,-20000,20000);
    X=m_cmBestMove.StonePos.y;
    Y=m_cmBestMove.StonePos.x;
    MakeMove(&m_cmBestMove,Type);
    memcpy(position,CurPosition,GRID_COUNT);
}
//判断是否结束
int IsGameOver(unsigned char position[][GRID_NUM],int nDepth)
{    int score,i;                    //计算要下的棋子颜色
    i=(m_nMaxDepth-nDepth)%2;
    score=Eveluate(position,i);        //调用估值函数
    if(abs(score)>8000)                //如果估值函数返回极值，则给定局面结束
        return score;                //返回极值
    return 0;                        //返回未结束
}
```

```
//评估搜索结果,并进行删减
       int NegaScout(int depth,int alpha,int beta)
       {    int Count,i;
            unsigned char type;
            int a,b,t;
            int side;
            int score;
/*          if(depth>0)
            {   i= IsGameOver(CurPosition,depth);
                if(i!=0)
                    return i;                          //已分胜负,返回极值
            }
*/
            side=(m_nMaxDepth-depth)%2;          //计算当前节点的类型,即极大值为0,极小值为1
            score=LookUpHashTable(alpha,beta,depth,side);
            if(score!=66666)
                return score;
            if(depth<=0)                                 //叶子节点取估值
            {   score=Eveluate(CurPosition,side);
                EnterHashTable(exact,score,depth,side);//将估值存入置换表
                return score;
            }
            Count=CreatePossibleMove(CurPosition,depth,side);
            for(i=0;i<Count;i++)
                m_MoveList[depth][i].Score=GetHistoryScore(&m_MoveList[depth][i]);
            MergeSort(m_MoveList[depth],Count,0);
            int bestmove=-1;
            a=alpha;
            b=beta;
            int eval_is_exact=0;
            for(i=0;i<Count;i++)
            {   type=MakeMove(&m_MoveList[depth][i],side);
                Hash_MakeMove(&m_MoveList[depth][i],CurPosition);
                //递归搜索子节点,第 1 个节点是全窗口,其后是空窗探测
                t=-NegaScout(depth-1,-b,-a);
                if(t>a && t<beta && i>0)
                {   //对于第1个后的节点,搜索failhigh
                    a=-NegaScout(depth-1,-beta,-t);     //re-search
                    eval_is_exact=1;                     //设数据类型为精确值
                    if(depth==m_nMaxDepth)
                        m_cmBestMove=m_MoveList[depth][i];
                    bestmove=i;
                }
                Hash_UnMakeMove(&m_MoveList[depth][i],CurPosition);
                UnMakeMove(&m_MoveList[depth][i]);
                if(a<t)
                {   eval_is_exact=1;
                    a=t;
                    if(depth==m_nMaxDepth)
                        m_cmBestMove=m_MoveList[depth][i];
                }
                if(a>= beta)
                {   EnterHashTable(lower_bound,a,depth,side);
                    EnterHistoryScore(&m_MoveList[depth][i],depth);
                    return a;
                }
                b=a+1;                      /* set new null window */
            }
            if(bestmove!=-1)
```

```cpp
            EnterHistoryScore(&m_MoveList[depth][bestmove], depth);
        if(eval_is_exact)
            EnterHashTable(exact,a,depth,side);
        else
            EnterHashTable(upper_bound,a,depth,side);
        return a;
}
//设置当前走一步
unsigned char MakeMove(STONEMOVE* move,int type)
{   CurPosition[move->StonePos.y][move->StonePos.x]=type;
    return 0;
}
//取消当前走的棋
void UnMakeMove(STONEMOVE* move)
{   CurPosition[move->StonePos.y][move->StonePos.x]=NOSTONE;
}
//生成64位随机数
__int64 rand64(void)
{   return rand()^((__int64)rand()<<15)^((__int64)rand()<<30)^
        ((__int64)rand()<<45)^((__int64)rand()<<60);
}
//生成32位随机数
long rand32(void)
{   return rand()^((long)rand()<<15)^((long)rand()<<30);
}
//建立哈希表
void CTranspositionTable()
{   InitializeHashKey();            //建立哈希表，创建随机数组
}
//释放哈希表
void _CTranspositionTable()
{   //释放哈希表所用空间
    delete m_pTT[0];
    delete m_pTT[1];
}
//计算初始的哈希表
void CalculateInitHashKey(unsigned char CurPosition[][GRID_NUM])
{   int j,k,nStoneType;
    m_HashKey32=0;
    m_HashKey32=0;
    //将所有棋子对应的哈希数加总
    for(j=0;j<GRID_NUM;j++)
        for(k=0;k<GRID_NUM;k++)
        {   nStoneType=CurPosition[j][k];
            if(nStoneType!=0xFF)
            {   m_HashKey32=m_HashKey32^m_nHashKey32[nStoneType][j][k];
                m_HashKey64=m_HashKey64^m_ulHashKey64[nStoneType][j][k];
            }
        }
}
//转换为走法
void Hash_MakeMove(STONEMOVE *move,unsigned char CurPosition[][GRID_NUM])
{   int type;
    //将棋子在目标位置的随机数添入
    type=CurPosition[move->StonePos.y][move->StonePos.x];
    m_HashKey32=m_HashKey32^m_nHashKey32[type][move->StonePos.y][move->StonePos.x];
    m_HashKey64=m_HashKey64^m_ulHashKey64[type][move->StonePos.y][move->StonePos.x];
```

```cpp
    }
    //取消某一种走法
    void Hash_UnMakeMove(STONEMOVE *move,unsigned char CurPosition[][GRID_NUM])
    {    int type;
    //将棋子现在位置上的随机数从哈希值中去除
        type=CurPosition[move->StonePos.y][move->StonePos.x];
        m_HashKey32=m_HashKey32^m_nHashKey32[type][move->StonePos.y][move->StonePos.x];
        m_HashKey64=m_HashKey64^m_ulHashKey64[type][move->StonePos.y][move->StonePos.x];
    }
    //查找哈希表
    int LookUpHashTable(int alpha, int beta, int depth, int TableNo)
    {    int x;
        HashItem* pht;
        //计算20位哈希地址，如果设定的哈希表大小不是 1M*2，
        //而是 TableSize*2,TableSize 为设定的大小
        //则需要修改为m_HashKey32% TableSize
        x=m_HashKey32 & 0xFFFFF;
        pht=&m_pTT[TableNo][x];              //取到具体的表项指针
        if(pht->depth>=depth && pht->checksum==m_HashKey64)
        {    switch(pht->entry_type)          //判断数据类型
            {case exact:                      //确切值
                return pht->eval;
            case lower_bound:                 //下边界
                if(pht->eval>=beta)
                    return pht->eval;
                else
                    break;
            case upper_bound:                 //上边界
                if (pht->eval<=alpha)
                    return pht->eval;
                else
                    break;
            }
        }
        return 66666;
    }
    //存入哈希表
    void EnterHashTable(ENTRY_TYPE entry_type, short eval, short depth, int TableNo)
    {    int x;
        HashItem* pht;
        x=m_HashKey32 & 0xFFFFF;              //计算20位哈希地址
        pht=&m_pTT[TableNo][x];               //取到具体的表项指针
        //将数据写入哈希表
        pht->checksum=m_HashKey64;            //64位校验码
        pht->entry_type=entry_type;           //表项类型
        pht->eval=eval;                       //要保存的值
        pht->depth=depth;                     //层次
    }
    //初始化哈希表
    void InitializeHashKey()
    {    int i,j,k;
        srand((unsigned)time(NULL));
        //填充随机数组
        for(i=0;i<15;i++)
            for(j=0;j<10;j++)
                for(k=0;k<9;k++)
```

```cpp
            {   m_nHashKey32[i][j][k]=rand32();
                m_ulHashKey64[i][j][k]=rand64();
            }
    //申请置换表所用空间
    m_pTT[0]=new HashItem[1024*1024];    //用于存放取极大值的节点数据
    m_pTT[1]=new HashItem[1024*1024];    //用于存放取极小值的节点数据
}
//显示简单的人机交互棋盘
void display()
{   //输出简单的帮助信息
    printf("---欢迎五子棋人机对战---\n");
    printf("[START]表示开始指令\n");
    printf("0 表示执黑棋,1 表示执白棋\n");
    printf("[PUT]表示下子位置指令\n");
    for(int i=0;i<=GRID_NUM;i++)
    {   for(int j=0;j<=GRID_NUM;j++)
        {   if(i<GRID_NUM && j<GRID_NUM)
            {   if(m_RenjuBoard[i][j]==NOSTONE) printf("-+-");
                else
                {   if(m_RenjuBoard[i][j]==0) printf("-O-");
                    else  printf("-*-");
                }
            }
            else
            {   if(i==GRID_NUM && j<GRID_NUM)
                    printf("%2d ",j);
                if(j==GRID_NUM && i<GRID_NUM)
                    printf("%3d",i);
            }
        }
        printf("\n");
    }
}
//主函数
int main()
{   int colour;
    char command[10];                       //用于保存命令的字符串
    for (int i = 0; i < GRID_NUM; i++)
        for (int j = 0; j < GRID_NUM; j++)
            m_RenjuBoard[i][j] = NOSTONE;   //棋盘初始化
    cin >> command;
    if(strcmp(command, "[START]") != 0)     //读入第1条命令
    {
        return 0;                            //如果不是[START]，则停止程序
    }
    cin >> colour;                           //读入己方颜色
    colour=colour-1;
    m_nUserStoneColor=1-colour;
    while (true)
    {   int rival_x, rival_y;                //用于保存对手上一步落子点
        cin >> command;                      //读入命令
        if (strcmp(command, "[PUT]") != 0)
            break;                           //如果不是[PUT]，则停止程序
        cin >> rival_x >> rival_y;           //读入对手上一步落子点
        //如果己方执黑棋且是第1步，则占据棋盘中心位置
        if(colour == 0 && rival_x == -1 && rival_y == -1)
        {   m_RenjuBoard[GRID_NUM / 2][GRID_NUM / 2] = colour;
                                             //更新棋盘信息
            cout << GRID_NUM / 2 << ' ' << GRID_NUM / 2 << endl; //输出
```

```
                cout << flush;                              //刷新缓冲区
            }
            else
            {   m_RenjuBoard[rival_x][rival_y] = 1 - colour;    //更新棋盘信息
                m_nSearchDepth=3;                           //最大搜索深度
                do
                {   CNegaScout_TT_HH();                     //创建 CNegaScout_TT_HH 搜索引擎
                    CTranspositionTable();
                    SearchAGoodMove(m_RenjuBoard,colour);
                    m_RenjuBoard[X][Y]=colour;
                    cout << X << ' ' << Y << endl;          //输出
                    cout << flush;                          //刷新缓冲区
                    _CTranspositionTable();
                    display();
                    break;                                  //结束循环
                }
                while (true);                               //循环直至随机得到一个空位置
            }
        }
        return 0;
    }
```

12.1.6 运行结果

五子棋程序运行，结果如图 12-3 所示。

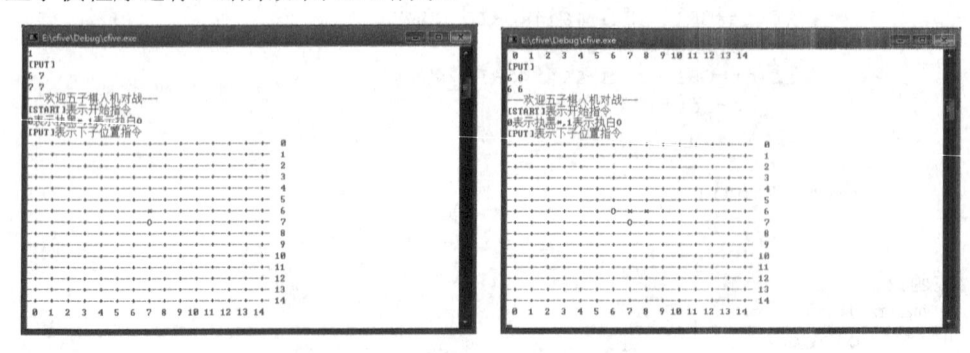

图 12-3　五子棋程序运行结果示意

12.2　ATM（自动取款机）案例实训

【问题描述】
模拟实现 ATM 系统功能。
【问题分析与算法设计】
模拟 ATM 操作，实现新建账户、取款、查询、存款、转账等功能。

12.2.1　功能模块设计

ATM 系统功能模块如图 12-4 所示。

（1）管理员功能：管理员可以为储户开户，也可以查询所有储户的账户信息，并删除账户，还可以退出系统等。

（2）储户功能：储户可以查询个人的账户信息、修改密码，进行存款、取款及转账，退出系统等。

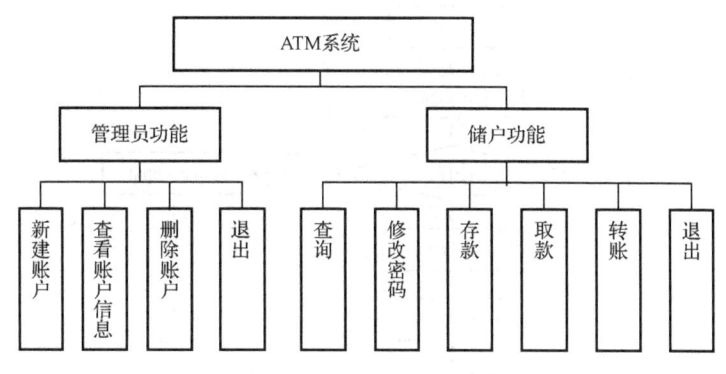

图 12-4　ATM 系统功能模块

12.2.2　数据结构分析

数据结构分析如下。

（1）账户信息使用一个结构体来进行描述，包括账户（id）、用户名（name）、密码（password）、余额（balance），并存储于文件 bank.txt 中。

（2）银行信息包括储户的当前数量（num）、可能支持的最大储户数（max_num）、储户文件的地址（*account）。

（3）系统的菜单保存在头文件中。

12.2.3　函数功能描述

函数功能描述如下。

（1）main_menu()：ATM 系统菜单栏定义。
（2）admin_menu()：管理员系统菜单栏制定。
（3）user_menu()：用户系统菜单栏制定。
（4）last_menu()：系统退出菜单栏。
（5）begin_menu()：系统开始菜单栏。
（6）create_account()：实现创建用户功能的函数。
（7）void destroy_account(account *a)：实现删除用户功能的函数。
（8）withdraw_account(account *a,double amt)：实现用户取款功能的函数。
（9）double deposit_account(account *a,double amt)：实现用户存款功能的函数。
其他函数请看源文件注释。

12.2.4　系统数据流程

由主函数 main 作为入口进入系统，先进入功能选择界面，再选择用户类型进行登录。管理员要具有新建账户、删除账户、查看账户信息、退出等功能；储户要具有存款、取款、转账、查询、退出、修改密码等功能。最后保存文件，并关闭系统，如图 12-5 所示。

12.2.5　程序实现

1．头文件类

头文件包括 menu.h、bank.h、account.h、user.h、admin.h 等函数。

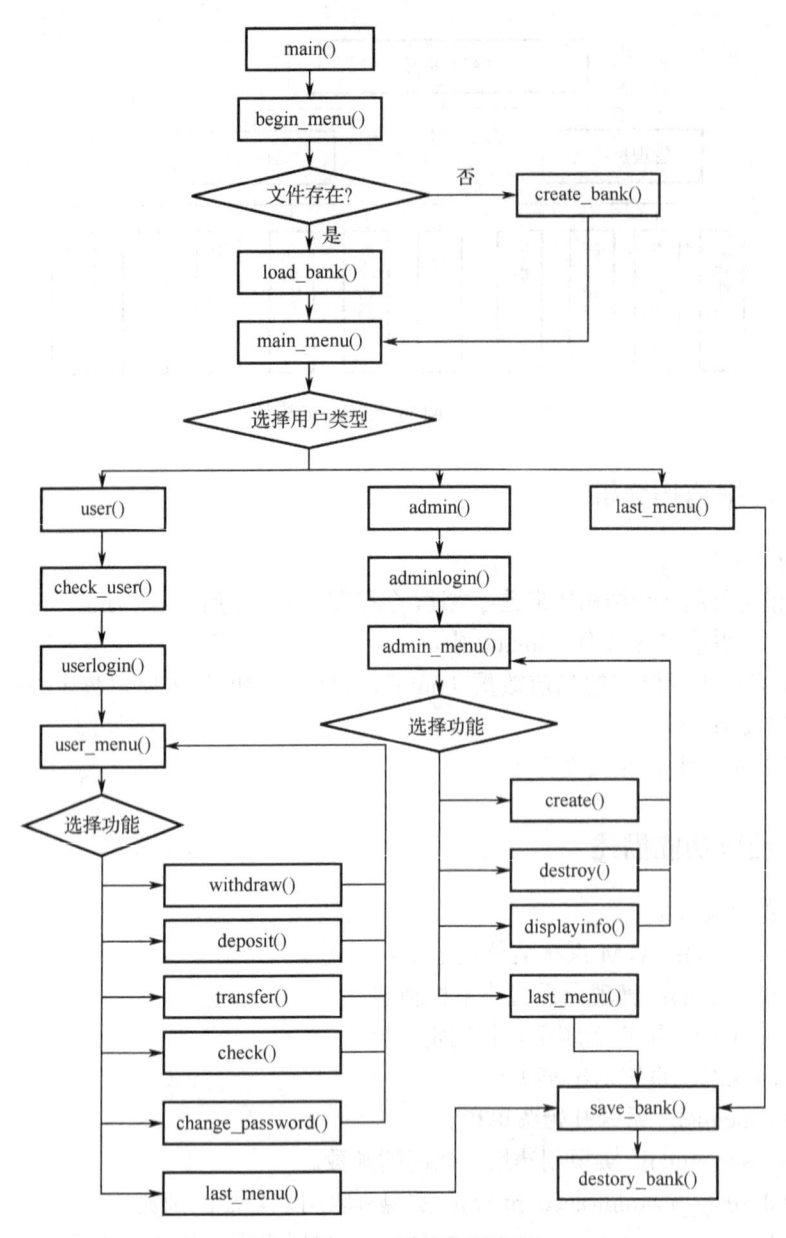

图 12-5 ATM 系统数据流程

（1）menu.h()
```
/*菜单定义*/
#ifndef __MENU_H__
#define __MUNU_H__
extern void main_menu();          //ATM 系统菜单栏
extern void admin_menu();         //管理员系统菜单栏
extern void user_menu();          //用户系统菜单栏
extern void last_menu();          //系统退出菜单栏
extern void begin_menu();         //系统开始菜单栏
#endif
```

（2）bank.h()
```
/*本函数所涉及主要知识点
第 9 章  结构体和共同体的定义*/

/*银行管理操作定义*/
```

```c
#ifndef _BANK_H_
#define _BANK_H_
#include"account.h"
typedef struct bank{
    account *acs;
    int nu;
    int max_nu;
}bank;
extern bank* create_bank(int max);
extern void destory_bank(bank *pb);
extern int add_account(bank *pb,account *a);
extern int remove_account(bank *pb,int id);
extern account* get_account(bank *pb,int id);
extern int transfer_account(bank *pb,int sid,int did,double amt);
extern account* check_user(bank *pb,int id,char *password);
extern bank* load_bank(char *file);
extern void save_bank(bank *pb,char *file);
//extern int check_admin(name);
#endif
```

（3）account.h()

```c
/*本函数所涉及主要知识点：
第9章   结构体和共同体的使用
第8章   指针使用
*/
/*账户操作定义*/
#ifndef __ACCOUNT_H__
#define __ACCOUNT_H__
typedef struct account
{
    int id;                    //账号
    char name[20];             //用户名
    char password[20];         //用户密码
    double balance;            //用户余额
} account;
//实现新建账户功能的函数
extern  account* create_account(int id,char *name,char *password,double balance);
//实现删除账户功能的函数
extern void destroy_account(account *a);
//实现用户取款功能的函数
extern double withdraw_account(account *a,double amt);
//实现用户存款功能的函数
extern double deposit_account(account *a,double amt);
#endif
```

（4）user.h()

```c
/*用户操作定义*/
#ifndef __USER_H__
#define __USER_H__
//用户系统实现函数
extern int user(bank *pb,account *a);
//用户系统菜单栏实现函数
extern int userlogin(bank *pb,account *a);
//用户系统的取款项
extern int withdraw(bank *pb,account *a);
//用户系统的存款项
extern void deposit(bank *pb,account *a);
//用户系统的转账项
extern int transfer(bank *pb,account *a);
```

```c
    //用户系统的查询项
    extern void check(bank *pb,account *a);
    //用户系统的修改密码项
    extern int change_password(bank *pb,account *a);
#endif
```

（5）admin.h()

```c
/*管理员操作定义*/
#ifndef __ADMIN_H__
#define __ADMIN_H__
    extern void admin(bank *pb);                    //实现管理员系统函数
    extern int adminlogin(bank *pb);                //管理员系统菜单栏
    extern void create(bank *pb);                   //创建用户
    extern int destroy(bank *pb);                   //删除用户
    extern void displayinfo(bank *pb);              //显示所有用户信息
#endif
```

2. 源文件类

源文件包括 menu.cpp、bank.cpp、account.cpp、userlogin.cpp、adminlogin.cpp、atm_test.cpp 等函数。

（1）menu.cpp()

```c
/*本函数所涉及主要知识点：
第3章 格式的输入/输出*/

/*菜单实现*/
#include"menu.h"
#include<stdio.h>
void begin_menu()
{
    printf("\n\n\n\n\n\n\n\n\n");
    printf("\t                    *                        \n");
    printf("\t*    *   * * * *  *   * ** * *    *  *  * * *\n");
    printf("\t *  *  *  * *    *    *  *   *   *  *  *  * * \n");
    printf("\t **  **   * * *  ***  * ** * *   *  *  * * *\n");
}
void main_menu(){
    printf("\n\n\n\n\n\n\n\n\n\n\n\n\n\n\n\n\n\n\n\n\n\n\n\n");
    printf("\t\t\t *****************************\n");
    printf("\t\t\t *       Main menu           *\n");
    printf("\t\t\t *****************************\n");
    printf("\t\t\t |                           |\n");
    printf("\t\t\t |     1 User login          |\n");    //用户登录
    printf("\t\t\t |     2 Admin login         |\n");    //管理员登录
    printf("\t\t\t |     0 Quit                |\n");    //退出
    printf("\t\t\t |                           |\n");
    printf("\t\t\t ==============================\n\n");
    printf("\t\t\t Input your choice:");
}
void user_menu(){
    printf("\n\n\n\n\n\n\n\n\n\n\n\n\n\n\n\n\n\n\n\n\n");
    printf("\t\t\t *****************************\n");
    printf("\t\t\t *       User menu           *\n");
    printf("\t\t\t *****************************\n");
    printf("\t\t\t |                           |\n");
    printf("\t\t\t |     1 Withdraw            |\n");    //取款
    printf("\t\t\t |     2 Deposit             |\n");    //存款
    printf("\t\t\t |     3 Transfer            |\n");    //转账
    printf("\t\t\t |     4 Check               |\n");    //查询
    printf("\t\t\t |     5 Change password     |\n");    //改密码
```

```
        printf("\t\t\t    |          0 Quit            |\n");        //退出
        printf("\t\t\t    |                            |\n");
        printf("\t\t\t    ==============================\n\n");
        printf("\t\t\t    Input your choice:");
}

void admin_menu(){
    printf("\n\n\n\n\n\n\n\n\n\n\n\n\n\n\n\n\n\n\n\n\n\n\n\n\n\n");
    printf("\t\t\t    ******************************\n");
    printf("\t\t\t    *        Admin menu          *\n");
    printf("\t\t\t    ******************************\n");
    printf("\t\t\t    |                            |\n");
    printf("\t\t\t    |       1 Add account        |\n");        //新建账户
    printf("\t\t\t    |       2 Delete account     |\n");        //删除账户
    printf("\t\t\t    |       3 Show accounts      |\n");        //查看账户信息
    printf("\t\t\t    |       0 Quit               |\n");        //退出
    printf("\t\t\t    |                            |\n");
    printf("\t\t\t    ==============================\n\n");
    printf("\t\t\t    Input your choice:");
}
void last_menu()
{
    printf("\n\n\n\n\n\n\n\n\n\n\n\n\n\n\n\n\n\n\n");
    printf("\t\t   ********     **   **        *****       \n");
    printf("\t\t   *            ***  **       **   **      \n");
    printf("\t\t   ******       **** **       **   **      \n");
    printf("\t\t   *****        ** ****       **   **      \n");
    printf("\t\t   *            **  ***       **   **      \n");
    printf("\t\t   *********    **   **        *****       \n");
}
```

（2）bank.cpp()

```
#include"bank.h"
#include<malloc.h>
#include<memory.h>
#include<stdio.h>
/*本函数所涉及主要知识点：
第10章  文件操作*/
 void save_bank(bank *pb,char *file)
 {
    FILE *fp=fopen(file,"wb");
    fwrite(&pb->nu, sizeof(int),1,fp);
    fwrite(pb->acs,sizeof(account),pb->nu,fp);
    fflush(fp);
 }
/*本函数所涉及主要知识点：
第8章  指针使用
第9章  结构体和共同体*/
bank* create_bank(int max){
    if(max<=0) return 0;
    bank *pb=(bank*)malloc(sizeof(bank));
    pb->acs=(account*)malloc(sizeof(account)*max);
    pb->nu=0;
    pb->max_nu=max;
    return pb;
}

/*本函数所涉及主要知识点：
第4章  if语句使用
第8章  指针
```

```c
*/
void destory_bank(bank *pb){
    if(pb==0)return;
    free(pb->acs);
    free(pb);
}

/*本函数所涉及主要知识点:
第4章  if语句使用
第8章  指针
*/
int add_account(bank *pb,account *a){
      if(pb==0)return 0;
      if(pb->nu>=pb->max_nu){
      account *newacc=(account*)malloc(sizeof(account)*(pb->max_nu+10));
         memcpy(newacc,pb->acs,sizeof(account)*pb->nu);
         free(pb->acs);
         pb->acs=newacc;
         pb->max_nu+=10;
      }
      pb->acs[pb->nu]=*a;
      pb->nu++;
      return 1;
}
/*本函数所涉及主要知识点:
第4章  if语句使用*
第5章  for语句使用
第8章  指针
*/
int remove_account(bank *pb,int id){
      if(pb==0)  return 0;
      int i,j;
      account* index=get_account(pb,id);
      if(index!=0){
         account *p=pb->acs;
         for(i=0;i<pb->nu-1;i++){
             if(&p[i]==index)
             {
                 for(j=i;j<pb->nu;j++)
                     p[j]=p[j+1];
             }
         }
         p[pb->nu-1].id=0;
         p[pb->nu-1].name[20]=0;
         p[pb->nu-1].password[20]=0;
         p[pb->nu-1].balance=0;
         pb->nu--;
         return 1;
      }
      return 0;
}
/*本函数所涉及主要知识点:
第4章  if语句使用*
第5章  for语句使用
第8章  指针
*/
account* get_account(bank *pb,int id){
   if(pb==0)return 0;
   account *p=pb->acs;
```

```
            int i=0;
            for(;i<=pb->nu-1;i++){
                if(p[i].id==id)
                    return &p[i];
            }
        return 0;
}
/*本函数所涉及主要知识点：
第4章  if语句使用*
第7章  函数使用
第8章  指针
*/
int transfer_account(bank *pb,int sid,int did,double amt){
    if(pb==0) return 0;
    account *s=get_account(pb,sid);
    account *d=get_account(pb,did);
    if(d==0) {printf("\t\t\t   The id %d is not exist!!",did);getchar(); return 0;}
    else
    if(amt>0 && s->balance>=amt)
    {
        withdraw_account(s,amt);
        deposit_account(d,amt);
        printf("\t\t\t   Successed!\n");

    }
        else printf("\t\t\t   Balance is Not enough!!\n");
        printf("\t\t\t   Balance: %f\n",s->balance); getchar();
        return 0;
    return 0;
}
```

（3）account.cpp()

```
#include"account.h"
#include<malloc.h>
#include<string.h>
//功能：创建管理系统的用户
/*本函数所涉及主要知识点：
第4章  if语句使用*
第5章  for语句使用*
第8章  指针
第9章  内存分配
*/

account* create_account(int id,char *name,char *password,double balance)
{
    account *a=(account*)malloc(sizeof(account));
    if(a==0) return 0;
    a->id = id;
    strcpy(a->name,name);
    strcpy(a->password,password);
    a->balance =balance;
    return a;


}
//功能：删除管理员系统的用户
void destroy_account(account *a)
{     if( a!=0)
          free(a);
}
```

```c
/*本函数所涉及主要知识点：
第4章  if语句使用
*/

//功能：用户取款
double withdraw_account(account *a,double amt)
{
    if(amt<=0||amt>a->balance) return 0.0;
    a->balance -=amt;
    return a->balance;
}
//功能：用户存款
double deposit_account(account *a,double amt)
{
    if(amt<0) return 0.0;
    a->balance +=amt;
    return a->balance;
}
```

（4）userlogin.cpp()

```c
#include"bank.h"
#include"account.h"
#include"user.h"
#include"menu.h"
#include<string.h>
#include<stdio.h>
//用户登录系统
int user(bank *pb,account *a)
{
    int id;
    char password[20];
    printf("\t\t   -----------------User login----------------\n");
    printf("\t\t\t   Please input your id:");
    scanf("%d",&id);
    printf("\n\t\t\t   Please input your password:");
    scanf("%s",password);
    a=check_user(pb,id,password);
    if(a==0)  {printf("\n\t\t\t   Id or password error!!"); getchar(); return 0;}
    else printf("\t\t\t   Login successed!\n");getchar();
    userlogin(pb,a);
    return 0;
}
/*本函数所涉及主要知识点：
第4章  if语句使用*
第5章  while语句使用
*/
//用户登录系统菜单栏
int userlogin(bank *pb,account *a)
{
    if(a==0)return 0;
    int choice;
    while (1)
    {   user_menu();
        scanf("%d",&choice);
        switch(choice)
        {
            case 1:
                withdraw(pb,a);                         //取款
```

```c
                    break;
                case 2:
                    deposit(pb,a);                  //存款
                    break;
                case 3:
                    transfer(pb,a);                 //转账
                    break;
                case 4:
                    check(pb,a);                    //查询
                    break;
                case 5:
                    change_password(pb,a);          //密码修改
                    break;
                case 0:
                    return 0;                       //返回
                    break;
                default:
                    break;

        }
    }
    return 1;
}
/*本函数所涉及主要知识点：
第4章   if语句使用*
第5章   for语句使用*
第8章   指针
*/
//查询用户
account* check_user(bank *pb,int id,char *password){
    if(pb==0)return 0;
    account *p=pb->acs;
    int i=0;
    for(;i<=pb->nu-1;i++){
        if(p[i].id==id)
            if(!strcmp(p[i].password,password))
            return &p[i];
        else
            return 0;
    }
    return 0;
}
/*取款*/
int withdraw(bank *pb,account *a)
{
    double amt;
    unsigned char yn;
    printf("\t\t\t   please input the amt: ");
    scanf("%lf",&amt);
    printf("\t\t\t   the amt is %f          (y/n)",amt);
    getchar();
    scanf("%c",&yn);
    if('y'==yn)
    {
        double c=withdraw_account(a,amt);
        if(c==0.0) printf("\t\t\t   Balance is not enough!!\n");
        printf("\t\t\t   Balance: %f\n",a->balance); getchar();
        return 0;
    }
```

```c
        return 0;
}
/*本函数所涉及主要知识点：
第7章  函数的调用
*/
/*存款*/
void deposit(bank *pb,account *a)
{
    double amt;
    unsigned char yn;
    printf("\t\t\t  please input the amt: ");
    scanf("%lf",&amt);
    printf("\t\t\t  the amt is %f            (y/n)",amt);
    getchar();
    scanf("%c",&yn);
    if('y'==yn)
    {
        deposit_account(a,amt);
        printf("\t\t\t  Balance: %f\n",a->balance);getchar();
    }
}
/*本函数所涉及主要知识点：
第7章  函数的调用
*/
/*转账*/
int transfer(bank *pb,account *a)
{
    double amt;
    int sid;
    int did1,did2;
    sid=a->id;
    printf("\t\t\t  Input id:");
    scanf("%d",&did1);
    printf("\t\t\t  please input id again:");
    scanf("%d",&did2);
    if(did1!=did2)  {printf("\t\t\t  The twice id you input is different!!");getchar(); return 0;}
    else
    printf("\t\t\t  Please input the amt:");
    scanf("%lf",&amt);
    transfer_account(pb,sid,did1,amt);
    return 0;
}
void check(bank *pb,account *a)
{
    printf("\n");
    printf("\t\t\t  Id: %d \n",a->id);
    printf("\t\t\t  Name: %s \n",a->name);
    printf("\t\t\t  Balance: %f \n",a->balance);
    printf("\t\t\t  Please input enter continue...\n");
    getchar();
}
/*本函数所涉及主要知识点：
第7章  函数的调用
*/
//修改密码
int change_password(bank *pb,account *a)
{   int id=a->id;
    char password[20];
```

```cpp
        char p1[20],p2[20];
        unsigned char yn;
        printf("\t\t\t   Please input user password:");
        scanf("%s",password);
        if (check_user(pb,id,password)==0) {printf("\n\t\t\t   Password error!!");getchar(); return 0;}
        printf("\t\t\t   Please input new password:");
        scanf("%s",p1);
        printf("\t\t\t   Please input new password again:");
        scanf("%s",p2);
        if(strcmp(p1,p2)==0)
        {
          printf("\t\t\t   Change the password          (y/n)");
          getchar();
          scanf("%c",&yn);
            if('y'==yn)
            {
                strcpy(a->password,p1);
                printf("\t\t\t Change successed!\n");getchar();return 0;
            }
        }
        printf("\t\t\t   The twice new password you input is different!!");getchar();return 0;
    }
```

（5）adminlogin.cpp()

```cpp
#include"bank.h"
#include"account.h"
#include"admin.h"
#include"menu.h"
#include<stdio.h>
#include<string.h>
static int start_id=10223300;
/*本函数所涉及主要知识点：
第7章  函数的调用
第6章  字符的输入
*/

//管理员系统的登录
void admin(bank *pb)
{
    char name1[20],password1[20];
    printf("\t\t ----------------Admin login----------------\n");
    printf("\t\t\t   Please input adminname:");
    scanf("%s",name1);
    printf("\n\t\t\t   Please input  password:");
    scanf("%s",password1);
    if(!strcmp(password1,"admin")&&!strcmp(name1,"admin"))
    {
        printf("\t\t\t   Login successed!\n");getchar();
        printf("\t\t\t   please input enter to continue...\n");
        getchar();
        adminlogin(pb);
    }
    else printf("\t\t\t   Name or Password error!!"); getchar();
}

/*本函数所涉及主要知识点：
第4章  switch 语句使用
*/
```

```c
//管理员系统菜单栏
int adminlogin(bank *pb)
{
    while(1)
    {   int choice;
        admin_menu();
        scanf("%d",&choice);
        switch(choice)
        {
            case 1:
                create(pb);              //新建账户
                break;
            case 2:
                destroy(pb);             //删除账户
                break;
            case 3:
                displayinfo(pb);         //查看账户信息
                getchar();
              getchar();
                break;
            case 0:
                return 0;
                break;
            default:
                break;
        }
    }
    return 0;
}
/*本函数所涉及主要知识点:
第10章  文件打开
第8章  指针函数调用
*/
//载入银行账户数据
bank *load_bank(char *file)
{
    FILE *fp=fopen(file, "rb");
    if(fp==0)return 0;
    int counter;
    fread(&counter,sizeof(int),1,fp);
    bank *pb=create_bank(counter);
    fread(pb->acs,sizeof(account),counter,fp);
    pb->nu=counter;
    pb->max_nu=counter;
     start_id=pb->acs[pb->nu-1].id;
    return pb;
}
/*本函数所涉及主要知识点:
第7章  函数调用
第6章  数组使用
*/
//创建银行账户
void create(bank *pb)
{
    start_id++;
    int id=start_id;
    char name[20];
    char password[20];
```

```c
        char p[20];
        double balance;
        unsigned char yn;
        printf("\t\t\t   Please input user name:");
        scanf("%s",name);
        printf("\t\t\t   Please input user password:");
        scanf("%s",password);
        printf("\t\t\t   Please input user password again:");
        scanf("%s",p);
        if(strcmp(p,password)==0)
        {
        printf("\t\t\t   Please input user balance:");
        getchar();
        scanf("%lf",&balance);
        printf("\t\t\t   Name:%s\n",name);
        printf("\t\t\t   Balance:%lf\n",balance);
        printf("\t\t\t   Add the user           (y/n)");
        getchar();
        scanf("%c",&yn);
        if('y'==yn)
        {
            account *a=create_account(id,name,password,balance);
            add_account(pb,a);
            printf("\t\t\t   Add successed!\n");getchar();
        }
        }
        else
        {
            printf("\t\t\t   password is different!\n");
            getchar();
            printf("\t\t\t   please input enter continue...");
            getchar();
        }
}
/*本函数所涉及主要知识点:
第7章  函数的调用
*/
//删除账户
int destroy(bank *pb)
{   int id;
    unsigned char yn;
    printf("\t\t\t   please input user id:");
    scanf("%d",&id);
    if(get_account(pb,id)==0) { printf("\t\t\t   The id %d is not exist!!",id);getchar();return 0;}
    printf("\t\t\t   Remove the user:%d        (y/n)",id);
    getchar();
    scanf("%c",&yn);
    if('y'==yn)
    {
        remove_account(pb,id);
        printf("\t\t\t   Remove successed!");
        getchar();
        getchar();
    }
    return 0;
}
/*本函数所涉及主要知识点:
第4章  if 语句
```

| 319

第 7 章 函数的调用
*/
//显示账户信息
```cpp
void displayinfo(bank *pb)
{
    unsigned char yn;
    printf("\t\t\t   Display user info:    (y/n)");
    getchar();
    scanf("%c",&yn);
    if('y'==yn)
    {
        printf("\t\t   ----------------user info----------------\n");
        int i;
        account *p=pb->acs;
            printf("\t\t\t   Id\t\tName\tBalance\n");
        for(i=0;i<=pb->nu-1;i++)
        {
            printf("\t\t\t   %d\t%s\t%f\n",p[i].id,p[i].name,p[i].balance);
        }
    }
}
```

（6）atm_test.cpp()
```cpp
#include<stdio.h>
#include<string.h>
#include"account.h"
#include"bank.h"
#include"user.h"
#include"admin.h"
#include"menu.h"
char *file="./bank.txt";
/*本函数所涉及主要知识点：
第 4 章  switch 语句
第 7 章  函数的调用
第 8 章  指针
*/
//系统主函数
int main()
{
    begin_menu();getchar();
    bank *pb=0;
    if (load_bank(file)!=0)
    {
    pb=load_bank(file);
    }
    else
    {
    pb=create_bank(10);
    }
    account *a=0;
    int choice;
    while (1)
    {   main_menu();
        scanf("%d",&choice);
        switch(choice)
        {
            case 1:
                user(pb,a);                      //用户登录系统
                break;
            case 2:
```

```
                admin(pb);              //管理员登录系统
                break;
            case 0:
                last_menu();            //退出系统
                save_bank(pb,file);
                destory_bank(pb);
                return 0;
                break;
            default:
                getchar();
                break;
        }
    }
}
```

12.2.6 运行结果

程序运行主界面如图 12-6 所示。系统的相关信息保存在 bank.txt 文件中，管理员用户名和密码为 admin。

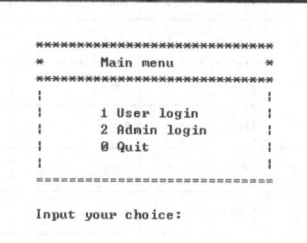

图 12-6　程序运行主界面

附录 A　常用字符与 ASCII 对照表

ASCII值 字符 控制字符	ASCII值 字符	ASCII值 字符	ASCII值 字符	ASCII值 字符	ASCII值 字符	ASCII值 字符	ASCII值 字符
000　(null)　NUL	032　(space)	064　@	096　`	128　Ç	160　á	192　└	224　α
001　☺　SOH	033　!	065　A	097　a	129　ü	161　í	193　┴	225　β
002　●　STX	034　"	066　B	098　b	130　é	162　ó	194　┬	226　Γ
003　♥　ETX	035　#	067　C	099　c	131　â	163　ú	195　├	227　π
004　♦　EOT	036　$	068　D	100　d	132　ä	164　ñ	196　─	228　Σ
005　♣　END	037　%	069　E	101　e	133　à	165　Ñ	197　┼	229　σ
006　♠　ACK	038　&	070　F	102　f	134　å	166　ª	198　╞	230　μ
007　(beep)　BEL	039　'	071　G	103　g	135　ç	167　º	199　╟	231　τ
008　□　BS	040　(	072　H	104　h	136　ê	168　¿	200　╚	232　Φ
009　(tab)　HT	041　)	073　I	105　i	137　ë	169　⌐	201　╔	233　Θ
010　(line feed)　LF	042　*	074　J	106　j	138　è	170　¬	202　╩	234　Ω
011　♂　VT	043　+	075　K	107　k	139　ï	171　½	203　╦	235　δ
012　♀　FF	044　,	076　L	108　l	140　î	172　¼	204　╠	236　∞
013　　CR	045　-	077　M	109　m	141　ì	173　¡	205　═	237　φ
014　♫　SO	046　.	078　N	110　n	142　Ä	174　«	206　╬	238　ε
015　☼　SI	047　/	079　O	111　o	143　Å	175　»	207　╧	239　∩
016　►　DLE	048　0	080　P	112　p	144　É	176　░	208　╨	240　≡
017　◄　DC1	049　1	081　Q	113　q	145　æ	177　▒	209　╤	241　±
018　↕　DC2	050　2	082　R	114　r	146　Æ	178　▓	210　╥	242　≥
019　‼　DC3	051　3	083　S	115　s	147　ô	179　│	211　╙	243　≤
020　¶　DC4	052　4	084　T	116　t	148　ö	180　┤	212　╘	244　⌠
021　§　NAK	053　5	085　U	117　u	149　ò	181　╡	213　╒	245　⌡
022　▬　SYN	054　6	086　V	118　v	150　û	182　╢	214　╓	246　÷
023　↨　ETB	055　7	087　W	119　w	151　ù	183　╖	215　╫	247　≈
024　↑　CAN	056　8	088　X	120　x	152　ÿ	184　╕	216　╪	248　°
025　↓　EM	057　9	089　Y	121　y	153　Ö	185　╣	217　┘	249　●
026　→　SUB	058　:	090　Z	122　z	154　Ü	186　║	218　┌	250　·
027　←　ESC	059　;	091　[	123　{	155　¢	187　╗	219　█	251　√
028　└　FS	060　<	092　\	124		156　£	188　╝	220　▄	252　ⁿ
029　↔　GS	061　=	093　]	125　}	157　¥	189　╜	221　▌	253　²
030　▲　RS	062　>	094　^	126　~	158　Pt	190　╛	222　▐	254　■
031　▼　US	063　?	095　_	127　DEL	159　ƒ	191　┐	223　▀	255　(blank)

附录 B　C 语言常用语法提要

B.1　标识符

标识符由字母、数字和下画线组成，但必须以字母或下画线开头。大、小写的字母分别认为是两个不同的字符，不同的系统对标识的字符数有不同的规定，一般允许有 7 个字符。

B.2　常量

（1）整型常量
十进制常数。
八进制常数（以 0 开头的数字序列）。
十六进制常数（以 0x 开头的数字序列）。
长整型常数（在数字后加字符 L 或 l）。
（2）字符常量
用单撇号括起来的一个字符，可以使用转义字符。
（3）实型常量（浮点型常量）
小数形式。
指数形式。
（4）字符串常量
用双撇括起来的字符序列。

B.3　表达式

（1）算术表达式
整型表达式：参加运算的运算量是整型量，结果也是整型数。
实型表达式：参加运算的运算量是实型量，运算过程中转换成 double 型，结果为 double 型。
（2）逻辑表达式
用逻辑运算符连接的整型量，结果为一个整数（0 或 1）。逻辑表达式可以认为是整型表达式的一种特殊形式。
（3）字位表达式
用位运算符连接的整型量，结果为整数。字位表达式也可以认为是整型表达式的一种特殊形式。
（4）强制类型转换表达式
用"（类型）"运算符使表达式的类型进行强制转换，如(float)a。

（5）逗号表达式（顺序表达式）

形式为表达式 1，表达式 2，…，表达式 n。

顺序求出表达式 1，表达式 2，…，表达式 n 的值，其结果为表达式 n 的值。

（6）赋值表达式

将赋值号 "=" 右侧表达式的值赋给赋值号左侧的变量。赋值表达式的值为执行赋值后被赋值变量的值（运行后赋值表达式的值为左侧变量的值）。

（7）条件表达式

形式为逻辑表达式? 表达式 1:表达式 2。

逻辑表达式的值若为非 0，则条件表达式的值等于表达式 1 的值；若逻辑表达式的值为 0，则条件表达式的值等于表达式 2 的值。

（8）指针表达式

对指针类型的数据进行运算，结果为指针类型。

以上各种表达式可以包含有关的运算符，也可以是不包含任何运算符的初等量（如常数算术表达式的最简单形式）。

B.4 数据定义

对程序中用到的所有变量都需要进行定义，对数据要定义其数据类型，需要时可指定其存储类别。

（1）类型标识符可用：int、short、long、unsigned、char、float、double、struct（结构体名）、union（共用体名）、enum（枚举类型名），以及用 typedef 定义的类型名。

结构体与共用体的定义形式为

```
struct  结构体名  {成员表列};
union   共用体名  {成员表列};
```

用 typedef 定义新类型名的形式为

```
typedef  已有类型  新定义类型;
```

如 typedef int COUNT。

（2）存储类别可用 auto、static、register、extern（如不指定存储类别，则做 auto 处理）。

变量的定义形式为

```
存储类别  数据类型  变量表列
```

如 static float a,b,c。

注意外部数据定义只能用 extern 或 static，而不能用 auto 或 register。

B.5 函数定义

函数定义形式为

```
存储类别  数据类型  函数名(形参表列)  函数体
```

函数的存储类别只能用 extern 或 static。函数体要用花括号括起来，可包括数据定义和语句，函数的定义举例如下：

```
static int max(int x,int y)
{
    int z;
    z = x > y ? x : y;
```

```
return(z);
```

B.6 变量的初始化

在定义时可以对变量或数组指定初始值。

如静态变量或外部变量未初始化，系统自动使其初始值为 0（对数值型变量）或空（对字符型数据）。对自动变量或寄存器变量，若未初始化，则其初值为一个不可预测的数据。

B.7 语句

（1）表达式语句。
（2）函数调用语句。
（3）控制语句。
（4）复合语句。
（5）空语句。
其中包括控制语句如下：
（1）if(表达式)语句或 if(表达式)语句 1，else 语句 2；
（2）while(表达式)语句；
（3）do 语句 while(表达式)；
（4）for(表达式 1;表达式 2;表达式 3)语句；
（5）switch(表达式)
{case 常量表达式 1:语句 1；
　　case 常量表达式 2:语句 2；
　　　　…
　　case 常量表达式 n:语句 n；
　　default; 语句 n+1；
}
前缀 case 和 default 本身并不改变控制流程，它们只起标号作用。在执行上一个 case 标志的语句后，继续顺序执行下一个 case 前缀标志的语句，除非上一个语句中最后用 break 语句使控制转出 switch 结构。
（6）break 语句；
（7）continue 语句；
（8）return 语句；
（9）goto 语句。

B.8 预处理命令

```
#define     宏名    字符串
#define     宏名(参数 1,参数 2,…,参数 n)   字符串
#undef      宏名
#include    "文件名"   (或<文件名>)
#if         常量表达式
#ifdef      宏名
#ifndef     宏名
#else
#endif
```

附录 C C 语言的常用库函数

C.1 输入/输出函数

使用输入/输出函数时，在源文件中应写入以下编译预处理命令：
`#include <stdio.h>` 或 `#include "stdio.h"`

函数名	函数原型	功 能	说 明
clearerr	void clearerr(FILE *fp);	清除文件指针的错误标志	
close	int close(int fp);	关闭文件	非 ANSI 标准函数
creat	int creat (char *filename, int mode);	以 mode 所指定的方式建立文件	非 ANSI 标准函数
eof	int eof(int *fd);	检测文件是否结束	
fclose	int fclose(FILE *fp);	关闭 fp 所指的文件，释放文件缓冲区	
feof	int feof(FILE * fp);	检查文件是否结束	
fgetc	int fgetc(FILE * fp);	从 fp 所指的文件中读取下一个字符	
fgets	char *fgets(char *buf, int n, FILE *fp);	从 fp 所指的文件中读取（n-1）个字符串，存入起始地址为 buf 的空间中	
fopen	FILE *fopen(char *filename, char *mode);	以 mode 方式打开文件	
fprintf	int fprintf(FILE *fp, char *format [,argument,…]);	传送格式化输出到一个流中	
fputc	int fputc(int ch, FILE *fp);	将 ch 的字符写入 fp 所指文件	
fputs	int fputs(char *string, FILE *fp);	送一个字符到一个流中	
fread	int fread(char *ptr,unsigned size, unsigned n, FILE *fp);	从 fp 所指的文件中读取长度为 size 的 n 个数据，存入 fp 所指向的内存区	
fscanf	int fscanf(FILE *fp, char *format,args,…);	从 fp 所指的文件中按 format 指定的格式读入数据，存入 args 所指向的内存区	
fseek	int fseek(FILE *fp, long offset, int base);	将 fp 所指文件的位置指针移动到以 base 所给出的位置为基准，以 offset 为位移量的位置	
ftell	long ftell(FILE *fp);	返回当前文件指针	
fwrite	int fwrite(char*ptr, unsigned size, unsigned n, FILE *fp);	将 ptr 所指的 n×size 字节写到 fp 所指的文件中	
getc	int getc(FILE *fp);	从 fp 所指的文件中读取字符	
getchar	int getchar(void);	从标准输入设备中读取字符	
getw	int getw(FILE *fp);	从 fp 所指的文件中读取一个整数	非 ANSI 标准函数
open	int open(char *filename, int mode);	以 mode 的方式打开一个已存的文件，用于读或写	非 ANSI 标准函数

续表

函数名	函数原型	功 能	说 明
printf	int printf(char *format,args,…);	产生格式化输出的函数	format 可以是一个字符串，或字符数组的起始地址
putc	int putc(int ch, FILE *fp);	输出一个字符到指定文件中	
putchar	int putchar(int ch);	将字符 ch 输出到标准设备上	
puts	int puts(char *string);	将字符串输出到标准设备上	
putw	int putw(int w, FILE *fp);	将一个整数写到指定的文件中	非 ANSI 标准函数
read	int read(int fd, char *buf,unsigned count);	从 fp 指定的文件中读取 count 个字节到 buf 指定的缓冲区	非 ANSI 标准函数
rename	int rename(char *oldname, char *newname);	重命名文件	
rewind	int rewind(FILE *fp);	将文件指针重新指向一个文件的开头	
scanf	int scanf(char *format,args,…]);	执行格式化输入	args 为指针
write	int write(int fd, char *buf, unsigned count);	从 buf 指定的缓冲区中输出 count 字符到 fd 所指定的文件中	非 ANSI 标准函数

C.2 数学函数

使用数学函数时，在源文件中应写入以下编译预处理命令行：

```
#include <math.h> 或 #include "math.h"
```

函数名	函数原型	功 能	说 明
abs	int abs(int x);	求整数 x 的绝对值	
acos	double acos(double x);	反余弦函数	x 应在-1 到 1 范围内
asin	double asin(double x);	反正弦函数	x 应在-1 到 1 范围内
atan	double atan(double x);	反正切函数	
atan2	double atan2(double y, double x);	计算 y/x 的反正切值	
cos	double cos(double x);	余弦函数	x 的单位为弧度
cosh	double cosh(double x);	双曲余弦函数	
exp	double exp(double x);	指数函数	
fabs	double fabs(double x);	计算浮点数的绝对值	
floor	double floor(double x);	取最大整数	
fmod	double fmod(double x, double y);	计算 x/y 的余数	
log	double log(double x);	自然对数函数 $\ln(x)$	
log10	double log10(double x);	以 10 为底的对数函数 $\log(x)$	
modf	double modf(double value, double *iptr);	将双精度数分为整数部分和小数部分	整数部分存储在指针变量 iptr 中，返回小数部分
pow	double pow(double x, double y);	指数函数，即 x^y	
rand	int rand(void);	随机数发生器	
sin	double sin(double x);	正弦函数	
sinh	double sinh(double x);	双曲正弦函数	
sqrt	double sqrt(double x);	平方根函数	

续表

函数名	函数原型	功能	说明
tan	double tan(double x);	正切函数	
tanh	double tanh(double x);	双曲正切函数	

C.3 字符函数和字符串函数

使用字符函数和字符串函数时，在源文件中应写入以下编译预处理命令行：
`#include <ctype.h>`和`#include <string.h>`

函数名	函数原型	功能	说明
isalnum	int isalnum(int ch);	判断 ch 是否为英文字母或数字	ctype.h
isalpha	int isalpha(int ch);	判断 ch 是否为字母	ctype.h
iscntrl	int iscntrl(int ch);	检查 ch 是否为控制字符	ctype.h
isdigit	int isdigit(int ch);	判断 ch 是否为数字（0～9）	ctype.h
isgraph	int isgraph(int ch);	检查 ch 是否为可打印字符（不含空格）	ctype.h
islower	int islower(int ch);	检查 ch 是否为小写字母（a～z）	ctype.h
isprint	int isprint(int ch);	检查 ch 是否为可打印字符（含空格）	ctype.h
ispunct	int ispunct(int ch);	检查 ch 是否为标点字符	ctype.h
isspace	int isspace(int ch);	检查 ch 是否为空格符	ctype.h
isupper	int isupper(int ch);	检查 ch 是否为大写英文字母	ctype.h
isxdigit	int isxdigit(int ch);	检查 ch 是否为十六进制数字	ctype.h
strcat	char *strcat(char *dest,const char *src);	将字符串 src 添加到 dest 末尾	string.h
strchr	char *strchr(const char *s,int c);	检索并返回字符 c 在字符串 s 中第 1 次出现的位置	string.h
strcmp	int strcmp(const char *s1,const char *s2);	比较字符串 s1 与 s2 的大小	string.h
strcpy	char *strcpy(char *dest,const char *src);	将字符串 src 复制到 dest 中	string.h
strlen	unsigned int strlen(char *str);	求字符串 str 的长度	string.h
strstr	char *strstr(char *str1,char *str2);	找出 str2 字符串在 str1 字符串中第 1 次出现的位置	string.h
tolower	int tolower(int ch);	将 ch 的大写英文字母转换成小写英文字母	ctype.h
toupper	int toupper(int ch);	将 ch 的小写英文字母转换成大写英文字母	ctype.h

C.4 动态存储分配函数

使用字符函数时，在源文件中应写入以下编译预处理命令行：
`#include <stdlib.h>`

函数名	函数原型	功能	说明
calloc	void *calloc(unsigned n,unsign size);	分配主存储器	
free	void free(void *p);	释放 p 所指的内存区	
malloc	void *malloc(unsigned size);	内存分配函数	或#include <malloc.h>
realloc	void *realloc(void *ptr, unsigned newsize);	重新分配内存空间	

参考文献

[1] 谭浩强. C 程序设计指导试题汇编[M]. 北京：清华大学出版社，1997.

[2] 谭浩强. C 程序设计试题汇编[M]. 北京：清华大学出版社，1998.

[3] 谭浩强. C 程序设计（第 5 版）[M]. 北京：清华大学出版社，2017.

[4] 谭浩强，张基温. C 语言程序设计教程[M]. 北京：高等教育出版社，2006.

[5] 徐新华. C 语言程序设计教程[M]. 北京：中国水利水电出版社，2001.

[6] 严蔚敏. 数据结构[M]. 北京：清华大学出版社，2002.

[7] 李凤霞. C 语言程序设计教程[M]. 北京：北京理工大学出版社，2002.

[8] 王树义，钱达源. C 语言程序设计[M]. 大连：大连理工大学出版社，2003.

[9] 教育部考试中心. 全国计算机等级考试二级教程——C 语言程序设计（2021 年版）[M]. 北京：高等教育出版社，2020.

[10] 罗朝盛，余文芳. C 程序设计实用教程[M]. 北京：人民邮电出版社，2005.

[11] 陈付龙，李杰. C 语言程序设计教程[M]. 北京：科学出版社，2020.

[12] 湛为芳. C 语言程序设计技术[M]. 北京：清华大学出版社，2006.

[13] 武马群. C 语言程序设计[M]. 北京：北京工业大学出版社，2006.

[14] 杨路明. C 语言程序设计[M]. 北京：北京邮电大学出版社，2006.

[15] 王敬华. C 语言程序设计教程[M]. 北京：清华大学出版社，2006.

[16] 陈良银. C 语言程序设计（C99 版）[M]. 北京：清华大学出版社，2007.

[17] 邹修明. C 语言程序设计[M]. 北京：中国计划出版社，2007.

[18] 罗坚，王声决. C 程序设计教程[M]. 北京：中国铁道出版社，2007.

[19] 姜学锋. C 语言程序设计习题集[M]. 西安：西北工业大学出版社，2007.

[20] 熊化武. 全国计算机等级考试考点分析、题解与模拟[M]. 北京：电子工业出版社，2007.

[21] 何钦铭，颜晖. C 语言程序设计[M]. 北京：高等教育出版社，2008.

[22] SAMUEL P. HARBISON, GUY L.STEELE. C 语言参考手册（第 5 版）[M]. 邱仲潘，等译. 北京：机械工业出版社，2003.

[23] B.W.KERNIGHAN, D.M.RITCHIE. C 程序设计语言（第 2 版）[M]. 徐宝文，李志，译. 北京：机械工业出版社，2004.

[24] E. S. ROBERTS. C 语言的科学与艺术[M]. 翁惠玉，等译. 北京：机械工业出版社，2005.

[25] IVOR HORTON. C 语言入门经典（第 4 版）[M]. 杨浩，译. 北京：清华大学出版社，2008.

[26] PRATA S. C PRIMER PLUS（第 5 版）（中文版）[M]. 云巅工作室，译. 北京：人民邮电出版社，2010.

[27] KENNETH A.REEK. C 和指针 Pointers on C（第 2 版）[M]. 徐波，译. 北京：人民邮电出版社，2008.

[28] PETER VAN DER LINDEN. C 和 C++经典著作·C 专家编程 Expert C Programming Deep C Secrets（第 2 版）[M]. 北京：人民邮电出版社，2008.

[29] PETER VAN DER LINDEN. C 和 C++经典著作·C 专家编程（第 2 版）[M]. 北京：人民邮电出版社，2008.

[30] 孙立. C 语言程序设计[M]. 北京：中国农业出版社，2010.

[31] 郭翠英. C 语言课程设计案例精编[M]. 北京：中国水利水电出版社，2004.

[32] 陈朔鹰，陈英. C 语言趣味程序百例精解[M]. 北京：北京理工大学出版社，1994.

[33] 方娇莉. C 语言程序设计（慕课版）[M]. 北京：电子工业出版社，2018.

[34] 苏小红，赵玲玲，孙志岗. C 语言程序设计（第 4 版）[M]. 北京：高等教育出版社，2019.